建筑设备

（第3版）

主　编　金鹏涛　李渐波

副主编　高巧玲　梁慧敏　石 丹

北京理工大学出版社

BEIJING INSTITUTE OF TECHNOLOGY PRESS

内 容 提 要

本书紧密结合建筑设备安装施工实际，同时融入建筑设备工程师考工考证相关知识点和"1+X"技能等级证书的考核要求，全面、系统地阐述了建筑设备的基本原理和基础知识。全书分为11章，其中第一至四章介绍了建筑给水排水工程，主要包括建筑给水工程、建筑排水工程、热水及饮水供应系统、建筑给水排水识图；第五至七章介绍了建筑采暖、通风及空气调节工程，主要包括建筑采暖系统、建筑通风系统、建筑空调工程；第八至十一章介绍了建筑电气工程，主要包括建筑供配电系统、建筑电气照明、电梯与自动扶梯、建筑智能化系统。

本书可作为高等院校土木工程类相关专业的教学用书，也可供建筑设备安装施工现场相关技术和管理人员工作时参考。

图书在版编目（CIP）数据

建筑设备 / 金鹏涛，李渐波主编.--3版.--北京：
北京理工大学出版社，2021.7
ISBN 978-7-5682-9046-3

Ⅰ.①建⋯ Ⅱ.①金⋯ ②李⋯ Ⅲ.①房屋建筑设备
－高等学校－教材 Ⅳ.①TU8

中国版本图书馆CIP数据核字（2021）第143702号

出版发行 /	北京理工大学出版社有限责任公司	
社　　址 /	北京市海淀区中关村南大街5号	
邮　　编 /	100081	
电　　话 /	（010）68914775（总编室）	
	（010）82562903（教材售后服务热线）	
	（010）68944723（其他图书服务热线）	
网　　址 /	http://www.bitpress.com.cn	
经　　销 /	全国各地新华书店	
印　　刷 /	北京紫瑞利印刷有限公司	
开　　本 /	787毫米×1092毫米　1/16	
印　　张 /	20.5	责任编辑 / 多海鹏
字　　数 /	537千字	文案编辑 / 多海鹏
版　　次 /	2021年7月第3版　2021年7月第1次印刷	责任校对 / 周瑞红
定　　价 /	85.00元	责任印制 / 边心超

随着国家对环保工作越来越重视，建筑施工不仅仅注重施工进度、质量，同时绿色建筑、智能建筑等新型理念全面推出，这对于建筑设备而言，要求在不断提高，公众对自身居民的环境、舒适度等要求也在不断提升；建筑设备也需要紧跟形势变化，加强建筑设备升级，这样才能更好地符合公众的期待，满足他们的需求。公众对现代建筑不仅仅关注其安全性和质量，同时对于空间的布局、健康环保理念的体现，以及通风、节能等方面的要求也非常高，所以建筑设备也需要不断进行更新换代和升级，这样才能更好地推动时代发展，提升建筑物的整体使用效能。

本书围绕建筑设备在现代建筑中的应用情况，着重探讨了建筑设备具体应用环节及相关的作用，并根据高等院校建筑工程领域高等技术应用型人才培养方案编写。结合教学特点，参照行业最新规范，系统地介绍了建筑给水、建筑排水、建筑采暖、通风与空调、建筑供配电与照明、建筑智能化系统等方面的基本知识，施工图的识读及其施工安装的要求与方法。

本书编写过程中，注重产教融合、校企合作，积极探索建筑设备安装专业人才的培养途径，以期能更好地满足职业教育专业升级和数字化改造需要，并在充分、科学分析建筑设备安装行业、职业、岗位、专业关系的基础上，紧扣岗位技能标准设置课程内容和实践教学，将建筑设备安装相关岗位、项目课程、建筑安装施工员从业资格证书考试、建筑设备安装技能竞赛及创新创业等元素相互融通，形成"岗课融合、课证融合、课赛融合、课创融合"的体系，具有较强的前瞻性。

本书采用"能力目标""知识目标""素养目标""本章小结""思考与练习"的模块形式，对各章节的教学重点做了多种形式的概括与指点，以引导学生学习、掌握相关技能。本书力求做到理论联系实示，注重科学性、实用性和针对性，突出学生应用能力的培养。本书内容新颖、层次明确、结构有序，注重理论与实际相结合，加大了实践运用力度。其基础内容具有系统性、全面性，具体内容具有针对性、实用性，满足专业特点要求。

本次修订对部分陈旧内容进行了修改与充实，力求反映当前建筑设备在现代建筑各个环节的应用，进而强化教材的实用性和可操作性，使修订后的教材能更好地满足高职高专院校教学工作的需要；并对各章节的能力目标、知识目标、本章小结进行了修订，并在修订中对各章节知识体系进行了深入的思考，联系实际进行知识点的总结与概括，便于学生学习与思考；对各章节的思考与练习也进行了适当补充，有利于学生课后复习。

本书由吉林铁道职业技术学院金鹏涛、山西水利职业技术学院李渐波担任主编，由福建船政交通职业学院高巧玲、河北工业职业技术大学梁慧敏、共青科技职业学院石丹担任副主编。本书在修订过程中参阅了国内同行的多部著作，部分高等院校的老师提出了很多宝贵的意见，在此表示衷心的感谢！

本书虽经反复讨论修改，但限于编者的学识及专业水平和实践经验，修订后的图书仍难免有疏漏和不妥之处，恳请广大读者指正。

编　者

第2版前言

　　建筑设备是指房屋建筑工程中的给水、排水、消防、供暖、通风、空调、供电、照明等设备。建筑设备是房屋建筑工程中不可或缺的重要组成部分，设置在建筑物内的建筑设备，必须与工程建筑、结构、生产工艺等相互协调，才能发挥建筑物应有的功能，并提高建筑物的使用质量。现代房屋建筑为了满足生产和生活的需要，以及给人们提供卫生、安全和舒适的生活和工作环境，要求房屋建筑内均应设置完善的给排水、供热、通风、空气调节、燃气、供配电等建筑设备系统。

　　"建筑设备"课程即是为帮助高等院校建筑学、建筑装饰、土木工程、建筑管理等专业的学生认识并掌握建筑设备设计与施工安装方面的相关知识而设置的重要专业技术课程，是一门综合性较强的工程学科，也是一门理论与实践紧密结合的专业课程。学生通过对本课程的学习，应掌握建筑设备工程的基础知识、基本设计原理与施工安装方法，具备对建筑设备施工安装过程中常见问题进行分析与解决处理的能力。

　　本书第1版自出版发行以来，经有关院校教学使用，反映较好。但随着我国国民经济的快速发展，人民生活居住条件的不断改善，建筑设备施工安装技术水平也取得了日新月异的发展与提高，教材中部分内容已经不能满足当前建筑设备施工安装实际工作的需要，也不符合目前高等院校教学工作的需求，为此，我们对本书进行了修订。本次修订主要进行了以下工作：

　　（1）根据课程教学大纲，对全书的章节重新进行了设置，从而使教材能更好地满足高等教学工作的需要。修订后的教材分为上、中、下三篇共12章内容，其中上篇介绍了建筑给排水工程，中篇介绍了建筑采暖、通风及空气调节工程，下篇介绍了建筑电气工程。

　　（2）对各章的能力目标、知识目标、本章小结进行了修订，在修订中对各章节知识体系进行了深入的思考，并联系实际进行知识点的总结与概括，使该部分内容更具有指导性与实用性，便于学生学习和思考。

　　（3）完善相关细节，在原有编写基础上，增补与实际工作密切相关的知识点，摒弃落后陈旧的资料和信息，增强了教材的易读性，方便学生理解和掌握。对各章后"思考与练习"部分进行了适当的补充，增加了习题的题型与题量，从而更有利于学生课后复习参考，强化应用所学理论知识解决工程实际问题的能力。

　　本书由邵正荣、李渐波、金鹏涛担任主编，范恩海、上官甘林担任副主编，赵洁、韩庆、杜洁参与了部分章节的编写工作。

　　本书在修订过程中，参阅了国内同行多部著作，部分高等院校老师也提出了很多宝贵意见，在此表示衷心感谢！对于参与本教材第1版编写但未参与本次修订的老师、专家和学者，本版教材所有编写人员向你们表示感谢，感谢你们对高等教育改革所做出的不懈努力，希望你们对本教材保持持续关注并多提宝贵意见。

　　本书虽经反复讨论修改，但限于编者的学识及专业水平和实践经验，修订后的教材仍难免有疏漏或不妥之处，恳请广大读者指正。

编　者

近年来，教育事业实现了跨越式发展，教育改革取得了突破性成果。以促进就业为目标，实行多样、灵活、开放的人才培养模式，把教育教学与生产实践、社会服务、技术推广结合起来，培养以就业为导向、具备"职业化"特征的高级应用型人才是当前教育的发展方向。因此，应用型本科教材的编写，应使学生掌握必要的基础理论知识和专业知识，具备从事本专业领域实际工作的基本能力和基本技能，致力于培养技术应用能力强、知识面宽、素质高的应用型人才。

建筑设备是现代建筑必要的组成部分，是为建筑物的使用者提供生活与工作服务的各种设施和设备系统的总称。建筑设备不仅关系到建筑物的使用功能，而且影响到建筑物的经济性。如果我们把建筑比作一个人，那么建筑结构就好比人的骨架，而建筑设备则是人的神经、血管和内脏，它源源不断地给建筑物提供所需的物质和能量，使之具有生命力。由此可见，建筑设备在建筑中具有十分重要的作用。

"建筑设备"作为一门重要的技术基础课程，对于建筑工程施工与管理具有非常重要的指导作用。高等院校土建类专业学生，将来虽然不直接参与建筑设备各系统的设计和施工，但也必须掌握一定的建筑设备知识，了解这些系统的组成、特点及对建筑主体的要求和影响，只有这样，才能综合考虑和合理处理各建筑设备系统与建筑主体之间的关系。

本教材以适应社会需求为目标，以培养技术能力为主线编写而成。全书共分三篇，上篇（1~5章）为建筑电气、电梯与建筑智能化，内容包括建筑供配电系统、建筑电气照明、建筑物接地与防雷、电梯与自动扶梯、建筑智能化系统；中篇（6~7章）为建筑给水排水、采暖与燃气供应，内容包括建筑给水排水工程、建筑采暖与燃气工程；下篇（8~10章）为建筑通风、制冷与空气调节，内容包括建筑通风、制冷系统、空气调节等。

本教材由邵正荣、张郁、宋勇军任主编，范恩海、李转芳、尹平、杨少斌任副主编，邹艳、田娟荣、刘爱国、彭鹏、刘增峰等参与编写。在编写内容上以"够用"为度，以"实用"为准，理论密切联系实际，深入浅出，能够反映出本学科现代化的科学技术水平。通过学习，学生可掌握与了解建筑设备工程技术的基本知识和一般的设计原则与方法，具备综合考虑和合理处理各种建筑设备与建筑主体之间关系的能力，从而作出实用、经济的建筑设计。

为方便教学，各章前设置【学习重点】和【培养目标】，对学生学习和教师教学作了引导；各章后设置【本章小结】和【思考与练习】，从更深层次给学生以思考和复习的提示，由此构建了"引导—学习—总结—练习"的教学模式。

本书主要针对的是高等院校土建学科相关专业的学生，也可供土建工程设计与施工人员参考使用。本书在编写过程中参阅了国内同行多部著作，部分高等院校教师提出了很多宝贵意见，在此向他们表示衷心的感谢！

本书在编写过程中虽经推敲核证，但限于编者的专业水平和实践经验，仍难免有疏漏或不妥之处，恳请广大读者指正。

编　者

目录

Contents

绪论 ··· 1

一、建筑设备的分类和作用 ················· 1

二、建筑设备的发展趋势 ····················· 2

三、学习本课程的意义 ························· 2

第一章　建筑给水工程 ······················· 3

第一节　建筑给水系统 ····················· 3

一、建筑给水系统的分类 ················· 3

二、建筑给水系统的组成 ················· 4

三、建筑给水系统的给水方式 ········· 4

四、室内给水管道的布置与敷设 ····· 7

第二节　建筑给水管材、附件及设备 ·· 10

一、给水管材、管件及连接方法 ····· 10

二、常用的给水附件和水表 ··········· 15

三、给水设备 ································· 18

第三节　给水管网计算 ··················· 21

一、建筑给水系统的供水压力 ······· 21

二、给水设计流量计算 ················· 22

三、给水管网水力计算 ················· 26

第四节　建筑消防给水系统 ············· 29

一、室内消火栓给水系统 ··············· 29

二、自动灭火系统 ························· 35

三、其他灭火系统 ························· 39

第五节　建筑中水系统 ··················· 40

一、中水系统的分类与组成 ··········· 40

二、中水水源及水质标准 ··············· 41

三、中水处理工艺流程与设备 ······· 43

四、中水处理站 ····························· 45

本章小结 ··· 46

思考与练习 ····································· 46

第二章　建筑排水工程 ······················· 48

第一节　建筑排水系统 ····················· 48

一、建筑排水系统的分类 ··············· 48

二、建筑排水系统的组成 ··············· 49

三、建筑排水系统的排水体制 ········· 51

四、室内排水管道的布置与敷设 ····· 51

第二节　建筑排水管材、管件及
　　　　卫生器具 ··························· 54

一、排水管材、管件 ····················· 54

二、卫生器具 ······························· 56

第三节　排水管道的水力计算 ··········· 63

一、设计秒流量 ····························· 63

二、水力计算 ······························· 65

第四节　雨水系统 ··························· 66

一、外排水系统 ····························· 67

二、内排水系统 ····························· 67

第五节　高层建筑排水系统 ············· 69

一、高层建筑排水系统的特点 ········· 69

二、高层建筑排水方式 ··················· 69

本章小结 ··· 72

思考与练习 ····································· 73

第三章　热水及饮水供应系统 ············· 74

第一节　热水供应系统 ····················· 74

一、热水用水量定额 ····················· 74

二、热水供应系统的分类 …………77
三、热水供应系统的组成 …………78
四、热水供应系统的供水方式 ………79
五、加热设备和温度调节器 …………80
六、热水供应管网的布置与敷设 ……82
第二节 饮用水供应系统 ……………83
一、饮用水供应系统类型 …………83
二、饮用水标准 ……………………84
三、饮用水供应方式 ………………85
四、饮用水供应点设置 ……………86
本章小结 ………………………………86
思考与练习 ……………………………87

第四章 建筑给水排水识图 …………88
第一节 给水排水施工图的基本内容 …88
一、室外给水排水施工图 …………88
二、室内给水排水施工图 …………88
第二节 给水排水施工图常用图例及
识读方法 ……………………90
一、建筑给水排水系统常用图例 ……90
二、给水排水施工图的识读方法 ……99
本章小结 ………………………………100
思考与练习 ……………………………100

第五章 建筑采暖系统 ………………101
第一节 采暖系统概述 ………………101
一、采暖系统的分类与组成 ………102
二、对流采暖系统 …………………103
三、辐射采暖系统 …………………111
第二节 采暖系统散热器与辅助设备 …113
一、散热器 …………………………113
二、采暖系统的辅助设备 …………118
第三节 采暖系统管网的布置与敷设 …121
一、干管布置 ………………………121
二、立管布置 ………………………122

三、支管布置 ………………………122
四、采暖系统入口装置布置 ………122
第四节 采暖热负荷 …………………123
一、围护结构的传热耗热量 ………123
二、冷风渗透耗热量 ………………125
三、采暖热负荷的估算方法 ………125
第五节 供热锅炉与锅炉房 …………126
一、供热锅炉 ………………………126
二、锅炉房 …………………………128
第六节 燃气系统 ……………………130
一、燃气工程概述 …………………130
二、室内燃气管道 …………………131
三、燃气设备 ………………………131
第七节 采暖工程施工图识图 ………133
一、室内采暖施工图的组成 ………133
二、室内采暖施工图的
常用图例、符号 ……………134
三、室内采暖施工图的识读要点 ……136
四、采暖施工图实例 ………………137
本章小结 ………………………………144
思考与练习 ……………………………144

第六章 建筑通风系统 ………………146
第一节 建筑通风概述 ………………146
一、建筑通风的意义 ………………146
二、建筑空间空气的卫生条件 ……147
三、通风系统的分类 ………………147
第二节 通风量的确定 ………………149
一、全面通风量的确定 ……………149
二、全面通风的气流组织 …………150
三、空气质量平衡与热量平衡 ……151
第三节 自然通风的作用原理与
建筑设计配合 ………………152
一、自然通风作用原理 ……………152
二、建筑设计与自然通风的配合 ……154

三、进风窗、避风天窗与避风风帽…156
第四节　机械通风系统的
　　　　主要设备及构件…………156
一、除尘设备………………………157
二、进、排风装置…………………157
三、风道……………………………159
四、通风机…………………………160
本章小结……………………………161
思考与练习…………………………161

第七章　建筑空调工程……………163
第一节　空调系统…………………163
一、空调系统概述…………………163
二、空调系统的组成………………164
三、空调系统的分类………………164
四、空调系统的选择………………166
第二节　空调负荷和房间气流分布…166
一、空调房间的建筑布置和
　　围护结构的热工要求…………166
二、负荷计算………………………167
三、空调房间气流分布……………168
第三节　空气处理设备……………171
一、空气加热设备…………………171
二、空气冷却设备…………………171
三、空气加湿设备…………………172
四、空气减湿设备…………………173
五、空气处理室……………………173
六、空调机房………………………174
第四节　空气输配系统……………175
一、空调系统的自动调节…………175
二、空调器的控制系统……………177
三、空调系统的计算机控制………179
四、空调系统的冷源和热源………180
第五节　空调消声、空调防振及
　　　　建筑防火排烟……………185

一、空调消声………………………185
二、空调防振………………………185
三、建筑防火排烟…………………186
本章小结……………………………187
思考与练习…………………………188

第八章　建筑供配电系统…………189
第一节　电力系统概述……………189
一、电力系统的组成………………189
二、电力系统的电压和频率………191
三、电力负荷的分级与其供电
　　电源的要求……………………192
四、电能质量………………………192
五、用电负荷计算…………………193
第二节　变配电室（所）和自备
　　　　应急电源…………………201
一、变配电室（所）………………201
二、自备应急电源…………………204
第三节　常见建筑电气设备………207
一、常用高压电气设备……………207
二、常用低压电气设备……………208
第四节　低压配电线路……………213
一、常用电线………………………213
二、常用电缆………………………217
第五节　建筑物接地与防雷………219
一、建筑物接地……………………219
二、建筑物防雷……………………222
本章小结……………………………228
思考与练习…………………………228

第九章　建筑电气照明……………230
第一节　电气照明基础知识………230
一、光度单位………………………230
二、照明方式和种类………………233
三、照明质量评价…………………234

四、照明线路 …………………………237
第二节 常用电光源、灯具及其选用 …240
一、电光源 ……………………………240
二、灯具 ………………………………244
三、照明配电系统 ……………………246
第三节 室内、外照明及专用
灯具的安装 …………………250
一、建筑室内照明 ……………………250
二、建筑室外照明 ……………………255
三、专用灯具的安装 …………………257
第四节 建筑电气施工图识图 ………261
一、建筑电气施工图的特点和组成 …261
二、常用图形符合及标准方式 ………262
三、电气照明施工图的识读 …………264
本章小结 ………………………………268
思考与练习 ……………………………268

第十章 电梯与自动扶梯 ……………270
第一节 电梯概述 ……………………270
一、电梯的分类 ………………………270
二、电梯主要参数的名称及含义 ……272
三、电梯基本结构及主要组成
系统 ………………………………273
四、电梯出现异常情况的处置 ………273
第二节 电梯曳引原理及特点 ………274
一、电梯曳引原理 ……………………274
二、常用交流调速电梯的特点 ………275
第三节 液压电梯 ……………………276
一、液压电梯的基本构造 ……………276
二、液压电梯的功能及基本规格 ……278
三、液压电梯的特点 …………………279
四、液压电梯的布置形式 ……………280
第四节 自动扶梯和自动人行道 ……281
一、自动扶梯 …………………………281
二、自动人行道 ………………………284

本章小结 ………………………………286
思考与练习 ……………………………287

第十一章 建筑智能化系统 …………288
第一节 建筑智能化概述 ……………288
一、建筑智能化的定义 ………………288
二、建筑智能化的组成和功能 ………288
三、建筑智能化的特点 ………………290
第二节 信息化应用系统 ……………290
一、信息化应用系统的组成 …………291
二、住宅小区物业智能卡应用
系统图示例 ………………………291
第三节 智能化集成系统 ……………291
一、智能化集成系统的组成 …………292
二、智能化集成系统架构 ……………292
三、智能化集成系统通信互联 ………292
四、智能化集成系统的通信内容 ……293
第四节 信息设施系统 ………………293
一、信息接入系统 ……………………294
二、综合布线系统 ……………………294
三、信息网络系统 ……………………299
四、有线电视及卫星电视接收系统 …301
五、扩声与音响系统 …………………305
六、会议系统 …………………………307
第五节 建筑设备管理系统 …………307
一、建筑设备监控系统 ………………308
二、建筑能效监管系统 ………………308
第六节 公共安全系统 ………………309
一、火灾自动报警及消防联动
控制系统 …………………………309
二、安全技术防范系统 ………………313
本章小结 ………………………………316
思考与练习 ……………………………317

参考文献 ………………………………318

一、建筑设备的分类和作用

(一)建筑设备的分类

建筑设备是现代建筑的重要组成部分,是为建筑物使用者提供生活服务与工作服务的各种设施和设备系统的总称。建筑设备种类繁多,按其作用可分为改善环境的设备(如调节空气温度和湿度的空调设备等)、提供工作和生活方便的设备(如电话、电视、电梯和卫生器具等)、增强居住安全的设备(如消防报警、防盗、抗震设备等)和提高工作效率的设备(如计算机管理、办公自动化设备等);按专业划分,建筑设备可分为建筑给水排水设备、通风空调设备、建筑电气设备三大类。下面介绍建筑给水排水系统、通风空调系统、建筑电气系统。

1. 建筑给水排水系统

(1)建筑给水系统。建筑给水系统一般可分为生产给水系统、生活给水系统和消防给水系统三类。

1)生产给水系统:通常用于生产设备的冷却、原料和产品的洗涤、锅炉用水及某些工业的原料用水等,生产用水对水质、水量、水压及安全等方面的要求随工艺不同有很大区别。

2)生活给水系统:主要是供民用建筑、公共建筑和工业建筑内的饮用、盥洗、洗涤等生活用水,要求水质必须完全符合国家规定的饮用水标准。

3)消防给水系统:是供层数较高的民用建筑、大型公共建筑及某些车间的消防系统的消防设备用水。

(2)建筑排水系统。建筑排水系统是指用来排除生活污水和屋面雨水、雪水的系统。建筑排水系统一般可分为生活污水系统、雨水系统及生产废水系统三类。

1)生活污水系统:用于人们日常生活中的洗浴、洗涤生活污水和粪便污水的排放。

2)雨水系统:用于接纳、排除屋面的雨水、雪水。

3)生产废水系统:用于排除工矿、企业生产过程中所产生的污水、废水。

(3)热水供应系统。热水供应系统一般由加热设备、储存设备和管道组成。

(4)建筑中水系统是中水原水的收集、储存、处理和中水供给等工程设施组成的有机结合体,是建筑物的功能配套设施之一。

2. 通风空调系统

(1)送风系统:由空调器(冷风柜、风机盘管等)、空调机等组成。

(2)回风系统:由通风机、空气过滤器、消声器、风管、风阀等组成。

(3)新风系统:由风口、自动控制装置、供电装置等组成。

(4)排风系统:由风管、风阀、热回收装置等组成。

(5)消声装置:由各种消声器、消声风管、消声屏等组成。

(6)减振装置:由各种减振器、减振基础、减振支吊架、软管等组成。

(7)空气净化装置:由过滤、吸附、吸收等净化装置组成。

3. 建筑电气系统

(1)建筑供配电系统：由变配电室或配电箱、供电线路、用电设备三部分组成。

(2)建筑电气照明系统：由电气系统、照明灯具等组成。

(3)弱电设备：指给房屋提供某种特定功能的弱电设备及装置，主要有通信设备、广播设备、闭路电视系统、自动监控、报警系统以及计算机设备等。

(4)电梯：按用途可分为客梯、货梯、客货两用梯、消防梯、观光梯、自动扶梯等。

(5)电气安全与建筑防雷。

(二)建筑设备的作用

建筑设备的作用可以概括为以下几点：

(1)为建筑创造适当的室内环境，如创造温度环境、湿度环境和空气环境的暖通空调设备，创造声、光环境的电气设备等。

(2)为建筑的使用者提供工作和生活上的便利，如电梯、给水排水系统、通信系统、广播系统等。

(3)增强建筑自身以及使用人员、设备的安全性，如消防系统、保护接地和防雷系统、报警监控系统等。

(4)提高建筑的综合控制性能，如自动空调系统、消火栓、消防泵、自动灭火系统等。

二、建筑设备的发展趋势

近年来，随着经济的飞速发展和人们生活水平的极大改善，我国建筑设备的发展也进入了一个新的时期。新材料、新技术、新工艺的不断涌现，使我国的建筑设备正朝着体积小、自重轻、能耗少、效率高、噪声低、功能多、造型新颖等多方面发展。智能建筑的兴起，对建筑设备提出了更高的要求。计算机网络通信技术、控制技术和信息技术等在建筑设备的制造与系统设计中的广泛应用，将使我国的建筑设备功能更加完善，更具有高效、节能、实用、美观等特色。建筑设备的发展趋势可归结为以下几个方面：

(1)时尚性。现代建筑设备带有非常明显的时代特征。人们对建筑设备开始有了新的认识，建筑设备不是可有可无、可繁可简的附属物，而是建筑功能品质和现代化程度的重要体现。

(2)节能与环保。建筑设备是否先进，不仅要看其是否安全、适用，还要看其是否高效、节能和环保。能耗大和"三废"污染严重的设备早已被淘汰，节能、环保的建筑设备正越来越广泛地得到推广和应用。

(3)综合性。现代建筑设备涉及所有与建筑本身有密切关系的机电设备和信息设备。其种类繁多，功能丰富，技术含量高，包含建筑学、机械学、空气动力学、电学、光学等多种学科知识，有其一定的综合性。

建筑设备是现代建筑不可缺少的有机组成部分，它在整个建筑工程中占有非常重要的地位。对业主而言，建筑的规格和档次的高低，除受建筑面积的大小和环境条件等因素影响外，建筑设备功能的完善程度将是决定性因素之一。目前，在建筑物的总造价中，建筑设备的总投资比例正在日益增大，有的已达到总投资的1/3以上。可以说，在不久的将来，我国的建筑设备一定会得到更快的发展，它将为提高建筑的整体使用价值、改善人们的工作和生活环境做出更大的贡献。

三、学习本课程的意义

"建筑设备"课程是土建专业的一门专业基础课，主要涉及水、暖、电等内容。学习本课程的意义在于掌握和了解建筑设备工程技术的基本知识和一般的设计原则与方法，具备综合考虑和合理处理各种建筑设备与建筑主体之间关系的能力，从而做出实用、经济的建筑设计。

第一章　建筑给水工程

能力目标

1. 根据工程实际，能合理选用建筑给水系统的管材、管件、附件和设备。
2. 根据实际工程，具备布置给水管道的能力，能合理选用建筑中水系统的处理设备。
3. 通过学习、训练，具备分析和解决工程实际问题的能力，能根据工程施工进度协调各专业关系。

知识目标

1. 了解建筑给水系统的分类；掌握建筑给水系统的组成。
2. 掌握建筑给水系统的给水方式。
3. 掌握给水管道的布置形式、布置要求；掌握给水管道的敷设形式、敷设要求；掌握给水管道的防护措施。
4. 掌握给水管材、管件，以及常用附件、水表和给水设备的种类及各自的作用。
5. 了解给水设计流量计算、给水管网水力计算。
6. 了解消火栓给水系统的设置范围；掌握消火栓给水系统的组成。
7. 了解消火栓给水系统的给水方式，了解消火栓的水力计算；掌握消火栓的布置。
8. 了解中水系统的分类；掌握中水系统的组成。
9. 了解建筑物中水水源、建筑小区中水水源的种类；掌握中水原水量的计算。

素养目标

树立严谨的工作态度、遵守规则的意识。

第一节　建筑给水系统

建筑给水系统是将城镇给水管网或自备水源给水管网的水引入室内，经配水管送至生活、生产和消防用水设备，并满足用水点对水量、水压和水质要求的冷水供应系统。

一、建筑给水系统的分类

建筑给水系统按供水用途，可分为生产给水系统、生活给水系统和消防给水系统。

（1）生产给水系统提供生产设备冷却，产品、原料洗涤和各类产品制造过程中所需的生产用水。由于生产工艺不同，系统的种类繁多，生产给水系统也可以再划分为循环给水系统、复用水给水系统、软化水给水系统和纯水给水系统等。

生产用水的水质、水压要符合生产工艺的要求，不同工业的生产工艺对水质要求也有所不同。有的要求达到纯净水的标准，有的要求用去除钙镁离子的饮水，有的相对要求不高。可以采用分质分压给水系统，以求供水可靠、安全、经济合理。

（2）生活给水系统提供人们饮用、盥洗、洗涤、沐浴、烹饪等生活用水。除水量、水压应满足要求外，水质也必须符合国家颁布的生活饮用水的水质标准。

（3）消防给水系统提供用水灭火的各类消防设备用水。消防给水系统对水质要求不高，但要保证水压和水量。

以上系统可独立设置，也可以组成生活—消防、生产—消防、生活—生产和生活—生产—消防等共用给水系统。系统的选择应根据生活、生产、消防等各项用水对水质、水温、水压和水量的要求，结合室外给水系统的供水量、水压和水质等情况，经技术经济比较或采用综合评判法确定。

二、建筑给水系统的组成

图 1-1 所示为某建筑内部给水系统。

建筑给水系统一般由以下几部分组成。

（1）引入管：即自室外给水管将水引入室内的管段，也称进户管。对于一座建筑，引入管是指室外管网进入建筑物的总进水管。为安全起见，对于重要的建筑和小区，宜设两条以上引入管。

（2）水表节点：装置在引入管上的水表及其前后设置的阀门和泄水装置的总称。水表前、后的阀门用于水表检修、拆换时关闭管路，泄水口主要用于系统检修时放空管网的余水。

（3）管道系统：由给水干管、给水立管和给水横支管等组成的给水管网系统。

1）给水干管：连接引入管和各个立管的水平管道。当给水干管位于配水管的下部，通过连接的立管由下向上给水时，称为下行上给式，这时给水干管可直接埋地，或设在室内地沟内或地下室内。当给水干管位于配水管网的上部，通过连接的立管由上向下给水时，称为上行下给式，这时给水干管可明装于顶层的顶棚下面、窗口上面或暗装于吊顶。

2）给水立管：是将干管送来的水沿垂直方向输送到各楼层的给水横管或给水支管的竖直管道。给水立管一般设置在用水量集中的位置，可明装，也可暗装于墙、槽内或管道竖井。暗装主要用于对美观要求较高的建筑物。

3）给水横支管：连接立管与各楼层的水平横管及家庭立支管，直接向各用水点供水的用水管道。

（4）配水装置：各类配水龙头和配水阀门等。

（5）给水附件：管道中调节水量、水压、控制水流方向，以及关断水流，便于管道、仪表和设备检修的各类阀门的设备。

（6）升压和储水设备：当室外给水管网的水量、水压不能满足建筑用水要求，或建筑内用户对供水可靠性、水压稳定性有较高要求时，需要设置升压和储水设备，如水泵、气压给水装置、储水池、高位水箱等。

三、建筑给水系统的给水方式

建筑给水系统的给水方式，是根据用户对水质、水压和水量的要求，室外管网所能提供的水压情况，卫生器具及消防设备在建筑物内的分布，以及用户对供水安全可靠性的要求等因素决定的。工程中常用的给水方式有以下几种。

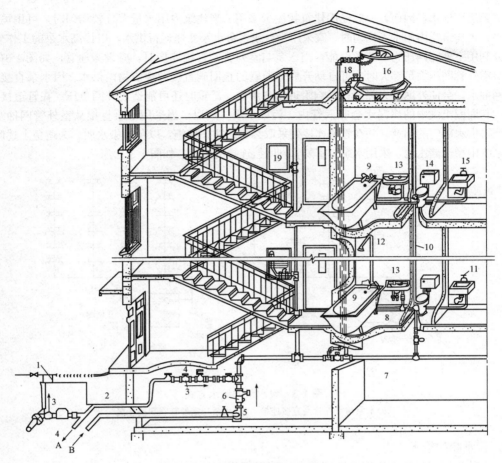

图 1-1 建筑内部给水系统

1—阀门井；2—引入管；3—闸阀；4—水表；5—水泵；6—逆止阀；7—干管；8—支管；
9—浴盆；10—立管；11—水龙头；12—淋浴器；13—洗脸盆；14—大便器；15—洗涤盆；
16—水箱；17—进水管；18—出水管；19—消火栓；A—入储水池；B—来自储水池

1. 直接给水方式

图 1-2 所示为直接给水方式，只要室外给水管网的水压、水量能够满足室内最高和最远点的用水要求，便可采用此种方式。它是一种最简单的无须加压和储水装置的给水方式（也叫作下行上给式），由室外给水管网通过引入管、阀门、水表到干管、立管再到各层用水点。

直接给水方式适用于四层以下的建筑物，也适用于竖向分区供水最低的一个区。

2. 设水泵的给水方式

若一天内室外给水管网压力大部分时间不足，且室内用水量较大又较均匀，则可采用单设水泵的给水方式。此时，因为出水量均匀，水泵工作稳定，所以电能消耗比较经济。这种给水方式适用于生产车

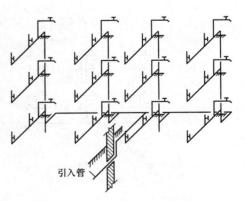

引入管

图 1-2 直接给水方式

间的局部增压给水，因而，一般民用建筑物极少采用。当建筑内用水量大且较均匀时，可用恒速水泵供水；当建筑物内用水不均匀时，宜采用一台或多台水泵变速运行供水，以提高水泵的工作效率。为充分利用室外管网压力，节省电能，当水泵与室外管网直接连接时，应设旁通管，如图1-3(a)所示；当室外管网压力足够大时，可自动开启旁通管的止回阀直接向建筑物内供水。因水泵直接从室外管网抽水，会使外网压力降低，影响附近用户用水，严重时还可能造成外网负压。在管道接口不严时，其周围土壤中的渗漏水会吸入管内，污染水质。所以，当采用水泵直接从室外管网抽水时，必须征得供水部门的同意，并在管道连接处采取必要的防护措施，以免污染水质。为避免上述问题，可在系统中增设储水池，采用水泵与室外管网间接连接的方式，如图1-3(b)所示。

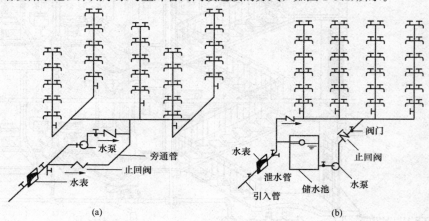

图1-3 设水泵的给水方式

(a)水泵与室外管网直接连接；(b)水泵与室外管网间接连接

3. 设水箱的给水方式

当市政管网提供的水压周期性不足时，可采用设水箱的给水方式。当低峰用水时(一般在夜间)，利用室外管网提供的水压，直接向建筑内部给水系统供水并向水箱进水，水箱储水；当高峰用水时(一般白天)，室外管网提供的水压不足，由水箱向建筑内部给水系统供水，如图1-4(a)所示；当室外给水管网的水压偏高或不稳定时，为保证建筑内给水系统的工况良好或满足稳压供水的要求，也可采用设水箱的给水方式，以达到调节水压和水量的目的，如图1-4(b)所示。

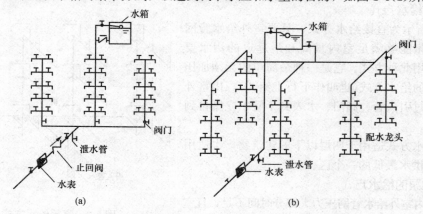

图1-4 设水箱的给水方式

(a)室外管网水压周期性不足时；(b)室外管网水压偏高或不稳定时

4. 设水泵和水箱的联合给水方式

当室外给水管网中的压力低于或周期性低于建筑内部给水管网所需的水压，而且建筑内部用水量又很不均匀时，宜采用设置水泵和水箱的联合给水方式，如图1-5所示。

5. 竖向分区供水的给水方式

在层数较多的建筑物中，当室外给水管网的水往往只能供到建筑物下面几层，而不能供到建筑物上层，为了充分有效地利用室外管网的水压，常将建筑物分成上、下两个供水区，如图1-6所示。下区直接在城市管网压力下工作，上区则由水泵水箱联合给水（水泵水箱按上区需要考虑）。两个供水区之间可由一根或几根立管连通，在分区处装设阀门，必要时可使整个管网全部由水箱供水或由室外管网直接向水箱充水。如果设有室内消防，消防水泵则要按上、下两个供水区用水考虑。

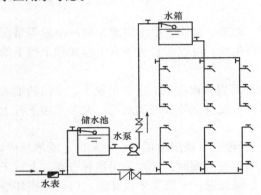

图1-5　设水泵和水箱的联合给水方式

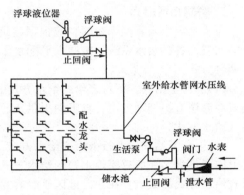

图1-6　分区给水方式

6. 设气压给水装置的给水方式

在室外管网水压经常不足，而建筑内又不宜设置高位水箱或设置水箱确有困难的情况下，可装设气压给水装置。气压给水装置是利用密闭压力水罐内空气的可压缩性储存、调节和压送水量的给水装置，其作用相当于高位水箱和水塔，如图1-7所示。水泵从储水池或由室外给水管网吸水，经加压后送至给水系统和气压水罐，停泵时，再由气压水罐向室内给水系统供水，并由气压水罐调节、储存水量及控制水泵运行。

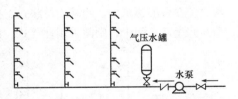

图1-7　设气压给水装置的给水方式

以上是几种常用的基本给水方式。需要指出的是，室内给水系统没有固定的方式，在设计时可以根据具体情况，采用其中某一种或综合几种而组合成适用的给水方式。

四、室内给水管道的布置与敷设

（一）管道布置与敷设的形式

1. 引入管的布置形式

一般情况下，每个建筑物的引入管设置为一条，如果建筑物对供水安全性要求高或不允许间断供水，应不少于两条引入管，且由市政管网不同侧引入，如图1-8所示；如只能由建筑物的同侧引入，则相邻两引入管的间距不得小于10 m，并应在接点设阀门，如图1-9所示。

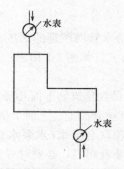

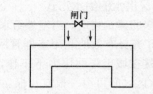

图 1-8　引入管由建筑物不同侧引入　　　　图 1-9　引入管由建筑物同侧引入

2. 管网布置形式

设计室内给水管网系统时，应根据建筑物性质、标准、结构、用水要求、用户位置等情况合理布置。各种给水系统，按照水平配水干管的敷设位置，可以布置成下行上给式和上行下给式两种方式。

（1）下行上给式。下行上给式给水方式的水平干管可以敷设在地下室的吊顶下、专门的地沟内或在底层直接埋地敷设，自下向上供水。民用建筑直接由室外管网供水时，大多采用下行上给式给水方式。

（2）上行下给式。上行下给式给水方式的水平干管敷设于顶层吊顶下、平屋顶上或吊顶中，自上向下供水。一般有屋顶水箱的给水方式或下行布置有困难时，常常采用这种方式。上行下给式给水方式的缺点：在寒冷地区干管容易冻结，必须保温；干管发生损坏漏水时，将损坏墙面和室内装修，维修困难，施工质量要求较高。因此，在没有特殊要求或敷设困难时，一般不宜采用这种管路形式。

另外，按照用户对供水可靠程度的要求不同，室内给水管网的布置方式又可分为枝状式和环状式。在一般建筑中，均采用枝状式。在任何时间都不允许间断供水的大型公共建筑、高层建筑和某些生产车间中，则需采用环状式。环状式又分为水平环状式（图 1-10）和垂直环状式（图 1-11）。

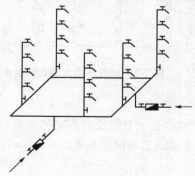

图 1-10　水平环状式

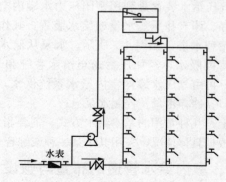

图 1-11　垂直环状式

3. 管道敷设形式

根据建筑物性质和卫生标准要求，室内给水管道敷设可分为明装和暗装两种形式。

（1）明装是指管道在建筑物内沿墙、梁、柱、地板暴露敷设。这种敷设方式造价低、安装维修方便，但由于管道表面积灰，易产生凝结水而影响环境卫生，也有碍室内美观。一般的民用建筑和大部分生产车间内的给水管道均采用明装。

（2）暗装是指管道敷设在地下室的吊顶下或吊顶中，以及管沟、管道井、管槽和管廊内。这种敷设方式能使室内整洁、美观，但施工复杂，维护管理不便，工程造价高。标准较高的民用建筑、宾馆及工艺要求较高的生产车间（如精密仪器车间、电子元件车间）内的给水管道，一般采用暗装。

（二）管道布置与敷设的要求

给水管道受建筑结构、用水要求、配水电和室外给水管道的位置，以及供暖、通风空调、供电等其他建筑设备工程管线等布置因素影响。布置与敷设管道时，应处理和协调好各种相关因素的关系，注意以下几点：

（1）室内给水管道不应穿越变配电房、电梯机房、通信机房、大中型计算机房、计算机网络中心、音像库房等遇水会损坏设备和引发事故的房间，并应避免在生产设备上方通过。

（2）室内给水管道的布置，不得妨碍生产操作、交通运输和建筑物的使用。

（3）室内给水管道不得布置在遇水会引起燃烧、爆炸的原料、产品和设备的上面。

（4）埋地敷设的给水管应避免布置在可能受重物压坏处。管道不得穿越生产设备基础，在特殊情况下必须穿越时，应采取有效的保护措施。

（5）塑料给水管道在室内宜暗设。明设时立管应布置在不易受撞击处，不能避免时，应在管外加保护措施。

（6）塑料给水管道不得布置在灶台上边缘，明设的塑料给水立管距离灶台边缘不得小于 0.4 m，距燃气热水器边缘不宜小于 0.2 m。达不到此要求时，应有保护措施。塑料给水管道不得与水加热器或热水炉直接连接，应有不小于 0.4 m 的金属管段过渡。

（7）室内给水管道上的各种阀门，宜装设在便于检修和便于操作的位置。

（8）建筑物内埋地敷设的生活给水管与排水管之间的最小净距，平行埋设时不宜小于 0.50 m；交叉埋设时不应小于 0.15 m，且给水管应在排水管的上面。

（9）给水管道的伸缩补偿装置，应按直线长度、管材的线膨胀系数、环境温度和管内水温的变化、管道节点的允许位移量等因素经计算确定。应利用管道自身的折角补偿温度变形。

（10）当给水管道结露会影响环境，使装饰、物品等受损害时，给水管道应做防结露保冷层。

（11）给水管道暗设时，应符合下列要求：

1）不得直接敷设在建筑物结构层内；

2）干管和立管应敷设在吊顶、管井、管窿内，支管宜敷设在楼（地）面的垫层内或沿墙敷设在管槽内；

3）敷设在垫层或墙体管槽内的给水支管的外径不宜大于 25 mm；

4）敷设在垫层或墙体管槽内的给水管管材宜采用塑料、金属与塑料复合管材或耐腐蚀的金属管材；

5）敷设在垫层或墙体管槽内的管材，不得有卡套式或卡环式接口，柔性管材宜采用分水器向各卫生器具配水，中途不得有连接配件，两端接口应明露。

（三）管道的防护

要使管道系统能够在较长年限内正常工作，除加强日常维护管理外，还应在设计和施工过程中采取防腐、防冻、防结露和防噪声措施。

1. 防腐

无论是明装还是暗装的给水管道，除镀锌钢管和塑料管道外，必须进行管道防腐。进行管道防腐最简单的办法是刷油：把管道外壁除锈打磨干净，先涂刷底漆，然后涂刷面漆。对于不需要装饰的管道，面漆可刷银粉漆；对于需要装饰和标志的管道，面漆可刷调和漆或铅油，管道颜色应与房间装修要求相适应。暗装管道可不涂刷面漆。埋地管道一般应先刷冷底子油，再用沥青涂层等方法处理。

2. 防冻

室内温度低于 0 ℃处的给水管道，如敷设在不采暖房间的管道，以及安装在受室外冷空气影响的门厅、过道处的管道应考虑保温防冻。管道安装完毕，经水压试验和管道外表面除锈并刷防锈漆后，应采取保温防冻措施。

3. 防结露

在环境温度较高、空气湿度较大的房间(如厨房、洗衣房和某些生产车间等)或管道内水温低于室内温度时，管道和设备外表面可能产生凝结水而引起管道和设备的腐蚀，影响使用和破坏室内卫生，故必须采取防结露措施，其做法一般与保温层的做法相同。

4. 防噪声

管网或设备在使用过程中经常会产生噪声，噪声能沿着建筑物结构或管道传播。防噪声的主要措施如下：

(1)在建筑设计时，使水泵房、卫生间不靠近卧室及其他需要安静的房间，必要时可做隔声墙壁。

(2)在布置管道时，应避免管道沿着卧室或与卧室相邻的墙壁敷设。

(3)为了防止附件和设备上产生噪声，应选用质量良好的配件、器材及可曲挠橡胶接头等。另外，提高水泵机组装配和安装的准确性，采用减振基础及安装隔振垫等措施，也能减弱或防止噪声的传播。

第二节 建筑给水管材、附件及设备

一、给水管材、管件及连接方法

(一)常用给水管材

常用给水管材一般有钢管、铜管、塑料管、铸铁管和复合管等。需要注意的是，生活用水的给水管必须是无毒的。

1. 钢管

钢管是给排水设备工程中应用最广泛的金属管材。钢管可分为焊接钢管和无缝钢管。

(1)焊接钢管。焊接钢管又称水煤气管或黑铁管，通常由卷成管形的钢板、钢带以对缝或螺旋缝形式焊接而成，故又称为有缝钢管。焊接钢管的规格用公称直径表示，符号为 DN，单位为 mm。焊接钢管按其表面是否镀锌可分为镀锌钢管(白铁管)和非镀锌钢管(黑铁管)；按钢管壁厚不同又可分为普通焊接钢管、加厚焊接钢管和薄壁焊接钢管。

(2)无缝钢管。无缝钢管是指用钢坯经穿孔轧制或拉制成的钢管，常用普通碳素钢、优质碳素钢或低合金钢制造而成。它具有承受高压及高温的能力，常用于输送高压气体、高温热水、易燃易爆及高压流体等介质。因同一口径的无缝钢管有多种壁厚，故无缝钢管规格一般不用公称直径表示，而用"D(管外径，单位为 mm)×壁厚(单位为 mm)"表示，如 $D159×4.5$ 表示管外径为 159 mm、壁厚为 4.5 mm 的无缝钢管。

钢管具有强度高、承受内压力大、抗振性能好、自重比铸铁管轻、接头少、内外表面光滑、容易加工和安装等优点。但是，其抗腐蚀性能差，造价较高。钢管镀锌的目的是防锈、防腐，不使水质变坏，延长使用年限。

2. 铜管

铜管的优点：耐压强度高、韧性好，具有良好的延展性、抗振性和抗冲击性等机械性能；化学性能稳定，耐腐蚀，耐热；内壁光滑，流动阻力小，有利于降低能耗；卫生性能好，可以抑制某些细菌生长。由于给水系统用铜管造价偏高，因此，建筑给水所用铜管为薄壁纯铜管，其口径为 15～200 mm。铜管的连接可采用钎焊连接、沟槽连接、卡套连接、卡压连接等方式。

3. 塑料管

近年来，各种各样的塑料管逐渐代替钢管被应用在设备工程中。其优点是品种较多、化学性能稳定、耐腐蚀、自重轻、管内壁光滑、加工安装方便等。常用的塑料管材有硬聚氯乙烯塑料管、聚乙烯管、交联聚乙烯管、聚丙烯管、聚丁烯管等。

(1)硬聚氯乙烯塑料管。目前，用得最多的塑料管是硬聚氯乙烯塑料管，也称 UPVC 管。其具有化学性能稳定、耐腐蚀、物理机械性能好、无不良气味、质轻而坚、可制成各种颜色等优点。但是其强度较低，耐久、耐温性能较差。我国生产的硬聚氯乙烯塑料管规格见表 1-1。

表 1-1　硬聚氯乙烯塑料管规格

外径/mm	轻　　型			重　　型		
	壁厚/mm	近似质量		壁厚/mm	近似质量	
		kg/m	每根/kg		kg/m	每根/kg
10				1.5	0.06	0.24
12				1.5	0.07	0.28
16				2.0	0.13	0.53
20				2.0	0.17	0.68
25	1.5	0.17	0.68	2.5	0.27	1.07
32	1.5	0.22	0.88	2.5	0.35	1.40
40	2.0	0.36	1.44	3.0	0.52	2.10
51	2.0	0.45	1.80	3.5	0.77	3.09
65	2.5	0.71	2.84	4.0	1.11	4.47
76	2.5	0.85	3.40	4.0	1.34	5.38
90	3.0	1.23	4.92	4.5	1.82	7.30
110	3.5	1.75	7.00	5.5	2.71	10.90
125	4.0	2.29	9.16	6.0	3.35	13.50
140	4.5	2.88	11.50	7.0	4.38	17.60
160	5.0	3.65	14.60	8.0	5.72	23.00
180	5.5	4.52	18.10	9.0	7.26	29.20
200	6.0	5.48	21.90	10.0	9.00	36.00

轻型硬聚氯乙烯塑料管用于工作压力小于 0.6 MPa 的管路，重型硬聚氯乙烯塑料管用于工作

压力小于 1.0 MPa 的管路。对于输送腐蚀性液体的管道和大便器、大便槽、小便槽用的冲洗管，宜采用硬聚氯乙烯塑料管。给水塑料管的连接，有螺纹连接、焊接、法兰连接和粘接等方法。

(2)聚乙烯管。聚乙烯管又称 PE 管，包括高密度聚乙烯管和低密度聚乙烯管。其优点是自重轻、韧性好、耐腐蚀、可盘绕、耐低温性能好、运输及施工方便、具有良好的柔性和抗蠕变性，在建筑给水中得到广泛应用。目前，国内产品的规格为 $DN16\sim DN160$，最大可达 $DN400$。

(3)交联聚乙烯管。交联聚乙烯是通过化学方法使普通聚乙烯的线性分子结构改成三维交联网状结构，也称为 PEX 管。交联聚乙烯管具有强度高、韧性好、抗老化(使用寿命达 50 年以上)、温度适应范围广(-70~110 ℃)、无毒、不滋生细菌、安装维修方便、价格适中等优点。其常用规格为 $DN10\sim DN32$，少量可达到 $DN63$，主要用于建筑室内热水给水系统。

(4)聚丙烯管。聚丙烯管也称为 PP 管，普通聚丙烯材质有一个显著缺点，即耐低温性差，在 50 ℃以下因脆性太大而难以正常使用。通过共聚合的方式可以使聚丙烯性能得到改善。聚丙烯管有三种，为均聚聚丙烯管、嵌段共聚聚丙烯管、无规共聚聚丙烯管。目前，市场上用得较多的是嵌段共聚聚丙烯管和无规共聚聚丙烯管。

(5)聚丁烯管。聚丁烯管是采用高分子树脂制成的高密度塑料管，也称为 PB 管。其管材质软、耐磨、耐热、抗冻、无毒无害、耐久性好、自重轻、施工安装简单，公称压力可达 1.6 MPa，能够在-20~95 ℃条件下安全使用，适用于冷、热水系统。

4. 给水铸铁管

给水铸铁管与钢管比较，具有耐腐蚀性强、使用寿命长、价格低等优点，其缺点是自重大、长度小，适宜做埋地管道。

5. 复合管

复合管是金属与塑料混合型管材，它综合了金属管材和塑料管材的优势，可分为铝塑复合管和钢塑复合管两类。

(1)铝塑复合管。铝塑复合管的内、外壁是塑料层，中间夹以铝合金层，通过挤压成型的方法复合而成，可分为冷水用铝塑管、热水用铝塑管和燃气用复合管。铝塑复合管除具有塑料管的优点外，还具有耐压强度高、耐热、可挠曲、接口少、施工方便、美观等优点。铝塑复合管可广泛应用于建筑室内冷、热水供应和地面辐射供暖。

(2)钢塑复合管。钢塑复合管是在钢管内壁衬(涂)上一定厚度的塑料层复合而成的，依据复合管基材的不同，可分为衬塑复合管和涂塑复合管两种。衬塑钢管是在传统的输水钢管内插入一根薄壁的 PVC 管，使两者紧密结合，就成了 PVC 衬塑钢管；涂塑钢管是以普通碳素钢管为基材，将高分子 PE 粉末熔融后均匀地涂敷在钢管内壁，经塑化后，形成光滑、致密的塑料涂层。

钢塑复合管兼具金属管材强度高、耐高压、能承受较强的外来冲击力和塑料管材的耐腐蚀性、不结垢、导热系数低、流体阻力小等优点。

(二)常用给水管件

不同管道应采用与之相应的管件，管件是管道配件的简称，其是指在管道系统中起连接、变径、转向和分支等作用的零件。常用的管件有钢管管件、塑料管件、可锻铸铁管件、铝塑复合管管件等。

1. 钢管管件

钢管管件包括管箍、弯头、三通、四通、异径管箍、活接头、内外螺纹管接头、外接头等，如图 1-12 所示。现将它们的作用分述如下。

(1)管箍：又称管接头、内丝、束结，用于直线连接两根公称直径相同的管子。

(2)活接头：又称由任，作用与管箍相同，但比管箍装拆方便，用于需要经常装拆或两端已经固定的管路上。

（3）异径管箍：又称异径管接头、大小头，用来连接两根公称直径不同的直线管子，使管路直径缩小或放大。

（4）内外螺纹管接头：又称补心，用于直线管路变径处。与异径管箍的不同点在于它的一端是外螺纹，另一端是内螺纹，外螺纹一端通过带有内螺纹的管配件与大管径管子连接，内螺纹一端则直接与小管径管子连接。

（5）90°弯头：又称正弯，用于连接两根公称直径相同的管子，使管路做90°转弯。

（6）45°弯头：又称直弯，用于连接两根公称直径相同的管子，使管路做45°转弯。

（7）异径弯头：又称大小弯，用于连接两根公称直径不同的管子并使管路做90°转弯。

（8）等径三通：供由直管中接出垂直支管时用，连接的三根管子公称直径相同。

（9）异径三通：包括中小及中大三通，作用与等径三通相似。当支管的公称直径小于直管的公称直径时，用中小三通；当支管的公称直径大于直管的公称直径时，用中大三通。

（10）等径四通：用来连接四根公称直径相同并呈垂直相交的管子。

（11）异径四通：与等径四通相似，但管子的公称直径有两种，其中相对的两根管子公称直径是相同的。

（12）外接头：又称双头外丝、短接，用于连接距离很短的两个公称直径相同的内螺纹管件或阀件。

（13）外放堵头：又称管塞或丝堵，用于堵塞管配件的断头或管道预留管口。

（14）管帽：用于堵塞管子断头，管帽带有内螺纹。

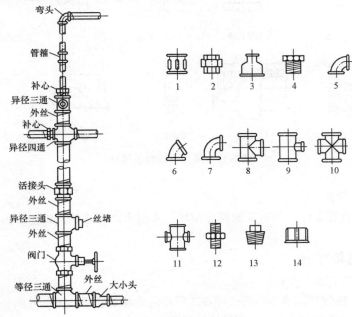

图1-12　常用的钢管螺纹连接配件

1—管箍；2—活接头；3—异径管箍；4—补心；5—90°弯头；6—45°弯头；7—异径弯头；
8—等径三通；9—异径三通；10—等径四通；11—异径四通；12—外接头；13—丝堵；14—管帽

2. 塑料管件

塑料管件按连接方式不同可分为粘接式承口管件、弹性密封式承口管件、螺纹接头管件和法兰连接管件。

3. 可锻铸铁管件

可锻铸铁管件在室内给水、供暖、燃气等工程中应用广泛，配件规格为 $DN6 \sim DN150$，与管子均采用螺纹连接，有镀锌管件和非镀锌管件两类，如图 1-13 所示。

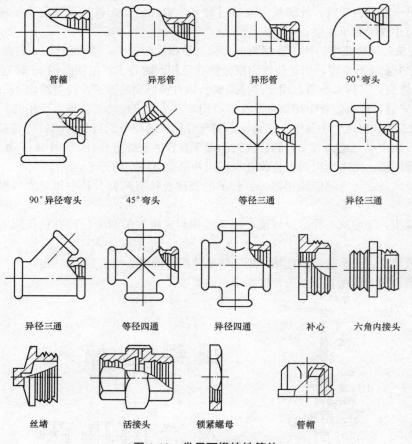

| 管箍 | 异形管 | 异形管 | 90°弯头 |

| 90°异径弯头 | 45°弯头 | 等径三通 | 异径三通 |

| 异径三通 | 等径四通 | 异径四通 | 补心 | 六角内接头 |

| 丝堵 | 活接头 | 锁紧螺母 | 管帽 |

图 1-13　常用可锻铸铁管件

4. 铝塑复合管管件

给水用铝塑复合管管件一般用黄铜制造而成，采用卡套式连接。铝塑管的铜阀和铜管件如图 1-14 所示。

(三)管道的连接方法

管道的连接方法有以下几种：

(1)螺纹连接。螺纹连接是指在管子端部按照规定的螺纹标准加工而成的外螺纹，与带有内螺纹的管件拧接在一起的连接方法。螺纹连接适用于公称直径≤100 mm 的镀锌钢管和普通钢管的连接。

(2)法兰连接。法兰连接是指管道通过连接件(法兰)及紧固件(螺栓)、螺母的紧固，压紧中间的法兰垫片而使管道连接起来的一种连接方法。法兰连接用于需要经常检修的阀门、水表和水泵等与管道之间的连接。法兰连接的优点是接合强度高、严密性好、拆卸安装方便，但其耗用钢材多、工时多、价格高、成本高。

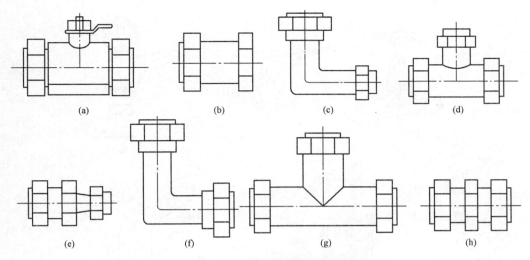

图 1-14　铝塑管的铜阀和铜管件

(a)球阀；(b)堵头；(c)异径弯头；(d)异径三通；(e)异径外接头；

(f)等径弯头；(g)等径三通；(h)等径外接头

（3）焊接。焊接是用电焊或氧-乙炔焊将两段管道连接在一起，是管道安装工程中应用最为广泛的连接方法。其优点是接头紧密、不漏水、无须配件、施工迅速，缺点是无法拆卸。

（4）承插连接。承插连接是将管子或管件的插口(小头)插入承口(喇叭口)，并在其插接的环形间隙内填以接口材料的连接方法。一般铸铁管、塑料管、混凝土管都采用承插连接。

（5）卡套式连接。卡套式连接是指使用锁紧螺母和带螺纹管件将管材压紧于管件上的一种连接形式。其广泛应用于复合管、塑料管和 $DN{>}100$ mm 的镀锌钢管的连接。

二、常用的给水附件和水表

(一)常用的给水附件

给水附件是对安装在管道及设备上的启闭和调节装置的总称。给水附件一般分为配水附件和控制附件两大类。

1. 配水附件

配水附件是指装在给水支管末端，供卫生器具或用水点放水用的各式水龙头，用来调节和分配水流。常见的水龙头如图 1-15 所示。

（1）球阀式配水水龙头。水流经过此种水龙头时流向改变，故压力损失较大。球阀式配水水龙头装设在洗涤盆、污水盆和盥洗槽上。

（2）旋塞式配水水龙头。这种水龙头旋塞旋转 90°时，即完全开启，短时间可获得较大的流量。由于水流呈直线通过，故其阻力较小。其缺点是启闭迅速时易产生水锤，一般用于浴室、洗衣房、开水间等配水点处。

（3）盥洗水龙头。这种水龙头装设在洗脸盆上，用于专门供给冷水、热水，有连蓬头式、角式、喇叭式、长脖式等多种形式。

（4）混合水龙头。这种水龙头是将冷水、热水混合调节为温水的水龙头，供盥洗、洗涤、沐浴等使用。

除上述水龙头外，还有许多特殊用途的水龙头，如小便器水龙头、充气水龙头和自动水龙头等。

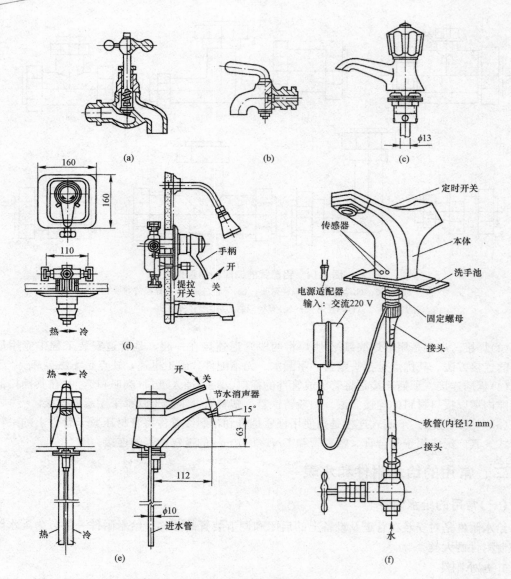

图 1-15　常见的水龙头

(a)球阀式配水水龙头；(b)旋塞式配水水龙头；(c)普通洗脸盆配水水龙头；

(d)单手柄浴盆水龙头；(e)单手柄洗脸盆水龙头；(f)自动水龙头

2. 控制附件

控制附件用来调节水量和水压、关断水流等，如闸阀、截止阀、旋塞阀、止回阀、浮球阀和安全阀等，如图 1-16 所示。

(1)闸阀。该阀全开时，水流呈直线通过，压力损失小，但水中杂质沉积阀座时，阀板关闭不严，易产生漏水现象。管径大于 50 mm 或双向流动的管段宜采用闸阀。

(2)截止阀。截止阀结构简单，密封性好，维修方便，但水流在通过阀门时需要改变方向，阻力较大，一般用于管径不大于 50 mm 的管道或经常启闭的管道上。

(3)旋塞阀。旋塞阀绕其轴线转动 90°即全开或全闭。旋塞阀具有结构简单、启用迅速、操

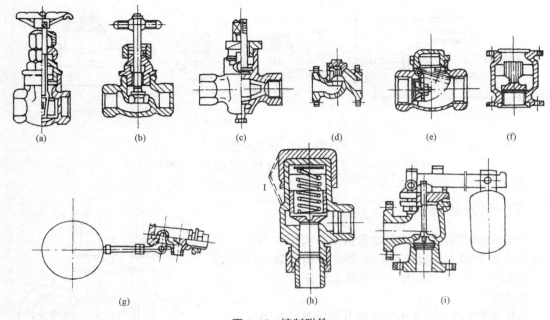

图 1-16　控制附件

(a)闸阀；(b)截止阀；(c)旋塞阀；(d)升降止回阀；(e)旋启式止回阀；

(f)立式升降止回阀；(g)浮球阀；(h)弹簧式安全阀；(i)单杠杆微启式安全阀

作方便、阻力小的优点，其缺点是密封面维修困难，在流体参数较高时旋转灵活性和密封性较差，多用于低压、小口径管及介质温度不高的管路。

(4)止回阀。止回阀用以控制水流只能沿一个方向流动，阻止反向流动，安装时应使水流方向与阀体上的箭头方向一致。止回阀按结构形式分为升降式和旋启式两种。升降式只能用在水平管道上，而旋启式既可用在水平管道上，也可用在垂直管道上。

(5)浮球阀。浮球阀是一种利用液位变化自动控制水箱、水池水位的阀门，多装在水箱或水池内。其缺点是体积较大，阀芯易卡住引起关闭不严而溢水。

(6)安全阀。安全阀是一种安保器材。在管网中安装此阀可以避免管网、用具或密闭水箱超压遭到破坏，其一般可分为弹簧式和杠杆式两种。

(二)水表

水表是一种计量建筑物用水量的仪表。对于需要单独计量用水量的建筑物，应在给水引入管上装设水表。常用的是流速式水表。流速式水表是根据管径一定时，通过水表的水流速度与流量成正比的原理来测量的。水流通过水表时推动翼轮旋转，翼轮轴传动一系列联动齿轮(减速装置)，再传递到记录装置，在刻度盘指针指示下便可读到流量的累积值。

流速式水表按叶轮构造不同分为旋翼式和螺翼式。旋翼式的翼轮转轴与水流方向垂直，水流阻力较大，多为小口径水表，宜用于测量小的流量；螺翼式的翼轮转轴与水流方向平行，阻力较小，适用于大流量的大口径水表。两种水表的示意图如图 1-17 所示。

流速式水表按其计数机件所处状态可分为干式和湿式两种。干式水表的计数机件用金属圆盘与水隔开；湿式水表的计数机件浸在水中。湿式水表的机件简单，计量准确，但只能用在水中不含杂质的管道上。

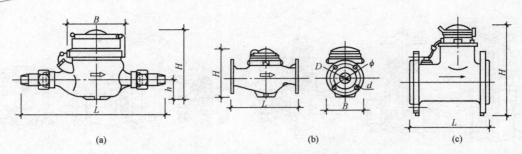

图 1-17　水表示意

(a)旋翼式水表(丝接)；(b)旋翼式水表(法兰连接)；(c)螺翼式水表

三、给水设备

当建筑物较高，而城市给水管网的供水压力不足以满足建筑物的水压要求时，需要设置如水泵、水箱、储水池、气压给水装置等升压给水设备。

1. 水泵

水泵是建筑给水系统中的主要升压设备。在建筑给水系统中，一般采用离心式水泵，简称离心泵。离心泵通过离心力的作用来输送和提升液体，其结构如图 1-18 所示。

(1)离心泵的工作原理。开泵前要排除泵内空气，使泵壳和水管充满水，当叶轮高速转动时，在离心力的作用下，叶轮间的水就会被甩入泵壳获得动能和压能，因为泵壳的断面是逐渐扩大的，所以，水流入泵壳后，流速逐渐减小，部分动能转化为压能，因而流入压水管的水具有较高的压力。

(2)离心泵的基本工作参数。

1)流量。水泵在单位时间内输送水的体积称为水泵的流量，以符号 Q 表示，单位为 m^3/h 或 L/s。

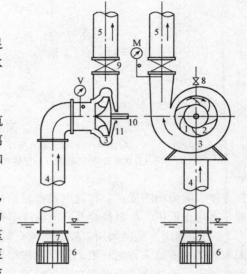

图 1-18　离心泵结构

1—工作轮；2—叶片；3—泵壳(压水室)；
4—吸水管；5—压水管；6—拦污栅；7—底阀；
8—加水漏斗；9—阀门；10—泵轴；11—填料函
M—压力计；V—真空计

2)扬程。单位质量的水在通过水泵以后获得的能量称为水泵的扬程，用符号 H_P 表示，单位一般用高度单位 m，也有用 kPa 或 MPa 的。

3)功率。水泵的功率是水泵在单位时间内所做的功，也就是单位时间内通过水泵的液体所获得的能量，水泵的这个功率称为有效功率，以符号 N 表示，单位为 kW。电动机通过泵轴传递给水泵的功率称为轴功率，以符号 $N_{轴}$ 表示。

(3)水泵扬程的确定。

1)水泵直接从室外配水管中吸水时：

$$H_P = H + h_P - H_o \tag{1-1}$$

式中　H_P——水泵的扬程(m)；

　　　H——建筑物所需供水总水头(m)；

　　　h_P——泵站内的水头损失(m)；

　　　H_o——城镇配水管网内的水头(m)。

2）水泵从储水池中抽水时：

$$H_{\mathrm{P}} = H_1 + \sum h + H_{\mathrm{f}} \tag{1-2}$$

式中　H_1——由储水池最低水位到最不利点的垂直高度(m)；

　　　$\sum h$——管道的总水头损失(m)；

　　　H_{f}——最不利用水点的工作水头(m)。

（4）水泵的设置。水泵机组一般设置在专门的水泵房内。水泵房应有良好的通风、采光、防冻和排水措施。在要求防振、安静的房间周围不要设置水泵。泵房内水泵机组的布置要便于起吊设备的操作，管道的连接要力求管线短、弯头少，间距要保证检修时能拆卸、放置电动机和泵体，并满足维护要求。水泵机组应设高度不小于 0.1 m 的独立基础，水泵基础不得与建筑物基础相连。每台水泵应设独立的吸水管，以避免相邻水泵吸水时互相影响。当多台水泵共用吸水管时，吸水管应从管顶平接。在水泵出水管上要设置阀门、止回阀和压力表时，应有防水锤的措施。为减小噪声，在水泵及其吸水管和压水管上均应设隔振装置，通常可采用在水泵机组的基础下面设橡胶、弹簧减震器或橡胶隔振垫，在吸水管和压水管上装设可曲挠橡胶接头等装置。

2. 水箱

建筑物室内给水系统中，在需要增压、稳压、减压或需要储存一定的水量时，均可设置水箱。水箱形状通常为圆形和矩形，制作材料有钢板、钢筋混凝土或玻璃钢等。

（1）水箱的配管。水箱配管由带水位控制阀的进水管、出水管、溢流管、泄水管、信号管及通气管组成。水箱的构造如图 1-19 所示。

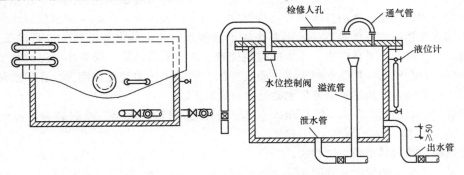

图 1-19　水箱的平、剖面及接管示意

1）进水管。每个浮球阀前应设置检修阀门，便于浮球阀检修。浮球阀一般不应少于两个，进水管距离箱顶 200 mm。

2）出水管。可与进水管共用，设单向阀以避免将沉淀物冲起。

3）溢流管。管高于最高液位 50 mm，管径比进水管大 1～2 号，到箱底以下可与进水管同径。不设阀门，溢流管不能直接接入下水道。

4）泄水管。泄水管为泄空或洗刷排污用，从箱底最低处接出，设阀门，管径由排空时间长短确定，一般为 40～50 mm，可与溢流管相连。

5）信号管。它是反映水位控制阀失灵报警的装置，安装在水箱壁的溢流口以下 10 mm 处，管径为 15～20 mm。信号管的另一端通到值班室，以便随时发现水箱浮球阀失灵而能够及时进行修理。

6）通气管。它是保证排水管道与大气相通，以避免在排水管中因局部满流而致使设备排水管的水封被破坏，或产生喷射的装置。通气管设置在水箱盖上，管口下弯并设滤网，管径不小于 50 mm。

(2)水箱的设置。水箱一般设置在顶层房间、闷顶或平屋顶上的水箱间内。水箱间的净高不得小于 2.2 m，采光、通风良好，保证不冻结，有冻结危险时，要采取保温措施。水箱的承重结构应为不燃烧材料。水箱应加盖、不得污染。

3. 储水池

当不允许水泵直接从室外给水管网抽水时，应设储水池，水泵从储水池中抽水向建筑内供水。储水池可由钢筋混凝土制造，也可由钢板焊制，形状多为圆形和矩形，也可以根据现场情况设计成任意形状。

储水池可布置在独立水泵房屋顶上，成为高架水池；也可单独布置在室外，成为地面水池或地下水池，或室内地下室的地面水池。无论如何布置，一般均使水泵启动时呈自灌状态。不宜采用建筑物地下室的基础结构本体兼作水池的池壁或池底，以免产生裂缝渗漏污染水质。设计采用室外地下式水池时，水池的溢流水位应高于地面，且溢流管要采用间接排水，以防止下水道的污水倒灌入水池。水池的进水管和水泵的吸水管应设在水池的两端，以保证池内储水经常流动，防止产生死水腐化变质；设在一端时应在池内加导流墙。在消防和生活合用一个水池时，应采取技术措施，既要使池内水保持流动，又要保证消防储水平时不被生活水泵动用。容积大于 500 m³ 的水池应分成两格，以便清洗和检修时不停水。水池应设带有水位控制阀的进水管、溢水管、排水管、通气管、水位显示器或水位报警装置、检修人孔等。

4. 气压给水装置

气压给水装置是水泵与气压罐的联合工作装置，水泵在向楼层供水的同时，还须将水压入存有压缩空气的密闭罐，罐内存水增加，压缩空气的体积被压缩，达到一定水位时水泵停止工作，罐内的水在压缩空气的推动下，向各个用水点供水。气压给水装置的优点是建设速度快，便于隐藏，容易拆迁，灵活性大，不影响建筑美观，水质不易污染，噪声小。但这种装置的调节能力小，运行费用高，耗用钢材较多，而且变压力的供水压力变化幅度大，在用水量和水压稳定性要求较高时，使用这种装置供水会受到一定的限制。

(1)气压给水装置的组成。气压给水装置一般由密封罐、水泵、控制装置、补气设施等组成。

1)密封罐：其内部充满空气和水。

2)水泵：将水送到罐内及管网。

3)控制装置：用以启动水泵等装置。

4)补气设施：如空气压缩机等补充空气的设施。

(2)气压给水装置的分类。气压给水装置可分为多罐式和单罐式两种，图 1-20 所示为单罐变压式气压给水装置。

1)按罐内压力变化情况分类。

①变压式气压给水装置。其罐内空气随供水情况而变化，给水压力有一定波动，主要用于用户对水压没有严格要求时。

②定压式气压给水装置。这类装置可在变压式气压给水装置的出水管上安装调压阀，从而使阀后水压保持稳定。在向建筑给水系统送水的过程中，水压基本稳定。

2)按气压水罐的形式分类。

①补气式气压给水装置。其气压水罐中气、水直接接触，在运行过程中，部分气体会溶于水中，气体将逐渐减少，罐内压力随之下降，时间稍长，就不能满足设计要求。为保证系统正

常工作，需设补气装置。

②隔膜式气压给水装置。在气压水罐中设置帽形或胆囊形（胆囊形优于帽形）弹性隔膜，两类隔膜均固定在罐体法兰盘上，如图 1-21 所示。隔膜将气、水分离，既可使气体不溶于水中，又可使水质不易被污染，所以不需要设置补气装置。

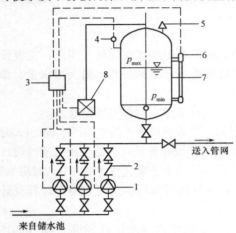

图 1-20　单罐变压式气压给水装置

1—水泵；2—止回阀；3—控制器；

4—压力继电器；5—安全阀；6—液位信号器；

7—气压水罐；8—空气压缩机

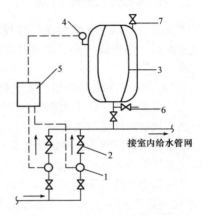

图 1-21　隔膜式气压给水装置

1—水泵；2—止回阀；3—隔膜式气压水罐；

4—压力信号器；5—控制器；

6—泄水阀；7—安全阀

第三节　给水管网计算

一、建筑给水系统的供水压力

建筑给水系统供水压力，必须能将需要的水量输送到建筑物内最不利点（通常位于系统的最高、最远点）的用水设备处，并保证有足够的流出水头。流出水头是指各种配水水龙头和用水设备为获得规定的出水量（额定流量）而必需的最小压力。

（1）经验法。在初定给水系统的给水方式时，对层高不超过 3.5 m 的民用建筑，室内给水系统所需压力（自室外地面算起）可用经验法估算：

1 层为 100 kPa；2 层为 120 kPa；3 层及以上每增加 1 层，增加 40 kPa。

（2）计算法。给水系统所需水压如图 1-22 所示，计算公式如下：

$$H = H_1 + H_2 + H_3 + H_4 \qquad (1\text{-}3)$$

式中　H——给水系统所需水压（kPa）；

　　　H_1——室内管网中最不利配水点与引入管之间的静压

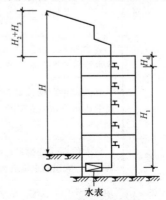

图 1-22　给水系统所需水压

差（kPa）；

H_2——计算管路的沿程和局部水头损失之和（kPa）；

H_3——计算管路中水表的水头损失（kPa）；

H_4——最不利配水点所需最低工作压力（kPa）。

二、给水设计流量计算

住宅建筑的生活用水情况在一昼夜间是不均匀的，其每时每刻都在变化。因此，在设计室内给水管网时，为保证用水，建筑物内的卫生器具必须按最不利时刻计算出最大用水量，即设计秒流量。

（1）给水引入管的设计流量。建筑物的给水引入管的设计流量应符合下列要求：

1）当建筑物内的生活用水全部由室外管网直接供给时，应取建筑物内的生活用水设计秒流量。

2）当建筑物内的生活用水全部自行加压供给时，引入管的设计流量应为储水调节池的设计补水量。设计补水量不宜大于建筑物最高日最大时用水量，且不得小于建筑物最高日平均时用水量。

3）当建筑物内的生活用水既有室外管网直接供水，又有自行加压供水时，应在计算设计流量后，将两者叠加作为引入管的设计流量。

（2）住宅建筑的生活给水管道设计流量计算。根据《建筑给水排水设计标准》（GB 50015—2019）的有关规定，住宅建筑的生活给水管道设计流量应按下列步骤计算。

1）根据住宅配置的卫生器具给水当量、使用人数、用水定额、使用时数及小时变化系数，按式（1-4）计算出最大用水时卫生器具给水当量平均出流概率：

$$U_0 = \frac{100 q_0 m K_h}{0.2 \cdot N_g \cdot T \cdot 3\,600}(\%) \tag{1-4}$$

式中　　U_0——生活给水管道最大用水时卫生器具给水当量平均出流概率（%）；

q_0——最高用水日的用水定额，按表1-2规定取用；

m——每户用水人数；

K_h——小时变化系数，按表1-2规定取用；

N_g——每户设置的卫生器具给水当量数，按表1-3确定；

T——用水时数（h）；

0.2——一个卫生器具给水当量的额定流量（L/s）。

表 1-2　住宅最高日生活用水定额及小时变化系数

住宅类别	卫生器具设置标准	最高 H 用水定额 /[L·（人·d^{-1}）]	平均日用水定额 /[L·（人·d^{-1}）]	最高日小时变化系数/K_h
普通住宅	有大便器、洗脸盆、洗涤盆、洗衣机、热水器和沐浴设备	130～300	50～200	2.8～2.3
	有大便器、洗脸盆、洗涤盆、洗衣机、集中热水供应（或家用热水机组）和沐浴设备	180～320	60～230	2.5～2.0
别墅	有大便器、洗脸盆、洗涤盆、洗衣机、洒水栓、家用热水机组和沐浴设备	200～350	70～250	2.3～1.8
注：1. 当地主管部门对住宅生活用水定额有具体规定时，应按当地规定执行。 2. 别墅生活用水定额中含庭院绿化用水和汽车抹车用水，不含游泳池补充水。				

表 1-3　卫生器具的给水额定流量、当量、连接管公称尺寸和工作压力

序号	给水配件名称		额定流量 /(L·s⁻¹)	当量	连接管公称管径 /mm	最低工作压力 /MPa
1	洗涤盆、拖布盆、盥洗槽	单阀水龙头	0.15～0.20	0.75～1.00	15	0.100
		单阀水龙头	0.30～0.40	1.50～2.00	20	
		混合水龙头	0.15～0.20(0.14)	0.75～1.00(0.70)	15	
2	洗脸盆	单阀水龙头	0.15	0.75	15	0.100
		混合水龙头	0.15(0.10)	0.75(0.50)		
3	洗手盆	感应水龙头	0.10	0.50	15	0.100
		混合水龙头	0.15(0.10)	0.75(0.50)		
4	浴盆	感应水龙头	0.20	1.00	15	0.100
		混合水龙头（含带淋浴转换器）	0.24(0.20)	1.20(1.00)		
5	淋浴器	混合阀	0.15(0.10)	0.75(0.50)	15	0.100～0.200
6	大便器	冲洗水箱浮球阀	0.10	0.50	15	0.050
		延时自闭式冲洗阀	1.20	6.00	25	0.100～0.150
7	小便器	手动或自动自闭式冲洗阀	0.10	0.50	15	0.050
		自动冲洗水箱进水阀	0.10	0.50		0.020
8	小便槽穿孔冲洗管（每米长）		0.05	0.25	15～20	0.015
9	净身盆冲洗水龙头		0.10(0.07)	0.50(0.35)	15	0.100
10	医院倒便器		0.20	1.00	15	0.100
11	实验室化验水龙头（鹅颈）	单联	0.07	0.35	15	0.020
		双联	0.15	0.75		
		三联	0.20	1.00		
12	饮水器喷嘴		0.05	0.25	15	0.050
13	洒水栓		0.40	2.00	20	0.050～0.100
			0.70	3.50	25	
14	室内地面冲洗水龙头		0.20	1.00	15	0.100
15	家用洗衣机水龙头		0.20	1.00	15	0.100

注：1. 表中括弧内的数值是在有热水供应时，单独计算冷水或热水时使用。

　　2. 当浴盆上附设沐浴器，或混合水龙头有沐浴器转换开关时，其额定流量和当量只计水龙头，不计沐浴器，但水压应按沐浴器计。

　　3. 家用燃气热水器，所需水压按产品要求和热水供应系统最不利配水点所需工作压力确定。

　　4. 绿地的自动喷灌应按产品要求设计。

　　5. 卫生器具给水配件所需额定流量和工作压力有特殊要求时，其值应按产品要求确定。

　　2）根据计算管段上的卫生器具给水当量总数，按式(1-5)计算该管段上卫生器具的给水当量同时出流概率：

$$U = 100 \times \frac{1 + \alpha_c(N_g - 1)^{0.49}}{\sqrt{N_g}} \quad (\%) \tag{1-5}$$

式中　U——计算管段的卫生器具给水当量同时出流概率(%);

　　　α_c——对应于不同 U_0 的系数,查表 1-4 确定;

　　　N_g——计算管段的卫生器具给水当量总数。

表 1-4　$U_0 - \alpha_c$ 值对应表

$U_0 / \%$	α_c
1.0	0.003 23
1.5	0.006 97
2.0	0.010 97
2.5	0.015 12
3.0	0.019 39
3.5	0.023 74
4.0	0.028 16
4.5	0.032 63
5.0	0.037 15
6.0	0.046 29
7.0	0.055 55
8.0	0.064 89

3)根据计算管段上的卫生器具给水当量同时出流概率,按式(1-6)计算管段上的设计秒流量:

$$q_g = 0.2 \cdot U \cdot N_g \tag{1-6}$$

式中　q_g——计算管段的设计秒流量(L/s);

　　　其他符号意义同前。

4)当给水干管上汇入两条或两条以上具有不同 U_0 的支管时,该管段最大用水时卫生器具给水当量平均出流概率按式(1-7)计算:

$$\overline{U}_0 = \frac{\sum U_{oi} N_{gi}}{\sum N_{gi}} \tag{1-7}$$

式中　$\overline{U}_0$——给水干管的卫生器具给水当量平均出流概率;

　　　U_{oi}——支管的最大用水时卫生器具给水当量平均出流概率;

　　　N_{gi}——相应支管的卫生器具给水当量总数。

(3)集体宿舍、旅馆、宾馆、医院、疗养院、幼儿园、养老院、办公楼、商场、客运站、会展中心、中小学教学楼、公共厕所等建筑的生活给水设计秒流量,应按式(1-8)计算:

$$q_g = 0.2\alpha \sqrt{N_g} \tag{1-8}$$

式中　q_g——计算管段的给水设计秒流量(L/s);

　　　N_g——计算管段的卫生器具给水当量总数,按表 1-3 确定;

　　　α——根据建筑物用途而定的系数,应按表 1-5 取用。

表 1-5　根据建筑物用途而定的系数 α 值

建筑物名称	α 值
幼儿园、托儿所、养老院	1.2
门诊部、诊疗所	1.4
办公楼、商场	1.5
图书馆	1.6
书店	1.7
教学楼	1.8
医院、疗养院、休养所	2.0
酒店式公寓	2.2
宿舍(居室内设卫生间)、旅馆、招待所、宾馆	2.5
客运站、航站楼、会展中心、公共厕所	3.0

　　计算值小于该管段上一个最大卫生器具给水额定流量时，应采用一个最大的卫生器具给水额定流量作为设计秒流量。当计算值大于该管段上按卫生器具给水额定流量累加所得流量值时，应按卫生器具给水额定流量累加所得流量值采用。

　　(4)用水时间集中，用水设备使用集中，同时给水百分数高的建筑，如公共浴室、职工食堂、影剧院、体育场馆等建筑的生活给水管道的设计秒流量，可按下式计算：

$$q_{\mathrm{g}} = \sum q_0 n_0 b \tag{1-9}$$

式中　q_{g}——计算管段的给水设计秒流量(L/s)；

　　　q_0——同类型的一个卫生器具给水额定流量(L/s)；

　　　n_0——同类型卫生器具数；

　　　b——卫生器具的同时给水百分数，按表 1-6～表 1-8 取用。

表 1-6　宿舍(设公用盥洗卫生间)、工业企业生活间、公共浴室、

影剧院、体育场馆等卫生器具同时给水百分数　　　　　　　　%

卫生器具名称	宿舍(设公用盥洗室卫生间)	工业企业生活间	公共浴室	影剧院	体育场馆
洗涤盆(池)	—	33	15	15	15
洗手盆	—	50	50	50	70(50)
洗脸盆、盥洗槽水龙头	5～100	60～100	60～100	50	80
浴盆	—	—	50	—	—
无间隔淋浴器	20～100	100	100	—	100
有间隔淋浴器	5～80	80	60～80	(60～80)	(60～100)
大便器冲洗水箱	5～70	30	20	50(20)	70(20)
大便槽自动冲洗水箱	100	100	—	100	100
大便器自闭式冲洗阀	1～2	2	2	10(2)	5(2)
小便器自闭式冲洗阀	2～10	10	10	50(10)	70(10)
小便器(槽)自动冲洗水箱	—	100	100	100	100

卫生器具名称	宿舍(设公用盥洗室卫生间)	工业企业生活间	公共浴室	影剧院	体育场馆
净身盆	—	33	—	—	—
饮水器	—	30～60	30	30	30
小卖部洗涤盆	—	—	50	50	50

注：1. 表中括号内的数值是电影院、剧院的化妆间及体育场馆的运动员休息室使用。
　　2. 健身中心的卫生间，可采用本表体育场馆运动员休息室的同时给水百分率。

表 1-7　职工食堂、营业餐馆厨房设备同时给水百分数　　　%

厨房设备名称	同时给水百分数
洗涤盆(池)	70
煮锅	60
生产性洗涤机	40
器皿洗涤机	90
开水器	50
蒸汽发生器	100
灶台水龙头	30

注：职工或学生饭堂的洗碗台水龙头，按 100% 同时给水，但不与厨房用水叠加。

表 1-8　实验室化验水龙头同时给水百分数　　　%

化验水龙头名称	同时给水百分数	
	科研教学实验室	生产实验室
单联化验水龙头	20	30
双联或三联化验水龙头	30	50

三、给水管网水力计算

1. 最大小时用水量的确定

(1)住宅的最高日生活用水定额及小时变化系数，可根据住宅类别、卫生器具设置标准，按表 1-9 确定。

(2)宿舍、旅馆等公共建筑的生活用水定额及小时变化系数，根据卫生器具完善程度和区域条件，可按表 1-9 确定。

表 1-9　公共建筑生活用水定额及小时变化系统

序号	建筑物名称		单位	生活用水定额/L		使用时数/h	最高日小时变化系数 K_h
				最高日	平均日		
1	宿舍	居室内设卫生间	每人每日	150～200	130～160	24	3.0～2.5
		设公用盥洗卫生间		100～150	90～120		6.0～3.0

序号	建筑物名称		单位	生活用水定额/L		使用时数/h	最高日小时变化系数 K_h
				最高日	平均日		
2	招待所、培训中心、普通旅馆	设公用卫生间、盥洗室	每人每日	50～100	40～80	24	3.0～2.5
		设公用卫生间、盥洗室、淋浴室		80～130	70～100		
		设公用卫生间、盥洗室、淋浴室、洗衣室		100～150	90～120		
		设单独卫生间、公用洗衣室		120～200	110～160		
3	酒店式公寓		每人每日	200～300	180～240	24	2.5～2.0
4	宾馆客房	旅客	每床位每日	250～400	220～320	24	2.5～2.0
		员工	每人每日	80～100	70～80	8～10	2.5～2.0
5	医院住院部	设公用卫生间、盥洗室	每床位每日	100～200	90～160	24	2.5～2.0
		设公用卫生间、盥洗室、淋浴室		150～250	130～200		
		设单独卫生间		250～400	220～320		
		医务人员	每人每班	150～250	130～200	8	2.0～1.5
	门诊部、诊疗所	病人	每病人每次	10～15	6～12	8～12	1.5～1.2
		医务人员	每人每班	80～100	60～80	8	2.5～2.0
	疗养院、休养所住房部		每床位每日	200～300	180～240	24	2.0～1.5
6	养老院、托老所	全托	每人每日	100～150	90～120	24	2.5～2.0
		日托		50～80	40～60	10	2.0
7	幼儿园、托儿所	有住宿	每儿童每日	50～100	40～80	24	3.0～2.5
		无住宿		30～50	25～40	10	2.0
8	公共浴室	淋浴	每顾客每次	100	70～90	12	2.0～1.5
		浴盆、淋浴		120～150	120～150		
		桑拿浴(淋浴、按摩池)		150～200	130～160		
9	理发室、美容院		每顾客每次	40～100	35～80	12	2.0～1.5
10	洗衣房		每千克干衣	40～80	40～80	8	1.5～1.2
11	餐饮业	中餐酒楼	每顾客每次	40～60	35～50	10～12	1.5～1.2
		快餐店、职工及学生食堂		20～25	15～20	12～16	
		酒吧、咖啡馆、茶座、卡拉OK房		5～15	5～10	8～18	
12	商场	员工及顾客	每平方米营业厅面积每日	5～8	4～6	12	1.5～1.2

序号	建筑物名称		单位	生活用水定额/L		使用时数/h	最高日小时变化系数 K_h
				最高日	平均日		
13	办公	坐班制办公	每人每班	30~50	25~40	8~10	1.5~1.2
		公寓式办公	每人每日	130~300	120~250	10~24	2.5~1.8
		酒店式办公		250~400	220~320	24	2.0
14	科研楼	化学	每工作人员每日	460	370	8~10	2.0~1.5
		生物		310	250		
		物理		125	100		
		药剂调制		310	250		
15	图书馆	阅览者	每座位每次	20~30	15~25	8~10	1.2~1.5
		员工	每人每日	50	40		
16	书店	顾客	每平方米营业厅每日	3~6	3~5	8~12	1.5~1.2
		员工	每人每班	30~50	27~40		
17	教学、实验楼	中小学校	每学生每日	20~40	15~35	8~9	1.5~1.2
		高等院校		40~50	35~40		
18	电影院、剧院	观众	每观众每场	3~5	3~5	3	1.5~1.2
		演职员	每人每场	40	35	4~6	2.5~2.0
19	健身中心		每人每次	30~50	25~40	8~12	1.5~1.2
20	体育场(馆)	运动员淋浴	每人每次	30~40	25~40	4	3.0~2.0
		观众	每人每场	3	3		1.2
21	会议厅		每座位每次	6~8	6~8	4	1.5~1.2
22	会展中心(博物馆、展览馆)	观众	每平方米展厅每日	3~6	3~5	8~16	1.5~1.2
		员工	每人每班	30~50	27~40		
23	航站楼、客运站旅客		每人次	3~6	3~6	8~16	1.5~1.2
24	菜市场地面冲洗及保鲜用水		每平方米每日	10~20	8~15	8~10	2.5~2.0
25	停车库地面冲洗水		每平方米每次	2~3	2~3	6~8	1.0

注: 1. 中等院校、兵营等宿舍设置公用卫生间和盥洗室,当用水时段集中时,最高日小时变化系数 K_h 宜取高值 6.0~4.0;其他类型宿舍设置公用卫生间和盥洗室时,最高日小时变化系数 K_h 宜取低值 3.5~3.0。

2. 除注明外,均不含员工生活用水,员工最高日用水定额为每人每班 40~60 L,平均日用水定额为每人每班 30~45 L。

3. 大型超市的生鲜食品区按菜市场用水。

4. 医疗建筑用水中已含医疗用水。

4. 空调用水应另计。

2. 水流速度的确定

住宅的入户管,公称直径不宜小于 20 mm,生活给水管道的水流速度按表 1-10 计算。

表 1-10　生活给水管道的水流速度

公称直径/mm	15～20	25～40	50～70	≥80
水流速度/(m·s⁻¹)	≤1.0	≤1.2	≤1.5	≤1.8

3. 水头损失

(1)沿程水头损失。给水管道的沿程水头损失可按式(1-10)计算：

$$i = 105C_h^{-1.85} d_j^{-4.87} q_g^{1.85} \tag{1-10}$$

式中　i——管道单位长度水头损失(kPa/m)；

d_j——管道计算内径(m)；

q_g——给水设计流量(m³/s)；

C_h——海澄-威廉系数(各种塑料管、内衬(涂)塑管 $C_h=140$；铜管、不锈钢管 $C_h=130$；内衬水泥、树脂的铸铁管 $C_h=130$；普通钢管、铸铁管 $C_h=100$)。

注：式(1-10)也称为海澄-威廉公式，是目前许多国家用于供水管道水力计算的公式。它的主要特点是，可以利用海澄-威廉系数的调整，适应不同粗糙系数管道的水力计算。

(2)局部水头损失。生活给水管道的配水管的局部水头损失，宜按管道的连接方式，采用管(配)件当量长度法计算。当管道的管(配)件当量长度资料不足时，可根据下列管件的连接状况，按管网的沿程水头损失的百分数取值：

1)管(配)件内径与管道内径一致，采用三通分水时，取 25%～30%；采用分水器分水时，取 15%～20%。

2)管(配)件内径略大于管道内径，采用三通分水时，取 50%～60%；采用分水器分水时，取 30%～35%。

3)管(配)件内径略小于管道内径，管(配)件的插口插入管口内连接，采用三通分水时，取 70%～80%；采用分水器分水时，取 35%～40%。

第四节　建筑消防给水系统

一、室内消火栓给水系统

1. 消火栓给水系统的设置范围

根据我国《建筑设计防火规范(2018年版)》(GB 50016—2014)和《人民防空工程设计防火规范》(GB 50098—2009)的规定，下列建筑或场所应设置室内消火栓给水系统：

(1)建筑占地面积大于 300 m² 的厂房和仓库；

(2)高层公共建筑和建筑高度大于 21 m 的住宅建筑；

注：建筑高度不大于 27 m 的住宅建筑，设置室内消火栓系统确有困难时，可只设置干式消防竖管和不带消火栓箱的 DN65 的室内消火栓。

(3)体积大于 5 000 m² 的车站、码头、机场的候车(船、机)建筑、展览建筑、商店建筑、旅馆建筑、医疗建筑、老年人照料设施和图书馆建筑等单、多层建筑；

(4)特等、甲等剧场，超过 800 个座位的其他等级的剧场和电影院等以及超过 1 200 个座位的礼堂、体育馆等单、多层建筑；

（5）建筑高度大于 15 m 或体积大于 10 000 m³ 的办公建筑、教学建筑和其他单、多层民用建筑。国家级文物保护单位的重点砖木和木结构的古建筑，宜设置室内消火栓系统。

2. 消火栓给水系统的组成

室内消火栓给水系统一般由消火栓设备、消防卷盘、消防水泵接合器、消防管道、消防水泵、消防水池和消防水箱等组成。

（1）消火栓设备。消火栓设备由水枪、水龙头和消火栓组成，均安装于消火栓箱内。一个建筑的消防器材必须用同样的规格，以备替换。

1）水枪。水枪是一种增加水流速度、射程和改变水流形状的射水灭火工具，室内一般采用直流式水枪。水枪的喷嘴直径分别为 13 mm、16 mm 和 19 mm，与水龙带接口的口径有 50 mm 和 65 mm 两种。

2）水龙带。水龙带是连接消火栓与水枪的输水管线，长度一般为 10 m、15 m、20 m、25 m，其材料有棉织、麻织和化纤等。

3）消火栓。消火栓是具有内扣式接口的环形阀式龙头，单出口消火栓的直径可分为 50 mm 和 65 mm 两种，双出口消火栓直径为 65 mm。当水枪射流量小于 5 L/s 时，采用 50 mm 口径消火栓，配用喷嘴为 13 mm 或 16 mm 的水枪；当水枪射流量大于或等于 5 L/s 时，应采用 65 mm 口径消火栓，配用喷嘴为 19 mm 的水枪。消火栓、水龙带、水枪均设在消火栓箱内。临时高压消防给水系统的每个消火栓处均应设直接启动消防水泵的按钮，并应有保护按钮的设施。消火栓箱有双开门和单开门两种，单开门消火栓箱又有明装、半明装和暗装三种形式，如图 1-23 所示。但在同一建筑内，应采用同一规格的消火栓、水龙带和水枪，以便于维修和保养。

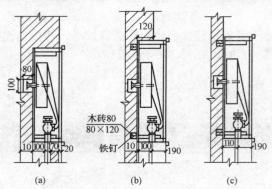

图 1-23　单开门消火栓箱

(a)暗装；(b)半明装；(c)明装

（2）消防卷盘。消防卷盘是重要的辅助灭火设备，由口径为 25 mm 或 32 mm 的消火栓，内径为 19 mm、长度为 20～40 m 卷绕在可旋转转盘上的胶管和喷嘴口径为 6～9 mm 的水枪组成，可与普通消火栓设在同一消防箱内，也可单独设置。该设备操作方便，便于非专职消防人员使用，对及时控制初起火灾有特殊作用。在高级旅馆、综合楼和建筑高度超过 100 m 的超高层建筑内均应设置。因用水量较少，且消防队不使用该设备，故其用水量可不计入消防用水总量。

（3）消防水泵接合器。水泵接合器是连接消防车向室内消防给水系统加压供水的装置，一端由消防给水管网水平干管引出，另一端设于消防车易于接近的地方，其外形如图 1-24 所示。水泵接合器应设有阀门、安全阀、单向阀等。水泵接合器可分为地上式、地下式和墙壁式三种。

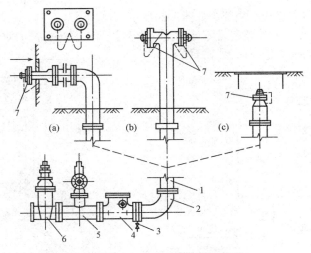

图 1-24　消防水泵接合器外形图

(a)SQB 型墙壁式；(b)SQ 型地上式；(c)SQX 型地下式

1—法兰接管；2—弯管；3—放水阀；4—升降式止回阀；

5—安全阀；6—楔式闸阀；7—进水用消防接口

(4)消防管道。消防管道的作用是将水供给消火栓，并且必须满足消火栓在消防灭火时所需的水量和水压要求。

(5)消防水泵。消防水泵宜与其他用途的水泵一起布置在同一水泵房内，水泵房应有直通安全出口或直通室外的通道，与消防控制室应有直接的通信联络设备。为了在起火后很快提供所需的水量和水压，在每个消火栓处应设置远距离启动消防水泵的按钮，以便在使用消火栓灭火的同时启动消防水泵。建筑物内的消防控制室均应设置远距离启动或停止消防水泵运转的设备。

(6)消防水池。消防水池用于无室外消防水源的情况，储存火灾持续时间内的室内消防用水量。消防水池可设于室外地下或地面上，也可设在室内地下室，或与室内游泳池、水景水池兼用。消防水池应设溢流管、带有水位控制阀的进水管、通气管、泄水管、出水管及水位指示器等装置。根据各种用水系统的供水水质要求是否一致，可将消防水池与生活或生产储水池合用，也可单独设置。

(7)消防水箱。低层建筑的室内消防水箱是储存扑救初起火灾消防用水的储水设备，它提供扑救初起火灾的水量和保证扑救初起火灾时灭火设备必要的水压。消防水箱宜与生活、生产水箱合用，以防止水质变坏。水箱内应储存可连续使用 10 min 的室内消防用水量。

3. 消火栓给水系统的给水方式

根据建筑物的高度，室外给水管网的水压和流量，以及室内消防管道对水压和水量的要求，室内消火栓给水系统一般可分为下列几种给水方式。

(1)当室外给水管网的压力和流量能满足室内最不利点消火栓的设计水压和水量时，宜采用无加压水泵和水箱的消火栓给水系统，如图 1-25 所示。

(2)在水压变化较大的城市或居住区，宜

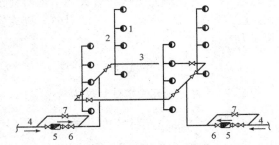

图 1-25　无加压水泵和水箱的室内消火栓给水系统

1—室内消火栓；2—室内消防竖管；3—干管；

4—进户管；5—水表；6—止回阀；7—旁通管及阀门

采用设有水箱的室内消火栓给水系统，如图 1-26 所示。

（3）当室外管网的压力和流量经常不能满足室内消防给水系统所需的水量和水压时，宜采用设有加压水泵和水箱的消火栓给水系统，如图 1-27 所示。

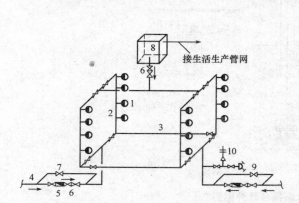

图 1-26　设有水箱的室内消火栓给水系统
1—室内消火栓；2—消防竖管；3—干管；4—进户管；
5—水表；6—止回阀；7—旁通管及阀门；8—水箱；
9—水泵接合器；10—安全阀

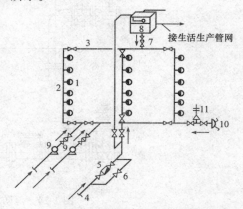

图 1-27　设有加压水泵和水箱的室内消火栓给水系统
1—室内消火栓；2—消防竖管；3—干管；4—进户管；
5—水表；6—旁通管及阀门；7—止回阀；8—水箱；
9—水泵；10—水泵接合器；11—安全阀

（4）建筑高度大于 24 m 但不超过 50 m，室内消火栓栓口处静水压力超过 0.8 MPa 的工业与民用建筑室内消火栓灭火系统，仍可通过水泵接合器向室内管网供水，以加强室内消防给水系统工作，系统可采用不分区的消火栓给水系统。

（5）建筑高度超过 50 m 或室内消火栓栓口处静压大于 0.8 MPa 时，消防车已难以协助灭火，室内消防给水系统应具有扑灭建筑物内大火的能力。为了加强供水安全和保证火场供水，宜采用分区的消火栓给水系统。

4. 消火栓的布置

消火栓应布置在明显且易于取用的地点。栓口距离地面的高度要求为 1.1 m，出水方向向下或与设置消火栓的墙面成 90°。同时应保证有两支水枪或一支水枪的充实水柱能同时到达室内任何部位。

（1）水枪的充实水柱。为使消防水枪射出的充实水柱能射及火源和防止火焰热辐射烤伤消防人员，充实水柱应有一定的长度。在火场扑灭火灾，水枪的上倾角一般不宜超过 45°，在最不利情况下也不能超过 60°。若上倾角太大，着火物下落时会伤及灭火人员。如图 1-28 所示，若按 45° 计算，则充实水柱长度为

$$S_k = \frac{H_1 - H_2}{\sin 45°} = 1.41(H_1 - H_2) \qquad (1-11)$$

若按 60° 计算，则充实水柱长度为

$$S_k = \frac{H_1 - H_2}{\sin 60°} = 1.16(H_1 - H_2) \qquad (1-12)$$

式中　S_k——水枪充实水柱的长度（m）；
　　　　H_1——室内最高着火点离地面高度（m）；
　　　　H_2——水枪喷嘴离地面高度（m），一般取 1 m。

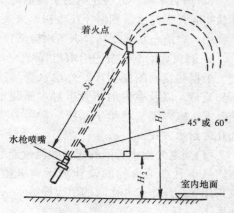

图 1-28　倾斜射流的 S_k

（2）消火栓的保护半径。消火栓的保护半径可按式(1-13)计算：

$$R=L_d+L_s \tag{1-13}$$

式中　R——消火栓保护半径(m)；

　　　L_d——水带敷设长度(m)，考虑到水带的转弯曲折，应乘以折减系数0.8；

　　　L_s——水枪充实水柱在平面上的投影长度(m)。

水枪的上倾角一般按45°计算，则

$$L_s=0.71S_k \tag{1-14}$$

（3）消火栓的间距。

1）当室内只有一排消火栓，并且要求有一股水柱到达室内任何部位时，消火栓的间距按式(1-15)计算：

$$S_1=2\sqrt{R^2-b^2} \tag{1-15}$$

式中　S_1——一股水柱时的消火栓间距(m)；

　　　R——消火栓的保护半径(m)；

　　　b——消火栓的最大保护宽度(m)。

2）当室内只有一排消火栓，且要求有两股水柱同时到达室内任何部位时，消火栓的间距按式(1-16)计算：

$$S_2=\sqrt{R^2-b^2} \tag{1-16}$$

式中　S_2——两股水柱时的消火栓间距(m)；

　　　R——消火栓的保护半径(m)；

　　　b——消火栓的最大保护宽度(m)。

3）当房间宽度较宽，需要布置多排消火栓，且要求有一股水柱到达室内任何部位时，其消火栓布置间距可按式(1-17)计算：

$$S_n=\sqrt{2}R=1.41R \tag{1-17}$$

式中　S_n——多排消火栓一股水柱时的消火栓间距(m)；

　　　R——消火栓保护半径(m)。

4）当室内需要布置多排消火栓，且要求有两股水柱到达室内任何部位时，可按图1-29布置。

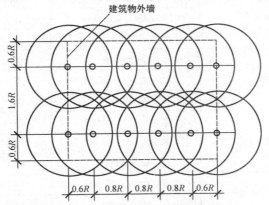

图1-29　多排消火栓两股水柱时的消火栓布置间距

5. 室内消火栓设计流量

按照《消防给水及消火栓系统技术规范》(GB 50974—2014)的规定，建筑物室内消火栓设计流量，应根据建筑物的用途功能、体积、高度、耐火等级、火灾危险性等因素综合确定。建筑物室内消火栓设计流量不应小于表 1-11 的规定。

表 1-11　建筑物室内消火栓设计流量

建筑物名称			高度 h/m、层数、体积 V/m³、座位数 n/个、火灾危险性		消火栓设计流量/(L·s⁻¹)	同时使用水消防水枪数/支	每根竖管最小流量/(L·s⁻¹)
工业建筑	厂房		$h \leqslant 24$	甲、乙、丁、戊	10	2	10
		丙		$V \leqslant 5\,000$	10	2	10
				$V > 5\,000$	20	4	15
		$24 < h \leqslant 50$	乙、丁、戊		25	5	15
			丙		30	6	15
		$h > 50$	乙、丁、戊		30	6	15
			丙		40	8	15
	仓库		$h \leqslant 24$	甲、乙、丁、戊	10	2	10
		丙		$V \leqslant 5\,000$	15	3	15
				$V > 5\,000$	25	5	15
		$24 < h \leqslant 50$	丁、戊		30	6	15
			丙		40	8	15
民用建筑	单层及多层	科研楼、实验楼	$V \leqslant 10\,000$		10	2	10
			$V > 10\,000$		15	3	10
		车站、码头、机场的候车（船、机）楼和展览建筑（包括博物馆）等	$5\,000 < V \leqslant 25\,000$		10	2	10
			$25\,000 < V \leqslant 50\,000$		15	3	10
			$V > 50\,000$		20	4	15
		剧院、电影院、会堂、礼堂、体育馆等	$800 < n \leqslant 1\,200$		10	2	10
			$1\,200 < n \leqslant 5\,000$		15	3	10
			$5\,000 < n \leqslant 10\,000$		20	4	15
			$n > 10\,000$		30	6	15
		旅馆	$5\,000 < V \leqslant 10\,000$		10	2	10
			$10\,000 < V \leqslant 25\,000$		15	3	10
			$V > 25\,000$		20	4	15
		商场、图书馆、档案馆等	$5\,000 < V \leqslant 10\,000$		15	3	10
			$10\,000 < V \leqslant 25\,000$		25	5	15
			$V > 25\,000$		40	8	15
		病房楼、门诊楼等	$5\,000 < V \leqslant 25\,000$		10	2	10
			$V > 25\,000$		15	3	10
		办公楼、教学楼、公寓、宿舍等其他建筑	h 超过 15 m 或 $V > 10\,000$		15	3	10
		住宅	$21 < h \leqslant 27$		5	2	5

建筑物名称			高度 h/m、层数、 体积 V/m³、座位数 n/个、 火灾危险性	消火栓 设计流量 /(L·s⁻¹)	同时使用水 消防水枪数 /支	每根竖管 最小流量 /(L·s⁻¹)
民用建筑	高层	住宅	$27<h\leqslant54$	10	2	10
			$h>54$	20	4	10
		二类公共建筑	$h\leqslant50$	20	4	10
		一类公共建筑	$h\leqslant50$	30	6	15
			$h>50$	40	8	15
国家级文物保护单位的重点砖木或木结构的古建筑			$V\leqslant10\ 000$	20	4	10
			$V>10\ 000$	25	5	15
地下建筑			$V\leqslant5\ 000$	10	2	10
			$5\ 000<V\leqslant10\ 000$	20	4	15
			$10\ 000<V\leqslant25\ 000$	30	6	15
			$V>25\ 000$	40	8	20
人防工程	展览厅、影院、剧场、礼堂、健身体育场所等		$V\leqslant1\ 000$	5	1	5
			$1\ 000<V\leqslant2\ 500$	10	2	10
			$V>25\ 00$	15	3	10
	商场、餐厅、旅馆、医院等		$V\leqslant5\ 000$	5	1	5
			$5\ 000<V\leqslant10\ 000$	10	2	10
			$10\ 000<V\leqslant25\ 000$	15	3	10
			$V>25\ 000$	20	4	10
	丙、丁、戊类生产车间、自行车库		$V\leqslant25\ 000$	5	1	5
			$V>25\ 000$	10	2	10
	丙、丁、戊类物品库房、图书资料档案库		$V\leqslant3\ 000$	5	1	5
			$V>3\ 000$	10	2	10

注：1. 丁、戊类高层厂房（仓库）室内消火栓的设计流量可按本表减少 10 L/s，同时使用消防水枪数量可按本表减少 2 支。

2. 消防软管卷盘、轻便消防水龙及多层住宅楼梯间中的干式消防竖管，其消火栓设计流量可不计入室内消防给水设计流量。

3. 当一座多层建筑有多种使用功能时，室内消火栓设计流量应分别按本表中不同功能计算，且应取最大值。

二、自动灭火系统

自动喷水灭火系统是一种在发生火灾时，能自动打开喷头喷水灭火并同时发出报警信号的消防灭火设施。其具有工作性能稳定、安全可靠、灭火成功率高（扑灭初起火灾成功率在 95% 以上）等优点。但由于该系统颇为复杂，造价偏高，故我国仅要求在火灾频率高、火灾危险等级高的建筑物中的某些部位设置自动喷水灭火系统。

1. 自动喷水灭火系统的设置范围

自动喷水灭火系统应在人员密集、不易疏散、外部增援灭火与救生较困难的、性质重要或火灾危险性较大的场所设置。根据现行《建筑设计防火规范（2018年版）》（GB 50016—2014）的规定，下列场所应设置自动喷水灭火系统。

（1）除《建筑设计防火规范（2018年版）》（GB 50016—2014）另有规定和不宜用水保护或灭火的场所外，下列厂房或生产部位应设置自动灭火系统，并宜采用自动喷水灭火系统：

1）不小于50 000纱锭的棉纺厂的开包、清花车间，不小于5 000锭的麻纺厂的分级、梳麻车间，火柴厂的烤梗、筛选部位。

2）占地面积大于1 500 m²或总建筑面积大于3 000 m²的单、多层制鞋、制衣、玩具及电子等类似生产的厂房。

3）占地面积大于1 500 m²的木器厂房。

4）泡沫塑料厂的预发、成型、切片、压花部位。

5）高层乙、丙类厂房。

6）建筑面积大于500 m²的地下或半地下丙类厂房。

（2）除《建筑设计防火规范（2018年版）》（GB 50016—2014）另有规定和不宜用水保护或灭火的仓库外，下列仓库应设置自动灭火系统，并宜采用自动喷水灭火系统：

1）每座占地面积大于1 000 m²的棉、毛、丝、麻、化纤、毛皮及其制品的仓库。

注：单层占地面积不大于2 000 m²的棉花库房，可不设置自动喷水灭火系统。

2）每座占地面积大于600 m²的火柴仓库；

3）邮政建筑内建筑面积大于500 m²的空邮袋库；

4）可燃、难燃物品的高架仓库和高层仓库；

5）设计温度高于0 ℃的高架冷库，设计温度高于0 ℃且每个防火分区建筑面积大于1 500 m²的非高架冷库；

6）总建筑面积大于500 m²的可燃物品地下仓库；

7）每座占地面积大于1 500 m²或总建筑面积大于3 000 m²的其他单层或多层丙类物品仓库。

（3）除《建筑设计防火规范（2018年版）》（GB 5016—2014）另有规定和不宜用水保护或灭火的场所外，下列高层民用建筑或场所应设置自动灭火系统，并宜采用自动喷水灭火系统：

1）一类高层公共建筑（除游泳池、溜冰场外）及其地下、半地下室；

2）二类高层公共建筑及其地下、半地下室的公共活动用房、走道、办公室和旅馆的客房、可燃物品库房、自动扶梯底部；

3）高层民用建筑内的歌舞娱乐放映游艺场所；

4）建筑高度大于100 m的住宅建筑。

（4）除《建筑设计防火规范（2018年版）》（GB 50016—2014）另有规定和不适用水保护或灭火的场所外，下列单、多层民用建筑或场所应设置自动灭火系统，并宜采用自动喷水灭火系统：

1）特等、甲等剧场，超过1 500个座位的其他等级的剧场，超过2 000个座位的会堂或礼堂，超过3 000个座位的体育馆，超过5 000人的体育场的室内人员休息室与器材间等；

2）任一层建筑面积大于1 500 m²或总建筑面积大于3 000 m²的展览、商店、餐饮和旅馆建筑以及医院中同样建筑规模的病房楼、门诊楼和手术部；

3）设置送回风道（管）的集中空气调节系统且总建筑面积大于3 000 m²的办公建筑等；

4）藏书量超过50万册的图书馆；

5）大、中型幼儿园，老年人照料设施；

6）总建筑面积大于500 m²的地下或半地下商店；

7)设置在地下或半地下或地上四层及以上楼层的歌舞娱乐放映游艺场所(除游泳场所外),设置在首层、二层和三层且任一层建筑面积大于 300 m² 的地上歌舞娱乐放映游艺场所(除游泳场所外)。

2. 自动喷水灭火系统的分类

自动喷水灭火系统可用于各种建筑物中允许用水灭火的保护对象和场所。其根据被保护建筑物的使用性质、环境条件和火灾发生、发展特性的不同,可以有多种不同类型。建筑工程中通常根据自动喷水灭火系统中喷头开闭形式的不同将其分为闭式自动喷水灭火系统和开式自动喷水灭火系统两大类。闭式自动喷水灭火系统包括湿式自动喷水灭火系统、干式自动喷水灭火系统、干湿两用自动喷水灭火系统、预作用自动喷水灭火系统等;开式自动喷水灭火系统包括雨淋自动喷水灭火系统、水喷雾自动喷水灭火系统和水幕自动喷水灭火系统。

(1)湿式自动喷水灭火系统。湿式自动喷水灭火系统如图 1-30 所示。其由湿式报警阀、水流指示器、喷头、管道和供水设施等组成,管道内始终充满有压水,当喷头开启时,就能立刻喷水灭火,适用于室内温度不低于 4 ℃ 且不高于 70 ℃ 的建(构)筑物。其特点是喷头动作后立即喷水,灭火成功率高于干式自动喷水灭火系统。

(2)干式自动喷水灭火系统。干式自动喷水灭火系统如图 1-31 所示,由闭式喷头、管道系统、干式报警阀、水流指示器、报警装置、充气设备、排气设备和供水设备等组成。其管路和喷头内平时没有水,只处于充气状态,故称为干式系统。干式喷水灭火系统由于报警阀后的管路中无水,不怕冻结,不怕环境温度高,因而适用于环境温度低于 4 ℃ 或高于 70 ℃ 的建筑物和场所。

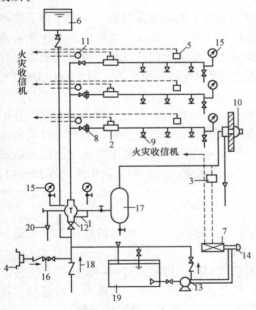

图 1-30 湿式自动喷水灭火系统

1—湿式报警阀;2—水流指示器;3—压力继电器;
4—水泵接合器;5—感烟探测器;6—水箱;
7—控制器;8—减压孔板;9—喷头;10—水力警铃;
11—报警装置;12—闸阀;13—水泵;14—按钮;
15—压力表;16—安全阀;17—延迟器;
18—止回阀;19—储水池;20—排水漏斗

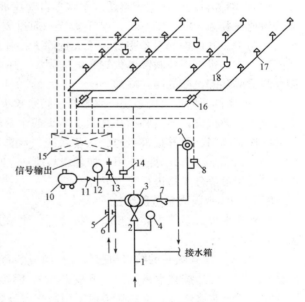

图 1-31 干式自动喷水灭火系统

1—供水管;2—闸阀;3—干式报警阀;4—压力表;
5,6—截止阀;7—过滤器;8—压力开关;9—水力警铃;
10—空压机;11—止回阀;12—压力表;13—安全阀;
14—压力开关;15—火灾报警控制箱;
16—水流指示器;17—闭式喷头;18—火灾探测器

与湿式自动喷水灭火系统相比，干式自动喷水灭火系统增加了一套充气设备，其管网内的气压要经常保持在一定范围内，因而投资较多，管理比较复杂。喷水前需排放管内气体，灭火速度不如湿式自动喷水灭火系统快。

(3)干湿两用自动喷水灭火系统。干湿两用自动喷水灭火系统是干式自动喷水灭火系统与湿式自动喷水灭火系统交替使用的系统。其组成包括闭式喷头、管网系统、干湿两用报警阀、水流指示器、信号阀、末端试水装置、充气设备和供水设施等。干湿两用自动喷水灭火系统在使用场所环境温度高于 70 ℃或低于 4 ℃时，系统呈干式；当环境温度为 4～70 ℃时，可将系统转换成湿式。

(4)预作用自动喷水灭火系统。预作用自动喷水灭火系统采用预作用报警阀组并由火灾自动报警系统启动，由火灾探测系统、闭式喷头、预作用阀、充气设备和充以有压或无压气体的管道和水泵组成。预作用阀后的管道系统内平时无水，充满有压或无压的气体，由比闭式喷头更灵敏的火灾报警系统联动。火灾发生初期，火灾探测系统控制自动开启或手动开启预作用阀，使消防水进入阀后管道，系统转换为湿式，当闭式喷头开启后，即可出水灭火。预作用自动喷水灭火系统适用于对建筑装饰要求高、灭火要求及时的建筑物。

(5)雨淋自动喷水灭火系统。雨淋自动喷水灭火系统采用开式洒水喷头，由雨淋阀控制喷水范围，利用配套的火灾自动报警系统或传动管系统监测火灾并自动启动系统灭火。发生火灾时，火灾探测器将信号送至火灾报警控制器，压力开关、水力警铃一起报警，控制器输出信号打开雨淋阀，同时启动水泵连续供水，使整个保护区内的开式喷头喷水灭火。雨淋系统具有出水量大、灭火及时的优点，适用于火势迅猛、危险性大的建筑场所。

(6)水喷雾自动喷水灭火系统。水喷雾自动喷水灭火系统是利用喷雾喷头在一定压力下将水流分解成粒径为 100～700 μm 的细小雾滴，通过表面冷却、窒息、乳化、稀释的共同作用实现灭火和防护。其保护的对象主要是火灾危险大、扑救困难的专用设施或设备。该系统既能够扑救固体火灾，也可以扑救液体火灾和电气火灾，还可用于可燃气体和甲、乙、丙类液体的生产、储存装置或装卸设施的防护冷却。

(7)水幕自动喷水灭火系统。水幕自动喷水灭火系统的喷头沿线状布置，发生火灾时，并不直接用于扑救火灾，不是利用开式洒水喷头或水幕喷头阻止火势扩大和蔓延，而是与自动的或手动的控制阀门、雨淋报警组构成水幕系统。水幕可分为两种：一种是利用密集喷洒的水墙或水帘阻火挡烟，起防火分隔作用，如舞台与观众之间的隔离水帘；另一种是利用水的冷却作用，配合防火卷帘等分隔物进行防火分隔。

3. 自动喷水灭火系统的组成

自动喷水灭火系统主要由喷头、报警阀、水流指示器、压力开关、延迟器和火灾探测器等构件组成。

(1)喷头。闭式喷头的喷口由感温元件组成的释放机构封闭，当温度达到一定程度时喷头能自动开启。其构造按溅水盘的形式和安装位置不同，有直立型、下垂型、边墙型、普通型、吊顶型和干式下垂型之分。干式喷头根据用途又可分为开启式、水幕式、喷雾式三种类型。

(2)报警阀。报警阀的作用是开启和关闭管网的水流，同时传递控制信号至控制系统并启动水力警铃直接报警，按其构造和功能不同可分为湿式、干式、干湿式和雨淋式等。湿式报警阀用于湿式自动喷水灭火系统；干式报警阀用于干式自动喷水灭火系统；干湿式报警阀是由湿式报警阀、干式报警阀依次连接而成的，温度高时用湿式装置，寒冷时用干式装置；雨淋式报警阀在自动喷水灭火系统中不仅可用于雨淋灭火系统、水喷雾系统、水幕系统等，还可用于预作用系统。

报警阀宜设在明显易见的地点，且应便于操作，距离地面的高度宜为 1.2 m。报警阀处的地面应有排水措施。

采用闭式喷头的湿式和预作用喷水灭火系统，一个报警阀控制喷头数不宜超过 800 个；有排气装置的干式喷水灭火系统不宜超过 500 个，无排气装置的干式喷水灭火系统不宜超过 250 个。

(3)水流指示器。一个自动喷水灭火系统控制的楼层数较多时，为了尽快识别火灾发生的地点，在每一层楼的配水支管上装设水流指示器，以给出某一失火楼层支管水流流动的电信号，此信号可传送到消防控制室，显示、报警或启动消防水泵等。

(4)压力开关。压力开关垂直安装于延迟器和水力警铃之间的管道上，在水力警铃报警的同时，依靠警铃内水压的升高自动接通电触点，完成电动警铃报警，向消防控制室传送电信号或启动消防水泵。

(5)延迟器。延迟器是一个罐式容器，安装于报警阀和水力警铃(或压力开关)之间，用来防止由于水压波动等原因引起报警阀开启而导致的误报。报警阀开启后，水流需经 30 s 左右充满延迟器后方可冲打水力警铃。

(6)火灾探测器。火灾探测器是自动喷水灭火系统的重要组成部分，目前常用的有感烟探测器、感温探测器。感烟探测器是利用火灾发生地点的烟雾浓度进行探测的，感温探测器是通过火灾引起的温升进行探测的。火灾探测器布置在房间或走道的顶棚下面，其数量应根据探测器的保护面积和探测区的面积计算确定。

三、其他灭火系统

1. 泡沫灭火系统

泡沫灭火系统采用泡沫液作为灭火剂，主要用于扑救非水溶性可燃液体火灾和一般固体火灾，如商品油库、煤矿等。该系统具有安全可靠、灭火效率高等特点。

泡沫灭火剂主要通过窒息和冷却作用扑灭火灾。泡沫灭火剂是一种体积较小、表面被液体围成的气泡群，其密度远小于一般可燃、易燃液体，可漂浮或黏附在可燃及易燃液体、固体表面，形成一个泡沫覆盖层，使燃烧物表面与空气隔绝，窒息灭火，阻止燃烧区的热量作用于燃烧物质的表面，抑制可燃物本身和附近可燃物质的蒸发。泡沫受热产生水蒸气，可减少着火物质周围空间氧的浓度，泡沫析出的水可对燃烧物产生冷却作用。

泡沫灭火系统有多种类型：按泡沫发泡倍数可分为低、中、高倍数泡沫灭火系统；按设备安装使用方式可分为固定式、半固定式和移动式泡沫灭火系统；按泡沫喷射位置可分为液上喷射泡沫灭火系统和液下喷射泡沫灭火系统。

泡沫灭火系统由泡沫消防泵、泡沫比例混合器、泡沫液压力储罐、泡沫产生器、阀门管道等组成。

2. 二氧化碳灭火系统

二氧化碳灭火系统是一种纯物理的气体灭火系统，对燃烧物能产生窒息和冷却的作用。它采用固定装置，类型较多，一般分为全淹没式灭火系统(扑救封闭空间内的火灾)和局部应用灭火系统(扑救不封闭空间条件的具体保护对象的火灾)。其优点是不污损保护物、灭火快等。

二氧化碳灭火系统由储存装置、选择阀、喷头、管道及其附件组成。

3. 其他气体灭火系统

常用的气体灭火系统还有卤代烷灭火系统、蒸气灭火系统等。

第五节 建筑中水系统

一、中水系统的分类与组成

(一)中水系统的分类

中水系统按规模不同可分为建筑物中水系统、小区中水系统和城市区域中水系统。

1. 建筑物中水系统

建筑物中水系统是指在一栋或几栋建筑物内建立的中水系统。建筑物的中水宜采用原水污废分流、中水专供的完全分流系统，即将生活污水单独排入城市排水管网或化粪池，以优质杂排水或杂排水作为中水水源，水处理设施在地下室或邻近建筑物的外部，建筑物内部由生活饮用水管网和中水供水管网分质供水，如图 1-32 所示。建筑物中水系统具有投资少、见效快的特点，适用于优质排水量较大的宾馆、饭店、公寓、办公楼和科研大楼等公共建筑。

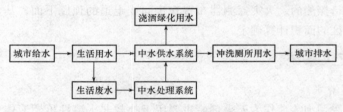

图 1-32 建筑中水系统

2. 小区中水系统

小区中水系统是指在小区内建立的中水系统，如图 1-33 所示。这种系统的中水水源取自小区内各建筑物排放的污废水、小区或城市污水处理厂出水、相对洁净的生活排水及雨水。根据建筑小区所在城镇排水设施的完善程度确定室内排水系统，但应使建筑小区室外给水排水系统与建筑物内部给水排水系统相配套。

小区中水系统工程虽然规模较大、管道复杂，但集中处理的费用较低，多用于建筑物分布较集中的住宅小区和集中高层楼群、机关大院和高等院校等。

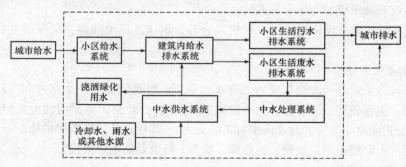

图 1-33 小区中水系统

3. 城市区域中水系统

城市区域中水系统是将城市污水经二级处理后再经深度处理作为中水使用，目前我国较少采用该系统。该中水系统的原水主要来自城市污水处理厂、雨水或其他水源，如图1-34所示。

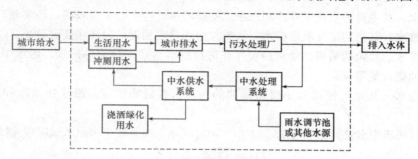

图1-34　城市区域中水系统

（二）中水系统的组成

中水系统由原水系统、处理系统和供水系统组成。

1. 原水系统

原水系统是指收集、输送中水原水到中水处理设施的管理系统和一些附属构筑物。根据中水原水的水质，中水原水系统可分为合流系统和分流系统两类。合流系统是将生活污水和废水用一套管道排出的系统，即通常的排水系统。合流系统的干管可根据中水处理站位置要求设置在室内或室外。这种系统具有管道布置设计简单、水量充足稳定等优点，但是由于该系统将生活污水、废水合并为综合污水，因此原水水质差，中水处理工艺复杂，用户对中水接受程度低，处理站容易对周围环境造成污染。合流系统的管道设计要求和计算与建筑内部排水系统相同。

2. 处理系统

处理系统是处理中水原水的各种构筑物及设备的总称，可分为预处理设施、主要处理设施和后处理设施三类。

3. 供水系统

供水系统由中水配水管网（包括干管、立管、横管）、中水储水池、中水高位水箱、控制和配水附件、计量设备等组成。其主要目的是把经过处理的、符合杂用水水质标准的中水输送至各个中水用水点。与生活给水供水方式相类似，中水的供水方式也有简单供水、单设屋顶水箱供水、水泵和水箱联合供水及分区供水等多种方式。

二、中水水源及水质标准

（一）中水水源

1. 建筑物中水水源

建筑物中水水源应根据排水的水质、水量，排水状况和中水回用的水质、水量选定，一般取自建筑物内部的生活污水、生活废水、冷却水和其他可利用的水源。建筑屋面雨水也可作为中水水源或其补充。

（1）建筑物中水水源可选择的种类。建筑物中水系统规模小，可用作中水水源的排水，按其污染程度的轻重，主要分为以下几种：

1）沐浴排水。其是卫生间、公共浴室淋浴和浴盆排放的废水，有机物和悬浮物浓度都较低，但皂液的含量高。

2）盥洗排水。其是洗脸盆、洗手盆和盥洗槽排放的废水，水质与沐浴排水相近，但悬浮物浓度较高。

3）冷却水。其主要是空调循环冷却水系统的排污水，特点是水温较高、污染较轻。

4）洗衣排水。其指宾馆洗衣房排水，水质与盥洗排水相近，但洗涤剂含量高。

5）厨房排水。其包括厨房、食堂和餐厅在进行炊事活动中排放的污水，污水中有机物的浓度和浊度、油脂含量都较高。

6）冲厕排水。其是大便器和小便器排放的污水，有机物浓度、悬浮物浓度和细菌含量都很高。

（2）根据《建筑中水设计标准》（GB 50336—2018）规定，建筑物中水原水量应按式（1-18）计算：

$$Q_Y = \sum \beta \cdot Q_{Pj} \cdot b \tag{1-18}$$

式中 Q_Y——中水原水量（m^3/d）；

β——建筑物按给水量计算排水量的折减系数，一般取 0.85～0.95；

Q_{Pj}——建筑物平均日生活给水量，按现行国家标准《民用建筑节水设计标准》（GB 50555—2010）的节水用水定额计算确定（m^3/d）；

b——建筑物分项给水百分率，建筑物的分项给水百分率应以实测资料为准，在无实测资料时，可按表 1-12 选取。

表 1-12   建筑物分项给水百分率   %

项目	住宅	宾馆、饭店	办公楼、教学楼	公共浴室	职工及学生食堂	宿舍
冲厕	21.3～21	10～14	60～66	2～5	6.7～5	30
厨房	20～19	12.5～14	—	—	93.3～95	—
沐浴	29.3～32	50～40	—	98～95	—	40～12
盥洗	6.7～6.0	12.5～14	40～34	—	—	12.5～11
洗衣	22.7～22	15～18	—	—	—	17.5～14
总计	100	100	100	100	100	100
注：沐浴包括盆浴和淋浴。						

2. 建筑小区中水水源

建筑小区中水系统规模较大，可作中水水源的种类较多。水源的选择应根据水量平衡和技术经济比较确定，并优先选用水量充足和稳定、污染物浓度低、水质处理难度小、安全且居民易接受的中水水源。可供建筑小区选择的中水水源包括以下几种：

（1）小区内建筑物杂排水。

（2）小区或城镇污水处理站（厂）出水。

（3）小区附近污染较轻的工业排水。

（4）小区生活污水。

（二）中水水质标准

根据《建筑中水设计标准》（GB 50336—2018）规定，中水原水的水质应以实测资料为准。在无实测资料时，建筑物的各种排水污染物浓度可参照表 1-13 确定。

表 1-13　建筑物排水污染物浓度　　　　　　　mg/L

类别	住宅			宾馆、饭店			办公楼、教学楼			公共浴室			职工及学生食堂		
	BOD_5	COD_{cr}	SS	BOD_5	COD_{cr}	SS	BOD_5	COD_{cr}	SS	BOD_5	COD_{cr}	SS	BOD_5	COD_{cr}	SS
冲厕	300~450	800~1 100	350~450	250~300	700~1 000	300~400	260~340	350~450	260~340	260~340	350~450	260~340	260~340	350~450	260~340
厨房	500~650	900~1 200	220~280	400~550	800~1 100	180~220	—	—	—	—	—	—	500~600	900~1 100	250~280
沐浴	50~60	120~135	40~60	40~50	100~110	30~50	—	—	—	45~55	110~120	35~55	—	—	—
盥洗	60~70	90~120	100~150	50~60	80~100	80~100	90~110	100~140	90~110	—	—	—	—	—	—
洗衣	220~250	310~390	60~70	180~220	270~330	50~60	—	—	—	—	—	—	—	—	—
综合	230~300	455~600	155~180	140~175	295~380	95~120	195~260	260~340	195~260	50~65	115~135	40~65	490~590	890~1 075	255~285

注：综合是对包括以上五项生活排水的统称。

三、中水处理工艺流程与设备

1. 中水处理工艺流程

中水处理工艺流程应根据中水原水的水质、水量和中水的水质、水量、使用要求及场地条件等因素，经技术经济比较后确定。

当以盥洗排水、污水处理厂（站）二级处理出水或其他较为清洁的排水作为中水原水时，可采用以物化处理为主的工艺流程。工艺流程应符合下列规定：

（1）絮凝沉淀或气浮工艺流程如图 1-35 所示。

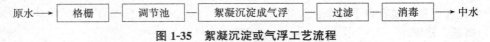

图 1-35　絮凝沉淀或气浮工艺流程

（2）微絮凝过滤工艺流程如图 1-36 所示。

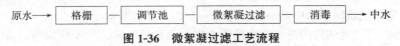

图 1-36　微絮凝过滤工艺流程

（3）膜分离工艺流程如图 1-37 所示。

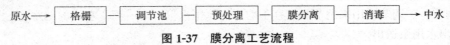

图 1-37　膜分离工艺流程

当以含有洗浴排水的优质杂排水、杂排水或生活排水作为中水原水时，宜采用以生物处理为主的工艺流程。在有可供利用的土地和适宜的场地条件时，也可以采用生物处理与生态处理相结合或者以生态处理为主的工艺流程。工艺流程应符合下列规定：

（1）生物处理和物化处理相结合的工艺流程如图 1-38 所示。

原水 → 格栅 — 调节池 — 生物接触氧化池 — 沉淀 — 过滤 — 消毒 → 中水

原水 → 格栅 — 调节池 — 曝气生物滤池 — 过滤 — 消毒 → 中水

原水 → 格栅 — 调节池 — CASS池 — 混凝沉淀 — 过滤 — 消毒 → 中水

原水 → 格栅 — 调节池 — 流离生化池 — 过滤 — 消毒 → 中水

图 1-38　生物处理和物化处理相结合的工艺流程

（2）膜生物反应器（MBR）工艺流程如图 1-39 所示。

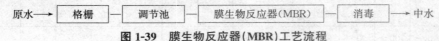

原水 → 格栅 — 调节池 — 膜生物反应器（MBR） — 消毒 → 中水

图 1-39　膜生物反应器（MBR）工艺流程

（3）生物处理与生态处理相结合的工艺流程如图 1-40 所示。

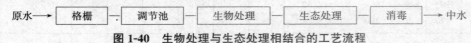

原水 → 格栅 — 调节池 — 生物处理 — 生态处理 — 消毒 → 中水

图 1-40　生物处理与生态处理相结合的工艺流程

（4）以生态处理为主的工艺流程如图 1-41 所示。

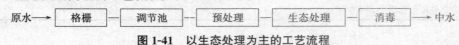

原水 → 格栅 — 调节池 — 预处理 — 生态处理 — 消毒 → 中水

图 1-41　以生态处理为主的工艺流程

当中水用于供暖、空调系统补充水等其他用途时，应根据水质需要增加相应的深度处理措施。当采用膜处理工艺时，应有保障其可靠进水水质的预处理工艺和易于膜的清洗、更换的技术措施。

在确保中水水质的前提下，可采用耗能低、效率高、经过试验或实践检验的新工艺流程。对于中水处理产生的初沉污泥、活性污泥和化学污泥，当污泥量较小时，可排至化粪池处理；当污泥量较大时，可采用机械脱水装置或其他方法进行妥善处理。

2. 中水处理设备

中水处理设备主要有以下几个：

（1）格栅、格筛。

1）格栅的主要作用是截留污水中大的砂砾、漂浮物等固体污物，不使污水中这类污物堵塞管道，以保护和发挥其他各种处理构筑物的性能，提高水处理效率。

2）格筛主要用于截留原水中细小的固体杂质，如线头、毛发等。

（2）沉砂池。沉砂池的作用是分离生活污水中大的无机颗粒。其工作原理是重力分离，以此控制池内水的流速，使相对密度大的无机颗粒能得以沉淀是十分重要的。按池内水流方向的不同，沉砂池可分为平流式和竖流式两种。

（3）调节池。调节池用来调节和储存不均匀的原排水量，是一座变水位的储水池，进水采用重力流，出水用泵送出。

（4）沉淀池。沉淀池的作用是进行液固分离，将处理水中的各类悬浮物沉淀下来，以稳定水质，使处理水得到澄清。在中、小型处理工程中，设置调节池后可不再设置初次沉淀池。

（5）生物转盘。生物转盘也是利用生物膜净化污水的一种新型污水处理设备。它是以一系列转动的盘片代替固定的滤料，借圆盘群片周期转动，一半浸在水中，另一半与空气接触，供给微生物所需的溶解氧，使污水中的有机物在好氧条件下进行降解。

四、中水处理站

根据《建筑中水设计标准》(GB 50336—2018)的规定，中水处理站的位置选择及布置有如下要求：

(1)站址选择。

1)中水处理站位置应根据建筑的总体规划、中水原水的来源、中水用水的位置、环境卫生和管理维护要求等因素综合确定。

2)建筑物内的中水处理站宜设在建筑物的最底层，或主要排水汇水管道的设备层。

3)建筑小区中水处理站和以生活污水为原水的中水处理站宜在建筑物外部按规划要求独立设置，且与公共建筑和住宅的距离不宜小于 15 m。

(2)设置要求。

1)中水处理站面积应根据工程规模、站址位置、处理工艺、建设标准等因素，并结合主体建筑实际情况综合确定。

2)中水处理站应根据站内各建、构筑物的功能和工艺流程要求合理布置，满足构筑物的施工、设备安装、管道敷设、运行调试及设备更换等维护管理要求，并宜留有适当的发展余地，还应考虑最大设备的进出要求。

3)中水处理站的工艺流程、竖向设计宜充分利用场地条件，符合水流通畅、降低能耗的要求。

4)中水处理站宜设有值班、化验、药剂贮存等房间。对于采用现场制备二氧化氯、次氯酸钠等消毒剂的中水处理站，加药间应与其他房间隔开，并有直接通向室外的门。

5)中水处理站设计应满足主要处理环节运行观察、水量计量、水质取样化验监(检)测和进行中水处理成本核算的条件。

6)中水处理站内各处理构筑物的个(格)数不宜少于 2 个(格)，并宜按并联方式设计。

7)处理设备的选型应确保其功能、效果和质量要求。

8)设于建筑物内部的中水处理站的层高不宜小于 4.5 m，各处理构筑物上部人员活动区域的净空不宜小于 1.2 m。

9)中水处理构筑物上面的通道，应设置安全防护栏杆，地面应有防滑措施。

10)独立设置的中水处理站围护结构应根据所在地区的气候条件采取保温、隔热措施，并应符合国家现行相关法规和标准的规定。

11)建筑物内中水处理站的盛水构筑物，应采用独立的结构形式，不得利用建筑物的本体结构作为各池体的壁板、底板及顶盖。

注：不包括为中水处理站设置的集水井。

12)中水处理站内的盛水构筑物应采用防水混凝土整体浇筑，内侧宜设防水层。

13)中水处理站内自耗用水应优先采用中水。

14)中水处理站地面应设有可靠的排水设施，当机房地面低于室外地坪时，应设置集水设施用污水泵排出。

15)中水处理站的消防设计应符合现行国家标准《建筑设计防火规范(2018 年版)》(GB 50016—2014)的有关规定，易燃易爆的房间应按消防部门的要求设置消防设施。

16)中水处理站应有良好的通风设施。当中水处理站设在建筑物内部或室外地下空间时，处理设施房间应设机械通风系统，并应符合下列规定：

①当处理构筑物为敞开式时，每小时换气次数不宜小于 12 次；

②当处理构筑物为有盖板时，每小时换气次数不宜小于 8 次。

17）在北方寒冷地区，中水处理站应有防冻措施。当供暖时，处理间内温度可按 5 ℃设计，值班室、化验室和加药间等室内温度可按 18 ℃设计。

18）中水处理站应设有适应处理工艺要求的配电、照明、通信等设施。

19）中水处理站内用电设备、控制装置、灯具形式的选择，应与处理站的环境条件相适应。

20）配电系统设计应符合现行国家标准《供配电系统设计规范》（GB 50052—2009）和《低压配电设计规范》（GB 50054—2011）的规定。

21）对中水处理中产生的气味应采取有效的净化措施。

22）对中水处理站中机电设备所产生的噪声和振动应采取有效的降噪和减振措施，中水处理站产生的噪声值应符合现行国家标准《声环境质量标准》（GB 3096—2008）的规定。

本章小结

本章主要介绍了建筑给水系统的分类、组成、给水方式，室内给水管道的布置与敷设，以及常用管材、管件、附件和设备。给水系统由引入管、水表节点、管道系统、配水装置、给水附件、升压和储水设备等组成。常用的给水方式有直接给水方式、设水泵的给水方式、设水箱的给水方式等。给水系统常用设备有管材、管件、管道附件、水表、水泵、水箱和气压给水设备等。中水系统的分类、组成，中水水源及水质标准，中水处理工艺流程和设备，以及中水处理站的位置选择及布置要求。

建筑消防给水系统分为室内消火栓给水系统、自动喷水灭火系统、泡沫灭火系统、二氧化碳灭火系统等。室内消火栓给水系统一般包括消火栓设备、消防卷盘、消防水泵接合器、消防管道、消防水泵、消防水池和消防水箱等。自动喷水灭火系统包括喷头、报警阀、水流指示器、压力开关、延迟器和火灾探测器等构件。

中水系统按规模可分为建筑物中水系统和小区中水系统，中水系统由原水系统、处理系统和供水系统组成。中水处理工艺流程应根据中水原水的水质、水量和中水的水质、水量及使用要求等因素，经技术经济比较后确定。

思考与练习

一、填空题

1. 建筑给水系统按供水用途不同，可分为_____、_____和_____。

2. 自室外给水管将水引入室内的管段称为_____。

3. 给水管网系统由_____、_____和_____等组成。

4. 各种给水系统，按照水平配水干管的敷设位置，可以布置成_____和_____两种方式。

5. 室内给水管道敷设有_____和_____两种形式。

6. 钢管按钢管壁厚的不同又可分为_____、_____和_____三种。

7. _____是对安装在管道及设备上的启闭和调节装置的总称。

8. 常见的水龙头有_____、_____和_____。

9. 控制附件用来调节水量和水压、关断水流等，常见的控制附件有_____、_____、_____、_____和_____等。

10. _____是一种计量建筑物用水量的仪表。

11. _____是建筑给水系统中的主要升压设备。

12. 水箱配管由_____、_____、_____、_____及_____组成。

13. 气压给水装置一般由_____、_____、_____、_____等组成。

14. 消火栓设备由_____、_____和_____组成。

15. 建筑物室内消火栓用水量应根据_____和_____来计算确定。

16. 根据中水原水的水质，中水原水系统可分为_____和_____两类。

17. 中水供水系统由_____、_____和_____组成。

18. 中水处理工艺流程应根据_____、_____、_____等因素，经技术经济比较后确定。

19. _____的作用是进行液固分离，将处理水中各类悬浮物沉淀下来，以稳定水质，使处理水得到澄清。

二、名词解释

建筑给水系统　生活给水系统　焊接钢管　无缝钢管　配水附件　水泵的扬程
水箱通气管　消防管道

三、简答题

1. 如何用计算法计算建筑给水系统的供水压力？

2. 建筑给水系统的给水方式有哪几种？

3. 管道的布置与敷设有哪些要求？

4. 简述常用的塑料管材。

5. 建筑给水设备有哪些？

6. 什么是气压给水设备？

7. 室内消火栓给水系统一般由哪几个部分组成？

8. 消火栓给水系统的给水方式有哪几种？

9. 自动喷水灭火系统的组成有哪些？

10. 水箱和水泵如何设置？

11. 气压给水设备如何分类？

12. 简述消火栓给水系统的设置范围。

13. 建筑中水分为哪几种？各有什么特点？

14. 建筑物中水水源可选择的种类有哪些？

15. 简述中水处理工艺流程。

16. 中水处理站减振、降噪及防臭措施有哪些？

17. 简述中水处理设备及其作用。

第二章 建筑排水工程

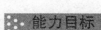 **能力目标**

1. 根据工程实际，能合理选用建筑排水系统的管材、管件、附件和卫生器具。
2. 根据实际工程，具备布置排水管道的能力。
3. 通过学习、训练，具备分析和解决工程实际问题的能力，能根据工程施工进度协调各专业关系。

知识目标

1. 了解建筑排水系统的分类；掌握建筑排水系统的组成。
2. 了解建筑排水系统的排水体制；掌握建筑排水管道的布置与敷设的形式、要求。
3. 掌握排水系统常用管材、管件及卫生器具的种类。
4. 了解建筑排水管道的水力计算。
5. 了解檐沟外排水系统(水落管外排水)、天沟外排水系统的构造及适用范围。
6. 了解高层建筑排水系统的特点、排水方式。
7. 掌握雨水内排水系统的构造，以及雨水斗、悬吊管、立管、埋地雨水管的布置和敷设。

素养目标

养成一丝不苟的精神，树立严谨的工作作风。

第一节 建筑排水系统

一、建筑排水系统的分类

根据所接纳排除的污废水的性质，建筑排水系统可分为生活污水系统、生产废水系统和雨水系统三类。

1. 生活污水系统

生活污水系统用于排除居住建筑、公共建筑及工厂生活间的污(废)水。有时根据污(废)水处理、卫生条件或杂用水水源的需要，可将生活污水系统进一步分为排除冲洗便器的生活污水排水系统和排除盥洗、洗涤废水的生活废水排水系统。生活废水经过处理后，可作为杂用水，用来冲洗厕所、浇洒绿地和道路、冲洗汽车等。

2．生产废水系统

生产废水系统排除工艺生产过程中所形成的，直接参与生产工艺，未被生产原料、半成品或成品污染，仅受到轻度污染的水或温度稍有上升的水，如循环冷却水等，经简单处理后可回用或排入水体。为便于污废水的处理和综合利用，生产废水系统按水质污染程度可分为生产污水排水系统和生产废水排水系统。生产污水污染较重，需要经过处理，达到排放标准后排放；生产废水污染较轻，如机械设备冷却水，生产废水可作为杂用水水源，也可经过简单处理后（如降温）回用或排入水体。

3．雨水系统

雨水系统用于收集排除降落到多跨工业厂房、大屋面建筑和高层建筑屋面上的雨水、雪水。

二、建筑排水系统的组成

建筑排水系统一般由卫生器具（或生产设备受水器）、排水管道系统、通气管系统、清通设备、抽升设备及污水局部处理构筑物等组成，如图 2-1 所示。

1．卫生器具（或生产设备受水器）

卫生器具是建筑物内部排水系统的起点，用来满足日常生活和生产过程中各种卫生要求，是收集和排除污废水的设备。卫生器具的结构、形式和材料各不相同，应根据其用途、设置地点、维护条件和安装条件选用。

2．排水管道系统

排水管道系统由器具排水管、排水横支管、排水立管、埋地横干管和排出管等组成。

（1）器具排水管：连接卫生器具和排水横支管的短管，除坐式大便器等自带水封装置的卫生器具外，均应设水封装置。

（2）排水横支管：将从器具排水管流过来的污水传输到排水立管中去，应具有一定的坡度。

（3）排水立管：用来收集其上所接的各横支管排来的污水，然后把这些污水送入排出管。

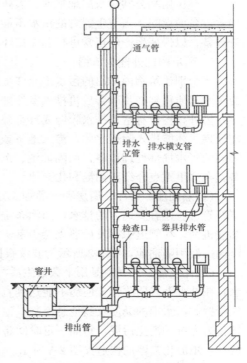

图 2-1 建筑排水系统的基本组成

（4）埋地横干管：指将几根排水立管与排出管连接起来的管段，可根据室内排水的数量和布置情况确定是否需要设置埋地横干管。

（5）排出管：用来收集一根或几根立管排来的污水，并将其排至室外排水管网。

3．通气管系统

通气管系统能使室内外排水管道与大气相通，其作用是将排水管道中散发的有害气体排到大气，使管道内常有新鲜空气流通，以减轻管内废气对管壁的腐蚀，同时使管道内的压力与大气取得平衡，防止水封破坏。

4．清通设备

在室内排水系统中，为疏通排水管道，需设置检查口、清扫口、检查井等清通设备。

（1）检查口。检查口是一个带有盖板的开口配件，拆开盖板即可进行疏通工作。检查口通常设置在立管上，可以每隔一层设一个，但在最底层和有卫生器具的最高层必须设置。如为 2 层建筑，可仅在底层设置。安装检查口时，应使盖板向外，并与墙面成 45°。检查口中心距地面距离为 1 m，并至少高出该层卫生器具上边缘 0.15 m。

（2）清扫口。清扫口是设置在排水横管上的一种清通设备。当排水横管上连接2或2个以上大便器、3或3个以上其他卫生器具时，应设置清扫口，若横管较长，也应每隔一定距离设置清扫口。由于清扫口只能从一个方向清通，因此，它只能装设在排水横管的起点，开口应与地面相平。有时也可用带螺栓盖板的弯头或带堵头的三通配件代替清扫口。

（3）检查井。对于不散发有害气体或大量蒸气的工业废水排水管道，在管道转弯、变径处和坡度改变及连接支管处，可设置检查井。在直线管段上，排除生产废水时，检查井的距离不宜大于30 m；排除生产污水时，检查井的距离不宜大于20 m。对于生活污水排水管道，在建筑物内不宜设置检查井。

5. 抽升设备

一些民用和公共建筑的地下室、人防建筑及工业建筑内部标高低于室外地坪的车间和其他用水设备的房间，当卫生器具的污水不能自流排至室外管道时，需设污水泵和集水池等局部抽升设备，以保证生产的正常进行和保护环境卫生。

6. 污水局部处理构筑物

当个别建筑物内排出的污水不允许直接排入室外排水管道时，则要设置污水局部处理设备，使污水水质得到初步改善后再排入室外排水管道。

另外，当没有室外排水管网或有室外排水管网但没有污水处理厂时，室内污水也需经过局部处理后才能排入附近水体、渗入地下或排入室外排水管网。根据污水性质的不同，可以采用不同的污水局部处理设备，如隔油池、沉淀池、化粪池、中和池及其他含毒污水的局部处理设备，在这里重点介绍隔油池和化粪池。

（1）隔油池。餐厅、厨房和食品加工车间等排出的水中含油脂，油脂会凝固在排水管壁上，堵塞管道。还有些地方的排水，如汽车洗车水、机械加工地方的排水等也含有油，这些油是汽油或机油，在管道中挥发后遇火会引起火灾，因此，这些含油水在排入管网前应先除油。去除浮油一般用隔油池，图2-2所示为波纹斜板式除油池的构造。

（2）化粪池。化粪池是用来截留生活污水中大块悬浮物的构筑物。经过化粪池处理的生活污水，在外观上有所改善，但还不能达到直接排入水体的标准，还需进一步处理才能排放。化粪池可拦截污水中的粪便及其他悬浮物。池内大部分有机物质在微生物的作用下进行消化，使其转化为无机的消化污泥，每隔一定时间将消化污泥清掏出去作为肥料。化粪池分为矩形和圆形两种，矩形化粪池的构造如图2-3所示。

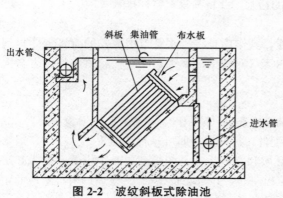

图 2-2　波纹斜板式除油池

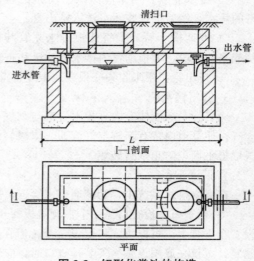

图 2-3　矩形化粪池的构造

三、建筑排水系统的排水体制

生活污水、生产废水和雨水可采用同一个管道系统来排除，也可采用两个或两个以上各自独立的管道系统来排除，这种不同的排除方式所形成的排水系统称作排水体制。排水体制一般分为合流制与分流制两种类型。

1. 合流制

合流制是将生活污水、生产废水和雨水排泄到同一个管渠内排除的系统。最早出现的合流制排水系统是将泄入其中的污水和雨水不经处理而直接就近排入水体。其缺点是污水未经处理即行排放，使受纳水体遭受严重污染。很多城市的老城区至今还在采用这种系统，为此，在改造老城区的合流制排水系统时，常采用设置截流干管的方法，将晴天和雨天初期降雨时的所有污水都输送到污水处理厂，经处理后再排入水体。当管道中的雨水径流量和污水量超过截流管的输水能力时，有一部分混合污水自溢流井溢出而直接泄入水体。这就是所谓的截流式合流制排水系统，虽较之前有所改善，但仍不能彻底消除对水体的污染，其形式如图 2-4(a)所示。

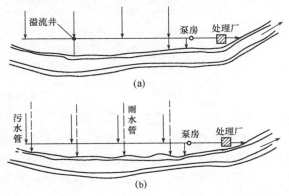

图 2-4　合流制与分流制排水系统图
(a)合流制；(b)分流制

2. 分流制

分流制排水系统是将生活污水、生产废水和雨水分别在两个或两个以上各自独立的管渠内排除的系统。排除生活污水、生产废水或城市污水的系统称为污水排水系统；将排除雨水的系统称为雨水排水系统，如图 2-4(b)所示。分流制的优点是污水能得到全部处理，管道水力条件较好，可分期修建；其主要缺点是降雨初期的雨水对水体仍有污染。我国新建城市和工矿区多采用分流制。对于分期建设的城市，可先设置污水排水系统，待城市发展成型后，再增设雨水排水系统。在工业企业中，不仅要采取雨、污分流的排水系统，而且要根据工业废水化学和物理性质的不同，分设几种排水系统，以利于废水的重复利用和有用物质的回收。

排水体制的选择是一项很复杂、很重要的工作，应根据城市及工矿企业的规划、环境保护的要求、污水利用的情况、原有排水设施、水质、水量、地形、气候和水体等条件，从全局出发，在满足环境保护的前提下，通过技术经济比较，综合考虑确定；对条件不同的地区，也可采用不同的排水体制。

四、室内排水管道的布置与敷设

(一)排水管道布置与敷设的形式

1. 管道布置形式

(1)排水横支管。排水横支管的位置及走向应视卫生洁具和排水立管的相对位置而定，可以沿墙敷设在地板上，也可用间距为 1~1.5 m 的吊环悬吊在楼板下。底层横支管宜埋地敷设，其他楼层的横支管可以明装或暗装，但暗装时应考虑便于检修。

排水横支管不宜过长，一般不得超过 10 m，以防因管道过长而产生虹吸现象破坏卫生洁具水封；同时，要尽量少转弯，尤其是连接大便器的横支管，宜与立管直线连接，以减少阻塞及清扫口的数量。当排水立管仅设伸顶通气管时，最低排水横支管与立管连接处距排水立管管底的最小垂直距离应符合表 2-1 的要求。排水支管连接在排出管或排水横干管上时，连接点与立管底部的水平距离一般不小于 3.0 m。

表 2-1 最低横支管与立管连接处至立管底部的最小垂直距离

立管连接卫生器具的层数	垂直距离	
	仅设伸顶通气	设通气立管
≤4	0.45	按配件最小安装尺寸确定
5～6	0.75	
7～12	1.20	
13～19	底层单独排出	0.75
≥20		1.20

(2)排水立管。排水立管宜靠近杂质较多和排水量较大的卫生洁具设置，以避免管道堵塞现象的发生，并尽量使各层对应的卫生洁具中的污水由同一立管排出。排水立管一般不允许转弯，当上、下层位置错开时，宜用乙字管或两个 45°弯头连接；错开位置较大时，也可有一段不太长的水平管段。

在多层建筑物内，由于立管较高，下层水静压力较大，容易堵塞，致使上层污水经底层卫生洁具冒出，影响室内卫生，因此，底层的生活污水宜单独排出。

生活污水立管应避免穿越卧室、病房等对卫生和安静要求较高的房间，避免靠近与卧室相邻的内墙。

排水立管一般沿墙角或柱垂直敷设。在有特殊要求的建筑物内，立管可设在管槽、管井内，但必须考虑安装与检修的方便。

(3)排水横干管与排出管。根据室内排水立管的数量和布置，以及室外检查井的位置情况，有时需设置室内排水横干管，将几条立管与排出管连接起来。排水横干管与排出管一般埋设在底层地板下的土壤内，但要避免布置在可能受重物压坏处和穿过生产设备基础。

为了保证水流畅通，排水横干管要尽量少转弯，横干管与排出管之间、排出管与其同一检查井内的室外排水管之间的水流方向的夹角不得小于 90°；当跌落差大于 0.3 m 时，可以不受此限制。排出管与室外排水管连接时，其管顶标高不得低于室外排水管管顶标高，以便于排水。

2. 管道敷设形式

建筑排水管道的敷设分为明敷和暗敷两种方式。明敷管道应尽量靠墙、梁、柱平行设置，保持室内的美观。明敷管道的优点是造价低、施工检修方便；其缺点是卫生条件差，不美观。暗敷管道的立管可设置在管道竖井或管槽内，或用装饰材料封盖；横支管可嵌设在管槽内，或敷设在吊顶内；有地下室时，排水横支管应尽量敷设在顶棚下，有条件时可和其他管道一起敷设在公共管沟和管廊中。暗敷管道的优点是不影响卫生，室内较美观；其缺点是造价高，施工和维修均不方便。建筑排水管道明敷或暗敷布置应根据建筑物的性质、使用要求和建筑平面布局确定。在气温较高、全年不结冻的地区，也可沿建筑物外墙敷设。

(二)排水管道布置与敷设的要求

(1)室内排水管道布置应符合下列规定：

1)自卫生器具排至室外检查井的距离应最短，管道转弯应最少；

2)排水立管宜靠近排水量最大或水质最差的排水点；

3)排水管道不得敷设在食品和贵重商品仓库、通风小室、电气机房和电梯机房内；

4)排水管道不得穿过变形缝、烟道和风道；当排水管道必须穿过变形缝时，应采取相应技术措施；

5)排水埋地管道不得布置在可能受重物压坏处或穿越生产设备基础；

6)排水管、通气管不得穿越住户客厅、餐厅，排水立管不宜靠近与卧室相邻的内墙；

7)排水管道不宜穿越橱窗、壁柜，不得穿越贮藏室；

8)排水管道不应布置在易受机械撞击处；当不能避免时，应采取保护措施；

9)塑料排水管不应布置在热源附近；当不能避免，并导致管道表面温度大于 60 ℃时，应采取隔热措施；塑料排水立管与家用灶具边净距不得小于 0.4 m；

10)当排水管道外表面可能结露时，应根据建筑物性质和使用要求，采取防结露措施。

(2)排水管道不得穿越下列场所：

1)卧室、客房、病房和宿舍等人员居住的房间；

2)生活饮用水池(箱)上方；

3)遇水会引起燃烧、爆炸的原料、产品和设备的上面；

4)食堂厨房和饮食业厨房的主副食操作、烹调和备餐的上方。

(3)住宅厨房间的废水不得与卫生间的污水合用一根立管。

(4)生活排水管道敷设应符合下列规定：

1)管道宜在地下或楼板填层中埋设，或在地面上、楼板下明设；

2)当建筑有要求时，可在管槽、管道井、管廊、管沟或吊顶、架空层内暗设，但应便于安装和检修；

3)在气温较高、全年不结冻的地区，管道可沿建筑物外墙敷设；

4)管道不应敷设在楼层结构层或结构柱内。

(5)当卫生间的排水支管要求不穿越楼板进入下层用户时，应设置成同层排水。

(6)同层排水形式应根据卫生间空间、卫生器具布置、室外环境气温等因素，经技术经济比较确定。住宅卫生间宜采用不降板同层排水。

(7)室内排水管道的连接应符合下列规定：

1)卫生器具排水管与排水横支管垂直连接，宜采用 90°正三通；

2)横支管与立管连接，宜采用顺水三通或顺水四通和 45°斜三通或 45°斜四通；在特殊单立管系统中横支管与立管连接可采用特殊配件；

3)排水立管与排出管端部的连接，宜采用两个 45°弯头、弯曲半径不小于 4 倍管径的 90°弯头或 90°变径弯头；

4)排水立管应避免在轴线偏置；当受条件限制时，宜用乙字管或两个 45°弯头连接；

5)当排水支管、排水立管接入横干管时，应在横干管管顶或其两侧 45°范围内采用 45°斜三通接入；

6)横支管、横干管的管道变径处应管顶平接。

(8)粘接或热熔连接的塑料排水立管应根据其管道的伸缩量设置伸缩节，伸缩节宜设置在汇合配件处。排水横管应设置专用伸缩节。

(9)金属排水管道穿楼板和防火墙的洞口间隙、套管间隙应采用防火材料封堵。塑料排水管设置阻火装置应符合下列规定：

1)当管道穿越防火墙时应在墙两侧管道上设置；

2)高层建筑中明设管径大于或等于 DN110 排水立管穿越楼板时，应在楼板下侧管道上设置；

3)当排水管道穿管道井壁时，应在井壁外侧管道上设置。

(10)下列构筑物和设备的排水管与生活排水管道系统应采取间接排水的方式：

1)生活饮用水贮水箱(池)的泄水管和溢流管；

2)开水器、热水器排水；

3)医疗灭菌消毒设备的排水；

4)蒸发式冷却器、空调设备冷凝水的排水；

5)贮存食品或饮料的冷藏库房的地面排水和冷风机溶霜水盘的排水。

(11)设备间接排水宜排入邻近的洗涤盆、地漏。当无条件时，可设置排水明沟、排水漏斗或容器。间接排水的漏斗或容器不得产生溅水、溢流，并应布置在容易检查、清洁的位置。

(12)间接排水口最小空气间隙，应按表 2-2 确定。

表 2-2 间接排水口最小空气间隙   mm

间接排水管管径	排水口最小空气间隙
≤25	50
32～50	100
>50	150
饮料用贮水箱排水口	≥150

(13)室内生活废水在下列情况下，宜采用有盖的排水沟排除：

1)废水中含有大量悬浮物或沉淀物需经常冲洗；

2)设备排水支管很多，用管道连接有困难；

3)设备排水点的位置不固定；

4)地面需要经常冲洗。

(14)当废水中可能夹带纤维或有大块物体时，应在排水沟与排水管道连接处设置格栅或带网筐地漏。

(15)室内生活废水排水沟与室外生活污水管道连接处，应设水封装置。

(16)排水管穿越地下室外墙或地下构筑物的墙壁处，应采取防水措施。

(17)当建筑物沉降可能导致排出管倒坡时，应采取防倒坡措施。

(18)排水管道在穿越楼层设套管且立管底部架空时，应在立管底部设支墩或其他固定措施。地下室立管与排水横管转弯处也应设置支墩或固定措施。

第二节 建筑排水管材、管件及卫生器具

一、排水管材、管件

室内排水用管材，主要有排水塑料管、钢管、排水铸铁管、混凝土管及钢筋混凝土管、陶土管、石棉水泥管等。生活污水管道一般采用排水铸铁管或硬聚氯乙烯排水管。当管径小于 50 mm

时，可采用钢管。埋地生活污水管也可采用带釉陶土管。由于排水铸铁管不能承受高压和酸碱性液体的侵蚀，故对于高度大于 30 m 的生活污水排水立管的下段和排出管、微酸性生产废水管道，常用给水铸铁管代替排水铸铁管。

1. 塑料管

为了节约能源，保护环境，提高建筑物的使用功能，扩大化学建材的使用领域，目前在建筑内使用的排水管大多是塑料管。塑料管以合成树脂为主要成分，加入填充剂、稳定剂、增塑剂等填料制成。常用塑料管有聚氯乙烯管、聚丙烯管、聚乙烯管等。目前，在建筑内使用的排水塑料管主要是硬聚氯乙烯管，它具有自重轻、不结垢、不腐蚀、外表光滑、容易切割、便于安装等优点；但同时也具有强度低、耐温性差、立管产生噪声、易老化、防火性能差等缺点。塑料管适用于建筑物内连续排放温度不大于 40 ℃、瞬时排放温度不大于80 ℃的排水管道。

常用塑料排水管件如图 2-5 所示。

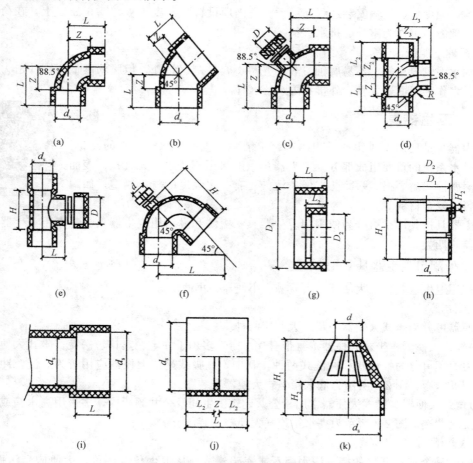

图 2-5　常用塑料排水管件

(a)90°弯头；(b)45°弯头；(c)带检查口 90°弯头；(d)三通；(e)立管检查口；
(f)带检查口存水弯；(g)弯径；(h)伸缩节；(i)管件粘接承口；(j)套筒；(k)通气帽

2. 钢管

钢管主要用作洗脸盆、浴盆、小便器等卫生器具与横支管之间的连接短管，管径一般为 $DN32$、$DN40$、$DN50$ 等。

3. 排水铸铁管

排水铸铁管因管壁较薄，不能承受较大压力，常用作生活污水和雨水管道。在生产工艺设备振动较小的场所，也可用作生产排水管道。排水铸铁管的管径一般为 50～200 mm，采用承插连接。承插口直管有单承口和双承口两种，主要接口有铅接口、普通水泥接口、石棉水泥接口、氯化钙石膏水泥接口和膨胀水泥接口等，最常用的是普通水泥接口。

4. 混凝土管及钢筋混凝土管

混凝土管及钢筋混凝土管多用于室外排水管道及车间内部地下排水管道，一般直径在 400 mm 以下者为混凝土管，400 mm 以上者为钢筋混凝土管。其最大优点是节约金属管材；其缺点是强度低、内表面不光滑、耐腐蚀性差。

5. 陶土管

陶土管可分为涂釉和不涂釉两种。陶土管表面光滑，耐酸碱腐蚀，是良好的排水管材，但切割困难、强度低、运输安装过程损耗大。室内埋设覆土深度要求在 0.6 m 以上，在荷载和振动不大的地方，可作为室外的排水管材。

6. 石棉水泥管

石棉水泥管自重轻、不易腐蚀、表面光滑、容易割锯钻孔，但脆弱度低、抗冲击力差、容易破损，多作为屋面通气管、外排水雨水落水管。

二、卫生器具

卫生器具是指用于收集和排出生产、生活中产生的污水、废水的设备，是室内排水系统的重要组成部分。卫生器具一般采用不透水、无气孔、表面光滑、耐腐蚀、耐磨损、耐冷热、便于清扫、有一定强度的材料制造，如陶瓷、塑料、复合材料等。

坐式大便器安装

卫生器具按其用途可分为便溺用卫生器具、盥洗和淋浴用卫生器具、洗涤用卫生器具和专用卫生器具四类。

(一)便溺用卫生器具

便溺用卫生器具包括大便器、大便槽、小便器、小便槽等。

1. 大便器

大便器可分为坐式大便器与蹲式大便器两种。

(1)坐式大便器。坐式大便器本身带有存水弯，多用于住宅、宾馆、医院。坐式大便器按冲洗的水力原理可分为虹吸式和冲洗式两种。其中，虹吸式坐式大便器应用较为广泛，冲洗设备一般采用低水箱，图 2-6 所示为低水箱坐式大便器安装图。

(2)蹲式大便器。蹲式大便器常用于公共建筑卫生间及公共厕所内，多采用高水箱或适时自闭式冲洗阀冲洗。图 2-7 所示为高水箱蹲式大便器安装图。

2. 大便槽

大便槽是个狭长开口的槽，用水磨石或瓷砖建造。从卫生角度评价，大便槽受污面积大、有恶臭，而且耗水量大、不够经济；但设备简单、建造费用低。因此，可在建筑标准不高的公共建筑或公共厕所内采用。在使用频繁的建筑中，大便槽宜采用自动冲洗水箱进行定时冲洗。

3. 小便器

(1)挂式小便器。挂式小便器悬挂在墙上，其冲洗设备可采用自动冲洗水箱，也可采用阀门冲洗，每只小便器均应设存水弯，其结构及安装图如图 2-8 所示。

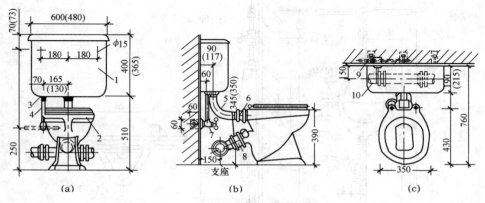

图 2-6　低水箱坐式大便器安装图

(a)立面图；(b)侧面图；(c)平面图

1—低水箱；2—坐式大便器；3—浮球阀配件；4—水箱进水管；5—冲洗管及配件；
6—胶皮碗；7—角式截止阀；8—三通；9—给水管；10—排水管

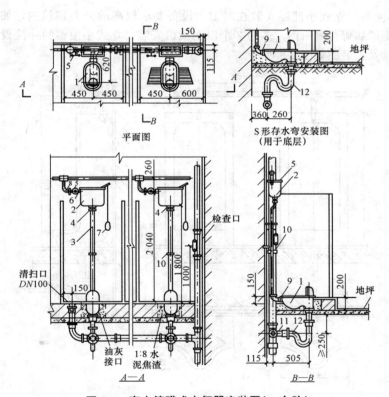

图 2-7　高水箱蹲式大便器安装图(一台阶)

1—蹲式大便器；2—高水箱；3—冲洗管；4—冲洗管配件；5—角式截止阀；6—浮球阀配件；
7—拉绳；8—弯头；9—胶皮碗；10—单管立式支架；11—90°三通；12—存水弯

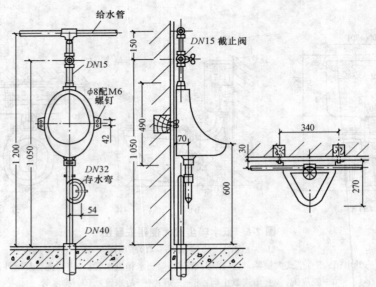

图 2-8　挂式小便器结构及安装图

（2）立式小便器。立式小便器安装在对卫生设备要求较高的公共建筑内，如展览馆、大剧院、宾馆、大型酒店等男厕所内，多为 2 个以上成组安装。立式小便器的冲洗设备常为自动冲洗水箱，其结构及安装图如图 2-9 所示。

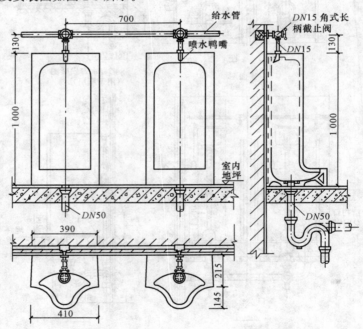

图 2-9　立式小便器结构及安装图

4. 小便槽

小便槽是用瓷砖沿墙砌筑的浅槽，因有建造简单、经济、占地面积小、可同时供多人使用等优点，故被广泛装置在工业企业、公共建筑、集体宿舍男厕所中，如图 2-10 所示。

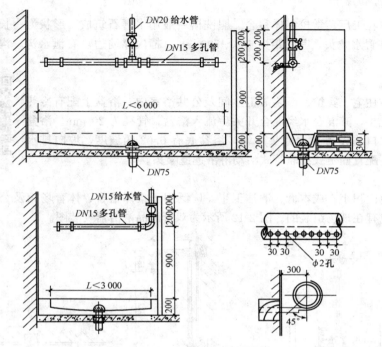

图 2-10　小便槽安装示意

（二）盥洗、沐浴用卫生器具

1. 洗脸盆

洗脸盆一般安装在盥洗室、浴室、卫生间供使用者洗脸、洗手用。按其形状来分，有长方形、三角形、椭圆形等；按安装方式不同，其可分为墙架式、柱脚式和台式。其安装形式如图 2-11 所示。

洗脸盆安装

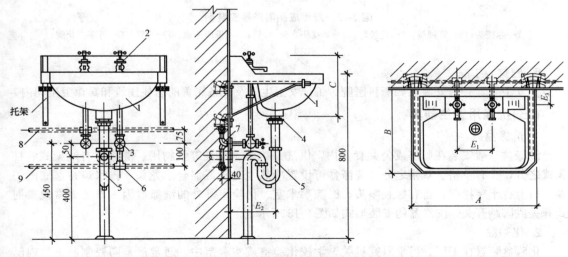

图 2-11　洗脸盆安装图

1—洗脸盆；2—水龙头；3—角式截止阀；4—排水栓；5—存水弯；
6—三通；7—弯头；8—热水管；9—冷水管

2. 盥洗槽

盥洗槽设置在工厂、学校集体宿舍。盥洗槽一般用水磨石筑成，形状为一长条形，在距离地面 1 m 高处装置水龙头，其间距为 600～700 mm，槽内靠墙边设有泄水沟，沟的中部或端头装有排水口。

3. 浴盆

浴盆安装

浴盆安装在住宅、宾馆、医院等卫生间及公共浴室内。浴盆上配有冷热水管或混合水龙头，其混合水经混合开关后流入浴盆，管径为 20 mm。浴盆的排水口及溢水口均设置在水龙头一端，浴盆底有 0.02 的坡度，坡向排水口。有的浴盆还配置固定式或软管式活动淋浴莲蓬喷头。

4. 淋浴器

淋浴器占地面积小、成本低、清洁卫生，广泛用于集体宿舍、体育场馆及公共浴室。淋浴器有成品件，也有在现场组装的。图 2-12 所示为双管成品淋浴器安装图。

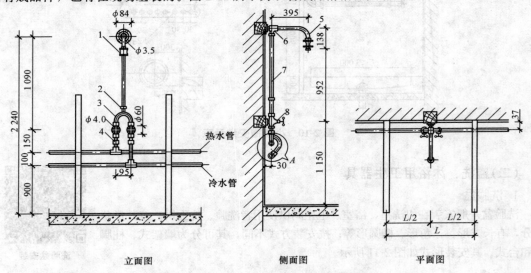

立面图　　　　　　　侧面图　　　　　　　平面图

图 2-12　双管成品淋浴器安装图

1—莲蓬头；2—管锁母；3—连接弯；4—管接头；5—弯管；6—带座三通；7—直管；8—带座截止阀

5. 妇女卫生盆

妇女卫生盆一般安装在妇产科医院、工厂女卫生间及设备完善的居住建筑和宾馆卫生间内。

(三)洗涤用卫生器具

1. 洗涤盆

洗涤盆一般安装在厨房或公共食堂内，供洗涤碗碟、蔬菜等食物用。洗涤盆有墙架式、柱脚式之分，又有单格、双格之分。洗涤盆可设置冷热水龙头或混合水龙头，排水口在盆底的一端，口上有十字栏栅，备有橡胶塞头。医院手术室、化验室等处的洗涤盆因工作需要常设置肘式开关或脚踏开关。洗涤盆的安装形式如图 2-13 所示。

2. 化验盆

化验盆装置在工厂、科学研究机关、学校化验室或实验室中，通常都是陶瓷制品，盆内已有水封，排水管上不需装存水弯，也不需要盆架，用木螺钉固定于试验台上。盆的出口配有橡皮塞头。根据使用要求，化验盆可装置单联、双联、三联的鹅颈龙头。

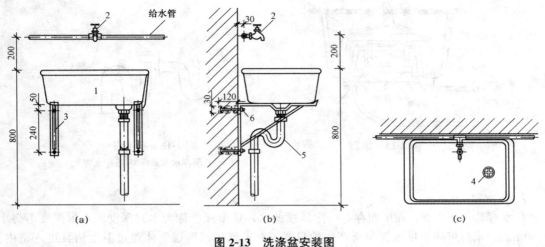

图 2-13 洗涤盆安装图

(a)立面图；(b)侧面图；(c)平面图

1—洗涤盆；2—水龙头；3—托架；4—排水栓；5—存水弯；6—螺栓

3. 污水盆

污水盆装置在公共建筑的厕所、盥洗室内，供打扫厕所、洗涤拖布或倾倒污水之用。污水盆安装图如图 2-14 所示。

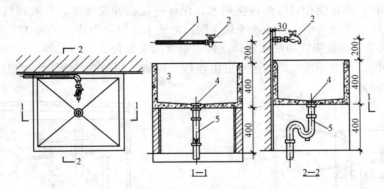

图 2-14 污水盆安装图

1—给水管；2—水龙头；3—污水池；4—排水栓；5—存水弯

(四)专用卫生器具

1. 地漏

地漏是一种特殊的排水装置，如图 2-15 所示，一般设在厕所、盥洗室、浴室及其他需要排除污水的房间。地漏一般采用生铁或塑料制成，在排水口处盖有算子，用以阻止杂物落入管道。《住宅设计规范》(GB 50096—2011)中规定，布置洗浴器和布置洗衣机的部位应设置地漏，并要求布置洗衣机的部位采用防漏溢流和干涸的专用地漏。地漏应设置在易溅水的卫生器具附近的最低处，其地漏算子应低于地面 5～10 mm。带有水封的，其水封深度不得小于 50 mm。直通式地漏下必须设置存水弯，如图 2-16 所示。

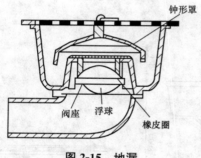

图 2-15 地漏

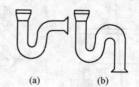

图 2-16 存水弯

(a)P 形存水弯；(b)S 形存水弯

2. 存水弯

存水弯是一种弯管，在里面存有一定深度的水，这个深度称为水封深度，水封深度不得小于 50 mm。水封可防止排水管网所产生的臭气、有害气体或可燃气体通过卫生洁具进入室内。因此，每个卫生洁具均应装有存水弯，常用存水弯的类型主要有 P 形和 S 形两种，如图 2-16 所示。

(1)P 形存水弯常用于排水支管与排水横管或排水立管不在同一平面位置而需连接的部位；

(2)S 形存水弯常用于排水支管与排水横管垂直连接部位。

3. 便溺卫生器具的冲洗设备

冲洗设备是便溺用卫生器具的配套设备，有冲洗水箱和冲洗阀两种。

(1)冲洗水箱。冲洗水箱是冲洗便溺用卫生器具的专用水箱，箱体材料多为陶瓷、塑料、玻璃钢、铸铁等。其作用是储存足够的冲洗用水，保证一定的冲洗强度，并起到流量调节和空气隔断作用，防止给水系统污染。按冲洗原理不同，冲洗水箱可分为冲洗式和虹吸式。

图 2-17 所示为手动虹吸式冲洗水箱，这种水箱常用来做蹲式大便器的高位冲洗水箱。与虹吸式冲洗水箱相同，水力冲洗水箱的进水也由浮球阀控制，如图 2-18 所示。水力冲洗水箱多用于低水箱坐式大便器上。

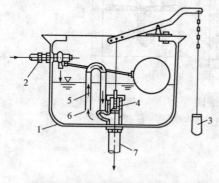

图 2-17 手动虹吸式冲洗水箱

1—水箱；2—浮球阀；3—拉绳；4—弹簧阀；
5—虹吸管；6—ϕ5 小孔；7—冲洗管

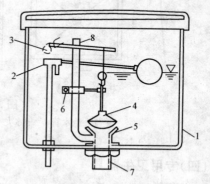

图 2-18 水力冲洗水箱

1—水箱；2—浮球阀；3—扳手；
4—橡胶球阀；5—阀座；6—导向装置；
7—冲洗管；8—溢流管

(2)冲洗阀。冲洗阀是直接安装在大便器冲洗管上的另一种冲洗设备，如图 2-19 所示。由使用者控制冲洗时间(5～10 s)和冲洗用量(1～2 L)的冲洗阀称为延时自闭式冲洗阀，可以用手、脚或光控开启冲洗阀。延时自闭式冲洗阀具有体积小，占空间小，外观洁净美观，节约水量，流出水头较小，可保证冲洗设备与大、小便器之间的空气隔断的特点。

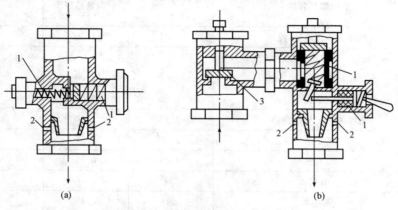

图 2-19 专用冲洗阀

(a)直通式；(b)直角式

1—弹簧；2—气孔；3—活塞

第三节 排水管道的水力计算

一、设计秒流量

建筑物内部排水流量与卫生器具的排水特点和同时排水的卫生器具数量有关，具有历时短、瞬时流量大、两次排水时间间隔长的特点。由于建筑物内部每时每刻的排水量都是不均匀的，与给水相同，为保证最不利时刻的最大排水量能迅速、安全排放，排水设计流量应为建筑物内部的最大排水瞬时流量，又称设计秒流量。

目前，我国关于生活排水设计秒流量的计算有以下两种情况。

(1)住宅、宿舍(居室内设卫生间)、旅馆、宾馆、酒店式公寓、医院、疗养院、幼儿园、养老院、办公楼、商场、图书馆、书店、客运中心、航站楼、会展中心、中小学教学楼、食堂或营业餐厅等建筑生活排水管道设计秒流量的计算公式为

$$q_p = 0.12\alpha \sqrt{N_p} + q_{max} \tag{2-1}$$

式中　q_p——计算管段排水设计秒流量(L/s)；

N_p——计算管段卫生器具排水当量总数，按表 2-3 确定；

q_{max}——计算管段上最大一个卫生器具的排水流量(L/s)；

α——根据建筑物用途而定的系数，宜按表 2-4 确定。

表 2-3　卫生器具的排水流量、当量和排水管的管径

序号	卫生器具名称	排水流量/(L·s⁻¹)	当量总数	排水管管径/mm
1	洗涤盆、污水盆(池)	0.33	1.00	50
2	餐厅、厨房洗菜盆(池)			
	单格洗涤盆(池)	0.67	2.00	50
	双格洗涤盆(池)	1.00	3.00	50
3	盥洗槽(每个水龙头)	0.33	1.00	50～75
4	洗手盆	0.10	0.30	32～50
5	洗脸盆	0.25	0.75	32～50
6	浴盆	1.00	3.00	50
7	淋浴器	0.15	0.45	50
8	大便器			
	冲洗水箱	1.50	4.50	100
	自闭式冲洗阀	1.20	3.60	100
9	医用倒便器	1.50	4.50	100
10	小便器			
	自闭式冲洗阀	0.10	0.30	40～50
	感应式冲洗阀	0.10	0.30	40～50
11	大便槽			
	≤4 个蹲位	2.50	7.50	100
	>4 个蹲位	3.00	9.00	150
12	小便槽(每米长)			
	自动冲洗水箱	0.17	0.50	—
13	化验盆(无塞)	0.20	0.60	40～50
14	净身器	0.10	0.30	40～50
15	饮水器	0.05	0.15	25～50
16	家用洗衣机	0.50	1.50	50

注：家用洗衣机下排水软管直径为 30 mm，上排水软管内径为 19 mm。

表 2-4　根据建筑物用途而定的系数 α 值

建筑物名称	住宅宿舍(居室内设卫生间)、宾馆、酒店式公寓、医院、疗养院、幼儿园、养老院的卫生间	旅馆和其他公共建筑的盥洗室和厕所间
α 值	1.5	2.0～2.5

　　当计算所得流量值大于该管段上按卫生器具排水流量累加值时，应按卫生器具排水流量累加值计。

(2)宿舍(设公用盥洗卫生间)、工业企业生活间、公共浴室、洗衣房、职工食堂或营业餐厅的厨房、实验室、影剧院、体育场(馆)等建筑的生活排水管道设计秒流量的计算公式为

$$q_p = \sum q_{p0} n_0 b_p \qquad (2-2)$$

式中　q_{p0}——同类型的一个卫生器具的排水流量(L/s);

　　　n_0——同类型卫生器具数;

　　　b_p——卫生器具的同时排水百分数,按《建筑给水排水设计标准》(GB 50015—2019)第3.7.8条的规定采用,冲洗水箱大便器的同时排水百分数应按12%计算。

二、水力计算

1. 通过水力计算确定横管的管径与坡度

当排水横管接入的卫生器具较多,排水负荷较大时,应通过水力计算确定管径与坡度。排水横管水力计算公式为

$$q_p = A \cdot v \qquad (2-3)$$

$$v = \frac{1}{n} R^{2/3} I^{1/2} \qquad (2-4)$$

式中　A——管道在设计充满度时的过水断面面积(m^2);

　　　v——流速(m/s);

　　　R——水力半径(m);

　　　I——水力坡度,采用排水管的坡度;

　　　n——管梁粗糙系数,塑料管取 0.009、铸铁管取 0.013、钢管取 0.012。

为确保排水系统能在最佳的水力条件下工作,在确定管径时必须对直接影响管道中水流状况的主要因素——充满度、流速、坡度进行控制。

2. 建筑物内管道及横管的坡度

(1)建筑物内生活排水铸铁管道的最小坡度和最大设计充满度,宜按表2-5确定。节水型大便器的横支管应按表2-5中通用坡度确定。

表 2-5　建筑物内生活排水铸铁管道的最小坡度和最大设计充满度

管径/mm	通用坡度	最小坡度	最大设计充满度
50	0.035	0.025	
75	0.025	0.015	
100	0.020	0.012	0.5
125	0.015	0.010	
150	0.010	0.007	
200	0.008	0.005	0.6

(2)建筑排水塑料横管的坡度、设计充满度应符合下列规定:

1)排水横支管的标准坡度应为 0.026,最大设计充满度应为 0.5;

2)排水横干管的最小坡度、通用坡度和最大设计充满度应按表2-6确定。

表 2-6   建筑排水塑料管排水横管的最小坡度、通用坡度和最大设计充满度

外径/mm	通用坡度	最小坡度	最大设计充满度
110	0.012	0.0040	0.5
125	0.010	0.0035	
150	0.007	0.0030	0.6
200	0.005		
250			
315			

(3)生活排水立管的最大设计排水能力，应符合下列规定：

1)生活排水系统立管当采用建筑排水光壁管管材和管件时，应按表 2-7 确定。

表 2-7   生活排水立管最大设计排水能力

推水立管系统类型				最大设计排水能力/(L·s⁻¹)		
				排水立管管径/mm		
				75	100(110)	150(160)
伸顶通气			厨房	1.00	4.0	6.40
			卫生间	2.00		
专用通气	专用通气管 75 mm	结合通气管每层连接			6.30	
		结合通气管隔层连接			5.20	
	专用通气管 100 mm	结合通气管每层连接		—	10.00	—
		结合通气管隔层连接			8.00	
	主通气立管＋环形通气管					
自循环通气	专用通气形式				4.40	
	环形通气形式				5.90	

2)生活排水系统立管当采用特殊单立管管材及配件时，应根据现行行业标准《住宅生活排水系统立管排水能力测试标准》(CJJ/T 245—2016)所规定的瞬间流量法进行测试，并应以±400 Pa 为判定标准确定。

3)当在 50 m 及以下测试塔测试时，除苏维脱排水单立管外，其他特殊单立管应用于排水层数在 15 层及 15 层以上时，其立管最大设计排水能力的测试值应乘以系数 0.9。

第四节   雨水系统

雨水系统一般可分为外排水系统和内排水系统两种，具体选用时应根据建筑结构形式、气候条件及使用要求而定。在技术经济合理的情况下，屋面雨水应尽量采用外排水。

一、外排水系统

雨水外排水系统是将全部排水系统设置在建筑物之外，这样较为安全卫生和简单经济，在条件允许时，应尽量采用外排水系统。

1. 檐沟外排水系统

檐沟外排水系统主要适用于一般居住建筑、屋面面积较小的公用建筑和单跨工业厂房。雨水经屋面檐沟汇集，然后再流入沿外墙设置的水落管排泄至地面或地下管沟内，如图 2-20 所示。

根据屋面的形式及材料，檐沟常用镀锌薄钢板或混凝土制成。落水管有镀锌薄钢管、铸铁管和塑料管等，其截面形式有矩形和圆形($\phi75\sim\phi100$)两种。落水管的布置间距应根据暴雨强度、屋面汇水面积和落水管的通水能力来确定。根据经验，一般为 $8\sim16$ m，工业建筑可达 24 m。

2. 天沟外排水系统

天沟外排水系统利用屋面构造上所形成的天沟本身的容量和坡度，使雨、雪水向建筑物两端(沿山墙、女儿墙方向)排放，经设置在墙外的排水立管流至地面或地下雨水管道，如图 2-21 所示，这种排水方式常用于排除大型屋面的雨、雪水。

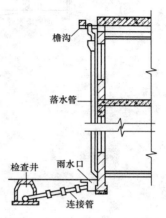

图 2-20 檐沟外排水系统

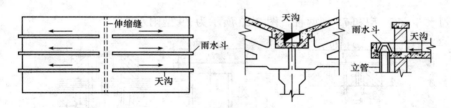

图 2-21 屋面天沟布置图

为了防止管道堵塞，其立管管径不宜小于 100 mm。这种排水方式具有节约投资、施工简便、不占用厂房空间和地面等优点，有利于厂区采用明渠排水，可减少雨水管道埋深等。

为了防止天沟通过伸缩缝、沉降缝而漏水，一般以伸缩缝、沉降缝为天沟分水线而坡向两侧。天沟排水的断面形式视屋面情况而定，可以是矩形或梯形。天沟长度应根据暴雨强度、天沟汇水面积和断面尺寸等进行水力计算确定，一般不宜大于 50 m，且需要伸出山墙 0.4 m。天沟应具有不小于 $0.003\sim0.006$ 的坡度，天沟水面宽度一般为 $500\sim1\,000$ mm，水深按 $100\sim300$ mm 设计，天沟全深须另加不小于 20 mm 的保护高度。

在寒冷地区设置天沟时，雨水立管也可设在室内。

二、内排水系统

对屋面面积较大的工业厂房，特别是有天窗的、多跨度的、锯齿形的和壳形屋面等工业厂房，采用落水管和天沟外排水有困难时，应在建筑物内部设置雨水内排水系统。

雨水内排水系统由雨水斗、悬吊管、立管等组成，其构造如图 2-22 所示。

1. 雨水斗

雨水斗是收集和迅速排除屋面雨水、雪水并拦截粗大杂质的设备，要求排泄雨水时夹气量

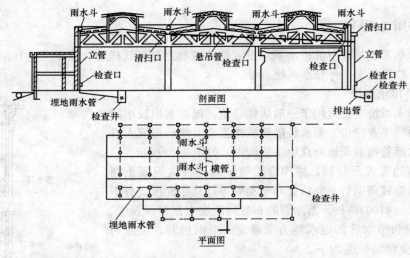

图 2-22 屋面雨水内排水系统示意

尽可能小。因此，雨水斗必须是在保证拦截粗大杂质的前提下，承担的汇水面积越大越好；顶部无孔眼，以防内部和大气相通；结构上要求导流畅通、水流平稳且阻力要小，其构造高度一般为 50～80 mm，制造加工要简单。雨水斗的斗前水深一般不宜超过 100 mm，以免影响屋面排水。

常用雨水斗有 65 型和 79 型两种，图 2-23 所示为 79 型雨水斗。

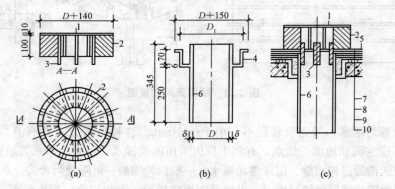

图 2-23 79 型雨水斗

(a)顶盖及导流罩；(b)短管；(c)雨水斗组合

1—顶盖；2—导流罩；3—定位销子；4—安装架；5—压板；
6—短管；7、9—玛琋脂；8—沥青麻布；10—天沟底板

雨水斗的布置位置要考虑集水面积比较均匀和便于与悬吊管及雨水立管连接，以确保雨水能够通畅流入。布置雨水斗时，应首先考虑以伸缩缝或沉降缝作为分水线。在有伸出屋面的防火墙时，因为其隔断了天沟，所以，可考虑将防火墙作为天沟排水分水线，否则应在伸缩缝、沉降缝或防火墙的两侧各设两个雨水斗。伸缩缝或沉降缝两侧的两个雨水斗，当连接在一根立管或总的悬吊管上时，应采用伸缩接头并保证密封，但防火墙两侧的雨水斗如连接在一根立管或总悬吊管上时，可不必考虑设置伸缩接头和固定支点。雨水斗的位置不宜太靠近变形缝，以免遇暴雨时天沟水位涨高，从变形缝上部流入屋内。

2. 悬吊管

悬吊管常被固定在厂房的桁架上，可接纳一个或几个(一般不超过 4 个)雨水斗的流量，再经立管输送至室外排水管网。悬吊管应避免从不允许有滴水的生产设备的上方通过。为了便于维修清通，悬吊管需有不小于 0.003 的坡度，坡向立管。悬吊管管径不得小于雨水斗连接管管径，悬吊管采用 45°斜三通与连接管相连。当管径小于或等于 150 mm、长度超过 15 m，或管径为 200 mm、长度超过 20 m 时，悬吊管的始端均应设置检查口或带法兰盘的三通。检查口应设在靠近墙、柱的地方，以便于清通。悬吊管在实际工作中为有压管路，因此，管材一般采用给水铸铁管，石棉水泥接口；当需要防振或工艺有特殊要求时，也可采用钢管，焊接接口。

3. 立管

立管将悬吊管或雨水斗流入的雨、雪水引入排出管或埋地横管，一般宜沿墙、柱明装，其管径不能小于与其相连接的悬吊管管径，也不宜大于 300 mm。不同高、低跨的悬吊管，应单独设置立管。立管距离地面 1 m 处应设检查口，以便清通。雨水管下半部因排水时处于正压状态，所以，不应接入排水支管。立管管材同悬吊管。

4. 埋地雨水管

埋地雨水管接纳各立管流来的雨水，并将其排至室外雨水管道。厂房内地下雨水管道大多采用暗管式：其管径不得小于与其连接的雨水立管管径，且不小于 200 mm，也不得大于 600 mm，因为若管径太大，埋深会增大且与弯支管连接困难。埋地管应有不小于 0.003 的坡度，坡向同水流方向。

埋地雨水管一般采用混凝土管或钢筋混凝土管，也可采用带釉陶土管或石棉水泥管等。

在车间内，当敷设暗管受到限制或采用明沟有利于生产工艺时，埋地雨水管也可采用有盖板的明沟排水。

第五节 高层建筑排水系统

一、高层建筑排水系统的特点

高层建筑多为民用建筑和公共建筑。其排水系统主要是接纳盥洗、淋浴等洗涤废水，粪便污水，雨水、雪水，以及附属设施如餐厅、车库和洗衣房等排水。高层建筑的排水立管长、水量大、流速高，污水在排水立管中的流动既不是稳定的压力流，也不是一般重力流，是一种呈水、气两相的流动状态。高层建筑排水系统的特点造成了管内气压波动剧烈，在系统内易形成气塞使管内水气流动不畅；破坏了卫生器具中的水封，造成排水管道中的臭气及有害气体侵入室内而污染环境。因此，在高层建筑中，室内排水系统功能的优劣很大程度上取决于通气管系统的设计、设置、敷设是否合理，排水体制选择是否切合实际，这是高层建筑排水系统最重要的问题。

二、高层建筑排水方式

1. 设通气管排水系统

当层数在 10 层及 10 层以上且承担的设计排水流量超过排水立管允许负荷时，应设置专用的通气立管。排水立管与专用通气立管每隔两层设置结合通气管。对于使用要求较高的建筑和高层公共建筑也可设置环形通气管、主通气立管或副通气立管。对卫生、安静要求较高的建筑物内，生活污水管道宜设器具通气管。

2. 苏维托排水系统

苏维托排水系统是采用一种气水混合或分离的配件来代替一般零件的单立管排水系统，它包括气水混合器和气水分离器两个基本配件。

(1)气水混合器。苏维托排水系统中的混合器是由长约80 cm的连接配件装设在立管与每层楼横支管的连接处，横支管接入口有三个方向，混合器内部有三个特殊构造——乙字弯、隔板和隔板上部约1 cm高的孔隙，如图2-24所示。

自立管下降的污水经乙字弯管时，水流撞击分散并与周围空气混合成水沫状气水混合物，密度变小，下降速度减缓，减小抽吸力。横支管排出的水受隔板阻挡，不能形成水舌，因而能够保持立管中气流通畅，气压稳定。

(2)气水跑气器。苏维托排水系统中的跑气器通常装设在立管底部，它是由具有凸块的扩大箱体及跑气管组成的一种配件。跑气器的作用：沿立管流下的气水混合物遇到内部的凸块溅散，从而把气体(70%)从污水中分离出来，由此减少了污水的体积，降低了流速，并使立管和横干管的泄流能力平衡，气流不致在转弯处被阻塞；另外，将释放出的气体用一根跑气管引到干管的下游(或返向上接至立管中去)，这就达到了防止立管底部产生过大反(正)压力的目的。如图2-25所示。

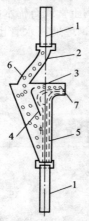

图2-24 气水混合器配件
1—立管；2—乙字弯；3—孔隙；4—隔板；
5—混合室；6—气水混合器；7—空气

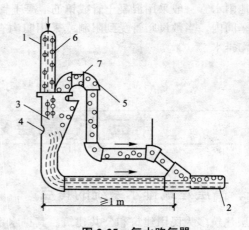

图2-25 气水跑气器
1—立管；2—排出管；3—空气分离室；4—凸块；
5—跑气管；6—气水混合器；7—空气

(3)空气芯水膜旋流排水系统。旋流排水系统也称为"塞克斯蒂阿"系统，是法国建筑科学技术中心于1967年提出的一项新技术，后来广泛应用于10层以上的居住建筑。这种系统是由各个排水横支管与排水立管连接起来的"旋流排水配件"和装设于立管底部的"特殊排水弯头"所组成的，如图2-26所示。

1)旋流接头。旋流连接配件的构造如图2-27所示，它由底座及盖板组成，盖板上设有固定的导旋叶片，底座支管和立管接口处沿立管切线方向设有导流板。横支管污水通过导流板沿立管断面的切线方向以旋流状态进入立管，立管污水每流过下一层旋流接头时，经导旋叶片导流，增加旋流，污水受离心力作用贴附管内壁流至立管底部，立管中心气流通畅，气压稳定。

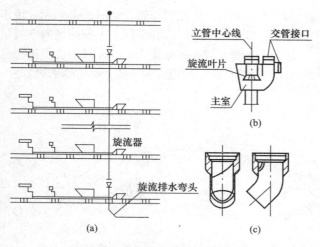

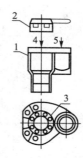

图 2-26 空气芯水膜旋流排水系统

(a)空气芯排水系统；(b)旋流器；(c)旋流排水弯头

图 2-27 旋流接头

1—底座；2—盖板；3—叶片；

4—接直管；5—接大便器

2)特殊排水弯头。在立管底部的排水弯头是一个装有特殊叶片的45°弯头。该特殊叶片能迫使下落水流溅向弯头后方流下，这样就避免了出户管(横干管)中发生水跃而封闭立管中的气流，以致造成过大的正压，如图 2-28 所示。

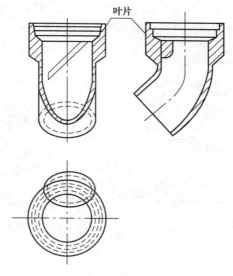

图 2-28 特殊排水弯头

3. 心形排水系统

心形单立管排水系统于20世纪70年代初首先在日本使用，在系统的上部和下部各有一个特殊配件组成。

(1)环流器。其外形呈倒圆锥形，平面上有2~4个可接入横支管的接入口(不接入横支管时也可作为清通用)的特殊配件，如图 2-29 所示。立管向下延伸一段内管，插入内部的内管起隔板作用，防止横支管出水形成水舌。立管内的污水经环流器进入倒锥体后形成扩散，气水混合成水沫，使相对密度降低、下落速度减缓，立管中心气流通畅，气压稳定。

（2）角笛弯头。外形似犀牛角，大口径承接立管，小口径连接横干管，如图2-30所示。由于大口径以下有足够的空间，故既可对立管下落水流起减速作用，又可将污水中所携带的空气集聚、释放。又由于角笛弯头的小口径方向与横干管断面上部也相互连通，故可减小管中正压强度。这种配件的曲率半径较大，水流能量损失比普通配件小，从而增加了横干管的排水能力。

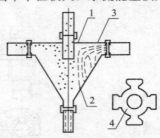

图 2-29　环流器

1—内管；2—气水混合物；3—空气；4—环流通路

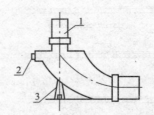

图 2-30　角笛弯头

1—立管；2—检查口；3—支墩

4. UPVC 螺旋排水系统

UPVC 螺旋排水系统是韩国在 20 世纪 90 年代开发研制的，由图 2-31 所示的偏心三通和图 2-32 所示的内壁有 6 条间距 50 mm 呈三角形凸起的导流螺旋线的管道所组成。由排水横管排出的污水经偏心三通从圆周切线方向进入立管，旋流下落，经立管中的导流螺旋线进行导流，使管内壁形成较稳定的水膜旋流，立管中心气流通畅，气压稳定。同时，由于横支管水流由圆周切线方式流入立管，减少了撞击，从而有效克服了排水塑料管噪声大的缺点。

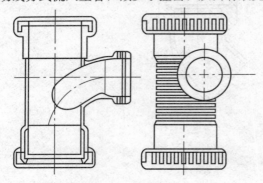

图 2-31　偏心三通

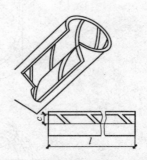

图 2-32　有螺旋线导流突起的 UPVC 管

本章小结

本章主要介绍了建筑排水系统的分类、组成、排水体制，室内排水管道的布置与敷设，常用管材、管件、卫生器具和雨水系统。建筑排水系统一般由卫生器具（或生产设备受水器）、排水管道系统、通气管系统、清通设备、抽升设备及污水局部处理构筑物等组成。

雨水系统一般可分为外排水系统和内排水系统两种。檐沟排水系统和天沟排水系统属于外排水系统。

高层建筑排水系统主要是接纳盥洗、淋浴等洗涤废水，粪便污水，雨水、雪水，以及附属设施如餐厅、车库和洗衣房等排水。高层建筑排水方式有设通气管排水系统、苏维托排水系统、心形排水系统、UPVC 螺旋排水系统。

思考与练习

一、填空题

1. 建筑排水系统可分为_____、_____和_____三类。

2. 建筑排水系统一般由_____、_____、_____、_____、及_____等组成。

3. _____是建筑物内部排水系统的起点,用来满足日常生活和生产过程中各种卫生要求,_____是收集和排除污废水的设备。

4. 一些民用和公共建筑的地下室、人防建筑及工业建筑内部标高低于室外地坪的车间和其他用水设备的房间,卫生器具的污水不能自流排至室外管道时,需设_____,以保证生产的正常进行和保护环境卫生。

5. _____是用来截留生活污水中大块悬浮物的构筑物。

6. 卫生器具按其用途可分为_____、_____、_____和_____四类。

7. 便溺用卫生器具包括_____、_____、_____、_____等。

8. _____是一种弯管,在里面存有一定深度的水,这个深度称为水封深度。

9. 雨水内排水系统由_____、_____、_____等组成。

二、名词解释

通气管系统　清通设备　分流制排水系统　雨水外排水系统　雨水内排水系统

三、简答题

1. 建筑排水系统的组成有哪些?

2. 简述排水系统的排水体制。

3. 建筑排水管道的布置与敷设形式有哪些? 布置与敷设有哪些要求?

4. 常用的排水管材有哪些?

5. 便溺卫生器具有哪些冲洗设备?

6. 常见的雨水外排水系统有哪些? 简述其各自的特点。

7. 高层建筑排水方式有哪些?

第三章 热水及饮水供应系统

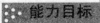

 能力目标

1. 根据工程实际，能合理选用建筑给水系统的供水方式和加热设备。
2. 根据实际工程，具备布置热水供应管网的能力。
3. 能编制建筑饮用净水处理工艺流程。
4. 通过学习、训练，具备分析和解决工程实际问题的能力，能根据工程施工进度协调各专业关系。

 知识目标

1. 了解热水用水量定额、热水供应系统的分类；掌握热水供应系统的组成和供水方式。
2. 了解容积式水加热器、快速式水加热器、半即热式热水加热器和自动温度调节器的工作原理和优、缺点。
3. 掌握热水立管与水平干管的连接方式，以及管道的保温与防腐措施。
4. 了解饮水供应系统的类型、饮水定额、饮水水质和饮水温度的要求；掌握饮水的供应方式，以及饮水供应点的设置要求。

素养目标

树立科学态度、运用科学思维，提高分析、解决问题的能力。

第一节 热水供应系统

一、热水用水量定额

室内热水供应是对水的加热、储存和输配的总称。室内热水供应系统主要供给生产、生活用户洗涤及盥洗用热水，应能保证用户随时可以得到符合设计要求的水量、水温和水质。

根据《建筑给水排水设计标准》(GB 50015—2019)规定，热水用水量定额有两种：一种是按热水用水单位所消耗的热水量及其所需水温制定，如每人每日的热水消耗量及所需水温、洗涤每千克干衣所需的水量及水温等，此定额见表3-1；另一种是按照卫生器具一次或1小时热水用水量和所需水温制定，见表3-2。

表 3-1　热水用水定额

序号	建筑物名称		单位	用水定额/L		使用时间/h
				最高日	平均日	
1	普通住宅	有热水供应和沐浴设备	每人每日	40～80	20～60	24
		有集中热水供应（或家用热水机组）和沐浴设备		60～100	25～70	
2		别墅	每人每日	70～110	30～80	24
3		酒店式公寓	每人每日	80～100	65～80	24
4	宿舍	居室内设卫生间	每人每日	70～100	40～55	24 或定时供应
		设公用盥洗卫生间		40～80	35～45	
5	招待所、培训中心、普通旅馆	设公用盥洗室	每人每日	25～40	20～30	24 或定时供应
		设公用盥洗室、淋浴室		40～60	35～45	
		设公用盥洗室、淋浴室、洗衣室		50～80	45～55	
		设单独卫生间、公用洗衣室		60～100	50～70	
6	宾馆客房	旅客	每床位每日	120～160	110～140	24
		员工	每人每日	40～50	35～40	8～10
7	医院住院部	设公用盥洗室	每床位每日	60～100	40～70	24
		设公用盥洗室、淋浴室		70～130	65～90	
		设单独卫生间		110～200	110～140	
		医务人员	每人每班	70～130	65～90	8
	门诊部、诊疗所	病人	每病人每次	7～13	3～5	8～12
		医务人员	每人每班	40～60	30～50	8
		疗养院、休养所住房部	每床每位每日	100～160	90～110	24
8	养老院、托老所	全托	每床位每日	50～70	45～55	24
		日托		25～40	15～20	10
9	幼儿园、托儿所	有住宿	每儿童每日	25～70	20～40	24
		无住宿		20～30	15～20	10
10	公共浴室	淋浴	每顾客每次	40～60	35～40	12
		淋浴、浴盆		60～80	55～70	
		桑拿浴（淋浴、按摩池）		70～100	60～70	
11		理发室、美容院	每顾客每次	20～45	20～25	12
12		洗衣房	每千克干衣	15～30	15～30	8
13	餐饮厅	中餐酒楼	每顾客每次	15～20	8～12	10～12
		快餐店、职工及学生食堂		10～12	7～10	12～16
		酒吧、咖啡厅、茶座、卡拉 OK 房		3～8	3～5	8～18

序号	建筑物名称		单位	用水定额/L		使用时间/h
				最高日	平均日	
14	办公楼	坐班制办公	每人每班	5～10	4～8	8～10
		公寓式办公	每人每日	60～100	25～70	10～24
		酒店式办公		120～160	55～140	24
15	健身中心		每人每次	15～25	10～20	8～12
16	体育场(馆)	运动员淋浴	每人每次	17～26	15～20	4
17	会议厅		每座位每次	2～3	2	4

注：1. 本表以 60 ℃热水水温为计算温度，卫生器具的使用水温见表 3-2。
　　2. 学生宿舍使用 IC 卡计费用热水时，可按每人每日最高日用水定额 25～30 L、平均日用水定额 20～25 L。
　　3. 表中平均日用水定额仅用于计算太阳能热水系统集热器面积和计算节水用水量。

表 3-2　卫生器具的一次或小时热水用水定额及水温

序号	卫生器具名称			一次用水量/L	小时用水量/L	使用水温/℃
1	住宅、旅馆、别墅、宾馆、酒店式公寓	带有淋浴器的浴盆		150	300	40
		无淋浴器的浴盆		125	250	
		淋浴器		70～100	140～200	37～40
		洗脸盆、盥洗槽水龙头		3	30	30
		洗涤盆(池)		—	180	50
2	宿舍、招待所、培训中心	淋浴器	有淋浴小间	70～100	210～300	37～40
			无淋浴小间	—	450	
		盥洗槽水龙头		3～5	50～80	30
3	餐饮业	洗涤盆(池)			250	50
		洗脸盆	工作人员用	3	60	30
			顾客用	—	120	
		淋浴器		40	400	37～40
4	幼儿园、托儿所	浴盆	幼儿园	100	400	35
			托儿所	30	120	
		淋浴器	幼儿园	30	180	
			托儿所	15	90	
		盥洗槽水龙头		15	25	30
		洗涤盆(池)		—	180	50
5	医院、疗养院、休养所	洗手盆			15～25	35
		洗涤盆(池)		—	300	50
		淋浴器			200～300	37～40
		浴盆		125～150	250～300	40

序号	卫生器具名称			一次用水量/L	小时用水量/L	使用水温/℃
6	公共浴室		浴盆	125	250	40
		淋浴器	有淋浴小间	100～150	200～300	37～40
			无淋浴小间	—	450～540	
			洗脸盆	5	50～80	35
7	办公楼		洗手盆	—	50～100	35
8	理发室、美容院		洗脸盆		35	35
9	实验室		洗脸盆		60	50
			洗手盆	—	15～25	30
10	剧场		淋浴器	60	200～400	37～40
			演员用洗脸盆	5	80	35
11	体育场（馆）		淋浴器	30	300	35
12	工业企业生活间	淋浴器	一般车间	40	360～540	37～40
			脏车间	60	180～480	40
		洗脸盆	一般车间	3	90～120	30
		盥洗槽水龙头	脏车间	5	100～150	35
13	净身器			10～15	120～180	30

注：1. 一般车间指现行国家标准《工业企业设计卫生标准》（GBZ 1—2010）中规定的三段、四级卫生特征的车间，脏车间指该标准中规定的一级、二级卫生特征的车间。

2. 学生宿舍等建筑的淋浴间，当使用 IC 卡计费用水时，其一次用水量和小时用水量可按表中数值的 25%～40%取值。

二、热水供应系统的分类

室内热水供应系统按照热水供应范围可分为局部热水供应系统、集中热水供应系统和区域性热水供应系统。

1. 局部热水供应系统

局部热水供应系统是采用各种小型加热设备在用水场所就地加热，供局部范围内的一个或几个用水点使用的热水系统。局部热水供应系统适用于热水用水点少、热水用水量较小且较分散的建筑。

局部热水供应系统的热源宜使用蒸汽、燃气、炉灶余热、太阳能和电能等。电能作为局部热水供应系统的热源，一般情况下不予推荐，只有在无蒸汽、燃气、煤和太阳能等热源条件，且当地有充足的电能和供电条件时才考虑采用。

2. 集中热水供应系统

集中热水供应系统是利用加热设备集中加热冷水后，通过输配系统送至一幢或多幢建筑中的热水配水点。为保证系统热水温度，需设循环回水管，将暂时不用的部分热水再送回加热设备。

集中热水供应系统的热源，当条件允许时，应首先利用工业余热、废热、地热和太阳能。以太阳能为热源的集中热水供应系统，由于受气候影响，不能全日工作，故在要求热水供应不间断的系统中，应考虑另行增设一套加热装置予以补充；以地热水为热源时，应按地热水的水温、水质、水量、水压，采取加热、降温、防腐蚀、储存调节和抽吸、加压等技术措施。

3. 区域性热水供应系统

区域性热水供应系统以集中供热热力网中的热媒为热源，由热交换设备加热冷水，然后经过输配系统供给建筑群各热水的用水点使用。这种系统的热效率最高，但一次性投资大，有条件的情况下应优先采用。

三、热水供应系统的组成

热水供应系统一般由热媒系统、热水管网系统和附件三部分组成，如图 3-1 所示。

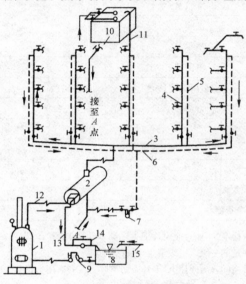

图 3-1　热水供应系统

1—锅炉；2—水加热器；3—配水干管；4—配水立管；5—回水立管；6—回水干管；7—循环泵；8—凝结水池；9—冷凝水泵；10—给水水箱；11—透气管；12—热媒蒸汽管；13—凝水管；14—疏水器；15—冷水补水管

1. 热媒系统

热媒系统也称为第一循环系统，它是指蒸汽锅炉与水加热器或热水锅炉与热水储水器之间的热媒循环系统。当以蒸汽为热媒时，锅炉产生的蒸汽（或过热水）通过热媒管网输送到水加热器加热冷水。蒸汽经过热交换后变成冷凝水，靠余压经疏水器流至冷凝水箱，冷凝水和新补充的软化水经冷凝水循环泵再送回锅炉加热后变成蒸汽，如此循环往复完成热的传递。

2. 热水管网系统

热水管网系统也称为第二循环系统，它由热水配水管网和热水回水管网组成，其作用是将热水输送到各用水点并保证达到水温要求。在图 3-1 中，冷水由屋顶水箱送至水加热器，经与热媒进行热交换后变成热水。热水从加热器的出水管出来，经配水管网送至各用水点。为保证各用水点的水温要求，在配水主管和水平干管上设置回水管，使一定量的热水经循环泵回到水加热器中重新加热。对热水使用要求不高的建筑可不设置回水管。

3. 附件

由于热媒系统和热水管网系统中控制、连接的需要，同时为了解决由于温度变化而引起的水的体积膨胀、超压、气体离析、排除等问题，因此，热水供应系统常使用的附件有自动温度调节装置、疏水器、减压阀、安全阀、膨胀罐（箱）、管道自动补偿器、闸阀、水龙头、自动排气器等。

四、热水供应系统的供水方式

1. 局部热水供应方式

图 3-2(a)所示是利用炉灶炉膛余热加热水的供应方式。这种方式适用于单户或单个房间，其基本组成有加热套管或盘管、储水箱及配水管三部分。选用这种方式，要求用水设备尽量靠近设有炉灶的房间（如设有炉灶的厨房、开水间等），方可使装置及管道布置紧凑、热效率高。

图 3-2(b)、(c)所示为小型单管快速加热和汽、水直接混合加热方式。在室外有蒸汽管道、室内仅有少量卫生器具使用热水时，可以选用这种方式。小型单管快速加热用的蒸汽可用高压蒸汽也可用低压蒸汽。采用高压蒸汽时，蒸汽的表压不宜超过 0.25 MPa，以避免发生烫伤人体的意外事故。混合加热一定要使用低于 0.07 MPa 的低压锅炉。这两种局部热水供应方式的缺点是调节水温比较困难。

图 3-2(d)所示为管式太阳能热水器的热水供应方式。这种方式是利用太阳照向地球表面的辐射热，将保温箱内盘管或排管中的冷水加热后，送到储水箱或储水罐以供使用。这是一种节约燃料且不污染环境的热水供应方式，但在冬季日照时间短或阴雨天气时效果较差，需要备有其他热源和设备才能使水加热。太阳能热水管的管式加热器和热水箱，既可设在屋顶上或屋顶下，也可设在地面上。

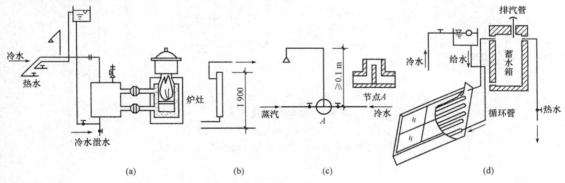

图 3-2　局部热水供应方式

(a)炉灶加热；(b)小型单管快速加热；

(c)汽、水直接混合加热；(d)管式太阳能热水装置

2. 集中热水供应方式

图 3-3(a)所示为干管下行上给式全循环供水方式，由两大循环系统组成。锅炉、水加热器、凝结水箱、水泵及热媒管道等构成第一循环系统，其作用是制备热水；第二循环系统主要由上部储水箱、冷水管、热水管、循环管及水泵等构成，其作用是输配热水。锅炉生产的蒸汽，经蒸汽管进入容积式水加热器的盘管，将热量传给冷水后变为冷凝水，经疏水器与凝结水管流入凝结水池，然后用凝结水泵送入锅炉加热，继续产生蒸汽。冷水自给水箱经冷水管从下部进入水加热器，热水从上部流出，经敷设在系统下部的热水干管和立管、支管分送到各用水点。为了能经常保证所要求的热水温度，设置了循环干管和立管，以水泵为循环动力，使热水经常循环流动，不致因管道散热而降低水温。该系统适用于热水用水量大、要求较高的建筑。

如果把热水输配干管敷设在系统上部，就是上行下给式全循环供水方式，此时循环立管由

每根热水立管下部延伸而成，如图 3-3(b) 所示。这种方式一般适用于五层以上并且对热水温度的稳定性要求较高的建筑。因配水管与回水管之间的高差较大，往往可以采用不设循环水泵的自然循环系统。这种系统的缺点是不便于维护和检修管道。

图 3-3(c) 所示为干管下行上给半循环供水方式，适用于对水温稳定性要求不高的五层以下建筑物，比全循环方式节省管材。

图 3-3(d) 所示为不设循环管道的上行下给供水方式，适用于浴室、生产车间等建筑物。这种方式的优点是节省管材，缺点是每次供应热水前需排泄掉管中冷水。

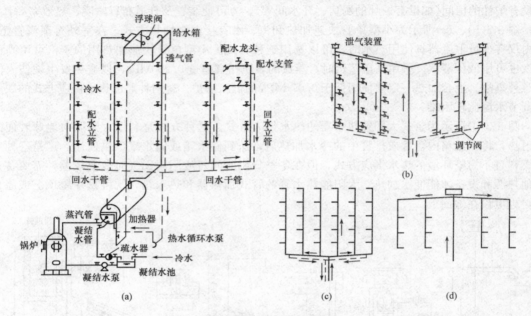

图 3-3　集中热水供应方式

(a) 下行上给式全循环；(b) 上行下给式全循环；
(c) 下行上给式半循环；(d) 不设循环管道的上行下给式

五、加热设备和温度调节器

1. 容积式水加热器

容积式水加热器内储存一定量的热水，用以供应和调节热水用量的变化，使供水均匀稳定，它具有加热器和热水箱的双重作用。容积式水加热器内装有一组加热盘管，热媒由封头上部通入盘管内，冷水由热水器下部进入，经热交换后，被加热水由上部流出，热媒散热后凝水由封头下部流回锅炉房，如图 3-4 所示。容积式水加热器可分为立式和卧式两种，前者盘管的换热面积大、高度低，但占地面积大、冷水层所占的容量多；后者正好相反。

容积式水加热器的供水温度比较稳定，但热效率低、造价高、占地大、维修管理不便。容积式水加热器常用于要求供水温度稳定、噪

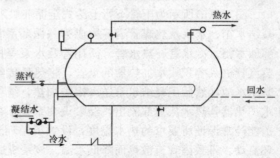

图 3-4　容积式水加热器

声低的建筑，如旅馆、医院、住宅、办公楼，以及耗热量较大的工业企业、公共浴室、洗衣房等。当有市政热力网的热水或蒸汽作热媒时，则各类建筑均可采用。

2. 快速式水加热器

在快速式水加热器中，热媒与冷水通过较高流速的流动，进行紊流加热，提高了热媒对管壁及管壁对被加热水的传热系数，以及传热效率。由于热媒不同，快速式水加热器分为水-水、汽-水两种类型。

（1）水-水快速加热器。图 3-5 所示为水-水快速加热器，其由不同的筒壳组成，筒内装设一组加热小管，室内通入被加热水，管筒间通过热媒，两种流体逆向流动，水流速度较高，提高了热交换效率。可根据热水用量及使用情况，选用不同型号及组合节筒数，满足热水用量要求。

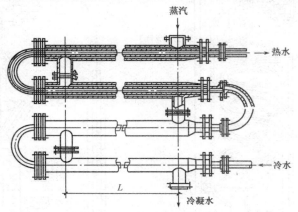

图 3-5　水-水快速加热器

（2）汽-水快速加热器。以蒸汽为热媒的汽-水快速加热器，器内装设多根小径传热管，管两端镶入管板上，热水器的始末端装有小室，始端小室分上、下部分，冷水由始端小室下部进入加热器，通过小管时被加热，至末端再转入上部小管继续加热，被加热水由始端小室上部流出，供应使用。蒸汽由热水器上部进入，与热水器内小管中流动的冷水进行热交换，使蒸汽散热成为凝结水，由下部排出，如图 3-6 所示。

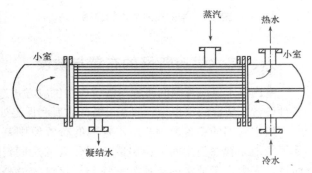

图 3-6　汽-水快速加热器

3. 半即热式水加热器

半即热式水加热器也属于有限量储水的加热器，一般安装在用水点处，可随时点燃煤气立即取得热水，供一个或少数几个配水点用水。此种加热器常用于厨房、家用淋浴器、医院手术室的局部的热水供应，如图 3-7 所示。它是由有上下盖的加热水筒壳、筒内的热媒管及回水管、管上装置的多组加热盘管及极精密的温度控制器三部分组成。冷水由筒底部进入，被盘管加热后，从筒上部流入热水管网供应热水，热媒蒸汽放热后，凝结水由回水管流回锅炉房。热水温度以独特的精密温度控制器来调节，可保证出水温度要求。盘管由薄壁铜管制成，且为悬臂浮动装置。由于冷热水温度变化，盘管随之伸缩，扰动水流，提高换热效率，还能使管外积垢脱落，沉积于加热器底部，可由加热器排污时除去。半即热式热水加热器热效率高、体形紧凑、占地面积很小，是一种较好的加热设备。其适用于热水用量大而较均匀的建筑物，如宾馆、医院、饭店、工厂、船舰及大型民用建筑等。

4. 自动温度调节器

当水加热器出口的水温需要控制时，常采用直接式自动温度调节器或间接式自动温度调节器。它实质上由阀门和温包组成，温包放在水加热器热水出口管道内，感受温度自动调节阀门的开启及开启度大小，阀门放置在热媒管道上，自动调节进入水加热器的热媒量。自动温度调节器的构造如图 3-8 所示。

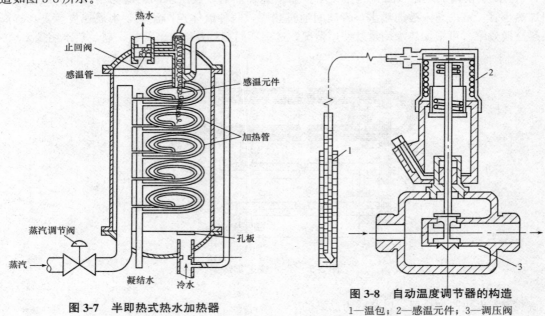

图 3-7　半即热式热水加热器

图 3-8　自动温度调节器的构造
1—温包；2—感温元件；3—调压阀

六、热水供应管网的布置与敷设

室内热水供应管网的布置与敷设应在供应方式选定后进行，其内容包括输配水管网的布置，各种设备、装置的定位，管网及设备的防腐和保温处理等。

热水管网的布置原则与给水管网的布置原则基本相同，一般多为明装。明装时，管道应尽可能地布置在卫生间、厨房或非居住人的房间，这样可不损害建筑功能。暗装不得埋于地面下，多敷设于地沟内、地下室顶部、建筑物最高层的顶板下，或顶棚内及专用设备技术层内。热水管可以沿墙、柱敷设，也可敷设在管道井内及预留沟槽内。设于地沟内的热水管应尽量与其他管道同沟敷设。地沟断面尺寸应与同沟敷设的管道统一考虑后确定。

1. 热水立管与水平干管的连接方式

热水立管与水平干管连接时，立管应加弯管，以免立管受干管伸缩的影响，其连接方式如图 3-9 所示。

为了满足运行调节和检修的要求，在水加热设备、储水器锅炉、自动温度调节器和疏水器等设备的进出水口的管道上，还应装设必需的阀门。

热水供应的管材，当 $DN \leqslant 150$ mm 时，应采用镀锌钢管；当 $DN > 150$ mm 时，可采用非镀锌钢管或无缝钢管。对水质要求较高或水具有腐蚀性时，如条件允许，可采用铜管。

根据要求，管道上应设活动支架与固定支架，其间距由设计决定。

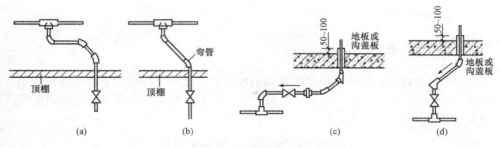

图 3-9 热水立管与水平干管的连接方式

2. 管道的保温与防腐

为减少热损失，热水配水、循环干管和通过不采暖房间的管道及锅炉、水加热器、热水箱等均应保温。对自然循环系统，为增大自然循环的作用压力，循环立管可不保温。常用的保温材料有石棉、矿渣棉、蛭石类、珍珠岩、玻璃纤维和泡沫混凝土等。

保温层构造通常由保温层和保护层组成。保护层的作用是增加保温结构的机械强度及防湿能力。常用的保护层有石棉水泥、麻刀灰、玻璃布、薄钢板等。在采用石棉水泥或麻刀灰保护层时，其厚度对管道不应小于 10 mm，对设备不应小于 15 mm。架空敷设应采用强度高的保护层，当敷设在室外通行的地沟和室内时，保温结构可采用简单的做法；当布置在不通行的地沟时，应选用具有良好的防水及防潮性能的保温层。

管道防腐应在做管道保温层前进行。首先要对管道除锈，然后刷耐热防锈漆两道。对不保温的回水管及附件，除锈后刷一道红丹漆，再刷沥青漆或醇酸磁漆两道。

第二节 饮用水供应系统

饮用水供应系统是现代建筑中给水的一个重要组成部分。随着人们生活水平的不断提高，室内的卫生设施也正在日趋完善，对饮用水的水质要求也越来越高。随着《饮用净水水质标准》（CJ 94—2005）的实施，目前饮用水供应也逐步走向正规。

为满足人们对饮用水的要求，制备饮用水的方法也越来越多。目前，许多城市的居住小区已经将一般生活用水和饮用水分开供应，并安装了饮用净水供应系统。

一、饮用水供应系统类型

饮用水供应系统主要有以下几种：

（1）开水供应系统。开水供应系统多用于办公楼、旅馆、学生宿舍和军营等建筑。

（2）冷饮用水供应系统。冷饮用水供应系统一般用于大型商场和娱乐场所、工矿企业生产车间等。

（3）饮用净水供应系统。饮用净水供应系统多用于高级住宅。

采用何种饮用水供应系统，主要的依据是人们的生活习惯和建筑物的性质及使用要求。

二、饮用水标准

饮用水须符合以下标准：

1. 饮用水定额

饮用水定额及小时变化系数可根据建筑物的性质、地区的气候条件及生活习俗的不同，按表 3-3 选用，表中所列数据适用于开水、温水、饮用净水及冷饮用水供应，注意制备冷饮用水时，其冷凝器的冷却用水量不包括在内。

表 3-3　饮用水定额及小时变化系数

建筑物名称	单位	饮用开水量标准/L	小时变化系数 K_h
热车间	每人每班	3～5	1.5
一般车间	每人每班	2～4	1.5
工厂生活间	每人每班	1～2	1.5
办公楼	每人每班	1～2	1.5
宿舍	每人每日	1～2	1.5
教学楼	每学生每日	1～2	2.0
医院	每病床每日	2～3	1.5
影剧院	每观众每场	0.2	1.0
招待所、旅馆	每客人每日	2～3	1.5
体育馆（场）	每观众每场	0.2	1.0

注：小时变化系数 K_h 指饮水供应时间内的变化系数。

设有管道直饮水的建筑，最高日管道直饮水定额可按表 3-4 采用。

表 3-4　最高日管道直饮水定额

用水场所	单位	最高日管道直饮水定额
住宅楼	L/(人·d)	2.0～2.5
办公楼	L/(人·班)	1.0～2.0
教学楼	L/(人·d)	1.0～2.0
旅馆	L/(床·d)	2.0～3.0
医院	L/(床·d)	2.0～3.0
体育场馆	L/(观众·场)	0.2
会展中心（博物馆、展览馆）	L/(人·d)	0.4
航站楼、火车站、客运站	L/(人·d)	0.2～0.4

注：1. 此定额仅为饮用水量；
　　2. 经济发达地区的居民住宅楼可提高至 4～5 L/(人·d)；
　　3. 最高日管道直饮水定额亦可根据用户要求确定。

2. 饮用水水质

各种饮用水水质必须符合现行《饮用净水水质标准》(CJ 94—2005)的规定。作为饮用的温水和冷饮用水，还应在接至饮用水装置前进行必要的过滤或消毒处理，以防饮用水在储存和运输过程中的再次污染。

3. 饮用水温度

对于开水，应将水烧至 100 ℃后并持续 3 min，计算温度采用 100 ℃，饮用开水是目前我国采用较多的饮用水方式；对于温水，计算温度采用 50～55 ℃，目前我国采用较少；对于生水，计算温度一般为 10～30 ℃，国外采用较多，国内一些饭店、宾馆提供这样的饮用水系统；对于冷饮用水，国内除工矿企业夏季劳保供应和高级饭店外，较少采用，目前一些星级宾馆、饭店中直接为客人提供瓶装矿泉水等饮用水。

4. 饮用水制备

(1)开水制备。开水可利用开水炉将自来水烧开制得，这是一种直接加热方式，常采用的热源为燃煤、燃油、燃气和电等，另一种方法是利用热媒间接加热制备开水。这两种都属于集中制备开水的方式。目前，在办公楼、科研楼、实验室等建筑，常采用小型电开水器，灵活方便，可随时满足需求。有的设备可同时制备开水和冷饮用水，较好地解决了由气候变化引起的人们的不同需求，使用前景较好。这些都属于分散制备开水的方式。

(2)冷饮用水制备。冷饮用水的品种及制备方法如下：

1)自来水处理后作冷饮用水。制备方法如：

①自来水烧开后再冷却至饮用水温度；

②自来水经净化处理后再经水加热器加热至饮用水温度；

③自来水经净化后直接供给用户或饮用水点。

2)天然矿泉水，取自地下深部循环的地下水。

3)蒸馏水，将水加热气化，再将蒸汽冷凝制得。

4)饮用净水，通过对水的深度处理来制取。

5)活性水，利用电场、超声波、磁力或激光等将水活化制得。

6)离子水，将自来水经过过滤、吸附、离子交换、电离和灭菌等处理，分离出碱性离子水供饮用，而离子水供美容。

三、饮用水供应方式

1. 开水供应方式

(1)开水集中制备分散供应。在开水间集中制备开水，人们用容器取水饮用，如图 3-10 所示。这种供应方式耗热量小，节约燃料，便于操作管理，可以节省投资，但饮用不方便，饮用者需用保温容器到煮沸站打水，而且饮用水点温度不易保证。这种方式适用于机关、学校等。

(2)开水集中制备管道输送供应。开水集中制备管道输送供应的方式是在锅炉房或开水间烧制开水，然后用管道输送至各饮用水点，如图 3-11 所示。开水的供应可采用定时制，也可采用连续供应制。为使各饮用水点维持一定的水温，应设置循环管道系统。当不能自然循环时，还需设循环水泵。这种供应方式便于操作管理，使用方便，能保证各饮用水点的水温，但耗热量及投资较大。这种方式一般在可以自然循环时采用，适用于四层及四层以上的宾馆、办公楼、教学楼、科研楼、医院等。

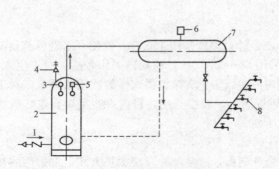

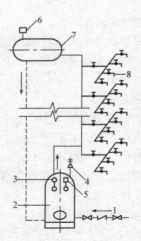

图 3-10　开水集中制备分散供应
1—给水；2—开水炉；3—压力表；
4—安全阀；5—温度计；6—自动排气阀；
7—储水罐；8—配水龙头

图 3-11　开水集中制备管道输送供应
1—给水；2—开水炉；3—压力表；
4—安全阀；5—温度计；6—自动排气阀；
7—储水罐；8—配水龙头

（3）统一热源分散制备分散供应。统一热源分散制备分散供应的方式是在建筑中将热媒输送至每层制备点，在各制备点（开水间）制备开水，以满足各楼层的需要。这种方式使用方便，并能够保证开水温度；但不便于集中管理，投资较高，耗热量较大。在大型多层或高层建筑中常采用这种开水供应方式。

2. 冷饮用水供应方式

冷饮用水的供应方式与开水的供应方式基本相同，也有集中制备分散供应和集中制备管道输送供应等方式。图 3-12 所示为冷饮水集中制备分散供应，它将自来水进行过滤或消毒处理集中制备，通过管道输送至饮水点。这种供应方式适用于中小学、体育馆、车站及码头等人员集中的公共场所。

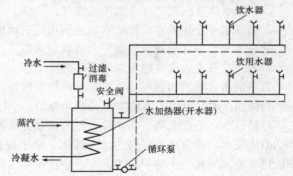

图 3-12　冷饮用水集中制备分散供应

四、饮用水供应点设置

饮用水供应点的设置，应符合下列要求：

（1）不得设在易污染的地点，对于经常产生有害气体或粉尘的车间，应设在不受污染的生活间或小室内。

（2）设置位置应便于取用、检修和清扫，并应保证良好的通风和照明。

（3）楼房内饮水供应点的位置，可根据实际情况加以选定。

本章小结

本章主要介绍了热水供应系统的分类、组成、供水方式，加热设备和温度调节器，热水供应管网的布置与敷设以及饮用水供应系统的类型和供应方式。热水供应系统按照热水供应范围分为局部热水供应系统、集中热水供应系统和区域性热水供应系统，一般由热媒系统、热水管网系统和热水系统附件三部分组成。热水供应系统的供水方式有局部热水供应方式和集中热水供应方式，热水加热设备有容积式水加热器、快速式水加热器、半即热式水加热器。开水的供应方式有开水集中制备分散供应、开水集中制备管道输送供应、统一热源分散制备分散供应；冷饮用水的供应方式与开水的供应方式基本相同。

思考与练习

一、填空题

1. 热水供应系统一般由_____、_____和_____三部分组成。

2. 饮用水供应系统的类型有_____、_____、_____。

3. 开水的制备方式有_____、_____、统一热源分散制备分散供应。

4. 局部热水供应系统的热源宜用_____、_____、_____、_____和_____等。

5. _____也称为第一循环系统，它是指蒸汽锅炉与水加热器或热水锅炉与热水储水器之间的热媒循环系统。

6. 为保证各用水点的水温要求，在配水主管和水平干管上设置_____，使一定量的热水经循环泵回到水加热器中重新加热。

7. 热水供应系统常使用的附件有_____、_____、_____、_____、_____、闸阀、水龙头、自动排气器等。

8. 容积式水加热器有_____和_____两种，前者盘管的换热面积大、高度低，但占地面积大，冷水层所占的容量多；后者正好相反。

9. 快速式水加热器由于热媒不同，分为_____、_____两种类型。

二、名词解释

局部热水供应系统　　集中热水供应系统

三、简答题

1. 热水供应系统分为哪几类？

2. 热水供应管网如何布置与敷设？

3. 饮用水的温度有哪些要求？

4. 冷饮用水制备方法有哪几种？

5. 饮用水点的设置有哪些要求？

6. 简述热水供应系统的供应方式。

7. 简述饮用水的供应方式。

第四章 建筑给水排水识图

能力目标

能够准确识读建筑给水排水施工图。

知识目标

1. 了解室外施工图、室内施工图的组成。
2. 熟悉建筑给水排水系统常用图例，掌握给水排水施工图的识读方法。

素养目标

培养严谨的工作作风、爱岗敬业的工作态度、自觉学习的良好习惯、收集处理信息的能力。

第一节 给水排水施工图的基本内容

建筑给水排水施工图分为室外给水排水施工图和室内给水排水施工图。

一、室外给水排水施工图

室外给水排水施工图表达的范围比较广，它可以表示一个城市的给水排水工程，也可以表示工矿企业内的厂区或生活小区的给水排水工程设施。其内容包括平面图、高程图、纵剖面图和横剖面图以及详图。

二、室内给水排水施工图

室内给水排水施工图表示一幢建筑物内部的给水排水工程设施情况，主要反映引入管至用水设备的给水管道和卫生器具至排出管的排水管道及相应设备的平面布置、管道尺寸、管道材质、连接方式、敷设方式等。室内给水排水施工图由平面图、系统图、施工详图、设计施工说明、设备及材料明细表等部分组成。

1. 平面图

室内给水排水平面图是建筑给水排水施工图中最主要的部分，它主要反映下列内容：

(1)建筑的平面布置情况，给水排水点位置。

(2)给水排水设备、卫生器具的类型、平面位置、污水构筑物位置和尺寸。

(3)各种功能管道的平面位置、走向、规格、编号、连接方式等。

(4)管道附件的平面位置、规格、种类、敷设方式等。

室内给水排水平面图的比例,可采用与房屋建筑平面图相同的比例,一般为1∶100。例如,在卫生设备或管路布置较复杂的房间画1∶100不足以表达清楚时,可选择较大的比例(如1∶50)来画。

多层房屋的给水排水平面图在原则上应分层绘制,若楼层平面的管道布置相同,可绘制一张管道平面图。但要说明的是,首层管道平面图均应单独绘制,屋面上的管道系统可附画在顶层管道平面图中或另画一个屋顶管道平面图。

房屋平面图,仅需抄绘房屋的墙身、柱、门窗洞、楼梯、台阶等主要构件,至于房屋的细部和门窗代号等均可省略。房屋平面图的轮廓线都需用细线(0.25b)绘制,底层平面图要绘制全轴线,楼层平面图可仅绘制边界轴线。

常用的配水器具和卫生设备(如洗脸盆、大便器、污水池、淋浴器等)均是有一定规格的工业定型产品,不必详细绘制其形体,可按规定图例绘制。所有的卫生洁具图线都用细线(0.25b)绘制。

为了便于读图,在底层管道平面图中各种管道要按系统予以编号。系统的划分视具体情况而定,一般给水管可以以每一室外引入管(从室外给水干管上引入室内给水管网的水平进户管)为一个系统,污、废水管道以每一个承接排水管的检查井为一个系统。

连接管道的附件都是工业产品,所以无须绘制管件及接口符号,只要在施工说明中写明管材和连接方式即可。管道系统上的附件及附属设备也都须按图例绘制。

平面图上管道都用单线绘制,沿墙敷设不注管道距墙面距离。各种管道不论在楼面(地面)之上或之下,均不考虑其可见性,仍按管道类别用规定的线型绘制。当在同一平面布置有几根上下不同高度的管道时,若严格按投影来绘制平面图会重叠在一起,此时可以绘制成平行排列,即使暗装的管道也可绘制在墙线外,但要在施工说明中注明该管道系统是暗装的。给水系统的引入管和污、废水管系统的室外排出管仅需在底层管道平面图中画出,在楼层管道平面图中一概不需要绘制。

房屋的水平方向尺寸,一般在底层管道平面图中只需标注其轴线间尺寸;至于标高,只需标注室外地面的整平标高和各层楼地面标高。

卫生洁具和管道一般都是沿墙靠柱设置的,不必标注定位尺寸。必要时,以墙面或柱面为基准标注。卫生洁具的规格可用文字标注在引出线上,或在施工说明中注明。

管道的长度在备料时只需用比例尺从图中近似量出,在安装时则以实测尺寸为依据,所以图中均不标注管道长度。至于管道的管径、坡度和标高,因管道平面图不能充分反映管道在空间的具体布置、管路连接情况,故均在管道系统图中予以标注,管道平面图中一概不标(特殊情况除外)。

2. 系统图

给水排水平面图主要显示室内给排水设备的水平安排和布置,而连接各管路的管道系统因其在空间转折较多,上下交叉重叠,往往在平面图中无法完整且清楚地表达。因此,需要有一个同时能反映空间三个方向的图来表达,这种图被称为给排水系统图,也称为轴测图。它是根据各层平面图中用水设备、管道的平面位置及竖向标高用斜轴测投影绘制而成的,主要表明各管道系统的管道空间走向和各种附件在管道上的位置。系统图反映的内容如下:

(1)引入管、干管、立管、支管等给水管的空间走向。

(2)排水支管、排水横管、排水立管、排出管等排水管的空间走向。

(3)各种给水排水设备的接管情况、标高、连接方式。

系统图上应标明管道的管径、坡度,标出支管与立管的连接处及管道各种附件的安装标高,即以底层室内地面作为标高±0.00 m。在给水系统图中，标高以管中心为准，一般要求注出横管、阀门、放水龙头、水箱等各部位的标高。在污、废水系统图中，横管的标高以管底为准，一般只标注立管的管顶、检查口和排出管的起点标高，其他污、废水横管的标高一般由卫生器具的安装高度和管件的尺寸所决定，所以不必标注；当有特殊要求时，也应标注出其横管的起点标高。另外，要标注室内地面、室外地面、各层楼面和屋面等的标高。

系统图中对用水设备及卫生器具的种类、数量和位置完全相同的支管、立管，可不重复完全绘制，但应用文字标明。当系统图立管、支管在轴测方向重复交叉影响识图时，可断开移到图面空白处绘制。

3. 施工详图

凡平面布置图、系统图中局部构造因受图面比例限制而表达不完善或无法表达的内容，为使施工图预算及施工不出现失误，需将局部构造进行放大绘制施工详图。通用施工详图系列，如卫生器具安装、排水检查井、雨水检查井、阀门井、水表井、局部污水处理构筑物等，均绘制有各种施工标准图。施工详图首先采用标准图。

4. 设计施工说明

设计图纸上用图或符号表达不清楚的问题，需要用文字注写出设计施工说明。其主要包括以下内容：

(1)用工程绘图无法表达清楚的给水、排水、热水供应、雨水系统等管材防腐、防冻、防结露的做法。

(2)难以表达的内容，如管道连接、固定、竣工验收要求、施工中特殊情况的技术处理措施。

(3)施工方法要求严格、必须遵守的技术规程、规定等。

一般中、小型工程的设计施工说明直接写在图纸上，工程较大、内容较多时则需要另用专页编写。

5. 设备及材料明细表

工程选用的主要材料及设备表，应包括材料类别、规格、数量、设备品种、主要尺寸等。

施工图中涉及的设备、管材、阀门、仪表等均列入表中，以便施工备料。不影响工程进度和质量的零星材料，允许施工单位自行决定的可不列入表中。

施工图中选定的设备对生产厂家有明确要求时，应将生产厂家的名称注写在明细表的附注里。简单工程可不编制设备及材料明细表。

第二节　给水排水施工图常用图例及识读方法

一、建筑给水排水系统常用图例

建筑给水排水系统常用图例参考《建筑给水排水制图标准》(GB/T 50106—2010)。

(1)管道类别应以汉语拼音字母表示，管道的图例见表 4-1。

建筑给水识图图例

建筑排水识图图例

表 4-1 管道

序号	名称	图例	备注
1	生活给水管	—— J ——	—
2	热水给水管	—— RJ ——	—
3	热水回水管	—— RH ——	—
4	中水给水管	—— ZJ ——	—
5	循环冷却给水管	—— XJ ——	—
6	循环冷却回水管	—— XH ——	—
7	热媒给水管	—— RM ——	—
8	热媒回水管	——RMH——	—
9	蒸汽管	—— Z ——	—
10	凝结水管	—— N ——	—
11	废水管	—— F ——	可与中水原水管合用
12	压力废水管	—— YF ——	—
13	通气管	—— T ——	—
14	污水管	—— W ——	—
15	压力污水管	—— YW ——	—
16	雨水管	—— Y ——	—
17	压力雨水管	—— YY ——	—
18	虹吸雨水管	—— HY ——	—
19	膨胀管	—— PZ ——	—
20	保温管	∿∿∿∿∿	也可用文字说明保温范围
21	伴热管	— - — - — - —	也可用文字说明保温范围
22	多孔管	⊥——⊥——⊥	—
23	地沟管	- - - - - - - - - - - - -	—

序号	名称	图例	备注
24	防护套管		—
25	管道立管	XL-1 平面　　XL-1 系统	X 为管道类别 L 为立管 I 为编号
26	空调凝结水管	——— KN ———	—
27	排水明沟	坡向 ——→	—
28	排水暗沟	坡向 ——→	—

（2）管道附件的图例见表 4-2。

表 4-2　管道附件

序号	名称	图例	备注
1	管道伸缩器		—
2	方形伸缩器		—
3	刚性防水套管		—
4	柔性防水套管		—
5	波纹管		—
6	可曲挠橡胶接头	单球　　双球	—
7	管道固定支架		—

序号	名称	图例	备注
8	立管检查口		—
9	清扫口	平面　系统	—
10	通气帽	成品　蘑菇形	—
11	雨水斗	YD—　YD— 平面　系统	—
12	排水漏斗	平面　系统	—
13	圆形地漏	平面　系统	通用，如无水专卖店， 地漏应加存水弯
14	方形地漏	平面　系统	—
15	自动冲洗水箱		—
6	挡墩		—
17	减压孔板		—
18	Y 形除污器		—
19	毛发聚集器	平面　系统	—
20	倒流防止器		—

序号	名称	图例	备注
21	吸气阀		—
22	真空破坏器		—
23	防虫网罩		—
24	金属软管		—

(3)管道连接的图例见表4-3。

表 4-3　管道连接

序号	名称	图例	备注
1	法兰连接		—
2	承插连接		—
3	活接头		—
4	管堵		—
5	法兰堵盖		—
6	盲板		—
7	弯折管	高　低　　低　高	—
8	管道丁字上接	高／低	—
9	管道丁字下接	高／低	—
10	管道交叉	低／高	在下面和后面的管道应断开

(4)管件的图例见表4-4。

表4-4　管件

序号	名称	图例
1	偏心异径管	
2	同心异径管	
3	乙字管	
4	喇叭口	
5	转动接头	
6	S形存水弯	
7	P形存水弯	
8	90°弯头	
9	正三通	
10	TY三通	
11	斜三通	
12	正四通	
13	斜四通	
14	浴盆排水管	

(5)阀门的图例宜符合表4-5的要求。

表 4-5 阀门

序号	名称	图例	序号	名称	图例
1	闸阀		16	持压阀	
2	气闭隔膜阀		17	气动闸阀	
3	角阀		18	泄压阀	
4	电动隔膜阀		19	电动蝶阀	
5	三通阀		20	弹簧安全阀	
6	温度调节阀		21	液动蝶阀	
7	四通阀		22	平衡锤安全阀	
8	压力调节阀		23	气动蝶阀	
9	截止阀		24	自动排气阀	平面　系统
10	电磁阀		25	减压阀	
11	蝶阀		26	浮球阀	平面　系统
12	止回阀		27	旋塞阀	平面　系统
13	电动闸阀		28	水力液位控制阀	平面　系统
14	消声止回阀				
15	液动闸阀				

序号	名称	图例		序号	名称	图例
29	底阀	 平面　　　系统		33	隔膜阀	
30	延时自闭冲洗阀			34	吸水喇叭口	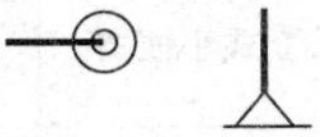 平面　　　系统
31	球阀			35	气开隔膜阀	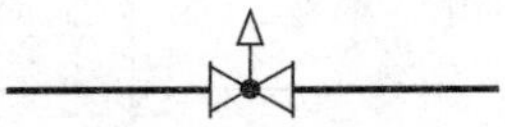
32	感应式冲洗阀			36	疏水器	

（6）给水配件的图例宜符合表 4-6 的要求。

表 4-6　给水配件图例

序号	名　称	图　例		序号	名　称	图　例
1	水龙头	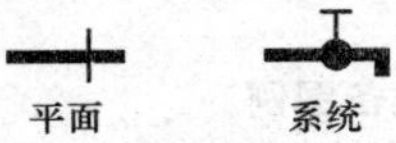 平面　　　系统		6	脚踏开关水龙头	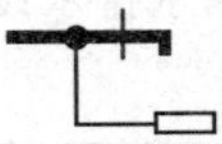
2	皮带水龙头	平面　　　系统		7	混合水龙头	
3	洒水（栓）水龙头			8	旋转水龙头	
4	化验水龙头			9	浴盆带喷头混合水龙头	
5	肘式水龙头			10	蹲便器脚踏开关	

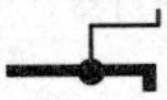

（7）卫生设备及水池的图例宜符合表 4-7 的要求。

表 4-7　卫生设备及水池图例

序号	名称	图例		序号	名称	图例
1	立式洗脸盆			3	台式洗脸盆	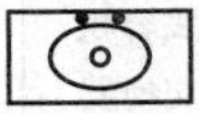
2	污水池			4	妇女净身盆	

序号	名称	图例	序号	名称	图例
5	挂式洗脸盆		11	厨房洗涤盆	
6	立式小便器		12	坐式大便器	
7	浴盆		13	带沥水板洗涤盆	
8	壁挂式小便器		14	小便槽	
9	化验盆、洗涤盆		15	盥洗槽	
10	蹲式大便器		16	淋浴喷头	

(8)给水排水设备的图例宜符合表 4-8 的要求。

表 4-8　给水排水设备图例

序号	名称	图例	备注	序号	名称	图例	备注
1	卧式水泵	平面　　系统 或	—	8	快速管式热交换器		—
2	立式水泵	平面　　系统	—	9	板式热交换器		—
				10	开水器		—
3	潜水泵		—	11	喷射器		—
4	定量泵		—	12	除垢器		小三角为进水端
5	管道泵		—	13	水锤消除器		—
6	卧式容积热交换器		—	14	搅拌器		—
7	立式容积热交换器		—	15	紫外线消毒器	ZWX	—

(9)给水排水专用仪表的图例宜符合表 4-9 的要求。

表 4-9　给水排水专用仪表图例

序号	名　称	图　例	序号	名　称	图　例
1	温度计		7	转子流量计	平面　系统
2	压力表		8	真空表	
3	自动记录压力表		9	温度传感器	T
4	压力控制器		10	压力传感器	P
5	水表		11	pH 传感器	pH
6	自动记录流量表		12	酸传感器	H
			13	碱传感器	Na
			14	余氯传感器	Cl

二、给水排水施工图的识读方法

给水排水施工图的主要图样是平面图和系统图，在识读过程中应把平面图和系统图对照着看，互相弥补对系统反映的不足部分，必要时应借助详图、标准图集的帮助。具体识读方法如下：

(1)了解图纸中的方向和该建筑在总平面图上的位置。

(2)看图时须先看设计说明，以明确设计要求。

(3)给水排水施工图所表示的设备和管道一般采用统一的图例，在识读图纸前应查阅和掌握有关的图例，了解图例代表的内容。

(4)给水排水管道纵横交叉，平面图难以表明它们的空间走向，一般采用系统图表明各层管道的空间关系及走向，识读时应将系统图和平面图对照着看，以了解系统全貌。

(5)给水系统可以从管道入户起顺着管道的水流方向，经干管、立管、横管、支管到用水设备，将平面图和系统图对照着看，以了解管道的方向，分枝位置，各段管道的管径、标高、坡度、坡向、管道上的阀门及配水龙头的位置和种类，管道的材质等。

(6)排水系统可以从卫生器具开始，沿水流方向，经支管、横管、立管，一直查看到排出管。弄清管道的方向，管道汇合的位置，各管段的管径、标高、坡度、坡向，检查口、清扫口、地漏的位置，风帽的形式等。同时，注意图纸上表示的管路系统有无排列过于紧密、用标准管件无法连接的情况等。

(7)结合平面图、系统图及说明查看详图，了解卫生器具的类型、安装形式、设备规格型号、配管形式等，弄清系统的详细构造及施工的具体要求。

(8)识读图纸中应注意预留孔洞、预埋件、管沟等的位置，以及对土木建筑的要求查看有关的土木建筑施工图纸，以便在施工中加以配合。

本章小结

建筑给水排水施工图是指房屋内部的卫生设备或生产用水装置的施工图。建筑给水排水施工图主要反映了用水器具的安装位置及其管道布置情况，同时，也是基本建设概预算中施工图预算和组织施工的主要依据文件。给水排水施工图的基本内容包括室外给水排水施工图和室内给水排水施工图。给排水施工图主要图样是平面图和系统图。在识读过程中应把平面图和系统图对照着看，互相弥补对系统反映的不足部分。

思考与练习

一、填空题

1. 建筑给水排水施工图分为＿＿＿＿＿＿和＿＿＿＿＿＿。

2. 室内给水排水施工图由＿＿＿＿＿＿、＿＿＿＿＿＿、＿＿＿＿＿＿、＿＿＿＿＿＿、＿＿＿＿＿＿等部分组成。

3. 室内给水排水平面图的比例，可采用与房屋建筑平面图相同的比例，一般为＿＿＿＿＿＿。

4. 所有的卫生洁具图线都用＿＿＿＿＿＿绘制。

5. 需要有一个同时能反映空间三个方向的图来表达，这种图被称为＿＿＿＿＿＿。

6. 设计图纸上用图或符号表达不清楚的问题，需要用文字写出＿＿＿＿＿＿。

二、简答题

1. 室内给水排水平面图主要反映哪些内容？

2. 系统图反映的内容有哪些？

3. 简述给水排水施工图的识读方法。

第五章 建筑采暖系统

能力目标

1. 能合理选用散热器、布置散热器。
2. 根据实际工程，具备布置采暖系统管网的能力。
3. 能计算围护结构的传热耗热量和冷风渗透耗热量。
4. 具备锅炉房位置的选择和布置能力。

知识目标

1. 了解采暖系统的分类；掌握采暖系统的组成。
2. 了解热水采暖系统、蒸汽采暖系统的分类、组成和布置形式；了解热风采暖系统及空气幕的工作原理。
3. 了解中温辐射采暖系统、高温辐射采暖系统；掌握低温热水地板辐射中地暖地面结构和地暖加热管的布置形式。
4. 了解散热器的类型；掌握散热器的布置。
5. 掌握干管、立管、支管、采暖系统入口装置的布置。
6. 了解采暖热负荷的估算方法；掌握围护结构传热耗热量的计算以及冷风渗透耗热量的计算。
7. 了解锅炉的基本参数和锅炉的构造；掌握锅炉房的设备、锅炉房的辅助设备、锅炉房的布置和锅炉房位置的选择。
8. 了解燃气供应方式；掌握常用的燃气设备以及布置要求。
9. 了解室内采暖施工图的组成、常用图例、符号；掌握采暖施工图的识读要点。

素养目标

树立法纪意识、标准意识、科学态度。

第一节 采暖系统概述

在冬季，为使室内保持一定的温度，就必须对室内供给一定的热量，这一热量称为供暖热负荷。利用热媒将热量从热源输运到各用户的工程系统，称为供热系统或集中供热系统。供热系统习惯上还称为供暖系统、采暖系统。热媒即输入介质，通常是水或水蒸气。

一、采暖系统的分类与组成

(一)采暖系统的分类

1. 按供热范围分类

采暖系统按供热范围不同可分为以下三类:

(1)局部采暖系统。热源、供热管道和散热设备都在采暖房间内的采暖系统,称为局部采暖系统,如火炉、电暖气等。该采暖系统适用于局部、小范围的采暖。

(2)集中采暖系统。集中采暖系统是指由一个或多个热源通过供热管道向某一地区的多个热用户供暖的采暖系统。

(3)区域采暖系统。由一个区域锅炉房或换热站提供热媒,热媒通过区域供热管网输送至城镇的某个生活区、商业区或厂区热用户的散热设备,称为区域采暖系统。该采暖系统属于跨地区、跨行业的大型采暖系统。这种采暖方式作用范围大、节能、对环境污染小,是城市供暖的发展方向。

2. 按热媒分类

采暖系统按热媒不同可分为以下三类:

(1)热水采暖系统。以热水为热媒,将热量传递给散热设备的采暖系统,称为热水采暖系统。它可分为低温热水采暖系统(水温不大于 100 ℃)和高温热水采暖系统(水温大于 100 ℃)。住宅及民用建筑多采用低温热水采暖系统,设计供/回水温度为 95 ℃/70 ℃。热水采暖系统按循环动力不同,还可分为自然循环系统和机械循环系统两类。

(2)蒸汽采暖系统。该系统以水蒸气为热媒,主要应用于工业建筑。

(3)热风采暖系统。该系统是指以空气为热媒,把热量传递给散热设备的采暖系统,如暖风机、热空气幕等,主要应用于大空间采暖。

3. 按使用的散热设备分类

采暖系统按使用的散热设备不同,可分为以下两类:

(1)散热器采暖系统。

(2)暖风机采暖系统。

4. 按室内散热设备传热方式分类

采暖系统按室内散热设备传热方式不同,可分为以下两类:

(1)对流采暖系统。其指(全部或主要)靠散热设备与周围空气以对流传热方式把热量传递给周围空气,使室温升高。

(2)辐射采暖系统。其指(全部或主要)靠散热设备与周围空气以辐射传热方式把热量传递给周围空气,使室温升高。在相同的舒适条件下,辐射采暖的室内计算温度比对流采暖的室内计算温度低 2~3 ℃,即辐射采暖热负荷要少于对流采暖热负荷,因此,辐射采暖更符合建筑节能设计要求。

(二)采暖系统的组成

人们在日常生活和社会生产中需要大量的热能,而热能的供应是通过采暖系统完成的。一个采暖系统包括热源、管道系统和散热设备三个部分。图 5-1 所示为采暖系统的基本构成。

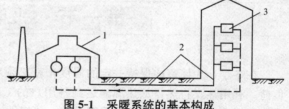

图 5-1 采暖系统的基本构成

1—锅炉;2—供热管;3—散热设备

（1）热源。热源是指使燃料产生热能并将热媒加热的部分，如锅炉。

（2）管道系统。采暖管道系统是指热源和散热设备之间的管道。热媒通过管道系统，将热能从热源输送到散热设备。

（3）散热设备。散热设备是指将热量散入室内的设备，如散热器、暖风机、辐射板等。

二、对流采暖系统

（一）热水采暖系统

热水采暖系统是用热水作为热媒进行采暖的系统。水在吸收热量和放出热量的过程中，向采暖房间输送热量，使房间温度升高。

1. 热水采暖系统的分类

热水采暖系统按照水循环动力不同，可分为两种：一种是自然循环热水采暖系统；另一种是机械循环热水采暖系统。在自然循环热水采暖系统内，热水是靠水的密度差进行循环的；在机械循环热水采暖系统内，热水是靠机械（泵）的动力进行循环的。自然循环热水采暖系统只适用于低层小型建筑，机械循环热水采暖系统适用于作用半径大的热水采暖系统。

（1）自然循环热水采暖系统。自然循环热水采暖系统一般分为双管系统和单管系统。

1）双管系统是指连接散热器的供水主管和回水主管分别设置。双管系统的特点是每组散热器可以组成一个循环管路，每组散热器的进水温度基本一致，各组散热器可自行调节热媒流量，互相不受影响，因此，便于使用和检修。自然循环双管上分式热水采暖系统的组成如图 5-2 所示（图中 i 为坡度值）。

2）单管系统是指连接散热器的供水立管和回水立管共用同一根立管。单管系统的特点是立管将散热器串联起来，构成一个循环环路，各楼层间散热器进水温度不同，距离热水进口端越近，温度越高；距离热水出口端越远，温度越低。自然循环单管上分式热水采暖系统的组成如图 5-3 所示（i、G、P 意义同图 5-2）。

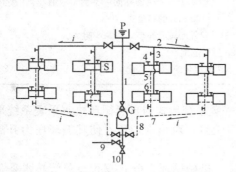

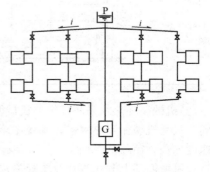

图 5-2　自然循环双管上分式热水采暖系统的组成

G—锅炉；P—膨胀水箱；S—散热器

1—供水总立管；2—供水干管；3—供水立管；

4—供水支管；5—回水支管；6—回水立管；7—回水干管；

8—回水总管；9—充水管（给水管）；10—放水管

图 5-3　自然循环单管上分式
热水采暖系统的组成

单管系统的工作过程与双管系统的基本相同，单管系统和双管系统的主要区别是热水流向散热器的顺序不同。在双管系统中，热水平行流经各组散热器，而单管系统中的热水按顺序依次流经各组散热器。

自然循环热水采暖系统管路布置的常用形式、适用范围及特点见表 5-1。

表 5-1　自然循环热水采暖系统管路布置的常用形式、适用范围及特点

形式名称	图　式	特点及适用范围
单管上供下回式	*i*=0.05　△300　*L*≤50 m　*i*=0.005　上水	1. 特点 (1)升温慢、作用压力小、管径大、系统简单、不消耗电能。 (2)水力稳定性好。 (3)可缩小锅炉中心与散热器中心的距离，从而节约钢材。 (4)不能单独调节热水流量及室温。 2. 适用范围 作用半径不超过 50 m 的多层建筑
单管跨越式	P　*i*　*i*　*i*　*i*　G	1. 特点 (1)升温慢、作用压力小、系统简单、不消耗电能。 (2)水力稳定性好。 (3)节约钢材。 (4)可单独调节热水流量及室温。 2. 适用范围 作用半径不超过 50 m 的多层建筑
双管上供下回式	△300　*i*=0.005　*L*≤50 m　*i*=0.005	1. 特点 (1)升温慢、作用压力小、管径大、系统简单、不消耗电能。 (2)易产生垂直失调。 (3)室温可调节。 2. 适用范围 作用半径不超过 50 m 的三层以下(≤10 m)的建筑
单户式	*i*=0.01　≥300　*l*≤20 m　≥300　0.005	1. 特点 (1)一般锅炉与散热器在同一平面，故散热器安装至少提高到 300～400 mm 的高度。 (2)尽量缩小配管长度，以减小阻力。 2. 适用范围 单户单层建筑

（2）机械循环热水采暖系统。机械循环热水采暖系统形式与自然循环热水采暖系统形式基本相同，只是机械循环热水采暖系统中增加了水泵装置，对热水加压，使其循环压力升高，使水流速度加快，循环范围加大。

1）机械循环上分式双管及单管热水采暖系统。机械循环上分式双管及单管热水采暖系统如图 5-4 和图 5-5 所示。

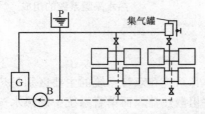

图 5-4　机械循环上分式双管热水采暖系统

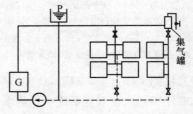

图 5-5　机械循环上分式单管热水采暖系统

机械循环上分式双管和单管的热水采暖系统，与自然循环上分式双管和单管热水采暖系统相比，除增加水泵外，还增加了排气设备。

在机械循环热水采暖系统中，水的流速快，超过了水中分离出的空气的浮升速度。为了防止空气进入立管，供水干管应设置沿水流方向向上的坡度，使管内气泡随水流方向运动，聚集到系统最高点，通过排气设备排到大气中，坡度值 $i=0.002\sim0.003$，回水干管按水流方向设下降坡度，使系统内的水能够顺利排出。

2)机械循环下分式双管热水采暖系统。机械循环下分式双管热水采暖系统的供水干管和回水干管均敷设在系统所有散热器之下，如图 5-6 所示。机械循环下分式双管热水采暖系统排除空气较困难，主要靠顶层散热器的跑风阀排除空气。工作时，热水从底层散热器依次流向顶层散热器。

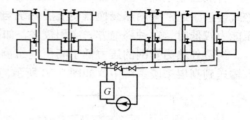

图 5-6　机械循环下分式双管热水采暖系统

下分式与上分式相比较，上分式系统干管敷设在顶层天棚下，适用于顶层有天棚的建筑物；而下分式系统供水干管和回水干管均敷设在地沟中，适用于平屋顶的建筑物或有地下室的建筑物。

3)机械循环下供上回式热水采暖系统。机械循环下供上回式热水采暖系统有单管和双管两种形式，其特点是供水干管敷设在所有的散热器之下，而回水干管敷设在系统所有散热器之上。热水自下而上流过各层散热器，与空气气泡向上运动相一致，系统内空气易排除，一般用于高温热水采暖系统。机械循环下供上回式热水采暖系统如图 5-7 所示。

4)机械循环水平串联式热水采暖系统。机械循环水平串联式热水采暖系统如图 5-8 所示。

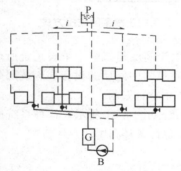

图 5-7　机械循环下供上
回式热水采暖系统

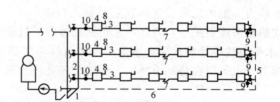

图 5-8　机械循环水平串联式热水采暖系统

1—供水干管；2—供水立管；3—水平串联管；4—散热器；
5—回水立管；6—回水干管；7—方形伸缩器；
8—手动放气阀；9—泄水管；10—阀门

这种形式构造简单，管道少穿楼板，便于施工，有较好的热稳定性。但这种系统串联的环路不宜太长，每个环路散热器组数以 8~12 组为宜，且每隔 6 m 左右须设置一个方形伸缩器，以解决水平管的热胀冷缩问题。在每一组散热器上安装手动放气阀，以排除系统内空气。水平串联式一般用于厂房、餐厅、俱乐部等采暖房间。

2. 高层建筑的热水采暖系统

高层建筑层数多、高度大，上层建筑风速大，下层建筑冷风渗透量较大，建筑物热负荷的确定应考虑这些因素。同时，因为高层建筑热水采暖系统中随着高度增加水的静压力增大，所以与室外管网连接时，应考虑到室外管网的压力状况及其相互影响。除此以外，还应考虑系统中散热器的承压能力，防止散热器因承受过大的静水压力而破裂。

目前，高层建筑热水采暖系统的形式有按层分区垂直式热水采暖系统、水平双线单管热水采暖系统、垂直双线单管热水采暖系统及单、双管混合式热水采暖系统。

（1）按层分区垂直式热水采暖系统。高层建筑按层分区垂直式热水采暖系统应用较多。这种系统是在垂直方向上分成两个或两个以上的热水采暖系统。每个系统都设置膨胀水箱及排气装置，自成独立系统，互不影响。下层采暖系统通常与室外管网直接连接，其他层系统与外网隔绝式连接。通常采用热交换器使上层系统与室外管网隔绝，尤其是当高层建筑采用的散热器承压能力较低时，这种隔绝方式应用较多，如图 5-9 所示。

当室外热力管网的压力低于高层建筑静水压力时，上层采暖系统可单独增设加压水泵，将水输送到高层采暖系统中，如图 5-10 所示。

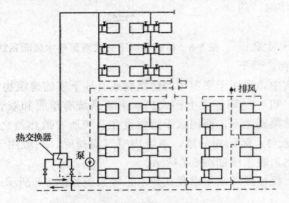

图 5-9　按层分区垂直式热水采暖系统

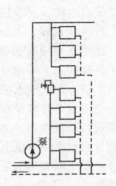

图 5-10　采用加压水泵的连接方式

在设置加压水泵时，需注意所选用的散热器的承压能力应大于高层建筑整个采暖系统所产生的静水压力。加压泵可设置在底层系统入口处，也可设置在建筑物中间层的设备层。按层分区垂直式热水采暖系统中，各区系统包括的楼层数目较少，可防止垂直失调。

（2）水平双线单管热水采暖系统。水平双线单管热水采暖系统如图 5-11 所示。这种系统能够分层调节，也可以在每一个环路上设置节流孔板和调节阀，来保证各环路中的热水流量。

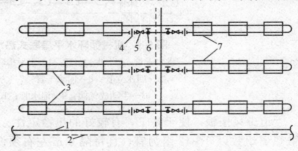

图 5-11　水平双线单管热水采暖系统

1—热水干管；2—回水干管；3—双线水平管；
4—节流孔板；5—调节阀；6—截止阀；7—散热器

（3）垂直双线单管热水采暖系统。垂直双线单管热水采暖系统如图 5-12 所示。

垂直双线单管热水采暖系统由 Ⅱ 形单管式立管组成。这种系统的散热器通常采用蛇形管式或辐射板式。这种系统克服了高层建筑容易产生垂直失调现象的缺点，但这种系统立管阻力小，容易引起水平失调，一般可在每个Ⅱ形单管的回水立管上设置孔板，或者采用同程式系统来消除水平失调现象。

（4）单、双管混合式热水采暖系统。单、双管混合式热水采暖系统如图 5-13 所示。

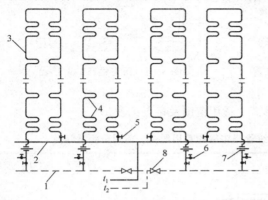

图 5-12　垂直双线单管热水采暖系统

1—回水干管；2—供水干管；3—双线立管；4—散热器或加热盘管；
5—截止阀；6—立管冲洗排水阀；7—节流孔板；8—调节阀

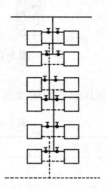

图 5-13　单、双管
混合式热水采暖系统

将高层建筑中的散热器沿垂直方向，每 2～3 层分为一组，在每一组内采用双管系统形式，将各组之间用单管连接，就组成了单、双管混合式热水采暖系统。

这种系统既能防止楼层过多时双管系统所产生的垂直水力失调现象，又能避免单管系统难以对散热器进行单个调节的缺点。

（二）蒸汽采暖系统

以水蒸气为热媒的采暖系统，称为蒸汽采暖系统。

蒸汽采暖系统按供汽压力可分为低压蒸汽采暖系统和高压蒸汽采暖系统。当供汽压力≤0.07 MPa 时，称为低压蒸汽采暖系统；当供汽压力>0.07 MPa 时，称为高压蒸汽采暖系统。

1. 低压蒸汽采暖系统

图 5-14 所示为一完整的上分式低压蒸汽采暖系统示意图。系统运行时，由锅炉产生的蒸汽经过管道进入散热器，蒸汽在散热器内凝结成水放出汽化潜热，通过散热器把热量传给室内空气，维持室内的设计温度。而散热器中的凝结水，经回水管路流回凝结水箱，再由凝结水泵加压送入锅炉重新加热成水蒸气送入采暖系统，如此周而复始地循环运行。

低压蒸汽采暖系统根据管路布置形式不同，可分为双管上分式、下分式、中分式蒸汽采暖系统及单管垂直上分式和下分式蒸汽采暖系统。

在低压蒸汽采暖系统中，空气的密度小

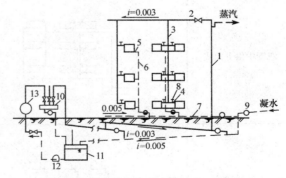

图 5-14　上分式低压蒸汽采暖系统示意

1—总立管；2—蒸汽干管；3—蒸汽立管；
4—蒸汽支管；5—凝水支管；6—凝水立管；
7—凝水干管；8—调节阀；9—疏水器；10—分气缸；
11—凝结水箱；12—凝结水泵；13—锅炉

于水而大于水蒸气。在散热器中，空气聚集在散热器的中间部位，水蒸气位于上部，凝结水处于下部，因此，排气阀应安装在散热器的 1/3 高度处（图 5-15），以便散热器内的空气能顺利地排出，以达到如图 5-16 所示散热器正常的工作状态。

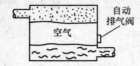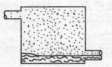

图 5-15　排气阀的安装位置　　　　图 5-16　正常运行的散热器

低压蒸汽采暖系统管路布置的常用形式、适用范围及特点见表 5-2。

表 5-2　低压蒸汽采暖系统管路布置的常用形式、适用范围及特点

形式名称	图　式	特点及适用范围
双管上供下回式		1. 特点 (1)为常用的双管做法。 (2)易产生上热下冷现象。 2. 适用范围 室温需调节的多层建筑
双管下供下回式		1. 特点 (1)可缓和上热下冷现象。 (2)供汽立管需加大。 (3)需设地沟。 (4)室内顶层无供汽干管，较美观。 2. 适用范围 室温需调节的多层建筑
双管中供下回式		1. 特点 (1)接层方便。 (2)与上供下回式相比，在解决上热下冷问题上更有利一些。 2. 适用范围 顶层无法敷设供汽干管的多层建筑
单管下供下回式		1. 特点 (1)室内顶层无供汽干管，较美观。 (2)供汽立管要加大。 (3)安装简便、造价低。 (4)需设地沟。 2. 适用范围 三层以下的建筑

形式名称	图　式	特点及适用范围
单管上供下回式	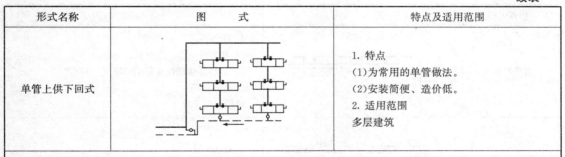	1. 特点 (1)为常用的单管做法。 (2)安装简便、造价低。 2. 适用范围 多层建筑

注：1. 蒸汽水平干管汽、水逆向流动时坡度应大于 5‰，其他应大于 3‰。

　　2. 水平敷设的蒸汽干管每隔 30～40 m 宜设抬管泄水装置。

　　3. 回水为重力干式回水方式时，回水干管敷设高度应高出锅炉供汽压力折算静水压力再加 200～300 mm 的安全高度。如系统作用半径较大，则需采取机械回水。

2. 高压蒸汽采暖系统

高压蒸汽采暖系统比低压蒸汽采暖系统供汽压力高，流速大，作用半径大，散热器表面温度高，凝结水温度高，其多用于工厂采暖。高压蒸汽采暖系统常用形式中的双管上分式如图 5-17 所示。

高压蒸汽采暖系统一般采用双管上分式系统形式。因为单管系统里水蒸气和凝结水在一根管子里流动，容易产生水击现象。而下分式系统又要求把干管布置在地面上或地沟内，障碍较多，所以很少采用。小的采暖系统可以采用异程双管上分式系统形式；当系统的作用半径超过 80 m 时，最好采用同程双管上分式系统形式。

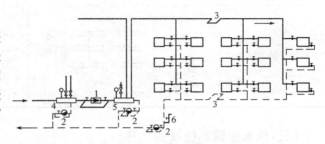

图 5-17　双管上分式高压蒸汽采暖系统

1—减压阀；2—疏水器；3—伸缩器；
4—生产用分气缸；5—采暖用分气缸；6—放气管

高压蒸汽采暖系统管路布置的常用形式、适用范围及特点见表 5-3。

表 5-3　高压蒸汽采暖系统管路布置的常用形式、适用范围及特点

形式名称	图　式	特点及适用范围
上供下回式		1. 特点 为常用的做法，可节省地沟。 2. 适用范围 单层公用建筑或工业厂房
上供上回式		1. 特点 (1)节省地沟，检修方便。 (2)系统泄水不便。 2. 适用范围 工业厂房暖风机供暖系统

形式名称	图　式	特点及适用范围
水平串联式	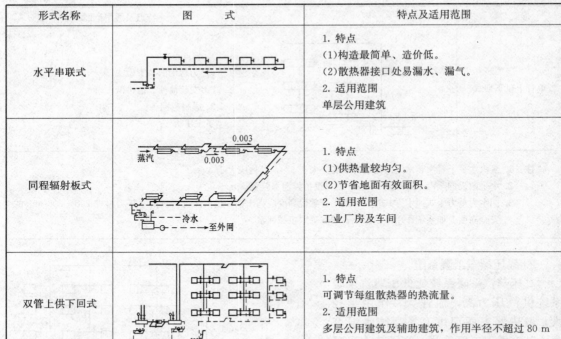	1. 特点 (1)构造最简单、造价低。 (2)散热器接口处易漏水、漏气。 2. 适用范围 单层公用建筑
同程辐射板式		1. 特点 (1)供热量较均匀。 (2)节省地面有效面积。 2. 适用范围 工业厂房及车间
双管上供下回式		1. 特点 可调节每组散热器的热流量。 2. 适用范围 多层公用建筑及辅助建筑，作用半径不超过 80 m

(三)热风采暖系统及空气幕

1. 热风采暖系统

利用热空气作媒质的对流采暖方式，称为热风采暖。

热风采暖系统所用热媒可以是室外的新鲜空气、室内再循环空气，也可以是室内外空气的混合物。若热媒是室外新鲜空气或是室内外空气的混合物，则热风采暖兼具建筑通风的特点。

空气作为热媒经加热装置加热后，通过风机直接送入室内，与室内空气混合换热，维持或提高室内空气温度。

热风采暖系统可以用蒸汽、热水、燃气、燃油或电能来加热空气，宜用 0.1～0.3 MPa 的高压蒸汽或不低于 90 ℃的热水。当采用燃气、燃油或电加热时，应符合国家现行标准《城镇燃气设计规范》(GB 50028—2006)和《建筑设计防火规范(2018 年版)》(GB 50016—2014)的要求。相应的加热装置称作空气加热器、燃气热风器、燃油热风器和电加热器。

热风采暖系统与蒸汽或热水采暖系统相比，有下列特点：

(1)热风采暖系统热惰性小，适用于大型体育馆、剧院等场所。

(2)热风采暖系统可同时兼有通风作用。

(3)热风采暖系统噪声较大。

(4)设置热风采暖系统的同时，还需设置少量散热器，以维持 5 ℃的值班温度，所以常与热水或蒸汽采暖系统同时使用。

2. 空气幕

空气幕是利用特制的空气分布器喷出一定速度和温度的幕状气流，借此封闭大门、门厅、门洞、柜台等，减少和隔绝外界气流的侵入，以维持室内或某一工作区域一定的环境条件，同时还可阻挡灰尘、有害气体和昆虫的进入。

（1）符合下列条件之一时，宜设置热空气幕：

1）位于严寒地区、寒冷地区的公共建筑和工业建筑，外门经常开启且不设门斗和前室时。

2）公共建筑和工业建筑，当生产或使用要求不允许降低室内温度时或经技术经济比较设置热空气幕合理时。

（2）热空气幕的设置要求。

1）热空气幕的送风方式。公共建筑宜采用由上向下送风。工业建筑，当外门宽度小于3 m时，宜采用单侧送风；当外门宽度为3～18 m时，应经过技术经济比较，采用单侧、双侧送风或由顶部送风；当外门宽度超过18 m时，应采用顶部送风。侧面送风时，严禁外门向内开启。

2）热空气幕的送风温度应根据计算确定。对于公共建筑和工业建筑的外门，不宜高于50 ℃；对于高大的外门，不应高于70 ℃。

3）热空气幕的出口风速应通过计算确定。对于公共建筑的外门，不宜大于6 m/s；对于工业建筑的外门，不宜大于8 m/s；对于高大的外门，不宜大于25 m/s。

三、辐射采暖系统

辐射采暖是一种利用建筑物内的屋顶面、地面、墙面或其他表面的辐射散热设备散出的热量来达到房间或局部工作点采暖要求的采暖方法。该方法具有卫生、经济、节能、舒适等一系列优点。所以，很快就被人们接受并得到迅速推广。

辐射采暖系统的种类和形式很多，按辐射板面温度不同，可分为低温辐射采暖系统、中温辐射采暖系统、高温辐射采暖系统。

近年来，各类建筑大多应用了辐射采暖系统，而且使用效果也比较好。在我国建筑设计中，辐射采暖方式也逐步得到广泛应用，特别是低温热水地板辐射采暖技术，目前在我国北方广大地区已有相当规模的应用。

（一）低温热水地板辐射采暖系统

低温热水地板辐射采暖（简称地暖）是以低温热水为热媒，通过预埋在建筑物地板内的加热管辐射散热的采暖方式。低温热水辐射供暖系统供水温度不应超过60 ℃；供回水温差不宜大于10 ℃，且不宜小于5 ℃。低温热水辐射采暖的辐射体表面平均温度应符合表5-4的要求。

表5-4　辐射的表面平均温度　　　　　　　　　　　　　　　　℃

设置位置	宜采用的温度	温度上限值
人员经常停留的地面	25～27	29
人员短期停留的地面	28～30	32
无人停留的地面	35～40	42
房间高度2.5～3.0 m的顶棚	28～30	—
房间高度3.1～4.0 m的顶棚	33～36	—
距地面1 m以下的墙面	35	—
距地面1 m以上3.5 m以下的墙面	45	—

1. 地暖加热管

地暖所采用的加热管有交联聚乙烯管、聚丁烯管、交联铝塑复合管、无规共聚聚丙烯管、耐热增强型聚乙烯管等。这些管具有耐老化、耐腐蚀、不结垢、承压高、无污染、沿程阻力小等优点。

2. 地暖地面结构

地暖地面结构如图 5-18 所示，一般由楼板、找平层、绝热层(上部敷设加热管)、填充层和地面层组成。其中，找平层是在填充层或结构层之上进行抹平的构造层；绝热层主要用来控制热量传递方向；填充层用来埋置、保护加热管并使地面温度均匀；地面层是指完成的建筑地面。当楼板基面比较平整时，可省略找平层，在结构层上直接铺设绝热层。当工程允许地面按双向散热进行设计时，可不设绝热层。但对于住宅建筑，由于涉及分户热量计量，故不应取消绝热层。与土壤相邻的地面，必须设绝热层，并且绝热层下部应设防潮层。直接与室外空气相邻的楼板、外墙内侧周边，也必须设绝热层。对于潮湿房间，如卫生间等，在填充层上宜设置防水层。

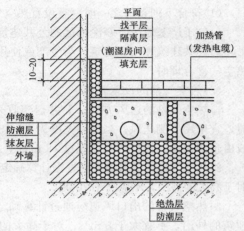

图 5-18　地暖地面结构

3. 地暖加热管的布置形式

地暖加热管的布置应本着保证地面温度均匀的原则进行，宜将高温管段优先布置于外窗、外墙侧，使室内温度尽可能分布均匀。加热管的布置形式有平行排管、S 形盘管、回形盘管、联箱排管等，如图 5-19 所示。

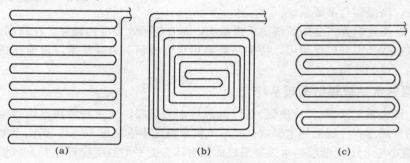

图 5-19　地暖加热管常用布置形式

(a)平行排管；(b)回形盘管；(c)S 形盘管

联箱排管易于布置，但板面温度不均，排管与联箱之间采用管件连接或焊接，应用较少。

在住宅建筑中，地板辐射采暖的加热管一般应按户划分独立的系统，并设置集配装置，如分水器和集水器，再按房间配置加热盘管，一般不同房间或住宅各主要房间宜分别设置加热盘管与集配装置相连。图 5-20 所示为地板辐射采暖平面布置。

(二)中温辐射采暖系统

地板表面平均温度为 80~200 ℃的辐射板采暖系统，通常称为中温辐射采暖系统。

中温辐射采暖系统主要应用于工业厂房，特别是高大的工业厂房，往往具有较好的实际效果。对于一些大

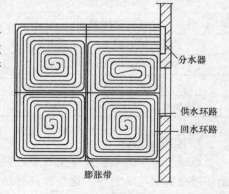

图 5-20　地板辐射采暖平面布置

空间的民用建筑，如商场、展览厅、车站等，也能取得较好的效果。

中温辐射采暖系统通常都利用钢制辐射板来进行散热，辐射板根据其长度的不同，可以分为块状和带状两种。

(三)高温辐射采暖系统

辐射体表面温度等于或高于 500 ℃的采暖系统，称为高温辐射采暖系统。

高温辐射采暖系统的常用热媒是燃气红外线。燃气红外线是利用可燃的气体、液体或固体，通过特殊的燃烧装置——辐射器进行燃烧而辐射出红外线。燃气红外线辐射采暖，可用于建筑室内采暖或室外工作地点的采暖。采用燃气红外线辐射采暖时，必须采取相应的防火防爆和通风换气等安全措施。燃气红外线采暖的燃料，可以是天然气、人工煤气、液化石油等。燃气质量、燃气输配系统应符合国家现行标准《城镇燃气设计规范》(GB 50028—2006)的要求。

第二节　采暖系统散热器与辅助设备

一、散热器

在建筑采暖系统中，散热设备主要包括散热器、暖风机、钢质辐射板等。其中，散热器是使用最广泛的散热设备。散热器内流过热水或蒸汽，其壁面被加热，其外表面温度高于室内空气温度，因而形成对流换热，大部分热量以这种方式传给室内空气；同时，辐射换热将另一部分热量传给建筑物内的物和人，最终起到提高建筑物内空气温度的作用。

(一)采暖系统常用散热器

散热器种类很多，按其材质不同，可分为铸铁、钢制和其他材质散热器；按其结构类型不同，可分为管型、翼型、柱型、平板型等；按其传热方式不同可分为对流型和辐射型。

1. 铸铁散热器

铸铁散热器长期以来被广泛采用，具有结构简单、防腐性好、使用寿命长及热稳定性好的优点。它的缺点是金属耗量大，制造安装和运输劳动繁重，生产铸造过程中对周围环境会产生污染。目前，使用较多的是翼型散热器和柱型散热器。

(1)翼型散热器。翼型散热器为外壳上带有翼片的中空壳体，有长翼型和圆翼型两种形式。翼型散热器用于一般民用建筑及灰尘不多的工业建筑。

翼型散热器的技术数据见表 5-5。

(2)柱型散热器。常见柱型散热器有二柱型、四柱型、五柱型等，片与片之间组装为螺纹连接，适用于住宅及一般公共建筑。

柱型散热器的技术数据见表 5-6。

表 5-5　翼形散热器的技术数据

名称		图　　示	尺寸/mm			每片质量 /kg	每片水容 量/kg	每片散热 面积/m²	工作压力 /MPa	试验压力 /MPa
			高	宽	长					
长 翼 型	大 60	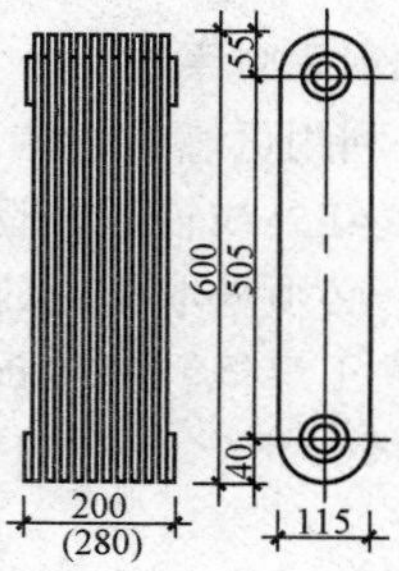	600	115	280	28	8.417	1.0	0.33	0.5
	小 60		600	115	200	19.26	5.661	0.8	0.33	0.5
圆 翼 型	D50	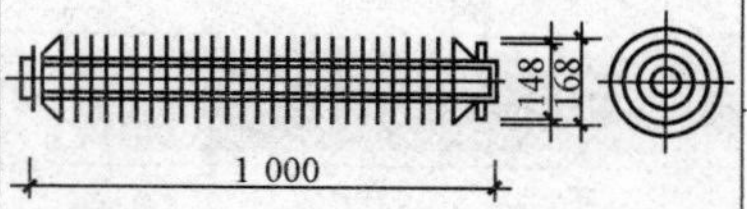	168	168	1 000	34.02	1.96	1.3	0.4	0.6
	D75		168	168	1 000	38.23	4.42	2.0	0.4	0.6

表 5-6　柱型散热器的技术数据

名称		图　　示	尺寸/mm			每片质量 /kg	每片水容 量/kg	每片散热 面积/m²	工作压力 /MPa	试验压力 /MPa
			高	宽	长					
二 柱 型	M- 132	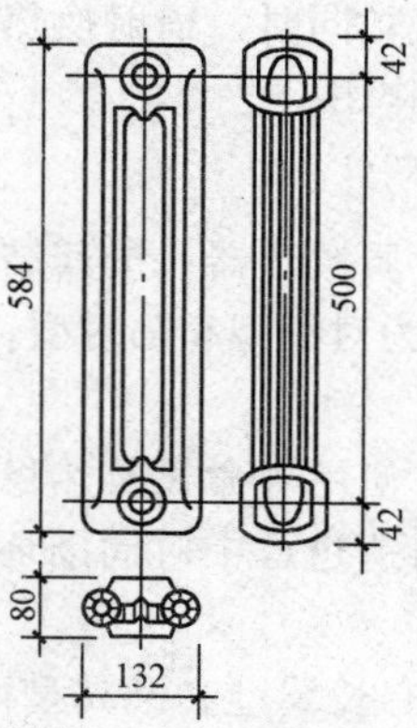	584	132	80	6.6	1.3	0.24	0.4	0.8
四 柱 型	813		164	57	813 (足片)	8.05 (足片)	1.4	0.28	0.4	0.8
					732 (中片)	7.25 (中片)				

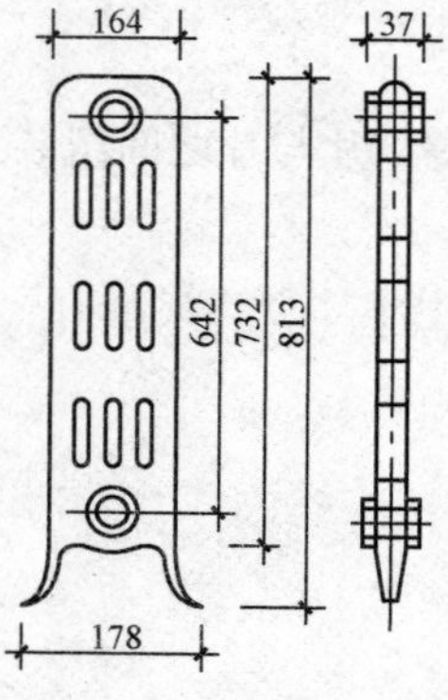

名称	图示	尺寸/mm			每片质量/kg	每片水容量/kg	每片散热面积/m²	工作压力/MPa	试验压力/MPa
		高	宽	长					
五柱813型		813(足片)			10.0(足片)				
		208	57			1.56	0.37	0.4	0.8
		732(中片)			9.0(中片)				

2. 钢制散热器

钢制散热器由冲压成型的薄钢板经焊接制作而成。钢制散热器的金属耗量少，使用寿命短。钢制散热器可分为柱型、板型、串片型、扁管型等几种类型。

（1）钢制柱型散热器。钢制柱型散热器是呈柱状的单片散热器，外表光滑、无肋片，每片各有几个中空的立柱相互连通。在散热片顶部和底部各有一对带丝扣的穿孔供热媒进出，并可借正、反螺栓将若干单片组合在一起形成一组，如图 5-21 所示。

（2）钢制板型散热器。钢制板型散热器是近年来新出现的散热器，其种类较多，共同的特点是靠钢板表面向外散热，热媒在前后两块焊在一起的钢板中间流动。钢制板型散热器由面板、背板、进出水口接头、放水门、固定套和上、下支架组成，如图 5-22 所示。

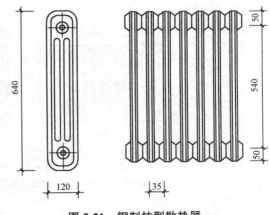

图 5-21　钢制柱型散热器

（3）钢制串片型散热器。钢制串片(闭式)型散热器由钢管、带折边的钢片和联箱等组成。这种散热器的串片之间形成许多个竖直空气通道，产生了烟囱效应，增强了对流热能力，如图 5-23 所示。

（4）钢制扁管型散热器。钢制扁管型散热器是由数根扁形管叠加焊制成排管，两端与联箱连接，形成水流通路。扁管型散热器有单板、双板、单板带对流片和双板带对流片四种结构形式，如图 5-24 所示。

3. 铝制散热器

铝制散热器的材质为耐腐蚀的铝合金，经过特殊的内防腐处理，采用焊接方法加工而成。铝制散热器自重轻、热工性能好、使用寿命长，可根据用户要求任意改变宽度和长度，其外形美观大方、造型多变，可做到采暖、装饰合二为一，如图 5-25 所示。

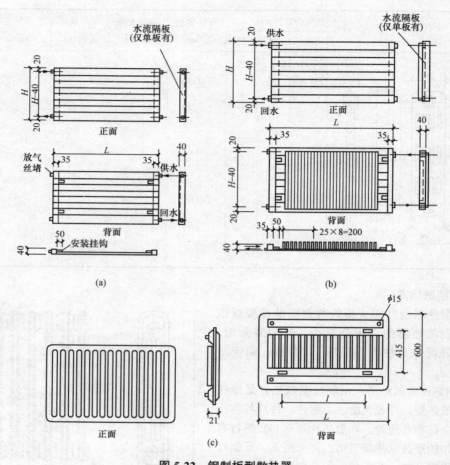

图 5-22　钢制板型散热器

(a)板式散热器；(b)扁管单板散热器；(c)单板带双流片扁管散热器

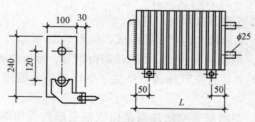

图 5-23　钢制串片型散热器

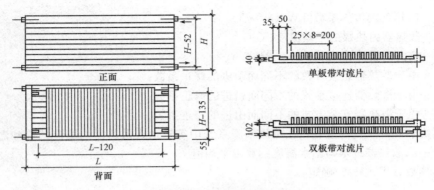

图 5-24　钢制扁管型散热器

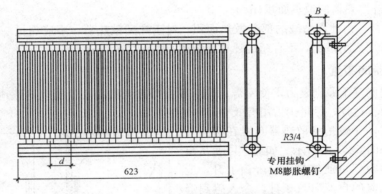

图 5-25　铝制多联式柱翼型散热器

(二)散热器的选择

散热器应根据采暖系统热媒技术参数及建筑物使用要求，从热工性能、经济性、机械性能、卫生、美观、使用寿命等方面综合比较来选择。一般应符合下列规定：

(1)散热器的承压应大于系统设计工作压力。

(2)在民用建筑中，宜选用美观且易于清扫的散热器。

(3)在多尘或防尘要求较高的工业厂房内，应选用易于清扫的散热器。

(4)在散发腐蚀性气体的厂房或者相对湿度较大的房间，宜选用铸铁散热器。

(5)选择散热器时应充分考虑供暖热媒的性质和运行管理的水平，以延长散热器的寿命。

(三)散热器的计算

在采暖系统设计过程中，散热器的计算是在建筑物的采暖设计热负荷、系统形式及散热器的选型确定后进行的。散热器计算的主要目的是确定维持一定温度所需的散热器的散热面积和散热器片数。

散热器散热面积可按式(5-1)计算：

$$F = \frac{Q}{K(t_\mathrm{p} - t_\mathrm{n})} \beta_1 \beta_2 \beta_3 \qquad (5\text{-}1)$$

式中　F——所需散热器散热面积(m^2)；

Q——供暖热负荷(kW)；

K——散热器的传热系数$[kW/(m^2 \cdot ℃)]$；

t_p——散热器内热媒的平均温度$(℃)$；

t_n——室内采暖计算温度$(℃)$；

β_1——由于散热器组装片数的不同而引进的修正系数；

β_2——由于散热器连接形式的不同而引进的修正系数；

β_3——由于散热器安装方式的不同而引进的修正系数。

散热器内热媒的平均温度 t_p，在蒸汽采暖系统中等于送入散热器内蒸汽的饱和温度，在热水采暖系统中取散热器进水与出水温度的算术平均值。

散热器片数 n 用式(5-2)确定：

$$n=F/f \tag{5-2}$$

式中　n——散热器片数；

f——每片散热器的散热面积(m^2)。

n 只能为整数，由此而增减的部分散热面积，对于柱型散热器，不应超过 $0.1\ m^2$；对于长翼型散热器，可用大小搭配，不宜超过计算面积的 10%。

（四）散热器的布置

散热器布置的基本原则是力求使室温均匀，使室外渗入的冷空气能较迅速地被加热，工作区（或呼吸区）温度适宜，尽量少占用有效空间和使用面积。

在建筑物内，一般是将散热器布置在房间外窗的窗台下，如图 5-26(a)所示。如此，可使从窗缝渗入的室外冷空气迅速加热后沿外窗上升，造成室内冷、暖气流的自然对流条件，令人感到舒适。如果房间进深小于 $4\ m$，且外窗台下无法装置散热器，散热器可靠内墙布置，如图 5-26(b)所示。这样布置有利于室内空气形成环流，可改善散热器对流换热，但工作区的气温较低，不能给人以舒适的感觉。

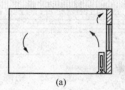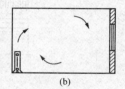

图 5-26　散热器的布置
(a)布置在房间外窗的窗台下；(b)靠内墙布置

为防止散热器冻裂，在两道外门之间、门斗及紧靠开启频繁的外门处，不宜设置散热器。

散热器一般明装，即敞开装置或装于深度不大于 130 mm 的墙槽内。当房间装修和卫生要求较高或因热媒温度高容易烫伤人时，才隐蔽装置，并采用在散热器外加网罩、设置格栅或挡板等措施。为保证散热器的散热效果并满足安装要求，散热器底部距地面高度通常为150 mm，但不得小于 60 mm；顶部不得小于 50 mm，与墙面净距不得小于 25 mm。

楼梯间的散热器应尽量布置在底层，使被散热器加热的空气流能够自由上升，补偿楼梯间上部空间的耗热量。底层楼梯间的空间不具备安装散热器的条件时，应把散热器尽可能地布置在楼梯间下部的其他层。

二、采暖系统的辅助设备

1. 膨胀水箱

膨胀水箱的作用是储存热水采暖系统加热时的膨胀水量。在自然循环上供下回式系统中，膨胀水箱连接在供水总立管的最高处，并起着排水作用；在机械循环热水采暖系统中，膨胀水箱连接在回水干管循环水泵入口前，可以使循环水泵的压力恒定。膨胀水箱一般采用钢板制成，通常为圆形或矩形。膨胀水箱上接有膨胀管、循环管、信号管（检查管）、溢流管和排水管，图 5-27 所示为膨胀水箱的接管示意图。

（1）膨胀管。膨胀水箱设在系统的最高处，系统的膨胀水通过膨胀管进入膨胀水箱。自然循环热水采暖系统的膨胀管接在供水总立管的上部；机械循环热水采暖系统的膨胀管接在回水干管循环水泵入口前。

膨胀管上不允许接阀门，以免偶然关闭而使系统内压力增高，导致事故发生。

（2）循环管。循环管是为了防止水箱冻结而设置的。它的作用是与膨胀管相配合，使膨胀水箱中的水在两管内产生微弱的循环，不致冻结。在系统中，一般是将它连接在距膨胀管连接点 1.5～3.0 m 处，循环管上也不允许设置阀门。

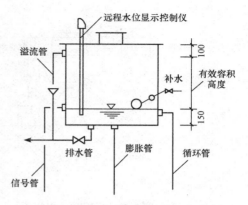

图 5-27　膨胀水箱接管示意

（3）溢流管。溢流管用来控制系统的最高水位。当水的膨胀体积超过溢流管口时，水溢出就近排入排水设施。溢流管上也不允许设置阀门，以免偶然关闭时，水从入孔处溢出。另外，溢流管还可以用来排空气。

（4）信号管（检查管）。信号管用于检查膨胀水箱水位，决定系统是否需要补水。信号管末端应设置阀门。

（5）排水管。排水管用于清洗、检修时放空水箱，排出的水可与溢流管中溢出的水一起就近排入排水设施，其上应安装阀门。

2. 排气装置

热水采暖系统中如内存大量空气，将会导致散热量减少、室温下降、系统内部受到腐蚀、使用寿命缩短、形成气塞破坏水循环、系统不热等问题。为保证系统的正常运行，必须及时排出空气。因此，供暖系统应安装排气装置。

（1）集气罐。集气罐是采用无缝钢管焊制或是采用钢板卷材焊接而成的。其可分为立式和卧式两种。集气罐的有效容积应为膨胀水箱有效容积的 1%，直径应大于或等于干管直径的 1.5～2 倍。

（2）自动排气阀。自动排气阀大多是依靠水对浮体的浮力，通过自动阻气和排水机构，使排气孔自动打开或关闭，达到排气的目的。自动排气阀的种类有很多，图 5-28 所示为一种立式自动排气阀。当阀内无空气时，阀体中的水将浮体浮起，通过杠杆机构将排气孔关闭，阻止水流通过。当系统内的空气经管道汇集到阀体上部空间时，空气将水面压下去，浮体随之下落，排气孔打开，自动排除系统内的空气。空气排除后，水又将浮体浮起，排气孔重新关闭。自动排气阀与系统连接处应设置阀门，以便于检修和更换排气阀。

（3）手动排气阀。手动排气阀适用在公称压力 $PN \leqslant 600$ kPa、工作温度 $t \leqslant 100$ ℃的热水或蒸汽供暖系统的散热器上，如图 5-29 所示。

3. 疏水器

疏水器的作用是自动阻止蒸汽逸漏，并能迅速排出用热设备及管道中的凝结水，同时能排除系统中积留的空气和其他不凝性气体。疏水器根据其工作原理不同，可以分为浮桶式疏水器、热动力式疏水器和恒温式疏水器。

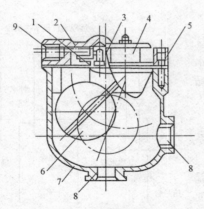

图 5-28　立式自动排气阀

1—杠杆机构；2—垫片；3—阀堵；4—阀盖；
5—垫片；6—浮子；7—阀体；8—接管；9—排气孔

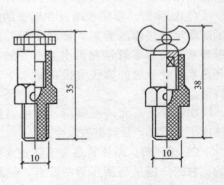

图 5-29　手动排气阀

4. 补偿器

由于受输送介质温度的高低或周围环境的影响，管道在安装与工作时的温度相差很大，必将引起管道长度和直径相应的变化。如果管道的伸缩受到约束，就会在管壁内产生由温度引起的热应力，这种热应力有时会使管道或支架受到破坏。因此，必须在管路上安装一定的装置来使管子有伸缩的余地，这就是管子热胀或冷缩用的补偿器。

补偿器的类型很多，主要有管道的自然补偿器、方形补偿器、波纹补偿器、套筒补偿器和球形补偿器等。

5. 减压阀

当热源的蒸汽压力高于供暖系统的蒸汽压力时，就需要在供暖系统入口设置减压阀。减压阀是通过调节阀孔大小，对蒸汽进行节流以达到减压的目的，并能自动地将阀后压力维持在一定的范围内。减压阀主要有活塞式、波纹管式和薄膜式。

（1）活塞式减压阀（图 5-30）。该减压阀是在阀前、阀后气体压力的共同作用下，改变主阀的开启度，使阀后压力在设定压力的某一范围内波动。调整螺栓可改变阀后压力。

（2）波纹管式减压阀（图 5-31）。这种减压阀的工作原理是阀后蒸汽经压力通道作用于波纹管外侧，在该压力、调整弹簧及顶紧弹簧的共同作用下，维持主阀平衡，使阀后压力在设定压力的一定范围内波动。

（3）薄膜式减压阀。由于阀内采用了橡胶薄膜（或酚醛树脂薄膜），耐温、耐压性能下降，因而，薄膜式减压阀一般只用于温度和压力参数较低的管路。

6. 散热器温控阀

散热器温控阀由恒温控制器、流量调节阀及一对连接件组成，如图 5-32 所示。

（1）恒温控制器。恒温控制器的核心部件是传感器单元，即温包。恒温控制器的温度设定

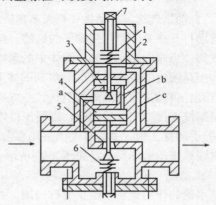

图 5-30　活塞式减压阀

1—调节弹簧；2—膜片；3—辅阀；4—活塞；
5—主阀；6—主阀弹簧；7—调整螺栓；a，b，c—通道

装置有内式和远程式两种，均可以按照窗口显示值来设定所要求的控制温度，并加以自动控制。

（2）流量调节阀。散热器温控阀的流量调节阀具有较佳的流量调节性能，调节阀阀杆采用密封活塞形式，在恒温控制器的作用下直线运动，带动阀芯运动，以改变阀门开度。流量调节阀具有良好的调节性能和密封性能，长期使用可靠性高。

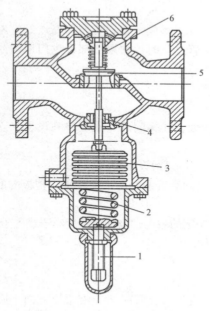

图 5-31　波纹管式减压阀

1—调整螺栓；2—调节弹簧；3—波纹管；
4—压力通道；5—主阀；6—顶紧弹簧

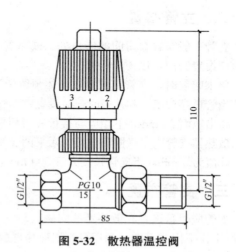

图 5-32　散热器温控阀

第三节　采暖系统管网的布置与敷设

采暖系统管网布置的基本原则是力求管路简单，节省管材，便于维修、管理、排气、泄水，保证系统正常工作。布置热水采暖系统时，一般先布置散热设备，然后布置干管，再布置立支管。对于系统各个组成部分的布置，既要逐一进行，又要全面考虑，即布置散热设备时，要考虑到干管、立支管、膨胀水箱、排气装置、泄水装置、伸缩器、阀门和支架等的布置。布置干管和立支管时，也要考虑到散热设备等附件的布置。

一、干管布置

水平干管要有正确的坡度坡向。机械循环热水采暖系统管道的坡度一般为 0.003，不小于 0.002。自然循环热水采暖系统管道的坡度一般为 0.005～0.010。在蒸汽采暖系统中，汽、水同向的蒸汽管道，坡度一般为 0.003，不小于 0.002；汽、水逆向的蒸汽管道，坡度一般为 0.005。应在采暖管道的高点设放气装置，低点设泄水装置。干管变径不得使用补心变径，应按排气要求使用偏心变径，管道变径一般设在距离三通 200～300 mm 处。

上供式系统中的热水干管与蒸汽干管，暗装时应敷设在平屋面之上的专门沟槽内或屋面下的吊顶内，或布置在建筑物顶部的设备层；明装时，可沿墙、柱敷设在窗过梁以上和顶棚以下的地方，但不能遮挡窗户，同时干管到顶棚净距的确定还应考虑管道的坡度、集气罐的设置条件等。

管路敷设时应尽量避免出现局部向上凹凸现象，以免形成气塞。在局部高点处应考虑设置排气装置，局部最低点处应考虑设置排气阀，回水干管过门时，如果下部设过门地沟或上部设空气管，应设置泄水和排气装置。

二、立管布置

立管一般布置在房间的墙角处，或布置在窗间墙处，楼梯间的立管应单独设置。立管上下端均应设置阀门，以便于检修。

要求暗装时，立管可敷设在墙体预留的沟槽中，也可以敷设在管道竖井。

当管道穿过墙壁和楼板时，应设置钢套管。墙壁内的套管两端与饰面相平，楼板内的套管上端应高出地面 20 mm，下端应与楼板底面相平。

散热器支管应尽量同侧连接，水平的支管应具有一定的坡度。当支管长度小于或等于 500 mm 时，坡值为 5 mm；当支管长度大于 500 mm 时，坡值为 10 mm。

三、支管布置

支管应尽量设置在散热器的同侧，与立管相接。进出口支管一般应沿水流方向下降的坡度敷设(下供下回式系统，利用最高层散热器放气的进水支管除外)，如坡度相反，会造成散热器上部存气、下部积水放不净等现象，如图 5-33 所示。

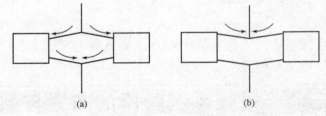

图 5-33　散热器支管的坡向

(a)正确连接方法；(b)错误连接方法

四、采暖系统入口装置布置

采暖系统的入口装置是指室外供热管路向热用户供热的连接装置，设有必要的设备、仪表以及控制设备，用来调节控制供向热用户的热媒参数、计量热媒流量和使用热量，一般称为热力入口，设有压力表、温度计、循环管、旁通阀、平衡阀、过滤器和泄水阀等。

建筑物可设有一个或多个热力入口，供暖管道穿过建筑物基础、墙体等围护结构时，应按规定尺寸预留孔洞。

第四节 采暖热负荷

采暖热负荷是采暖系统的最基本数据，其数值直接影响采暖方案的选择、采暖管径的大小和散热设备容量的大小，关系着采暖系统的使用效果和经济效果。

在冬季，采暖房间具有各种得热来源和各种热量损失，为保证室内具有一定的温度，就必须保持房间在该温度下的热平衡。采暖热负荷是根据冬季采暖房间的热平衡而确定的。

总失热量与总得热量之间的差值，即为保持房间的热平衡而需要提供的热负荷。在进行民用建筑的采暖热负荷计算时，通常只考虑围护结构的传热耗热量、加热由门窗缝隙渗入室内的冷空气的耗热量、加热由于门窗开启而进入的冷空气的耗热量和太阳辐射进入室内的热量，其他则往往忽略不计。

一、围护结构的传热耗热量

围护结构的传热耗热量是指通过房间各部分围护结构（门、窗、墙、地板、屋顶）从室内传向室外的热量。围护结构的传热耗热量包括基本耗热量和附加耗热量。

（一）基本耗热量

围护结构的基本耗热量，应按式(5-3)计算：

$$Q = \alpha F K (t_n - t_{wn}) \tag{5-3}$$

式中　Q——围护结构的基本耗热量（W）；

K——围护结构的平均传热系数[W/(m^2·℃)]；

F——围护结构的面积(m^2)；

t_n——供暖室内计算温度（℃）；

t_{wn}——供暖室外计算温度（℃）；

α——围护结构温差修正系数，见表5-7。

表 5-7　温差修正系数 α

围护结构特征	α
外墙、屋顶、地面以及与室外相通的楼板等	1.00
闷顶和室外空气相通的非采暖地下室上面的楼板等	0.90
与有外门窗的不采暖楼梯间相邻的隔墙（1~6 层建筑）	0.60
与有外门窗的不采暖楼梯间相邻的隔墙（7~30 层建筑）	0.50
非供暖地下室上面的楼板，外墙上有窗时	0.75
非供暖地下室上面的楼板，外墙上无窗且位于室外地坪以上时	0.60
非采暖地下室上面的楼板，外墙上无窗且位于室外地坪以下时	0.40
与有外门窗的非采暖房间相邻的隔墙	0.70
与无外门窗的非采暖房间相邻的隔墙	0.40
伸缩缝墙、沉降缝墙	0.30
防震缝墙	0.70

1. 室内采暖计算温度

室内采暖计算温度一般是指距地面 2 m 以内人们活动区域的平均空气温度。它应满足人们的生活要求和生产的工艺要求。

对于民用建筑，需满足人们的生活要求。室内计算温度主要取决于人体的生理热平衡。其与许多因素有关，如房间的用途、室内的潮湿情况和散热强度等。

(1)设计采暖时，冬季室内计算温度应根据建筑物的用途，按下列规定采用：

1)民用建筑的主要房间，宜采用 16~22 ℃；

2)工业建筑的工作地点，宜采用：

轻作业	18~21 ℃
中作业	16~18 ℃
重作业	14~16 ℃
过重作业	12~14 ℃

(2)辅助建筑物及辅助用室，不应低于下列数值：

浴室	25 ℃
更衣室	25 ℃
办公室、休息室	18 ℃
食堂	18 ℃
盥洗室、厕所	12 ℃

对层高大于 4 m 的工业建筑，尚应符合下列规定：

(1)地面应采用工作地点的温度。

(2)屋顶和天窗应采用屋顶下的温度。屋顶下的温度可按式(5-4)计算：

$$t_d = t_g + \Delta t_h (H - 2) \tag{5-4}$$

式中　t_d——屋顶下的温度(℃)；

　　　t_g——工作地点的温度(℃)；

　　　Δt_h——温度梯度(℃/m)；

　　　H——房间高度(m)。

(3)墙、窗和门应采用室内平均温度。室内平均温度应按式(5-5)计算：

$$t_{np} = \frac{t_d + t_g}{2} \tag{5-5}$$

式中　t_{np}——室内平均温度(℃)；

　　　其他参数意义同前。

2. 室外采暖计算温度

室外采暖计算温度应采用历年平均不保证 5 d 的日平均温度。"历年平均不保证"是针对累年不保证总天数的历年平均值而言的。

(二)附加耗热量

围护结构的附加耗热量，应按其占本耗热量的百分率确定。各项附加(或修正)百分率，可按下列规定的数值选用：

(1)朝向修正率：

北、东北、西北	0%~10%
东西	−5%
东南、西南	−10%~−15%

南 $-15\%\sim-30\%$

（2）风力附加率：建筑在不避风的高地、河边、河岸、旷野上的建筑物，以及城镇、厂区内特别高的建筑物，垂直的外围护结构风力附加率取值宜为 $5\%\sim10\%$。

（3）外门附加率：

当建筑物的楼层为 n 时：

一道门	$65\%\ \times\ n$
两道门（有门斗）	$80\%\ \times\ n$
三道门（有两个门斗）	$60\%\ \times\ n$
公共建筑和工业建筑的主要出入口	500%

二、冷风渗透耗热量

在风力及其他因素作用下，形成室内外空气压差，室外的冷空气会从门、窗等缝隙渗入室内，被加热后又逸出室外。这部分热量损耗也是很可观的，其热量的计算公式如下：

$$Q=0.28C_p\rho_{wn}L(t_n-t_{wn}) \tag{5-6}$$

式中 Q——由门窗缝隙渗入室内的冷空气的耗热量（W）；

    ρ_{wn}——供暖室外计算温度下的空气密度（kg/m³）；

    C_p——空气的定压比热容 $[C_p=1\ kJ/(kg\cdot℃)]$；

    L——渗透冷空气量（m³/h），按式（5-7）确定；

    其他参数意义同前。

渗透空气量可根据不同的朝向，按下列计算公式确定：

$$L=L_0l_1m^b \tag{5-7}$$

式中 L_0——在基准高度单纯风压作用下，不考虑朝向修正和建筑内部隔断情况时，通过每米门窗缝隙进入室内的理论渗透冷空气量 $[m³/(m\cdot h)]$；

    l_1——外门窗缝隙的长度（m），应分别按各朝向可开启的门窗缝隙长度计算；

    m——风压与热压共同作用下，考虑建筑体型、内部隔断和空气流通等因素后，不同朝向、不同高度的门窗冷风渗透压差综合修正系数；

    b——门窗缝隙渗风指数，$b=0.56\sim0.78$，当无实测数据时，可取 $b=0.67$。

三、采暖热负荷的估算方法

在估算建筑物的采暖热负荷时，可用热指标法。常用的方法有单位面积热指标法、单位体积热指标法和单位温差热指标法。

1. 单位面积热指标法

用单位面积热指标法估算建筑物的热负荷时，采暖热负荷可用式（5-8）计算：

$$Q=q_aF \tag{5-8}$$

式中 Q——建筑物的采暖热负荷（W）；

    q_a——单位面积采暖热指标（W/m²），可查表5-8；

    F——总建筑面积（m²）。

表 5-8   不同类型建筑物的单位面积采暖热指标

建筑物类型	热指标/(W·m⁻²)	建筑物类型	热指标/(W·m⁻²)
住宅	45～70	商店	65～75

建筑物类型	热指标/(W·m⁻²)	建筑物类型	热指标/(W·m⁻²)
办公楼、学校	60～80	单层住宅	80～105
医院、幼儿园	65～80	食堂、餐厅	115～140
旅馆	65～70	影剧院	90～115
图书馆	45～75	礼堂、体育馆	115～160

2. 单位体积热指标法

用单位体积热指标法估算建筑物的热负荷时，采暖热负荷可按式(5-9)计算：

$$Q = q_v V(t_n - t_w) \tag{5-9}$$

式中　Q——建筑物的采暖热负荷(W)；

q_v——建筑物的采暖体积热指标$[kW/(m^3 \cdot ℃)]$；

V——建筑物的外围体积(m^3)；

t_n——室内采暖计算温度(℃)；

t_w——室外采暖计算温度(℃)。

建筑物采暖体积热指标 q_v 的大小主要与建筑物的围护结构及外形有关。建筑物围护结构的传热系数越大、采光率越大、外部体积相对于建筑面积之比越小，或建筑物的长宽比越大时，单位体积的热损失越大，即 q_v 值越大。

3. 单位温差热指标法

用单位温差热指标法估算建筑物热负荷时，用式(5-10)计算：

$$Q = q_t \cdot f(t_n - t_w) \tag{5-10}$$

式中　Q——房间的采暖热负荷(W)；

q_t——单位温差热指标$[W/(m^2 \cdot ℃)]$；

f——房间的建筑面积(m^2)；

t_n——室内采暖计算温度(℃)；

t_w——室外采暖计算温度(℃)。

第五节　供热锅炉与锅炉房

一、供热锅炉

热源的制备过程都是把"一次能源"(从自然界中开发出来而未经动力转换的能源，如煤、石油、天然气等)经过燃烧转换成"二次能源"。当建筑物制备热源时，"二次能源"表现为蒸汽或热水。这种能量转换的过程通常是在锅炉中完成的。

根据锅炉制取的热媒形式不同，锅炉可分为蒸汽锅炉和热水锅炉两大类。

在蒸汽锅炉中，蒸汽压力小于或等于 70 kPa 的称为低压锅炉，蒸汽压力大于 70 kPa 的称为高压锅炉。

1. 锅炉的基市参数

为了表明各类锅炉的内部构造、使用燃料、容量大小、参数高低及运行性能等各方面的不同特点，通常用以下几个特性参数来表示锅炉的基本特性。

(1)蒸发量：是指蒸汽锅炉每小时的蒸汽产量，该值用以表征锅炉容量的大小，一般以符号 D 来表示，单位为 t/h。供热锅炉的蒸发量一般为 0.10～65 t/h。

(2)产热量：是指热水锅炉单位时间产生的热量，也是用来表征锅炉容量的大小，以符号 Q 表示，单位为 kJ/h 或 kW。

(3)蒸汽(或热水)参数：是指锅炉出口处蒸汽或热水的压力和温度。

(4)受热面蒸发率(或发热率)：是指每平方米受热面每小时所产生的蒸汽量(或热量)。锅炉的受热面是指烟气与水或蒸汽进行热交换的表面，单位为 m^2，以符号 H 来表示。所以，受热面蒸发率(或发热率)的单位为 kg/(m²·h) 或 kJ/(m²·h)，以符号 Q/H 表示。该值的大小可以反映出锅炉传热性能的好坏，Q/H 越大，说明锅炉传热性越好，结构越紧凑。

(5)锅炉效率：是指送入锅炉内的燃料完全燃烧后产生的热量与用于产生蒸汽或热水的热量比值，常以符号 η_{gl} 来表示。目前生产的供热锅炉的 η_{gl} 一般为 60%～80%。锅炉效率可以说明锅炉运行的热经济性。

2. 锅炉的构造

锅炉本体的基本组成包括汽锅和炉子两大部分，如图 5-34 所示。燃料在炉子里燃烧，燃烧的产物即高温烟气以对流和辐射(烟气温度高，辐射作用强)的方式，通过锅筒的受热面将热量传递给锅筒内温度较低的水，水被加热，形成热水或者沸腾气化形成蒸汽。为了充分利用高温烟气的热量，在烟气离开本体之前，应让其先通过省煤器和空气预热器。另外，为了保证锅炉能够安全可靠地工作，还应当配备水位控制器、压力表、温度计、安全阀、主汽阀、排污阀、止回阀等附件。

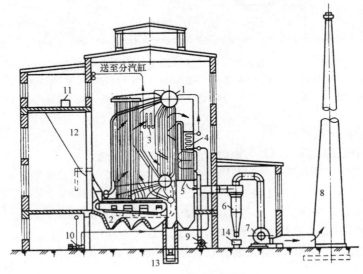

图 5-34　锅炉设备简图

1—锅筒；2—链条炉排；3—蒸汽过热器；4—省煤器；5—空气预热器；
6—除尘器；7—引风机；8—烟囱；9—送风机；10—给水泵；
11—带式输送机；12—煤仓；13—刮板除渣机；14—灰车

3. 锅炉房的设备

(1)炉子。炉子一般设在汽锅的前下方。

(2)汽锅。蒸汽或热水的生产在汽锅内进行。

(3)省煤器。锅炉给水先经省煤器，然后进入汽锅。省煤器能有效吸收排烟中的余热以提高给水温度，所以，省煤器实质上是水的预热器。

(4)空气预热器。空气预热器装设在锅炉尾部的低温排烟处。它的任务是将冷空气预热成一定温度的热空气，再送入炉内供燃料燃烧。

二、锅炉房

1. 锅炉房辅助设备的组成

锅炉房的辅助设备，根据它们围绕锅炉所进行的工作过程，由图 5-35 所示几个系统组成。

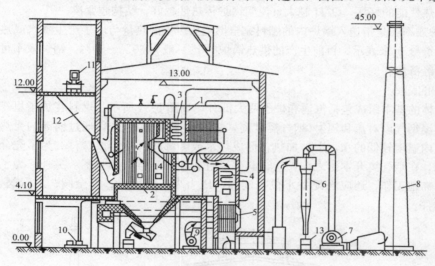

图 5-35 锅炉房辅助设备的组成

1—锅筒；2—对流管束；3—蒸汽过热器；4—省煤器；5—空气预热器；6—除尘器；7—引风机；
8—烟囱；9—送风机；10—给水泵；11—皮带运输机；12—烟仓；13—灰车；14—对流管束

2. 锅炉房的辅助设备系统

(1)运煤、除渣系统。其作用是为锅炉运入燃料和送出灰渣。

(2)送、引风系统。其作用是将空气送入炉内供燃烧之需，主要设备有送风机、引风机和烟囱。为减少烟尘污染，在系统中还设有除尘器。

(3)水、汽系统。汽锅内具有一定压力，因此，锅炉给水要经给水泵加压送入，为防止锅炉结垢，需设置软化水设备。锅炉需定期排污，因此，还设有排污降温池。

(4)仪表控制系统。除锅炉本体上装有仪表外，还设有蒸汽流量计、水量计、烟温计、指示仪等。

3. 锅炉房的布置

锅炉房的平面布置，应以保证设备安装、运行、检修安全方便，风、烟、汽流程短，锅炉房面积和体积紧凑为原则。根据工艺流程，从燃料储存场所、建筑布局来看，锅炉房可分为锅炉间、辅助间、通风除尘间和生活间等，如图 5-36 所示。

4. 锅炉房位置的选择

确定锅炉房位置时应综合考虑以下几方面的因素：

（1）应尽量靠近热负荷密度较大的地区。当热负荷分布较为均匀时，尽可能位于热用户的中央，以缩短供热、回热管路，节省管材，减少沿途的散热损失，并有利于供暖系统中各循环环路的阻力平衡。

（2）要便于燃料和灰渣的存储和运输。锅炉房周围应有足够的堆放煤、灰的面积，并留有扩建的余地。

（3）宜位于供暖季节主导风向的下风向，以减轻煤灰、粉尘对周围环境的污染。

（4）宜位于供热区的低凹处和隐蔽处，美观且利于回热的收集，但必须保证锅炉房内的地面标高高于当地的洪水水位标高。

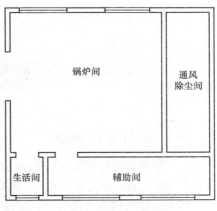

图 5-36　锅炉房的平面布置

（5）供热管道的布置应尽量避免或减少与其他管道的交叉。

（6）应使锅炉房内有良好的自然通风和采光，便于给水、排水和供电，并应符合安全防火的有关规定。

5. 锅炉房对建筑、土建专业的要求

（1）锅炉房的建筑布置应符合锅炉房工艺布置的要求，同时应兼顾土建工程中建筑模数的要求。

（2）锅炉房的建筑形式应根据锅炉的容量、类型，以及燃烧方式、排除灰渣方式来确定。单层锅炉房的建筑造价低，适用于小型锅炉和燃油、燃气锅炉；对于带有省煤器、空气预热器等附加受热面和运煤除渣设备的大型锅炉，应采用双层锅炉房建筑；若将锅炉房设计成包括办公室、值班室、卫生间等多种辅助间的综合建筑时，也可采用三层布置形式。

（3）锅炉房屋顶结构的荷重小于 $0.9 \ \mathrm{kN/m^2}$ 时，屋顶不必开窗；但当屋顶的荷重大于 $0.9 \ \mathrm{kN/m^2}$ 时，应在屋顶或高于锅炉的炉前墙壁上开设面积不小于全部锅炉占地面积 10% 的气窗，以防锅炉万一发生爆炸事故时气流能够冲开屋顶泄压，减少危害。

（4）为了防止沉降和避免温度伸缩的影响，锅炉基础应与建筑物基础分离；对于双层或多层建筑的锅炉房，在锅炉与楼板连接处应考虑采用适应沉降的连接措施。

（5）锅炉房必须设有安全可靠的进出口。除炉前走道总长度不大于 12 m 且面积不大于 200 $\mathrm{m^2}$ 的单层锅炉房内允许只设一个出入口外，其他情况的锅炉房中在每层至少应设两个出入口。锅炉房通向室外的门应向外开启；其他辅助间通向锅炉间的门应向锅炉间开启。

（6）当锅炉房为地下式建筑时，应有可靠的防水、排水技术措施，并应注意便于排除灰渣的问题。

（7）锅炉房内应根据实际情况设置必要的平台、扶梯和栏杆。

（8）锅炉房内应有良好的自然通风和采光条件。

第六节 燃气系统

一、燃气工程概述

气体燃料比液体燃料和固体燃料具有更高的热能利用率，燃烧温度高，火力调节容易，使用方便，易于实现燃烧过程自动化，燃烧时没有灰渣，清洁卫生，而且可以利用管道和气瓶供应。

但是，燃气和空气混合到一定比例时，容易引起燃烧或爆炸，火灾危险性较大，且人工燃气具有很强的毒性，容易引发中毒事故。所以，对于燃气设备及管道的设计、加工和敷设，都有严格的要求，同时必须加强维护和管理工作，以防止漏气。

(一)燃气的分类及特性

燃气的种类很多，根据来源的不同可分为天然气、人工燃气和液化石油气三种。

1. 天然气

天然气是指从钻井中开采出来的可燃气体。其可分为气井气(纯天然气)、石油伴生气和凝析气田气。天然气的主要成分是甲烷，低位发热量为 $33\,494\sim41\,672\ kJ/m^3$。天然气通常没有气味，故在使用时需混入某种无害而有臭味的气体(如乙硫醇 C_2H_5SH)，以便于发现漏气，避免发生中毒或爆炸事故。

2. 人工燃气

人工燃气是将矿物燃料(如煤、重油等)通过热加工(分解、裂变)而得到的。通常使用的有干馏煤气(如焦炉煤气)和重油裂解气。

人工燃气具有强烈的气味及毒性，含有硫化氢、萘、苯、氨、焦油等杂质，容易腐蚀及堵塞管道，因此，人工燃气需加以净化才能使用。

供应城市的工业燃气要求低位发热量在 $14\,654\ kJ/m^3$ 以上，一般焦炉煤气的低位发热量为 $17\,916\ kJ/m^3$ 左右，重油裂解气的低位发热量为 $16\,747\sim20\,815\ kJ/m^3$。

3. 液化石油气

液化石油气是指在对石油进行加工处理过程中(如减压蒸馏、催化裂化、铂重整等)所获得的一种可燃气体。它的主要组分是丙烷、丙烯、正(异)丁烷、正(异)丁烯、反(顺)丁烯等。这种可燃气体在标准状态下呈气态，而当温度低于临界值时或压力升高到某一数值时呈液态。它的低位发热量通常为 $83\,736\sim113\,044\ kJ/m^3$。

(二)燃气供应方式

1. 天然气、人工燃气管道输送

天然气或人工燃气经过净化后，即可输入城市燃气管网。根据输送压力的不同，城市燃气管网可分为低压管网($p\leqslant5\ kPa$)、中压管网($5\ kPa<p\leqslant150\ kPa$)、次高压管网($150\ kPa<p\leqslant300\ kPa$)和高压管网($300\ kPa<p\leqslant800\ kPa$)。

城市燃气管网通常包括街道燃气管网和庭院燃气管网两部分。

在大城市，街道燃气管网大多布置成环状，只有边缘地区才采用枝状管网。燃气由街道高压管网或次高压管网，经过燃气调压站，进入街道中压管网。然后，经过区域的燃气调压站，

进入街道低压管网，再经庭院管网接入用户。临近街道的建筑物，也可直接由街道管网引入。在小城市里，一般采用中-低压或低压燃气管网。

庭院燃气管路是指自燃气总阀门井以后至各建筑物前的户外管路。

当燃气进气管埋设在一般土质的地下时，可采用铸铁管，青铅接口或水泥接口；也可采用涂有沥青防腐层的钢管，焊接接头。若燃气进气管埋设在土质松软及容易受震地段，则应采用无缝钢管，焊接接头。阀门应设在阀门井内。

庭院燃气管须敷设在土壤冰冻线以下 0.1～0.2 m 的土层。根据建筑群的总体布置，庭院燃气管道应与建筑物轴线平行，并埋在人行道或草地下；管道距建筑物基础应不小于 2 m，与其他地下管道的水平净距为 1.0 m，与树木应保持 1.2 m 的水平距离。庭院燃气管道不能与其他室外地下管道同沟敷设，以免管道发生漏气时经地沟渗入建筑物。根据燃气的性质及湿度状况，当有必要排除管网中的冷凝水时，管道应具有不小于 0.003 的坡度坡向凝水器。凝结水应定期排除。

2. 液化石油气供应方式

液态液化石油气在石油炼厂产生后，可用管道、汽车或火车槽车、槽船运输到储配站或灌瓶站后，再用管道或钢瓶灌装，经供应站供应给用户。

供应站到用户根据供应范围、户数、燃烧设备的需用量大小等因素，可采用单瓶、瓶组和管道供应方式。其中，单瓶供应常采用 15 kg 钢瓶，瓶组供应常采用钢瓶并联供应公共建筑或小型工业建筑的用户，管道供应方式适用于居民小区、大型工厂职工住宅区或锅炉房。

钢瓶内液态液化石油气的饱和蒸气压，按绝对压力计一般为 70～800 kPa，靠室内温度可自然气化。但是，供燃气燃具及燃烧设备使用时，还要经过钢瓶上的调压器而减压到 (2.8±0.5) kPa。单瓶供应方式一般是将钢瓶置于厨房，而瓶组供应时，并联钢瓶、集气管及调压阀等应设置在单独房间内。

管道供应方式是指液态的液化石油气，经气化站或混气站生产成气态的液化石油气或混合气，经调压设备减压后，再经输配管道、用户引入管、室内管网、燃气表输送到燃具使用的供应方式。

二、室内燃气管道

用户燃气管由引入管进入房屋以后，到燃具燃烧器前为室内燃气管，压力为低压。室内燃气管多采用普压钢管丝扣连接，埋于地下部分应涂防腐涂料。明装于室内的燃气管应采用镀锌普压钢管。所有燃气管不允许穿越卧室，以确保安全。

引入管垂直向上，在顶端用三通与横向管连接，以防燃气夹杂物和水进入用户。同样，横向管应以 0.005 的坡度坡向引入端。燃气管穿越墙壁和地板时，应设套管，以便检修。

立管应在走廊的一端或其他较少产生妨碍的地方竖向安置，在不影响装卸的情况下，应尽量靠在墙角。立管上设总阀门一个，其严密性要好，要易关闭，且不带手轮，以避免随意开关。立管在一幢建筑物中不改变管径。

水平支管经燃气表后通向各用户。水平支管应安装在靠近顶棚的高处，然后折向燃气用具。

燃气表后的细管一般不应沿气窗、窗台、门框和窗框敷设。当必须绕门窗时，应在管道绕行最低处设排泄凝结水或吹扫用的堵头。

三、燃气设备

1. 燃气表

燃气表是计量燃气用量的仪表。常用的燃气表是皮膜式燃气流量表。燃气进入燃气表时，表中两个皮膜袋轮换接纳燃气气流，皮膜的进气带动机械传动机构计数。

居民住宅燃气表一般安装在厨房内。近年来，为了便于管理，很多地区已采用在表内增加IC卡辅助装置的燃气表，可读卡交费供气。

燃气表的安装位置应符合如下要求：

(1)燃气表宜安装在非燃烧结构及通风良好的房间。

(2)严禁安装在浴室、卧室、危险品和易燃品堆放处，以及与上述情况类似的场所。

(3)公共建筑和工业企业生产用气的燃气表，宜设置在单独房间。

(4)安装隔膜表的环境温度，当使用人工煤气及天然气时，应高于 0 ℃。

(5)燃气表的安装应满足方便抄表、检修、保养和安全使用的要求。当燃气表安装在灶具上方时，燃气表与燃气灶的水平净距不得小于 300 mm。

2. 燃气灶具

燃气灶具是使用最广泛的民用燃气设备。灶具中燃气燃烧器一般采用的是引射式燃烧器，其工作原理是有压力的燃气流从喷嘴喷出，在燃烧器引射管入口形成负压，引入一次空气，燃气与空气混合，在燃烧器头部已混合的燃气空气流出火孔燃烧，在二次空气加入的情况下完全燃烧放热。

普通型燃气双眼灶放置后的灶具面高度应控制在距离地面 800 mm 处，这是操作时适宜的高度。双眼灶的燃气进口和表后管相接可采用耐油橡胶软管。为了防止软管脱落，软管和灶具的接口处应用管卡固定。另外，双眼灶和表后管连接处还应设置切断阀门，常用球阀或旋塞阀，以满足快速切断的要求。

3. 燃气热水器

燃气热水器是另一类常见的民用燃气设备。燃气热水器可分为直流式和容积式两类。图 5-37 所示为一种直流式燃气自动热水器，其外壳为白色搪薄钢板，内部装有安全自动装置、燃烧器、盘管、传热片等。目前，国产家用燃气热水器一般为快速直流式。

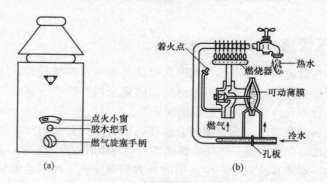

图 5-37 直流式燃气自动热水器
(a)直流式燃气自动热水器的外形；(b)直流式燃气自动热水器的内部构造

容积式燃气热水器是一种能储存一定容积热水的自动加热器，其工作原理是借调温器、电磁阀和热电偶联合工作，使燃气点燃和熄灭。

第七节　采暖工程施工图识图

一、室内采暖施工图的组成

采暖系统施工图一般由设计说明、平面图、采暖系统图、详图、主要设备材料表等部分组成。施工图是设计结果的具体体现，它表示出建筑物的整个采暖工程。

1. 设计说明

设计图纸无法表达的问题一般用设计说明来表达。设计说明是设计图的重要补充，其主要内容有以下几项：

（1）建筑物的采暖面积、热源种类、热媒参数和系统总热负荷。

（2）采用散热器的型号及安装方式、系统形式。

（3）在安装和调整运转时应遵循相关标准和规范。

（4）在施工图上无法表达的内容，如管道保温、油漆等。

（5）管道连接方式，所采用的管道材料。

（6）在施工图上未做表示的管道附件安装情况，如在散热器支管上与立管上是否安装阀门等。

2. 平面图

平面图是运用正投影原理，采用水平全剖的方法连同房屋平面图一起绘制出来的。其表示建筑物内采暖管道及设备的平面布置，一般包括以下内容：

（1）建筑的平面布置（各房间分布，门窗和楼梯间位置等）。在图上应注明轴线编号、外墙总长尺寸、地面及楼板标高等与采暖系统施工安装有关的尺寸。

（2）散热器的位置（一般用小长方形表示）、片数及安装方式（明装、半暗装或暗装）。

（3）干管、立管（平面图上为小圆圈）和支管的水平布置，同时，注明干管管径和立管编号。

（4）主要设备或管件（如支架、补偿器、膨胀水箱、集气罐等）在平面上的位置。

（5）用细虚线画出的采暖地沟、过门地沟的位置。

平面图根据位置的不同可分为以下几种：

（1）底层平面图：引入口位置。

1）上供下回式：回水干管（凝水干管）的位置、管径、坡度。

2）上供上回式：供水干管和回水干管的位置、管径。

有地沟时，还应注明地沟的位置和尺寸，活动盖板的位置和尺寸。

（2）顶层平面图：总立管、水平干管的位置，坡度及干管上的阀门，管道的固定支架，伸缩器、集气罐、膨胀水箱等设备的平面位置，规格型号，选用的标准图号等。

（3）标准层平面图：是指中间（相同）各层的平面图，标注散热器的安装位置、规格、片数及安装形式、立管的位置及数量等。

3. 采暖系统图

采暖系统图就是采暖系统的轴测图，与平面图相配合，表明了整个采暖系统的全貌。其包括水平方向和垂直方向的布置情况，散热器、管道及其附件（阀门、疏水器）均可在图上表示出来。另外，图中标注各立管编号、各段管径和坡度、散热器片数、干管的标高。

4. 详图

详图（大样图）是当平面图和轴测图表示不够清楚而又无标准图时，所绘制的补充说明图。有标准图的节点，也可以用详图的形式绘制于工程图上，以便安装时查阅。标准图的主要内容有散热器的连接、膨胀水箱的制作与安装、补偿器和疏水器的安装详图等。

5. 主要设备材料表

为了便于施工备料，保证安装质量和避免浪费，使施工单位能按设计要求选用设备和材料，一般的施工图均应附有设备及主要材料表，简单项目的设备材料表可列在主要图纸内。设备材料表的主要内容包括编号、名称、型号、规格、单位、数量、质量和附注等。

二、室内采暖施工图的常用图例、符号

暖通空调专业制图应符合国家现行标准《暖通空调制图标准》（GB/T 50114—2010）的要求，水汽管道阀门和附件的图例见表5-9。

表 5-9　阀门和管件

序号	名称	图例	备注	序号	名称	图例	备注
1	截止阀		—	13	定压差阀	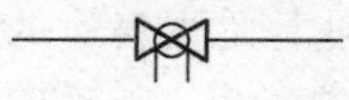	—
2	闸阀		—	14	自动排气阀		—
3	球阀		—	15	集气罐、放气阀		—
4	柱塞阀		—	16	节流阀		—
5	快开阀		—	17	调节止回关断阀		水泵出口用
6	蝶阀			18	膨胀阀		—
7	旋塞阀	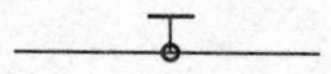	—	19	排入大气或室外		—
8	止回阀			20	安全阀	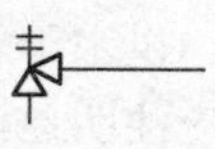	—
9	浮球阀		—	21	角阀	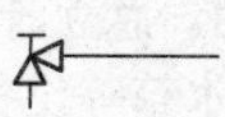	—
10	三通阀		—	22	底阀		—
11	平衡阀		—	23	漏斗	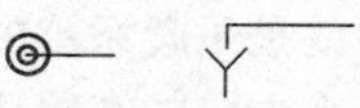	—
12	定流量阀		—				

序号	名称	图例	备注	序号	名称	图例	备注
24	地漏		—	42	除垢仪		—
25	明沟排水		—	43	补偿器		—
26	向上弯头		—	44	矩形补偿器		—
27	向下弯头		—	45	套管补偿器		—
28	法兰封头或管封		—	46	波纹管补偿器		—
29	上出三通		—	47	弧形补偿器		—
30	下出三通		—	48	球形补偿器		—
31	变径管		—	49	伴热管		—
32	活接头或法兰连接		—	50	保护套管		—
33	固定支架		—	51	爆破膜		—
34	导向支架		—	52	阻火器		—
35	活动支架		—	53	节流孔板、减压孔板		—
36	金属软管		—	54	快速接头		—
37	可屈挠橡胶软接头		—	55	介质流向	→ 或 ⇒	在管道断开处时，流向符号宜标注在管道中心线上，其余可同管径标注位置
38	Y形过滤器		—	56	坡度及坡向	$i=0.003$ ⟶ 或 ⟶ $i=0.003$	坡度数值不宜与管道起、止点标高同时标注。标注位置同管径标注位置
39	疏水器		—				
40	减压阀		左高右低				
41	直通型（或反冲型）除污器		—				

三、室内采暖施工图的识读要点

1. 平面图的识读要点

(1)从平面图上可以看出，建筑物内散热器的平面位置、种类、片数，以及散热器安装方式，即散热器是明装还是暗装。

(2)了解供水、回水水平干管及凝结水干管的布置、敷设、管径及阀门、支架补偿器等的平面位置和型号。

(3)通过立管编号查清系统立管的数量和布置位置。

(4)在热水采暖平面图上还标有膨胀水箱、集气罐等设备的位置、型号，以及设备上连接管道的平面布置和管道直径。

(5)在蒸汽采暖平面图上还表示有疏水器的平面位置及其规格尺寸。识读时，要注意疏水器的规格及疏水装置的组成。一般在平面上仅标注出控制阀门和疏水器所在，安装时还须参考有关的详图。

(6)查明热媒入口及入口地沟情况。热媒入口无节点图时，平面图上一般将入口组成的设备如减压阀、分水器、分气缸、除污器等和控制阀门表示清楚，并注有规格，同时，还注出管径、热媒来源、流向、参数等。如果热媒入口主要配件、构件与国家标准图相同，则注明规格和标准图号，识读时可按给定的标准图号查阅标准图；当有热媒入口节点图时，平面图上注有节点图的编号，识读时可按给定的编号查找热媒入口节点详图进行识读。

2. 系统轴测图的识读要点

(1)查明管道系统的连接，各管段管径大小、坡度、坡向、水平管道和设备标高，以及立管编号等。有了采暖系统轴测图可以对管道的布置形式一目了然，它清楚地表明干管与立管之间，以及立管、支管与散热器之间的连接方式、阀门的安装位置和数量。散热器支管有一定的坡度，其中，供水支管坡向散热器，回水支管坡向回水立管。

(2)了解散热器的类型、规格及片数。当散热器为翼型散热器或柱型散热器时，须查明规格与片数，以及带脚散热器的片数；当采用其他采暖设备时，应弄清楚设备的构造和底部或顶部的标高。

(3)注意查清楚其他附件与设备在系统中的位置，凡注明规格、尺寸者，都要与平面图和材料表等进行核对。

(4)查明热媒入口处各种设备、附件、仪表、阀门之间的关系，同时，弄清楚热媒来源、流向、坡向、标高、管径等，如有节点详图时要查明详图编号，以便查找。

3. 详图的识读要点

室内采暖施工图的详图包括标准图和节点详图。标准图是室内采暖管道施工图的一个重要组成部分，供热管、回水管与散热器之间的具体连接形式、详细尺寸和安装要求，一般都用标准图反映出来。作为室内采暖管道施工图，设计人员通常只画平面图、系统轴测图和通用标准图中没有的局部节点图。采暖系统的设备和附件制作与安装方面的具体构造和尺寸，以及接管的详细情况，都要参阅标准图。

采暖标准图内容主要包括以下几项：

(1)膨胀水箱和凝结水箱的制作、配管与安装。

(2)分气缸、分水器、集水器的构造及制作与安装。

(3)疏水器、减压阀、调压板的安装与组成形式。

(4)散热器的连接与安装。

(5)采暖系统立管、支管的连接。

(6)管道支架、吊架的制作与安装。

(7)集气罐的制作与安装。

(8)水泵基础及安装等。

四、采暖施工图实例

下面以图 5-38～图 5-42 所示的某办公楼采暖施工图为例，介绍采暖施工图的识读。

首先，浏览各样图，了解该工程的图样数量，采暖系统的形式，如本例为上供下回异程式系统，弄清楚热媒的入口，供、回水干管、立管的位置，散热器的布置等；其次，按照识图步骤中介绍的顺序先读平面图、系统图；最后将平面图、系统图、详图结合起来，沿着热水流向对照细读，弄清楚各部分的布置尺寸、构造尺寸及相互关系。

该工程图样包括一层平面图、二层平面图、三层平面图、系统图(详图略)。由平面图可知，该建筑部分为三层，部分为一层。由一层平面图可知，采暖热媒入口装置在⑥轴和Ⓚ轴相交处，引入管标高−2.400 m 由北至南引入室内，然后与总立管相接。供水总立管布置在Ⓚ轴与⑥轴相交处。在Ⓖ轴至Ⓚ轴、①轴至⑫轴间供暖干管沿Ⓚ轴、①轴、⑫轴、Ⓖ轴暗敷于三层的顶棚内。回水干管明敷于一层地面上。各立管置于外墙与内墙交角处，散热器布置在外墙窗台下，散热器的型号数量标注于图中，如 2S—1100，"2"指 2 排，"S"指双排竖放散热器的连接方式，"1 100"代表每排散热器的长度为 1 100 mm。⑦轴至⑮轴、Ⓒ轴至Ⓖ轴、⑫轴至⑭轴、Ⓖ轴至Ⓙ轴间的单层建筑采暖系统的供水干管和散热器沿外墙四周布置为单管水平串联式热水采暖系统。

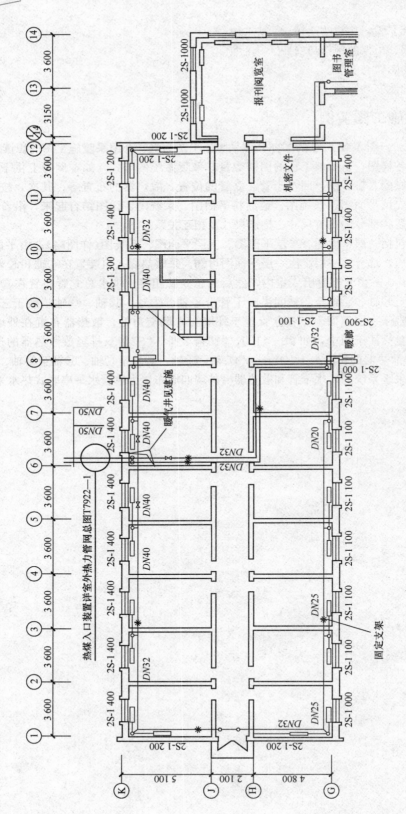

图5-38 某办公楼采暖一层平面图

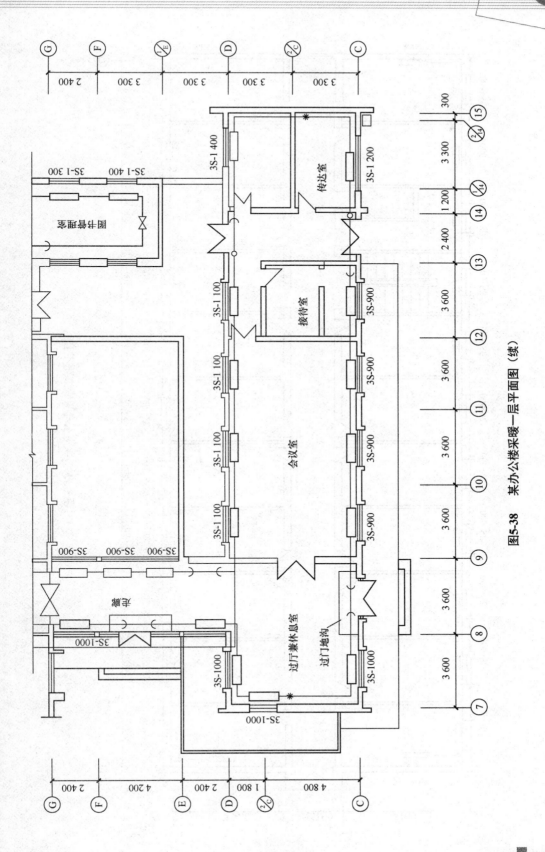

图5-38　某办公楼采暖一层平面图（续）

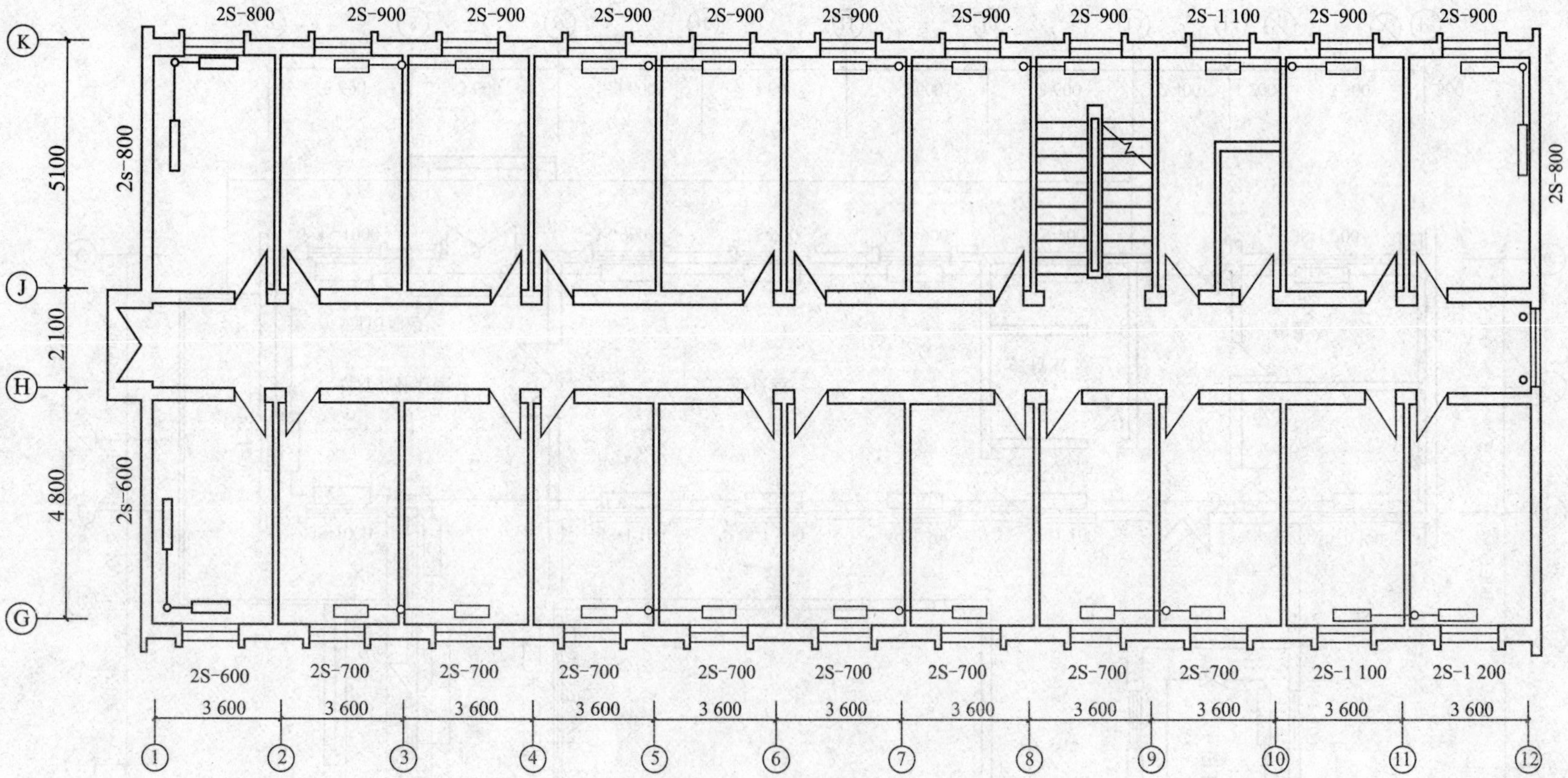

图5-39 某办公楼采暖二层平面图

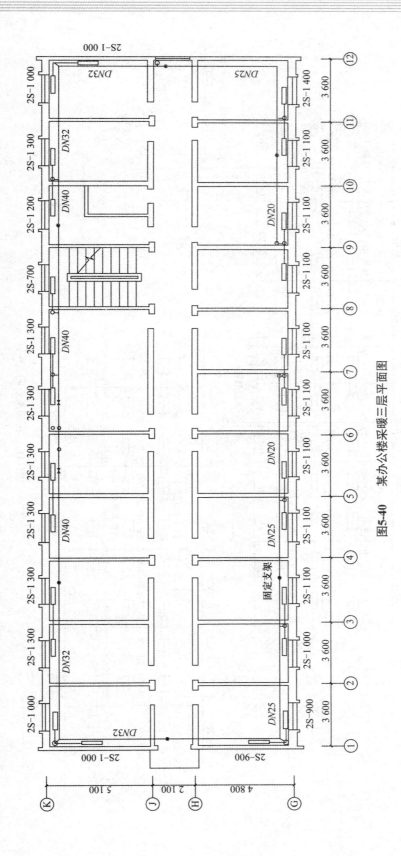

图5-40　某办公楼采暖三层平面图

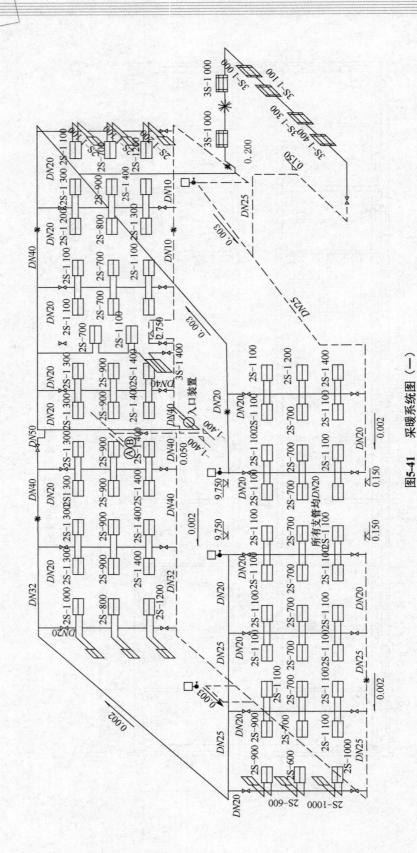

图5-41　采暖系统图（一）

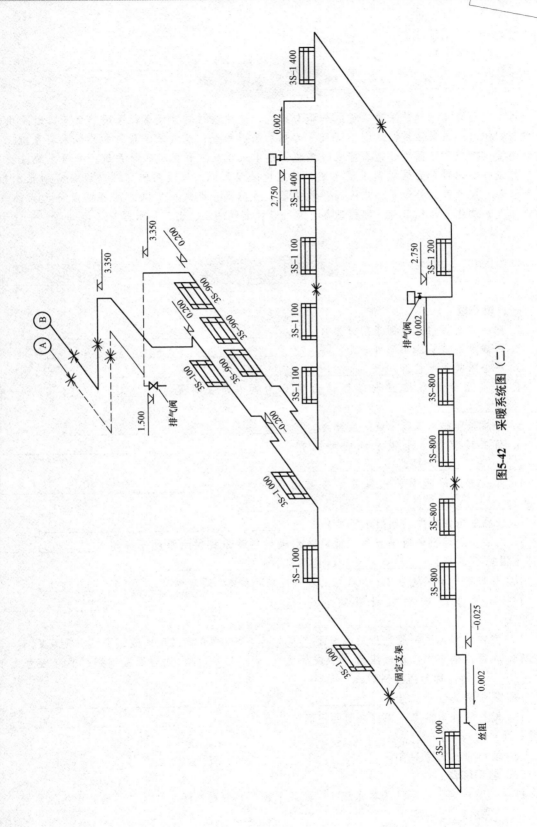

图5-42 采暖系统图（二）

本章主要介绍了建筑采暖系统的分类与组成，散热器与辅助设备，采暖热负荷，以及供热锅炉与锅炉房。采暖系统按热媒不同可分为热水采暖系统、蒸汽采暖系统和热风采暖系统；采暖系统按供热范围不同可分为局部采暖系统、集中采暖系统和区域采暖系统；采暖系统按使用的散热设备不同可分为散热器采暖系统、暖风机采暖系统。采暖系统的辅助设备有膨胀水箱、排气装置、疏水器、补偿器、减压阀、散热器、温控阀。燃气根据来源的不同可分为天然气、人工燃气和液化石油气三种。燃气设备有燃气表和燃气灶具、燃气热水器等。

思考与练习

一、填空题

1. 采暖系统按供热范围不同分为_____、_____、_____。

2. 采暖系统按热媒不同可分为_____、_____、_____。

3. 一个采暖系统包括_____、_____和_____三个部分。

4. 热水采暖系统按照水循环动力可分为两种，一种是_____，另一种是_____。

5. 自然循环热水采暖系统一般分为_____和_____。

6. 高层建筑热水采暖系统的形式有_____、_____、_____、_____。

7. 低压蒸汽采暖系统根据管路布置形式不同可分为_____、_____及_____和_____。

8. 按辐射板面温度，辐射采暖可分为_____、_____、_____。

9. 低温热水地板辐射采暖时，低温热水辐射供暖系统供水温度不应超过_____，供回水温差不宜大于_____，且不宜小于_____。

10. 板表面平均温度为80～200 ℃的辐射板采暖系统，通常称为_____。

11. 采暖系统的辅助设备有_____、_____、_____、_____。

12. 室内计算温度一般是指距离地面_____以内人们活动区域的平均空气温度。

13. 在蒸汽锅炉中，蒸汽压力小于或等于_____的，称为低压锅炉；蒸汽压力大于_____的，称为高压锅炉。

14. 锅炉房的设备包括_____、_____、_____、_____。

15. 燃气的种类很多，根据来源的不同可分为_____、_____和_____三种。

16. 常见的燃气设备有_____、_____、_____。

二、名词解释

热水采暖系统　　蒸汽采暖系统　　热风采暖　　辐射采暖　　围护结构的传热耗热量

三、简答题

1. 简述自然循环热水采暖系统管路布置的常用形式、适用范围及系统特点。
2. 简述低压蒸汽采暖系统管路布置的常用形式、适用范围及系统特点。
3. 简述高压蒸汽采暖系统管路布置的常用形式、适用范围及系统特点。
4. 热风采暖系统与蒸汽或热水采暖系统相比，具有哪些特点？
5. 热空气幕的设置要求有哪些？
6. 低温热水地板辐射采暖系统地暖加热管的布置形式有哪些？
7. 钢制散热器的类型有哪些？
8. 建筑采暖系统管网应如何布置与敷设？
9. 锅炉房的辅助设备有哪些？
10. 锅炉房的布置和位置的选择有哪些要求？
11. 简述燃气的供应方式。

第六章 建筑通风系统

1. 能进行通风量的计算。
2. 具备设计通风房间方案的能力。
3. 能合理地布置除尘设备，进、排风装置，风道和通风机。

知识目标

1. 了解建筑通风的意义和建筑空间空气的卫生条件；掌握通风系统的分类。
2. 了解空气质量平衡与热量平衡；掌握全面通风量的确定方法，以及全面通风的气流组织。
3. 了解自然通风的作用原理，了解建筑设计与自然通风的配合；掌握进风窗、避风天窗与避风风帽的布置与选择方法。
4. 了解除尘设备，进、排风装置，风道和通风机的工作原理；掌握其布置应满足的要求。

素养目标

培养学生的标准意识、规则意识。

第一节 建筑通风概述

一、建筑通风的意义

建筑通风就是将建筑物室内污浊的空气直接或净化后排至室外，再把新鲜空气补充进来，从而保持室内的空气环境符合卫生标准的要求。通风是改善室内空气环境的一种重要方式。通风包括从室内排除污浊的空气和向室内补充新鲜的空气两个方面。前者称为排风，后者称为送风或进风。为实现排风或送风而采用的一系列设备、管道和装置的总体，称为通风设施或通风系统。

对于一般的民用建筑或污染轻微的小型厂房，通常只需采用一些简单措施就可以达到通风的目的，如穿堂风、利用门窗换气、设电风扇等。

许多工业厂房，伴随工艺过程会释放出大量余热、余湿、各种工业粉尘及有害气体和有害蒸气等工业有害物质。这些有害物质如不能及时排除，必然会恶化环境，危害工作人员健康，损坏设备，而大量粉尘和有害气体排入大气又会造成污染。同时，许多工业粉尘和气体本身就是生产的原料或成品，需要回收，因此，必须加以重视。这样的通风称为工业通风，一般需采用机械手段进行。

二、建筑空间空气的卫生条件

(一)空气与人体生理相关的参数

人们在室内生活和生产过程中都希望其所在建筑物不但能挡风避雨，而且舒适、卫生。影响环境条件的因素很多，其中，空气卫生条件中有以下几种空气参数与人体生理密切相关。

1. 供氧量

人们从清洁、新鲜、富氧的空气中吸入氧气，然后由呼吸道输送到肺部。氧气在肺部表面形成微小的气泡通过薄膜被血液吸收(交换出 CO_2)，并被分配到身体各组织，身体各组织用氧气来分解养料而形成热能和机械能。可见，氧气是人们生存的基本要素。所以，必须向建筑物内提供人们所需的新鲜空气，对于有污染的工业厂房和民用建筑及公共建筑均需送入足够的氧气。

2. 温度

人体需要消耗能量，能量源于养料的氧化过程。能量的一部分以热能形式释放出来，从而使人体的血液保持固有的温度；一部分储存在人体中；还有一部分直接用于新陈代谢。人体与周围环境之间存在着热量传递，这是一个复杂的过程，它与人体的表面温度、环境温度、空气流动速度、人的衣着厚度和劳动强度及姿势等因素有关。因此，在建筑通风设计计算中应根据当地气候条件、建筑物的类型、服务对象等条件选取适宜的室内温度。

3. 相对湿度

人体在气温较高时需要蒸发更多的水分，这时相对湿度就显得尤为重要。据国外有关研究表明，当气温高于 22 ℃时，相对湿度不宜超过 50%。相对湿度的设计极限应该从人体生理需求和承受能力来确定。在某些生产车间设计中，相对湿度除考虑人体舒适的需求外，还应兼顾生产工艺的特殊要求。

4. 空气流动速度

人体周围空气的流动速度是影响人体对流散热和水分蒸发的主要因素之一，因此，舒适条件对室内空气流动速度也有所要求。气流流速过大会引起吹风感，尤其是冷空气流速偏大时。若冷刺激超过一定限度，将引起血管收缩，人体表面温度失调，使人产生不舒适的感觉；而气流流速过小则会使人产生气闷、呼吸不畅的感觉。气流流速的大小还直接影响人体皮肤与外界环境的对流换热效果，气流流速增大，对流换热速度也加快；气流流速减小，对流换热速度也减小。

(二)空气中有害物质浓度、卫生标准和排放标准

空气中有害物质对人体的危害取决于这些有害物质的物理、化学性质和它们在空气中的含量。衡量有害物质在空气中含量的多少一般是以质量浓度或体积分数来表示的。有害物质的质量浓度是指单位体积空气中所含有害物质的质量(kg/m^3)；体积分数是指单位体积空气中所含有害物质的体积(mL/m^3)。计量含尘空气的粉尘含量也用同样的表示方法。

我国颁布的卫生标准，对室内空气中有害物质的最高容许浓度及居民区大气中有害物质的最高容许浓度均做了规定。其中，有害物质的最高容许浓度的取值是基于工人在此浓度下长期从事生产劳动而不至于引起职业病的原则而制定的。

三、通风系统的分类

根据空气流动的动力不同，通风方式可分为自然通风和机械通风两种。

1. 自然通风

自然通风是借助于风压和热压作用促使室内外空气通过建筑物围护结构的孔口流动的。

风压作用下的自然通风，是利用室外空气流动（风力）的一种作用压力造成的室内外空气交换。在它的作用下，室外空气通过建筑物迎风面上的门、窗、孔口进入室内，室内空气则通过背风面上的门、窗、孔口排出。

热压作用下的自然通风，是利用室内、外空气温度的不同而形成的密度差来完成室内、外空气交换的。当室内空气的温度高于室外时，室外空气因其密度较大，便会从房屋下部的门、窗、孔口进入室内，而室内空气从上部的窗口排出，如图 6-1 所示。

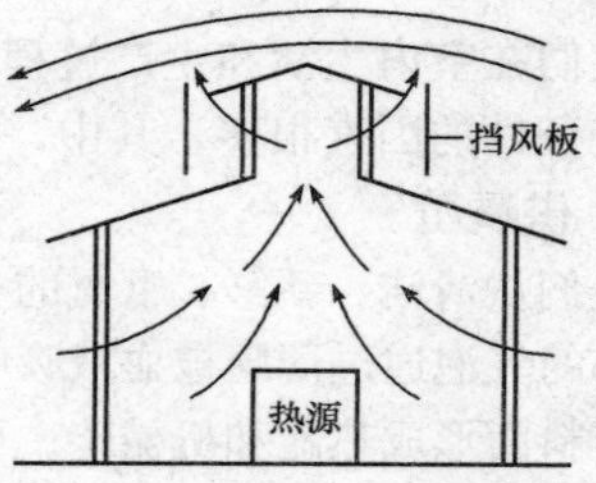

自然通风具有经济、节能、无噪声、使用管理较简单等优点，在选择通风设施时应优先选用。

图 6-1　利用风压和热压的自然通风

2. 机械通风

机械通风依靠通风机所产生的压力强制室内、外空气流动。机械通风包括机械送风和机械排风。与自然通风相比，机械通风不受自然条件限制，可以根据需要对进风和排风进行各种处理，满足通风房间对进风的要求，也可以对排风进行净化处理以满足环保部门的有关规定和要求，还可以利用风管上的调节装置来改变通风量大小。但是，机械通风系统中需设置各种空气处理设备、动力设备（通风机）、各类风道、控制附件和器材，因而初期投资和日常运行维护管理费用都比较高。另外，各种设备需要占用建筑空间，并需要专门人员管理，且通风机还会产生噪声。

根据通风系统的作用范围不同，机械通风又可分为局部通风和全面通风两种形式。

（1）局部机械通风。局部机械通风系统的作用范围只限于个别地点或局部区域，可分为局部机械排风系统和局部机械送风系统两种。

局部机械排风系统是指在局部工作地点将污浊空气就地排除，以防止其扩散的排风系统。它由局部排风罩、排风柜、排风管道、通风机、排风帽等部分组成，如图 6-2 所示。

局部机械送风系统是指向局部地点送入新鲜空气或经过处理的空气，以改善该局部区域的空气环境的系统，一般可分为系统式和分散式两种。系统式局部送风系统，可以对送出的空气进行加热处理或冷却处理，如图 6-3 所示；分散式局部送风系统，一般采用循环的轴流风扇或喷雾风扇。

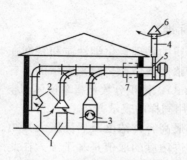

图 6-2　局部机械排风系统

1—工艺设备；2—局部排风罩；3—排风柜；4—排风管道；
5—通风机；6—排风帽；7—排风处理装置

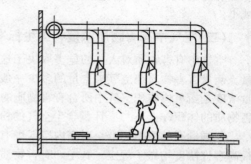

图 6-3　系统式局部机械送风系统

（2）全面机械通风。全面机械通风系统是对整个房间进行通风换气，用新鲜空气把整个房间的有害物质浓度冲淡到最高允许浓度以下，或改变房间内的温度、湿度。全面通风所需的风量大大超过局部通风，相应的设备也比较庞大。

全面机械通风系统可分为全面机械送风系统、全面机械排风系统和全面机械联合通风系统三大类。

1）全面机械送风系统由进风百叶窗、过滤器、空气加热器（冷却器）、通风机、送风管道和送风口等组成，如图6-4所示。通常将过滤器、空气加热器（冷却器）与通风机集中设置于一个专用的房间内，称为通风室。这种系统适用于有害物质发生源比较分散，并且需要保护的面积比较大的建筑物。

2）全面机械排风系统由排风口、排风管道、空气净化设备、通风机等组成，适用于污染源比较分散的建筑物，如图6-5所示。

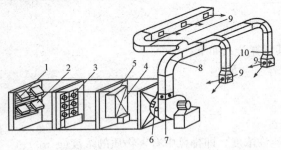

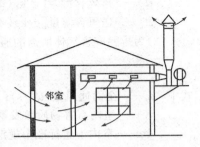

图6-4　全面机械送风系统　　　　　图6-5　全面机械排风系统

1—进风百叶窗；2—保温阀；3—过滤器；4—空气加热器；5—旁通阀；

6—启动阀；7—通风机；8—送风管道；9—送风口；10—调节阀

3）全面机械联合通风系统是指机械通风和自然通风相结合的通风方式。

第二节　通风量的确定

一、全面通风量的确定

在民用和公共建筑物中一般不存在有害物质生产源，全面机械通风系统多用于冬季热风供暖和夏季冷风降温。某些建筑或房间由于人员密集（如剧场、教室等）或是电气照明设备及其他动力设备较多时，可能产生富余的热量和湿量，这种情况下也可以用全面通风来改善室内的空气环境。

（1）为消除余热所需的通风量。其计算公式如下：

$$G_r = \frac{Q}{c(t_p - t_s)} \tag{6-1}$$

或

$$L_r = \frac{Q}{c\rho(t_p - t_s)} \tag{6-2}$$

式中　G_r——全面通风量（kg/s）；

L_r——全面通风量(m^3/s);

Q——室内余热量(kJ/s);

c——空气比热容,取 $1.01\ [kJ/(kg\cdot℃)]$;

t_p——排风温度(℃);

t_s——送风温度(℃);

ρ——送风密度(kg/m^3)。

（2）为消除余湿所需的通风量。其计算公式如下：

$$G_s=\frac{W}{d_p-d_s}\tag{6-3}$$

式中　G_s——全面通风量(kg/s);

W——室内余湿量(g/s);

d_p——排风含湿量[g/kg(干空气)];

d_s——送风含湿量[g/kg(干空气)]。

（3）为排除有害气体所需的通风量。其计算公式如下：

$$L=\frac{K}{y_0-y_s}\tag{6-4}$$

式中　L——全面通风量(m^3/s);

K——室内有害物质散发量(g/s);

y_0——室内卫生标准中规定的最高容许浓度,即排风中有害物质的浓度(g/m^3);

y_s——送风中有害物质的浓度(g/m^3)。

当散布在室内的有害物质无法具体计量时,式(6-4)无法应用。这时全面通风量可根据类似房间的实测资料或经验数据,按房间的换气次数确定。其计算公式如下：

$$L=nV\tag{6-5}$$

式中　n——房间换气次数(次/h),按表 6-1 选用;

V——房间容积(m^3)。

表 6-1　居住及公共建筑的换气次数

房间名称	换气次数/(次·h⁻¹)	房间名称	换气次数/(次·h⁻¹)
住宅居室	1.0	厨房储粮间	0.5
住宅浴室	1.0~3.0	托幼的厕所	5.0
住宅厨房	3.0	托幼的浴室	1.5
食堂厨房	1.0	学校礼堂	1.5
学生宿舍	2.5	教　室	1.0~1.5

二、全面通风的气流组织

全面通风的效果不仅与通风量有关,还与气流组织有很大关系。室内送风口、排风口的布置形式是决定室内空气流向的重要因素。通风房间气流组织的常用形式可分为上送下排、下送上排、中间送上下排等,选用时应按照房间功能、污染物类型、有害源位置、有害物分布情况、工作地点的位置等因素确定。图 6-6 所示为几种不同的全面通风气流组织形式。

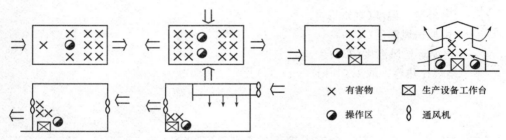

图 6-6 全面通风气流组织形式

三、空气质量平衡与热量平衡

任何通风房间中无论采用何种通风方式，都必须保证室内空气质量平衡，使单位时间内送入室内的空气质量等于同时段内从室内排出的空气质量。否则，通风系统就无法维持正常送风和排风。空气质量平衡可以用下面的表达式表示：

$$G_{zs} + G_{js} = G_{zp} + G_{jp} \tag{6-6}$$

式中 G_{zs}——自然送风量（kg/s）；

         G_{js}——机械送风量（kg/s）；

         G_{zp}——自然排风量（kg/s）；

         G_{jp}——机械排风量（kg/s）。

式（6-6）表明，通风房间的总送风量与总排风量相等。

在工程实际中，为满足各类通风房间及邻室的卫生要求，常利用无组织自然渗透通风的措施，对于洁净度要求较高的房间维持正压，可使机械送风量略大于机械排风量（一般为5%～10%）；对于污染严重的房间维持负压，可使机械送风量小于机械排风量（一般为10%～20%）。通常采用自然渗透通风来补偿以上两种情况的不平衡部分。

保持通风房间的空气热量平衡是指为了保持室内温度恒定不变而使通风房间总的得热量等于总的失热量。各类建筑物的得、失热量因其用途、生产设备、通风方式等因素的不同而存在较大的差异。计算时除考虑进风和排风携带的热量外，还应考虑围护结构耗热及得热、设备和产品的产热及吸热等。在进行全面通风系统的设计计算时，为了能够同时满足通风量和热量平衡的要求，应将空气质量平衡与热量平衡两者统筹考虑。通风房间热平衡方程的表达式如下：

$$\sum Q_h + cL_p\rho_n t_n = \sum Q_f + cL_{js}\rho_{js}t_{js} + cL_{zs}\rho_w t_w + cL_{hx}\rho_n(t_s - t_n) \tag{6-7}$$

式中 $\sum Q_h$——围护结构、材料吸热的热损失之和（kW）；

         $\sum Q_f$——生产设备、热物料、散热器等的放热量之和（kW）；

         L_p——局部和全面排风量（m³/s）；

         L_{js}——机械送风量（m³/s）；

         L_{zs}——自然送风量（m³/s）；

         L_{hx}——再循环空气量（m³/s）；

         ρ_n——室内空气密度（kg/m³）；

         ρ_w——室外空气密度（kg/m³）；

         ρ_{js}——机械送风的空气密度（kg/m³）；

         t_n——室内空气温度（℃）；

t_w——室外空气温度(℃);

t_{js}——机械送风温度(℃);

t_s——再循环送风温度(℃);

c——空气比热容，取 $1.01[kJ/(kg \cdot ℃)]$。

第三节　自然通风的作用原理与建筑设计配合

一、自然通风作用原理

如果在建筑物外墙上的窗孔两侧存在压力差 Δp，则室内外空气便会形成气流，即由压力较高的一侧流向压力较低的一侧。空气通过孔口时产生的局部阻力损失可以认为等于 Δp。

$$\Delta p = \xi \frac{v^2}{2} \rho \qquad (6-8)$$

式中　Δp——窗孔两侧的压力差(Pa);

v——空气流过窗孔时的速度(m/s);

ρ——空气密度(kg/m³);

ξ——窗孔的局部阻力系数，其值与窗的构造有关。

可将式(6-8)改写成

$$v = \sqrt{\frac{2\Delta p}{\xi \rho}} = \mu \sqrt{\frac{2\Delta p}{\rho}} \qquad (6-9)$$

式中　μ——窗孔的流量系数，$\mu = \frac{1}{\sqrt{\xi}}$，$\mu$ 值一般不大于 1。

则通过窗孔的空气体积流量 L 为

$$L = vF = \mu F \sqrt{\frac{2\Delta p}{\rho}} \qquad (6-10)$$

其质量流量为

$$G = L\rho = \mu F \sqrt{2\Delta p \rho} \qquad (6-11)$$

式中　F——窗孔的面积(m²)。

由以上公式可知，若已知窗孔两侧空气的压力差 Δp 和窗孔面积及其构造，便可以求出该窗孔处空气的流量值；而且可以看出，要想提高自然通风效果，必须增加窗孔两侧空气的压力差 Δp 或加大窗孔面积。

1. 热压作用下的自然通风

某建筑物如图 6-7 所示，在外墙一侧的不同标高处开设窗孔 a 和 b，高差为 h；假设窗孔外的空气静压力分别为 p_a、p_b，窗孔内的空气静压力分别为 p_a'、p_b'。下面用 Δp_a 和 Δp_b 分别表示窗孔 a 和 b 的内外压力差；室内外空气的密度和温度分别表示为 ρ_n、t_n 和 ρ_w、t_w，且 $t_n > t_w$，$\rho_n < \rho_w$。若先将上窗孔 b 关闭、下窗孔 a 开启，下窗孔 a 两侧空气在压力差 Δp_a 作用下流动，最终将使得 p_a

图 6-7　某建筑物热压作用下的自然通风工作原理

等于 p'_b，即室内外压力差 Δp_a 为零，空气便停止流动。这时上窗孔 b 两侧必然存在压力差 Δp_b，按静压强分布规律可以求得 Δp_b：

$$\Delta p_b = p'_b - p_b = (p'_a - \rho_n gh) - (p_a - \rho_w gh)$$
$$= (p'_a - p_a) + gh(\rho_w - \rho_n)$$
$$= \Delta p_a + gh(\rho_w - \rho_n) \tag{6-12}$$

由式(6-12)可知，当 $\Delta p_a = 0$ 时，$\Delta p_b = gh(\rho_w - \rho_n)$，说明当室内外空气存在温差($t_w < t_n$)时，只要开启上窗孔 b，空气便会从内向外排出。随着空气向外流动，室内静压逐渐降低，使得 $p'_a < p_a$，即 $\Delta p_a < 0$。这时，室外空气便由下窗孔 a 进入室内，直至下窗孔 a 的进风量与上窗孔 b 的排风量相等为止，形成正常的自然通风。

把式(6-12)移项整理后可得

$$\Delta p_b + (-\Delta p_a) = gh(\rho_w - \rho_n) \tag{6-13}$$

把 $gh(\rho_w - \rho_n)$ 称为热压。热压的大小与室内外空气的温度差(密度差)，进、排风和窗孔之间的高差有关。在室内外温差一定的情况下，提高热压作用动力的唯一途径是增大进、排风窗孔之间的垂直高度。

2. 风压作用下的自然通风

室外空气在平行流动中与建筑物相遇时将发生绕流(非均匀流)，经过一段距离后才恢复平行流动。如图 6-8 所示，建筑物四周的空气静压由于受到室外气流作用而有所变化，称为风压。在建筑物迎风面，气流受阻，部分动压转化为静压，静压升高，风压为正，称为正压；在建筑物的侧面和背风面由于产生局部涡流，形成负压区，静压降低，风压为负，称为负压。风压为负的区域称为空气动力阴影。对于风压所造成的气流运动来说，正压面的开口起进风作用，负压面的开口起排风作用。

建筑物周围的风压分布与建筑物本身的几何造型和室外风向有关。当风向一定时，建筑物外围护结构上各点的风压值可用式(6-14)表示：

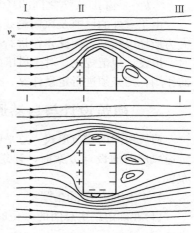

图 6-8　建筑物四周的空气分布

$$p_f = K \frac{v_w^2}{2} \rho_w \tag{6-14}$$

式中　p_f——风压(Pa)；

K——空气动力系数；

v_w——室外空气流速(m/s)；

ρ_w——室外空气密度(kg/m³)。

不同形状的建筑物在不同风向作用下，空气动力系数 K 的分布是不相同的。K 值一般通过模型试验而得，K 值为正，说明该点的风压为正压，该处的窗孔为进风窗；K 值为负，说明该点的风压为负压，该处的窗孔为排风窗。

3. 风压和热压同时作用下的自然通风

在风压和热压同时作用下，建筑物外围护结构上各窗孔的内外空气压力值 Δp，应该是各窗孔的余压与室外风压之差。可用式(6-15)表示：

$$\Delta p = p_x - K \frac{v_w^2}{2} \rho_w \tag{6-15}$$

式中　Δp——窗孔内外侧空气压力差(Pa)；

　　　　p_x——该窗孔的余压(Pa)；

　　　　K——窗孔的空气动力系数；

　　　　v_w——室外空气流速(m/s)；

　　　　ρ_w——室外空气密度(kg/m³)。

　　如图 6-9 所示，窗孔 a、b 的内外压差为

$$\Delta p_a = p_{xa} - K_a \frac{v_w^2}{2} \rho_w \qquad (6\text{-}16)$$

$$\Delta p_b = p_{xb} - K_b \frac{v_w^2}{2} \rho_w = p_{xa} + hg(\rho_w - \rho_n) - K_b \frac{v_w^2}{2} \rho_w$$
$$(6\text{-}17)$$

式中　p_{xa}，p_{xb}——窗孔 a、b 中心处的余压值(Pa)；

　　　　K_a，K_b——窗孔 a、b 的空气动力系数；

　　　　h——窗孔 a、b 之间的高差(m)。

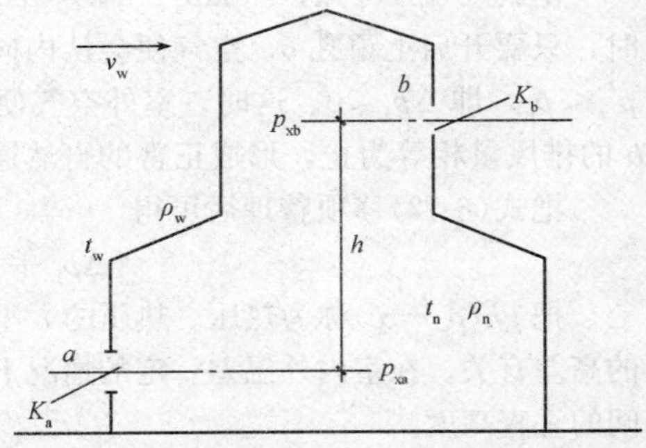

　　由于室外的风速及风向均是不稳定因素，且无法人为地加以控制，因此，在进行自然通风的设计计算时，按设计规范规定，对于风压的作用仅定性地考虑其对通风的影响，不予计算；而对于热压的作用，则必须进行定量计算。

图 6-9　风压和热压同时作用下的自然通风

二、建筑设计与自然通风的配合

　　通风房间的建筑形式、总平面布置及车间内的工艺布置等对自然通风有着直接影响。在确定通风房间的设计方案时，建筑、工艺和设备专业应密切配合，互相协调，综合考虑，统筹布置。

　　1. 厂房的总平面布置

　　(1)在确定厂房总图的方位时，应尽量布置成东西向，避免有大面积的围护结构受日晒的影响。

　　(2)以自然通风为主的厂房进风面，应与夏季主导风向成 $60° \sim 90°$，一般不宜小于 $45°$，并应与避免日晒问题一并考虑。为了保证自然通风的效果，厂房周围特别是在迎风面一侧，不宜布置过多的高大附属建筑物、构筑物。

　　(3)当采用自然通风的低矮建筑物与较高建筑物相邻接时，为了避免风压作用在高大建筑物周围形成的正、负压对低矮建筑正常通风的影响，各建筑物之间应保持适当的比例关系，如图 6-10 和图 6-11 所示的排风天窗和风帽，其有关尺寸应符合表 6-2 中的要求。

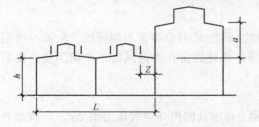

图 6-10　各建筑物之间排风天窗的比例关系

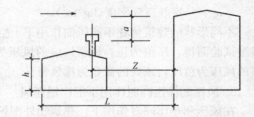

图 6-11　各建筑物之间风帽的有关尺寸

表 6-2　排风天窗或风帽与相邻较高建筑物外墙的最小间距

Z/a	0.4	0.6	0.8	1.0	1.2	1.4
$(L-Z)/h$，$\leqslant$	1.3	1.4	1.45	1.5	1.65	1.8
Z/a	1.6	1.8	2.0	2.1	2.2	2.3
$(L-Z)/h$，$\leqslant$	2.1	2.5	2.9	3.7	4.6	5.6

注：$Z/a>2.3$ 时，厂房相关尺寸可不受限制。

2. 建筑形式的选择

热加工厂房的平面布置不宜采用"▭"形或"▢▢"形的封闭式布置，而应该尽量采用"∟"形、"∐"形或"∪"形的值开放式布置。开口部分应位于夏季主导风向的迎风面，各翼的纵轴与主导风向成 0°～45°。"∐"形和"∪"形建筑物各翼的间距一般不小于相邻两翼高度和的 1/2，最好大于 15 m。

由于建筑物迎风面的正压区和背风面的负压区都会延伸一定范围，其大小与建筑物的形状和高度有关。因此，在建筑物密集的区域，低矮建筑有可能会受高大建筑所形成的正压区和负压区的影响。为了保证低矮建筑能够正常地进行自然通风，各建筑物之间的有关尺寸应保持适当比例。但目前还没有为保证建筑物自然通风效果而提出最小建筑物间距的设计规范。

对于散发大量余热的车间和厂房应尽量采用单层建筑，以增加进风面积。

对于多跨车间，由于外围结构减少，进风窗孔面积往往不够，因此，需要从某个跨间的天窗引入新鲜空气。而由于热跨间的天窗都是用于排风的，就只能依靠冷跨间的天窗进风，因此，应将冷、热跨间进行间隔布置，如图 6-12 所示，并使热跨间天窗之间的距离 $L>(2\sim3)h_0$。

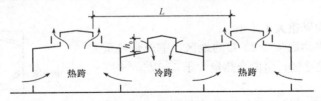

图 6-12　多跨车间的自然通风

在炎热地区的民用建筑和不散发大量粉尘和有害气体的工艺厂房，可采用穿堂风作为自然通风的主要途径，如图 6-13 所示。常用的穿堂风建筑形式有全开敞式、上开敞式、下开敞式和侧窗式四种，如图 6-14 所示。

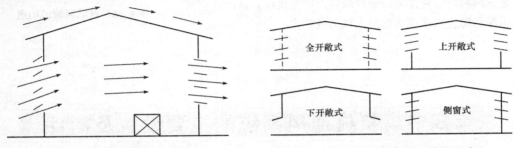

图 6-13　穿堂风通风原理图　　　　图 6-14　常用的穿堂风建筑形式

3. 车间内工艺设备的布置

对于依靠热压作用的自然通风，当厂房设有天窗时，应将散热设备布置在天窗的下部。在多层建筑厂房中，应将散热设备尽量布置在最高层。

高温热源在室外布置时，应布置在夏季主导风向的下风侧；在室内布置时，应采取隔热措施，并应靠近厂房的某外墙侧，布置在进风孔口的两边，如图6-15所示。

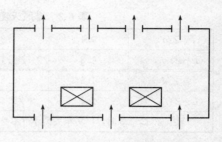

图6-15　热源在车间内的布置

三、进风窗、避风天窗与避风风帽

1. 进风窗

进风窗的布置与选择要求如下：

（1）对于单跨厂房，进风窗应设在外墙上，在集中供暖地区最好设上、下两排。

（2）自然通风进风窗的标高应根据其使用的季节来确定：夏季通常使用车间下部的进风窗，其下缘距离室内地坪的高度一般为 $0.3\sim1.2$ m，这样可使室外新鲜空气直接进入工作区；冬季通常使用车间上部的进风窗，其下缘距离地面不宜小于 4.0 m，以防止冷风直接吹向工作区。

（3）夏季车间余热量大，因此，下部进风窗面积应开设大一些，宜采用门、洞、平开窗或垂直转动窗板等；冬季使用的上部进风窗面积应开设小一些，宜采用下悬窗扇，向室内开启。

2. 避风天窗

在工业车间的自然通风中，往往依靠天窗（车间上部的排风窗）来排除室内的余热及烟尘等污染物。天窗应具有排风性能好、结构简单、造价低和维修方便等特点。在风力作用下，普通天窗的迎风面会发生倒灌现象，不能稳定排风。因此，需要在天窗外加设挡风板，或者采取其他措施来保持挡风板与天窗的空间内在任何风向情况下均处于负压状态，这种天窗称为避风天窗。

利用天窗排风的车间，当符合下列情况之一时，应采用避风天窗：

（1）不允许倒灌。

（2）夏季室外平均风速大于 1 m/s。

（3）历年最热月平均温度 $\geqslant28$ ℃的地区，室内余热量大于 23 W/m² 时；其他地区，室内余热量大于 35 W/m² 时。

3. 避风风帽

避风风帽就是在普通风帽的外围增设一周挡风圈。挡风圈的功能同挡风板，即当室外气流通过风帽时，在排风口四周形成负压区。避风风帽多用于局部自然通风和设有排风天窗的全面自然通风系统，一般安装在局部自然排风罩风道出口的末端和全面自然通风的建筑物屋顶上，其构造如图6-16所示。避风风帽可以使排风口处和风道内产生负压，从而防止室外风倒灌和防止雨水或污物进入风道或室内。

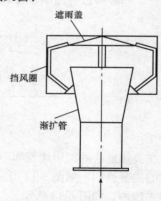

图6-16　避风风帽的构造

第四节　机械通风系统的主要设备及构件

与自然通风相比，机械通风系统拥有较多的设备与构件，本节将介绍机械通风系统的主要设备及构件。

一、除尘设备

除尘设备用于分离机械排风系统所排出的空气中的粉尘，目的是防止大气污染并收集空气中的有害物质。根据除尘机理，除尘设备可分为机械除尘器、湿式除尘器、过滤除尘器和电除尘器四类。

1. 机械除尘器

机械除尘器按作用机理不同可分为重力除尘器、惯性除尘器和旋风除尘器三种。其中，旋风除尘器的应用最为广泛。

旋风除尘器是利用含尘空气在做圆周旋转运动中获得的离心力使尘粒从气流中分离出来的一种除尘设备。如图 6-17 所示，含尘气流由入口进入除尘器，沿壁由上向下做螺旋运动，气流中的尘粒在惯性离心力的推动下

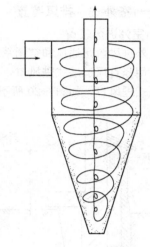

图 6-17　旋风除尘器

向外壁移动，抵达外壁的尘粒在气流和重力的共同作用下沿壁坠落至灰斗。旋风除尘器的构造简单、运转费用低、维护管理工作量少，应用较广。

2. 湿式除尘器

湿式除尘器是使含尘气体通过与液滴或液膜的接触，使尘粒加湿、凝聚而增重，从而从气体中分离的一种除尘设备。湿式除尘器与吸收净化处理的工作原理相同，可以对含尘、有害气体同时进行除尘、净化处理。

湿式除尘器按照气液接触方式可分为两类：一类是迫使含尘气体冲入液体内部，利用气流与液面的高速接触激起大量水滴，使粉尘与水滴充分接触，粗大尘粒加湿后直接沉降在池底，与水滴碰撞后的细小尘粒由于凝聚、增重而被液体捕集，如冲激式除尘器、卧式旋风水膜除尘器；另一类是用各种方式向气流中喷入水雾，使尘粒与液滴、液膜发生碰撞，如喷淋塔。

3. 过滤除尘器

过滤除尘器是指含尘气流通过固体滤料时，粉尘借助于筛滤、惯性碰撞、接触阻留、扩散、静电等综合作用，从气流中分离的一种除尘设备。过滤方式有两种，即表面过滤和内部过滤。表面过滤是利用滤料表面上黏附的粉尘层作为滤层来滞留粉尘的；内部过滤则由于尘粒尺寸大于滤料颗粒空隙而被截留在滤料内部。

4. 电除尘器

电除尘器又称静电除尘器，其工作原理如图 6-18 所示。它利用电场产生的静电力使尘粒从气流中分离。电除尘器是一种干式高效过滤器，其特点是可用于去除微小尘粒，去除效率高，处理能力大，但是由于其设备庞大、投资高、结构复杂、耗电量大等缺点，故目前主要用于某些大型工程或进风的除尘净化处理中。

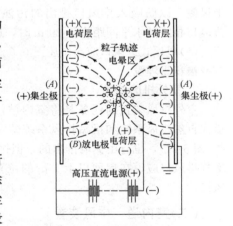

图 6-18　电除尘器工作原理

二、进、排风装置

进、排风装置按其所在位置的不同，有室外进、排风装置和室内送、排风装置之分。

(一)室外进、排风装置

1. 室外进风装置

室外进风口是通风和空调系统采集新鲜空气的入口。根据进风室的位置不同，室外进风口可以采用竖直风道塔式进风口，如图 6-19 所示；也可以采用设置在建筑物外围结构上的墙壁式或屋顶式进风口，如图 6-20 所示。

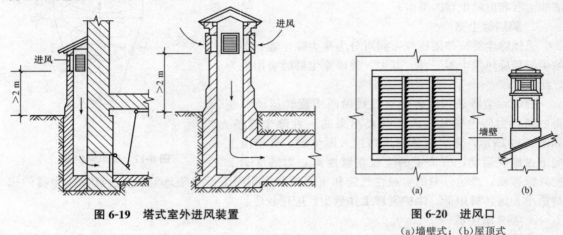

图 6-19　塔式室外进风装置　　　　　　　图 6-20　进风口
　　　　　　　　　　　　　　　　　　　　　　(a)墙壁式；(b)屋顶式

室外进风口的位置应满足以下要求：

(1)设置在室外空气较为洁净的地点，在水平和垂直方向上都应远离污染源。

(2)室外进风口下缘距离室外地坪的高度不宜小于 2 m，并需装设百叶窗，以免吸入地面上的粉尘和污物，同时可避免雨、雪的侵入。

(3)用于降温的通风系统，其室外进风口宜设在背阴的外墙侧。

(4)室外进风口的标高应低于周围的排风口，且宜设在排风口的上风侧，以防吸入排风口排出的污浊空气。具体来说，当进风口、排风口相距的水平间距小于 20 m 时，进风口应比排风口至少低 6 m。

(5)屋顶式进风口应高出屋面 0.5～1.0 m，以免吸进屋面上的积灰或被积雪埋没。

2. 室外排风装置

室外排风装置的任务是将室内被污染的空气直接排到大气。管道式自然排风系统和机械排风系统的室外排风口通常是由屋面排出的(图 6-21)，也有由侧墙排出的，但排风口应高出屋面。一般来说，室外排风口应设在屋面以上 1 m 的位置，出口处应设置风帽或百叶风格。

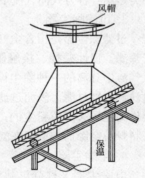

图 6-21　室外排风口

(二)室内送、排风装置

室内送风口是送风系统中的风道末端装置，由风道送来的空气，通过送风口以适当的速度分配到各个指定的送风地点。

图 6-22 所示为构造最简单的两种送风口，孔口直接开设在风管上，用于侧向或下向送风。其中，图 6-22(a)所示为风管侧送风口，除孔本身外没有任何调节装置；图 6-22(b)所示为插板式送、吸风口，其中设有插板，这种风口虽可调节送风量，但不能控制气流的方向。

在工业厂房中常需要向一些工作地点供应大量空气，但又要求送风口附近的风速迅速降低，以避免具有吹风的感觉。这种大型送风口称为空气分布器。

室内排风口是全面排风系统的一个组成部分，室内部分被污染的空气经由排风口进入排风管道。排风口的种类较少，通常做成百叶式。

室内送、排风口的布置情况是决定通风气流方向的一个重要因素，而气流的方向是否合理，将直接影响全面通风的效果。

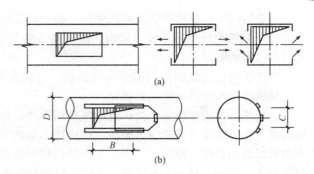

图 6-22　两种最简单的送风口
(a)风管侧送风口；(b)插板式送、吸风口

在组织通风气流时，应将新鲜空气直接送到工作地点或洁净区域，而排风口则应根据有害物质的分布规律设置在室内浓度最大的地方。

三、风道

1. 风道材料和风道截面面积的确定

制作风道的材料很多，常用的材料有薄钢板、塑料、胶合板、纤维板、混凝土、钢筋混凝土、砖、矿渣石膏板等。风道选材是由系统所输送的空气性质，以及按就地取材的原则来确定的。

工业通风系统常使用薄钢板制作风道，其截面呈圆形或矩形，根据用途及截面尺寸的不同，钢板厚度约为 1.5 mm。输送腐蚀性气体的通风系统，如采用涂刷防腐油漆的钢板风道仍不能满足要求，则可用硬聚氯乙烯塑料板制作，截面也可做成圆形或矩形，厚度约为 5 mm。埋在地下的风道，通常用混凝土板做底，两边砌砖，内表面抹光，上面再用预制的钢筋混凝土板做顶，如地下水水位较高，还需做防水层。

风道截面面积可按式(6-18)计算：

$$f = \frac{L}{3\ 600v} \qquad\qquad (6\text{-}18)$$

式中　f——风道截面面积(m^2)；

　　　L——通过风道的风量(m^3/h)；

　　　v——风道中的风速(m/s)。

2. 风道的布置

风道的布置应在进风口、送风口、排风口、空气处理设备、通风机的位置确定之后进行。风道布置原则应该服从整个通风系统的总体布局，并与土建、生产工艺、给水和排水等各专业互相协调、配合；应使风道少占建筑空间并不得妨碍生产操作；风道布置还应尽量缩短管线、减少分支、避免复杂的局部管件，并便于安装、调节和维修；风道之间或风道与其他设备、管件之间应合理连接，以减少阻力和噪声；风道布置应尽量避免穿越沉降缝、伸缩缝和防火墙等；对于埋地风道，应避免与建筑物基础或生产设备底座交叉，并应与其他管线综合考虑；风道在穿越火灾危险性较大房间的隔墙、楼板以及垂直和水平风道的交接处，均应符合防火设计相关规范的规定。

在居住和公共建筑中，垂直的砖风道最好砌筑在墙内。相邻两个排风或进风竖风道的间距不能小于1/2砖厚，排风与进风竖风道的间距应小于1砖厚。

一般情况下，如果墙壁较薄，可在外墙上设置贴附风道，如图6-23所示。当贴附风道沿外墙设置时，需在风道壁与墙壁之间留40 mm宽的空气保温层。

各楼层内性质相同房间的竖向排风道，可以在顶部汇合在一起。高层建筑尚须符合防火规范的规定。

工业通风系统在地面上的风道通常采用明装，将风道用支架支承沿墙壁及柱子敷设，或者用吊架吊在楼板或桁架的下面。布置时应力求缩短风道的长度，但应以不影响生产过程和与各种工艺设备不相冲突为前提。另外，对于大型风道，还应尽量避免影响采光。

敷设在地下的风道，应避免与工艺设备及建筑物的基础相冲突，也应与其他各种地下管道和电缆的敷设相配合，还须设置必要的检查口。

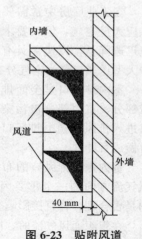

图 6-23 贴附风道

四、通风机

通风机是输送气体的设备。在通风系统中，常用的通风机有离心式通风机和轴流式通风机。

1. 离心式通风机

离心式通风机是由叶轮、机轴、机壳、排风口等部分组成的，如图6-24所示。叶轮上有一定数量的叶片，机轴由电动机带动旋转，叶片之间的空气随叶轮旋转而获得离心力，并从叶轮中心被高速抛出叶轮之外，汇集到螺旋线形的机壳中，速度逐渐减慢，空气的动压转化成静压，从而获得一定的压能，最终从排风口压出。当叶轮中的空气被压出后，在叶轮中心处形成负压。此时，室外空气在大气压力的作用下由吸风口被吸入叶轮，再次获得能量后被压出，形成连续的空气流动。

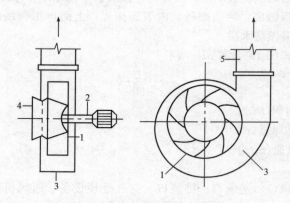

图 6-24 离心式通风机构造

1—叶轮；2—机轴；3—机壳；4—导流器；5—排风口

离心式通风机如按通风机产生的压力高低来划分，可分为以下几类：

(1)高压通风机：压力 $p \geqslant 3\ 000$ Pa，一般用于气力输送系统。

(2)中压通风机：$3\ 000$ Pa$> p \geqslant 1\ 000$ Pa，一般用于除尘排风系统。

(3)低压通风机：压力 $p < 1\ 000$ Pa，多用于空气调节系统。

表征离心式通风机性能的主要参数如下：

(1)风量(L)：指通风机在工作状态下，单位时间内输送的空气量(m^3/s 或 m^3/h)。

(2)全压(或风压 p)：指每立方米空气通过通风机所获得的动压与静压之和(Pa)。

(3)轴功率(N)：指电动机施加在通风机轴上的功率(kW)。

(4)有效功率(N_x)：指空气通过通风机后实际获得的功率(kW)。

(5)功率比(η)：通风机的有效功率与轴功率的比值，$\eta = N_x/N \times 100\%$。

(6)转速(n)：通风机叶轮每分钟的旋转数(r/min)。

2. 轴流式通风机

轴流式通风机的构造如图 6-25 所示，将叶轮安装在圆筒形外壳中，当叶轮由电动机带动旋转时，空气从吸风口进入，在通风机中沿轴向流动，经过叶轮和扩压器时压头增大，从出风口排出。电动机安装在机壳内部。轴流式通风机的参数与离心式通风机相同。

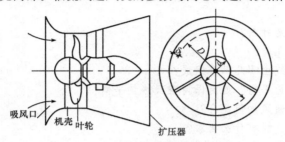

吸风口 机壳 叶轮 扩压器

图 6-25 轴流式通风机构造

本章小结

本章主要介绍了通风系统的分类、通风量的确定、自然通风与机械通风系统的主要设备。根据空气流动的动力不同，通风方式可分为自然通风和机械通风两种。当人员密集或电气照明设备及其他动力设备较多时，可能产生富余的热量和湿量，可以用全面通风来改善室内的空气环境。通风房间气流组织的常用形式有上送下排、下送上排、中间送上下排等。自然通风与通风房间的建筑形式、总平面布置及车间内的工艺布置等有直接关系，所以，要合理布置进风窗、避风天窗与避风风帽。机械通风系统的主要设备有除尘设备，进、排风装置，风道和通风机。

思考与练习

一、填空题

1. ＿＿＿＿＿＿＿＿＿＿是借助于风压和热压作用促使室内外空气通过建筑物围护结构的孔口流动的。

2. 局部通风系统可分为＿＿＿＿＿＿＿＿＿＿＿和＿＿＿＿＿＿＿＿＿＿＿两种。

3. 全面通风可分为＿＿＿＿＿＿＿＿＿＿、＿＿＿＿＿＿＿＿＿＿和＿＿＿＿＿＿＿＿＿＿三大类。

4. ＿＿＿＿＿＿＿＿＿＿＿＿的布置形式是决定室内空气流向的重要因素之一。

5. 通风房间气流组织的常用形式有＿＿＿＿＿＿＿＿＿、＿＿＿＿＿＿＿＿＿、＿＿＿＿＿＿＿＿＿等，选用时应按照房间功能、污染物类型、有害源位置、有害物分布情况、工作地点的位置等因素来确定。

6. 根据除尘机理，除尘设备可分为＿＿＿＿＿＿、＿＿＿＿＿＿、＿＿＿＿＿＿和＿＿＿＿＿＿四类。

7. 进、排风装置按其所在位置的不同有＿＿＿＿＿＿＿＿和＿＿＿＿＿＿＿＿之分。

8. 室内送风口是送风系统中的风道末端装置，由＿＿＿＿＿＿送来的空气，通过＿＿＿＿＿＿以适当的速度分配到各个指定的送风地点。

9. 通风机是输送气体的设备。在通风系统中，常用的通风机有＿＿＿＿＿＿＿＿和＿＿＿＿＿＿＿＿＿＿。

二、名词解释

局部通风系统　　全面通风系统

三、简答题

1. 建筑通风的意义是什么？

2. 通风系统分为哪几类？

3. 全面机械送风系统由哪几部分组成？

4. 如何保持空气质量平衡？如何保持空气热量平衡？

5. 建筑设计与自然通风如何配合？

6. 进风窗的布置与选择有什么要求？

7. 避风天窗和避风风帽的布置有哪些要求？

8. 机械通风系统的主要设备有哪些？

9. 室外进风口的位置应满足哪些要求？

10. 离心式通风机由哪几部分组成？

第七章　建筑空调工程

 能力目标

1. 根据工程实际，能合理选用空调系统。
2. 根据送风口的类型和布置方式的不同，能合理选用空调房间的送风方式。
3. 根据工程实际，能合理选用空气处理设备。
4. 根据工程实际，能够合理选择制冷机组。

 知识目标

1. 了解空调系统的任务、作用和组成；掌握空调系统的分类和选择。
2. 了解空调系统负荷的计算、送风量的确定；掌握送、回风口的形式及气流组织形式。
3. 了解空气加热、冷却、加湿、减湿设备和空气处理室的构造及工作原理；了解空调机房的选择和布置。
4. 掌握自动调节系统的内容和分类。
5. 了解空调系统的计算机控制；掌握温度控制器和保护装置。
6. 了解天然冷源和人工冷源的概念；了解压缩式制冷、吸收式制冷的工作原理。
7. 掌握制冷机组的分类和选择。
8. 了解几种常用的空调消声器；掌握空调系统的防振措施及防火排烟设施的设置部位。

 素养目标

树立法纪意识、标准意识，培养学生的安全意识和责任意识。

第一节　空调系统

一、空调系统概述

空气调节简称空调，是指通过控制室内空气的温度、湿度、压力、流速、洁净度和噪声等参数来满足人们生活和工作需要的工程技术。对这些参数产生影响的因素有两种：一种是室外气温变化、太阳辐射通过建筑围护结构对室温的影响及外部空气带入室内的有害物质的影响；另一种是室内人员、设备及生产工艺过程中产生的湿热与有害物质的影响。因此，需要采用人工方法消除室内的余湿、余热或补充湿量或热量，并清除空气中的有害物质，以保证室内空气的洁净度。

人们习惯上将满足人体舒适要求的空调称为舒适性空调。它不严格要求温度、湿度的恒定，其主要目的是创造舒适的生活和工作环境。舒适性空调主要应用于一般公共与民用建筑，如商场、宾馆、办公楼、民用住宅等。

根据工艺、生产的要求而将温度、湿度等参数严格控制在一定范围内的空调称为工艺性空调。它不仅对温度和湿度有严格要求，对洁净度的要求也比舒适性空调高。对于现代生产来说，工艺性空调是必不可少的建筑设备，主要应用于医院的手术室、精密车间、药品储藏室等。

二、空调系统的组成

空调系统一般由被调房间、能量输配系统、空气处理设备和冷热源四部分组成，其基本构造如图 7-1 所示。

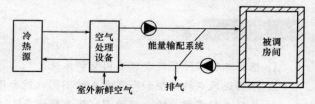

图 7-1　空调系统基本构造

三、空调系统的分类

空调系统的分类方法很多，按空气处理设备的集中程度，可分为集中式空调系统、半集中式空调系统和分散式空调系统。

1. 集中式空调系统

集中式空调系统由冷热源、冷热媒管道、空气处理设备、送风管道和风口组成，属于典型的全空气系统，其原理如图 7-2 所示。

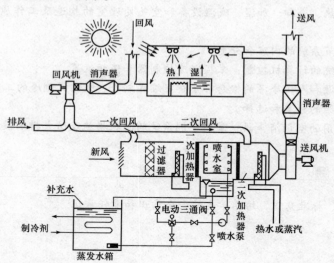

图 7-2　集中式空调系统原理

根据送风量是否变化，集中式空调系统可分为定风量系统和变风量系统。定风量系统的送风量不随室内湿热负荷的变化而变化，其送风量是根据房间最大湿热负荷确定的，当某个房间的室内湿热负荷减少时，可以靠调节该房间送风末端装置的再热量来减小送风温差。变风量系统的送风量随室内湿热负荷的变化而变化，湿热负荷大时送风量就大，湿热负荷小时送风量就小。变风量系统的优点：在大多数非高峰负荷期间不仅节约了再热量和被再热器抵消的冷量，还由于处理风量的减少而降低了风机电耗。但目前变风量系统在变风量系统的设计与使用上还存在一些问题，国内外许多专家正在为此进行大量的研究工作。

根据送入各被调房间的风道数目,集中式空调系统可分为单风道系统和双风道系统。单风道系统仅有一根送风管,夏天送冷风,冬天送热风。其缺点是为多个负荷变化不一致的房间服务时,难以进行精确调节;双风道系统有两根送风管,一根热风管,一根冷风管,可通过调节两者的风量比控制各房间的参数。其缺点是设备费和运行费高,系统复杂,耗能大,投资与运行费高,一般不宜采用。

2. 半集中式空调系统

半集中式空调系统由冷热源、冷热媒管道、空气处理设备、送风管道和风口组成。半集中式空调系统的空气处理设备包括对新风进行集中处理的空调器(新风机组)和在各空调房间内分别对回风进行处理的末端装置(如风机盘管、诱导器等)。图 7-3 所示为风机盘管机组。

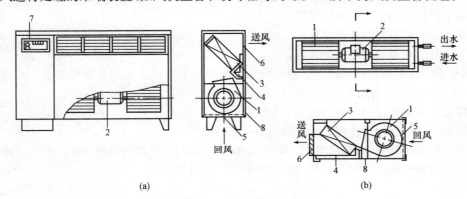

图 7-3　风机盘管机组

(a)立式明装;(b)卧式暗装

1—双进风多叶离心式通风机;2—低噪声电动机;3—盘管;4—凝水盘;
5—空气过滤器;6—出风格栅;7—控制器(电动阀);8—箱体

当有集中冷热源、建筑规模大、空调房间多、空间较小而各房间具体使用要求各异、不宜布置大风管且室内温、湿度要求一般或层高较低时,可选择半集中式空调系统,如宾馆、办公楼、医院等商用或民用建筑物。半集中式空调系统根据末端装置的不同,可以分为新风加风机盘管系统和新风加诱导器系统。

新风加风机盘管系统的空气调节系统能够实现居住者的独立调节要求,目前广泛应用于旅馆、公寓、医院、大型办公楼等建筑。同时,又可与变风量系统配合在大型建筑的外区使用。

新风机加诱导器系统可用于多房间需要单独调节控制的建筑,也可用于大型建筑物的外区。

3. 分散式空调系统

分散式空调系统(也称局部式空调系统)是指不设集中的空调机房,而把整体组装的冷热源、空气处理设备与通风机均具备的空调器直接设置在房间内或房间附近,控制一个或几个房间空气参数的系统。其工作原理如图 7-4 所示。

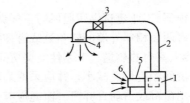

图 7-4　分散式空调系统工作原理

1—空调机组;2—送风管道;3—电加热量;
4—送风口;5—回风管道;6—回风口

分散式空调系统的优点是安装方便、灵活性大,房间之间无风道相通,有利于防火。其缺点是故障率高,日常维护工作量大,噪声大。分散式空调系统一般应用于旅馆、出租房屋等建筑。

四、空调系统的选择

空调系统的选择与下列因素有关：

(1)建筑物的类型及使用功能，如民用建筑或工业建筑等。

(2)建筑物的使用特点，如使用时间段与人员活动规律等。

(3)空调负荷特点，如建筑物周边与内部区划分情况、玻璃窗面积与墙壁面积之比、建筑物的内部结构等。

(4)对温度、湿度调节性能的要求。

(5)一次投资费用、运行费用、维护管理费用等。

(6)对空调机房面积和位置的要求。

(7)对风道、管道或管井的要求。

(8)与土建、水电等的配合关系等。

在风量大、使用要求不一致的空调系统中，按照集中空调系统服务使用要求，往往需要划分成几个系统。对系统进行划分的原则如下：

(1)将室内参数相近的房间合为一个系统。

(2)将朝向、层次相同或相近的房间合为一个系统。

(3)对室内有特殊要求(如洁净度、噪声级别等)的房间，宜进行单独设计，使之自成系统。

(4)产生有害气体的房间不宜和一般房间合为一个系统。

第二节　空调负荷和房间气流分布

一、空调房间的建筑布置和围护结构的热工要求

空调负荷是较大空调系统设备容量的重要组成部分，而负荷量的大小与建筑布置和围护结构的热工性能有很大的关系。因此，在设计时，首先要使空调房间的建筑布置与围护结构的热工性能合理。

1. 空调房间的建筑布置

空调房间应尽量集中布置，室内温、湿度基数及使用时间与噪声要求相近的空调房间宜相邻或上、下对应布置。

根据《工业建筑供暖通风与空气调节设计规范》(GB 50019—2015)，空调房间应尽量避免布置在有两面相邻外墙的转角处或有伸缩缝的地方，以减少围护结构(窗、墙、楼板、地板、屋面等)传入室内的热量。工艺性空调间的外墙、外墙朝向及所在层次可按表7-1选用。空调房间的外窗面积应尽量减小，并应采取遮阳措施。外窗的面积一般不超过房间面积的17%，内遮阳可采用窗帘或活动百叶窗。窗缝应有良好的密封，以防室外风渗透；外窗在空调运行期间不能开启，但应保留部分可开启的外窗以备需开窗换气时使用。空调房间的外门门缝应该严密，以防室外风侵入。当门两侧温度差≥7℃时，应采用保温门。门和门斗可参照表7-2选用。

表 7-1　外墙、外墙朝向及所在层次

室温允许波动范围/℃	外墙	外墙朝向	层次
±1.0	宜减少外墙	宜北向	宜避免顶层
±0.5	不宜有外墙	如有外墙时，应北向	宜在底层
±(0.1～0.2)	不应有外墙	—	宜在底层
注：北向适用于北纬 23.5°以北的地区；北纬 23.5°以南的地区可采用南向。			

表 7-2　门和门斗

室温允许波动范围/℃	外门和门斗	内门和门斗
±1	不宜设置外门，如有经常开启的外门，应设门斗	门两侧温差大于或等于 7 ℃时，宜设门斗
±0.5	不应有外门	门两侧温差大于 3 ℃时，宜设门斗
±(0.1～0.2)	—	内门不宜通向室温基数不同或室温允许波动范围大于±1.0 ℃的邻室

2. 围护结构的热工要求

围护结构的传热系数，应根据建筑物的用途和空气调节的类别，通过技术经济比较确定。对于工艺性空气调节，不应大于表 7-3 所规定的数值。空调房间与非空调房间之间的楼板或温差≥7 ℃的空调房间之间的楼板应做成保温楼板。空调房间地面一般可不做保温，但要求外墙保温延伸至墙基防潮层处。

表 7-3　工艺性空气调节去围护结构最大传热系数 K 值　　　［W/(m²·℃)］

围护结构名称	室温允许波动范围/ ℃		
	±(0.1～0.2)	±0.5	±1.0
屋顶	—	—	0.8
顶棚	0.5	0.8	0.9
外墙	—	0.8	1.0
内墙和楼板	0.7	0.9	1.2
注：表中内墙和楼板的相关数值仅适用于相邻空气调节区的温差大于 3 ℃时。			

二、负荷计算

空调系统的负荷主要分为热负荷和冷负荷。热负荷是指空调系统在冬季为空调房间提供维持室温所应提供的热量；冷负荷是为维持一定室内热环境所需在单位时间内从室内除去的热量。在这里仅介绍冷负荷的计算。

(1)外墙或屋顶传热形成的逐时冷负荷，宜按式(7-1)计算：

$$CL = KF(t_{w1} - t_n) \tag{7-1}$$

式中　CL——外墙或屋顶传热形成的逐时冷负荷(W)；

　　　K——传热系数［W/(m²·℃)］；

　　　F——传热面积(m²)；

　　　t_{w1}——外墙或屋顶的逐时冷负荷计算温度(℃)，根据空气调节区的蓄热特性以及传热特性，由夏季空气调节室外计算逐时综合温度 t_{xs} 值通过转换计算确定；

t_n——夏季空气调节室内设计温度（℃）。

（2）对于室温允许波动范围大于或等于 ±1.0 ℃的空气调节区，其非轻型外墙传热形成的冷负荷，可按式（7-2）计算：

$$CL=KF(t_{zp}-t_n) \tag{7-2}$$

式中 CL，K，F，t_n——同式（7-1）；

t_{zp}——夏季空气调节室外计算日平均综合温度（℃），按式（7-3）计算。

$$t_{zp}=t_{wp}+\frac{pJ_p}{\alpha_w} \tag{7-3}$$

式中 t_{wp}——夏季空气调节室外计算日平均温度（℃）；

J_p——围护结构所在朝向太阳总辐射照度的日平均值（W/m²）；

p——围护结构外表面对于太阳辐射热的吸收系数；

α_w——围护结构外表面换热系数[W/(m²·℃)]。

（3）外窗温差传热形成的逐时冷负荷，宜按式（7-4）计算：

$$CL=KF(t_{wl}-t_n) \tag{7-4}$$

式中 CL——外窗温差传热形成的逐时冷负荷（W）；

t_{wl}——外窗的逐时冷负荷计算温度（℃），根据建筑物的地理位置和空气调节区的蓄热特性以及传热特性，由《工业建筑供暖通风与空气调节设计规范》（GB 50019—2015）第4.2.10条确定的夏季空气调节室外计算逐时温度 t_{sh} 值通过转换计算确定；

K，F，t_n——同式（7-1）。

（4）空气调节区与邻室的夏季温差大于 3 ℃时，宜按式（7-5）计算通过隔墙、楼板等内围护结构传热形成的冷负荷：

$$CL=KF(t_{ls}-t_n) \tag{7-5}$$

式中 CL——内围护结构传热形成的冷负荷（W）；

K，F，t_n——同式（7-1）。

t_{ls}——邻室计算平均温度（℃），按式（7-6）计算。

$$t_{ls}=t_{wp}+\Delta t_{ls} \tag{7-6}$$

式中 t_{wp}——夏季空气调节室外计算日平均温度（℃）。

Δt_{ls}——邻室计算平均温度与夏季空气调节室外计算日平均温度的差值（℃），宜按表7-4采用。

表 7-4　温度的差值

邻室散热强度/(W·m⁻²)	Δt_{ls}/℃
很少（如办公室和走廊等）	0~2
<23	3
23~116	5

三、空调房间气流分布

空调房间气流分布因通过空调房间选择的送、回风口的布置情况不同而有所不同。合理的房间气流组织是与合理地选用适合房间的射流方式、送风口的类型和布置、回风口的布置等因素密切联系的。其中，送风口的类型、布置和风速对空调房间气流分布的影响是十分重要的。

1. 送、回风口形式

(1)送风口的形式。按照所采用送风口的类型和布置方式的不同，空调房间的送风方式主要有以下几种：

1)侧向送风。侧向送风是空调房间中最常用的一种气流组织方式，具有结构简单、布置方便和节省投资等优点，适用于室温允许波动范围大于或等于±0.5 ℃的空调房间。侧向送风一般以贴附射流形式出现，工作区通常是回流区。

2)散流器送风。散流器是设置在顶棚上的一种送风口，具有诱导室内空气，并使之与送风射流迅速混合的特性。散流器送风可以分为平送和下送两种。

3)孔板送风。孔板送风是利用顶棚上面的空间作为稳压层，空气由送风管进入稳压层后，在静压作用下，通过顶棚上的大量小孔均匀地进入房间。

4)喷口送风。喷口送风是依靠喷口吹出的高速射流实现送风的方式。它常用于大型体育馆、礼堂、通用大厅及高大厂房。

5)条缝型送风。条缝型送风属于扁平射流，与喷口送风相比，射程较短，温差和速度衰减较快。它适用于工作区允许风速为0.25～1.5 m/s，温度波动范围为±(1～2) ℃的场所。

(2)回风口的形式。一般情况下，回风口对室内气流组织影响不大，加之回风气流无诱导性和方向性，因此，类型不多，安装数量也比送风口少。

2. 气流组织形式

(1)上送下回式。回风口设于房间下部，送风口设于房间侧墙上部或顶棚上，向室内横向或垂直向下的送风方式称为上送下回式气流组织形式。其在空调中应用最为普遍，工程中常见的布置方式如图7-5所示。

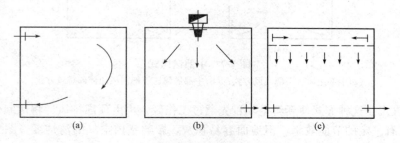

图7-5 上送下回式

（a)侧送侧回；(b)散流器送风；(c)孔板送风

(2)上送上回式。上送上回式气流组织形式是指将送风口和回风口均设在房间上部，气流由上部送出，进入空调后再从上部回风口排出。图7-6(a)为单侧上送上回式，送、回风管叠置在一起，明装在室内，气流从上部送出，经过工作区后回流向上进入回风管。如果房间进深较大，可采用双侧外送式或双侧内送式[图7-6(b)、图7-6(c)]。这两种方式施工都较方便，但会影响房间净空的使用。如果房间净高许可，还可设置吊顶，将管道暗装，如图7-6(d)所示。同时可以采用图7-6(e)所示的送吸式散流器，这种布置较适用于有一定美观要求的民用建筑。

(3)中部送风式。这种送风方式在满足室内温、湿度要求的前提下，有明显的节能效果，但就竖向空间而言，存在着温度"分层"现象。其主要适用于高大空间，如需设空调的工业厂房等。

对于某些高大空间，实际的空调区处在房间的下部，没有必要将整个空间作为控制调节的对象，因此，可采用中部送风的方式，如图7-7所示。

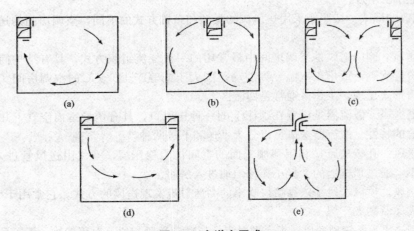

图 7-6 上送上回式

(a)单侧上送上回式；(b)双侧外送式；(c)双侧内送式；(d)管道暗装式；(e)送吸式散流器

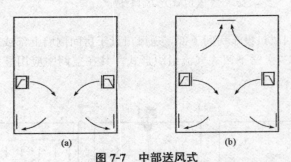

图 7-7 中部送风式

(a)中部送风、下部回风方式；(b)中部送风、下部回风加顶部排风方式

(4)下送方式。这种方式使新鲜空气首先通过工作区，再由顶部排风，将房间余热不经工作区直接排走，有一定的节能效果，但地面容易积灰，影响室内空气的清洁度。图 7-8(a)所示为地面均匀送风、上部集中排风式。图 7-8(b)所示为送风口设置于窗台下面垂直向上送风式，这样既可在工作区形成均匀的气流流动，又避免了送风口过于分散的缺点。

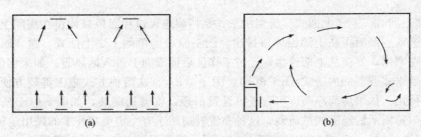

图 7-8 下送方式

(a)地面均匀送风、上部集中排风式；(b)送风口设置于窗台下面垂直向上送风式

第三节　空气处理设备

一、空气加热设备

在空调工程中，空调系统经常需要对送风进行加热处理。例如，冬季用空调来取暖等。目前广泛使用的空气加热设备主要有表面式空气加热器和电加热器两种。

1. 表面式空气加热器

在空调系统中，管内流通热媒（热水或蒸汽）、管外加热空气，空气与热媒之间通过金属表面换热的设备，就是表面式空气加热器。图 7-9 所示是用于集中加热空气的一种表面式空气加热器。不同型号的加热器，其肋管（管道及肋片）的材料和构造形式多种多样。根据肋管加工的不同做法，可以制成穿片式、螺旋翅片管式、镶片管式、轧片管式等几种不同的空气加热器。

2. 电加热器

电加热器有裸线式和管状式两种结构。图 7-10 所示为裸线式电加热器的构造。图 7-10 中只画出了一排电阻丝，根据需要可以进行多排组合。管状式电加热器是由若干根管状电热元件组成的。与裸线式相比，管状式电加热器比较安全、可靠，但是效率较低。

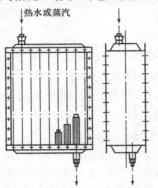

图 7-9　表面式空气加热器

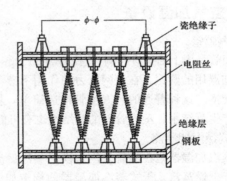

图 7-10　裸线式电加热器的构造

二、空气冷却设备

空气冷却设备主要有喷水室和表面式空气冷却器两种。

1. 喷水室

在集中式空调工程中，喷水室有着广泛的应用。喷水室由喷嘴、喷水管网、挡水板和外壳等部分组成，其构造如图 7-11 所示。在喷水室中直接向空气喷淋大量不同温度的雾状水滴，当被处理的空气与之相接触时，两者产生的热、湿交换使被处理的空气达到所要求的温度、湿度。

2. 表面式空气冷却器

表面式空气冷却器分为水冷式和直接蒸发式两种类型。水冷式表面空气冷却器与表面式空气加热器的原理相同，只是将热媒（热水或蒸汽）换成冷媒（冷水）。直接蒸发式表面空气冷却器就是制冷系统中的蒸发器，这种冷却方式是靠制冷剂在其中蒸发吸热而使空气冷却的。

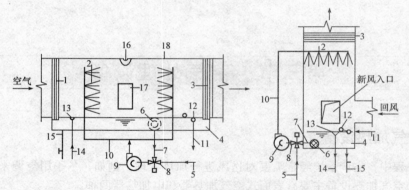

图 7-11　喷水室的构造

1—前挡水板；2—喷嘴与排管；3—后挡水板；4—底池；5—冷水管；6—滤水器；
7—循环水管；8—三通混合阀；9—水泵；10—供水管；11—补水管；12—浮球阀；
13—溢水器；14—溢水管；15—泄水管；16—防水灯；17—检查门；18—外壳

使用表面式空气冷却器，可对空气进行干式冷却（使空气的温度降低但含湿量不变）和减湿冷却两种处理，这取决于冷却器表面的温度是高于还是低于空气的露点温度。

与喷水室相比，用表面式空气冷却器处理空气，具有设备结构紧凑、机房占地面积小、水系统简单，以及操作管理方便等优点。因此，其应用非常广泛。但是，它只能对空气实现上述两种处理，而不像喷水室还能对空气进行加湿处理，而且不便于严格控制调节空气的相对湿度。

三、空气加湿设备

1. 蒸汽喷管

蒸汽喷管是由上面开有孔洞（直径为 2～3 mm）的供蒸汽管道组成的，微孔间距不小于 50 mm。管中通过加湿用的蒸汽，在管网压力的作用下蒸汽从各孔口喷出，与喷管周围的空气相接触进行热、湿交换。这种普通的蒸汽喷管构造简单，易于加工制作，但加湿效果不太好，且蒸汽喷管内容易产生凝结水，蒸汽管网的凝结水也有可能流入喷管。

2. 干式蒸汽加湿器

干式蒸汽加湿器是在喷管外围加设了蒸汽保温外套，更完善的蒸汽加湿器还设置了加湿器套筒，用于干燥蒸汽。干式蒸汽加湿器的构造如图 7-12 所示。蒸汽由热源首先进入喷管外套，喷管的外壁因此受热保温；然后蒸汽由导流板进入加湿器套筒，沿途产生的凝结水经疏水器排出；剩余的干燥蒸汽依次进入导流箱、导流管、内筒体和加湿器喷管，由于喷管外壁具有较高的温度，故管内不会产生凝结水，避免了普通蒸汽喷管加湿器存在的弊端，改善了加湿效果。

3. 电加湿器

电加湿器是利用电能产生蒸汽，并将蒸汽直接送入空气与之混合。根据工作原理的不同，电加湿器有电极式和电热式两种类型。电极式加湿器的构造如图 7-13 所示，它是将三根金属棒作为电极直接插入水容器，接通电源后，以水作为电阻容器中的水被加热变为蒸汽，从蒸汽出口流出通到需加湿的空气中去。电极式加湿器结构紧凑，产生的蒸汽量可以用水位高度来控制，但是耗电量大，电极上易积水垢和易腐蚀，多用于小型空调系统中。电热式加湿器是将管状电热元件置于水容器中而制成的，元件通电加热，使水受热蒸发产生蒸汽，蒸发损失掉的水量由浮球阀自动控制补充。

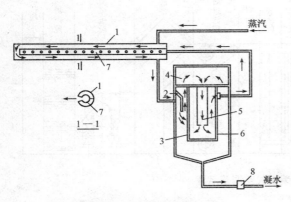

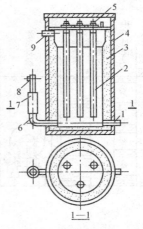

图 7-12　干式蒸汽加湿器的构造

1—喷管外套；2—导流板；3—加湿器套筒；4—导流箱；
5—导流管；6—加湿器内筒体；7—加湿器喷管；8—疏水器

图 7-13　电极式加湿器的构造

1—进水管；2—电极；3—保温层；
4—外壳；5—接线柱；6—溢水管；
7—橡皮短管；8—溢水龙头；9—蒸汽出口

四、空气减湿设备

空气的减湿可以采用专门的冷却除湿设备，即冷冻减湿机，也称除湿机。冷冻减湿机是由制冷系统和通风机组成的，其工作原理如图 7-14 所示。潮湿的空气先进入制冷系统的蒸发器，因为制冷剂吸热蒸发，蒸发器表面温度低于空气的露点温度，所以在空气降温的同时，析出一部分凝结水，从而达到减湿的目的。降温后的空气通过制冷系统的冷凝器时，与冷凝器内来自压缩机的高温气态制冷剂相互换热，结果空气被加热升温，而制冷剂被冷却成液态，于是便得到温度较高而相对湿度较低的空气。这种除湿机尤其适用于既需要减湿又需要加热的空调系统，而对于室内的余湿和余热量均较大的场合就不宜采用。

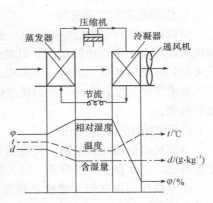

图 7-14　冷冻减湿机工作原理

五、空气处理室

空气处理室又称空调箱或空调器，是指能够将空气吸入后，加以各种处理再输送出去的装置，包括通风机在内的空气处理室，也称为空调机组。空气处理室可以采用定型产品，也可以根据具体情况自行设计。

定型生产的空调箱多为卧式，其外壳用钢板制作，由标准构件或标准段组合而成。这种装配式空调箱的分段一般有回风机段、预热段、初效过滤段、再加热段、送风机段、消声段等。分段越多，其灵活性就越大，图 7-15 所示为装配式空调箱示意。

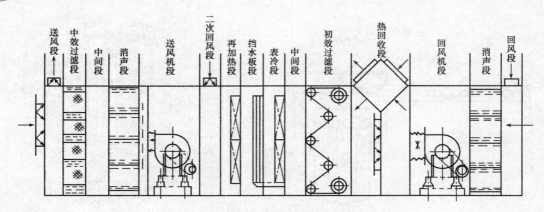

图 7-15　装配式空调箱示意

（图中从左至右标注：送风段、中效过滤段、中间段、消声段、送风机段、二次回风段、再加热段、挡水板段、表冷段、中间段、初效过滤段、热回收段、回风机段、消声段、回风段）

六、空调机房

空调机房是用来布置空气处理室、通风机、自动控制屏及其他一些附属设备，并在其中进行管理的专用房间。空调机房的布置，应以管理方便、占地面积小、不影响周围房间的使用和管道布置经济等为原则。

1. 空调机房位置的选择

空调机房应尽量靠近空调房间，但要防止空调振动、噪声和灰尘等对空调房间的影响。空调机房最好设在建筑物的底层，以减少振动对其他房间的影响。对设置在楼层上的空调机组，应考虑其质量对楼板的影响。通风机、制冷压缩机和水泵等一般要采取减振措施。对于减振和消声要求严格的空调房间，应另建空调机房或者将空调机房和空调房间分别布置在建筑物沉降缝的两侧。

2. 空调机房的内部布置

空调机房的面积和层高，应根据空调机组的尺寸、通风机的大小、风管及其他附属设备的布置情况，以及保证各种设备、仪表的一定操作距离和管理、检修所需的通道等因素来确定。

经常操作的操作面与墙壁之间宜有不小于 1.0 m 的距离，需要检修的设备旁要有不小于 0.7 m 的空间。

自动控制屏一般设在空调机房内，以便于同时管理。控制屏与各种转动机件（通风机、制冷压缩机、水泵等）之间应有适当的距离，以防振动的影响。

大型空调机房若设有单独的管理人员值班室，则值班室应设在便于观察机房的位置。在这种情况下，自动控制屏宜设在值班室内。

空调机组与自动控制屏、仪表等的操作面应有充足的光线，最好是自然采光。需要检修的地点应设置检修照明。

空调机房最好有单独的出入口，以防止人员、噪声等对空调房间的影响。

空调机房的门和装拆设备的通道，应考虑能顺利地运入最大的空调构件。如果构件不能由门搬入，则需预留安装孔洞和通道，并应考虑拆换的可能。

第四节　空气输配系统

一、空调系统的自动调节

(一)自动调节系统的内容

空调系统的工作状况有赖于自动调节系统的运作。自动调节主要包括温度调节、湿度调节、气流速度调节和空气洁净度调节四个方面的内容。

1. 温度调节

从人类的生理特征和生活习惯来说，居住和工作环境与外界的温差不宜过大；从健康的角度来说，5 ℃左右的温差对人体健康比较有益。夏季，如降温程度过大，人由室外进入室内时将受到冷冲击；而由室内走到室外，又将受到热冲击，这两种情况都会使人体感到不适。因此，对于大多数人来说，居住室温夏季保持为 25～27 ℃，冬季保持为 16～20 ℃比较适宜。

2. 湿度调节

空气过于潮湿或过于干燥都将使人感到不舒适。一般来说，相对湿度冬季为 40％～50％，夏季为 50％～60％，人体的感觉比较舒适；假如温度适宜，相对湿度即便在 40％～70％的范围内变化，人体也能基本适应。

3. 气流速度调节

人们生活在以适当低速流动的空气环境中比在静止的空气环境中会感觉舒适；而处在变速的气流中，则比处在恒速的气流中感觉更舒适。在离地面 1.2 m 左右，使用冷风设备时，速度以 0.3 m/s 为宜；使用暖气设备时，速度以 0.5 m/s 为宜。

4. 空气洁净度调节

空气中一般都有处于悬浮状态的固体或液体微粒，它们很容易随着人的呼吸进入气管、肺等器官。这些微粒还常常带有各种病菌，传播各种疾病，给人体带来危害。因此，一般而言，在要求恒温精度≤1 ℃或恒湿精度≤±5％的情况下，采用自动调节为宜。如果空调房间较多或系统规模较大，即使空调精度要求不高，也应考虑采用自动调节。

(二)自动调节系统的分类

调节过程就是在保持调节参数为给定值的条件下，恢复流入量和流出量平衡的过程。在自动调节系统中，调节参数的给定值并不全是不可改变的。根据调节参数给定值变化的规律，调节系统可分为自动锁定系统、程序调节系统和随动调节系统。

1. 自动锁定系统

在自动锁定系统中，调节过程中的调节参数给定值保持恒定不变，或者不超过给定的变动限度。一般的空调系统中大多采用这种系统(如恒温、恒湿等)，通常又称为定值调节系统。

2. 程序调节系统

当系统的给定值按事先已知的时间函数变化时，这种系统称为程序调节系统，又称为程序控制系统。如人工气候室中的温度、湿度，按事先规定的程序变化，以模拟室外气候参数的变化规律，来达到产品试验等目的。

3. 随动调节系统

被调量的给定值跟随某一变量变化时的调节系统，称为随动调节系统。它与程序调节系统的不同点在于被调量的变化规律事先无法确定。例如，近年来在舒适性空调系统中，为了节省能量并达到舒适的目的，室温并不要求恒定，而是随着室外温度的变化而变化。

（三）自动调节系统的调节对象

调节对象是自动调节系统的服务对象，主要包括对象的负荷、对象的传递系数和对象的时间常数。

1. 对象的负荷

当调节过程处于稳定状态时，在单位时间内流入或流出调节对象的能量，称为调节对象的负荷。例如，当空调房间的空气温度保持恒定时，单位时间流入或流出空调房间的热量，就是空调房间的负荷，这时流出的热量和流入的热量相互平衡。

由于受外部干扰影响，引起对象负荷的变化，从而破坏了原来的能量平衡状态，引起调节参数的变化，于是调节过程开始，即改变对象的输入或输出能量，使能量达到新的平衡，令调节参量回到给定值。可见，调节对象负荷的变化情况直接牵涉到对自动调节系统的要求。如果对象的负荷变化速度相当急剧，那么就要求自动调节系统具有较高的灵敏度，能够在调节参数偏差很小时就开始调节，以便迅速恢复平衡。反之，对自动调节系统灵敏度的要求就不一定那样高。一般空调对象负荷变化是比较缓慢的。

2. 对象的传递系数

对象的负荷每变化一个单位能量时，引起调节参数相应的变化量，称为对象的传递系数，用 K 表示。例如，喷水室的传递系数是指在一定喷水量和风量下，喷水温度每变化 1 ℃时露点温度的变化。水加热器的传递系数是指热水温度变化 1 ℃时通过它的空气温度变化值。恒温室的传递系数是指在一定送风量下，送风温度变化 1 ℃时引起室温（一般指控制点）的变化值。

综上所述，假设在对象负荷的温度变化为 $\Delta\theta_1$ 时，引起对象的温度变化为 $\Delta\theta$，则 $K = \Delta\theta/\Delta\theta_1$。传递系数 K 值小，当扰动破坏平衡状态时，调节参数离开给定值的偏差小，自动调节系统就容易保持平衡；传递系数 K 值大，调节参数离开给定值的偏差大，自动调节系统就会不易保持平衡。

3. 对象的时间常数

对象的时间常数也称为反应时间，它表示当调节对象的负荷发生最大变化时，调节参数保持初始的变化速度，使其值改变到规定数值所需的时间，以 T 表示。反应时间的倒数叫作对象的灵敏度，它表示的是当调节对象的负荷产生最大变化时调节参数的变化速度。它们表示当调节对象的负荷发生变化时，引起调节参数变化速度的快慢。反应时间长（灵敏度低），表示热量变化（扰动）很大，室温只能很缓慢地变化；反应时间短（灵敏度高），表示室温的变化速度快，热惯性小。

（四）空调系统的自动控制环节

空调自动调节，主要是温度和湿度的调节。调节的方法是分部控制，各个控制部分称为控制环节。为保证室内恒湿要求，有室温控制环节（电加热控制环节）和送风温度控制环节（二次加热和二次回风控制环节）；为保证室内恒温要求，有露点温度控制环节；为保证夏季喷水室能正常回水，有回水泵自动控制环节。这些环节如图 7-16 所示。

（五）控制方式和调节器的选择

自动调节系统按调节器使用的能源，可分为电动系统、气动系统和电动-气动系统等；按调节规律可分为位式调节（两位或三位）、等速调节、比例调节、比例积分调节及比例积分微分调节等。根据空调系统所采用的加热、冷却、降湿和加湿设备的特性，空调房间热、湿负荷的变化情况，以及空调房间空气参数的控制和节能的要求，可选择相应的控制方式（调节规律）。

对于调节性能好的对象，如调节对象滞后小、干扰变化量较小、特征比较小的对象，可考虑选择较简单的调节器。如对于室温控制系统，当采用电加热器时，因为电加热器的热惯性很小，一通电就热起来，一断电就冷下去，当热负荷变化较小时，采用简单的双位控制就可以达到较高的控制精度，不一定要采用比例积分控制。然而，如果采用蒸汽或热水加热，因为加热器本身的热惯性比较大，从阀门的动作到室温变化需

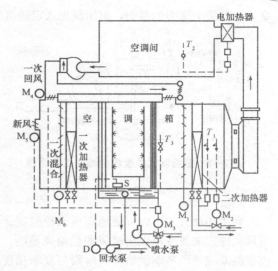

图 7-16　空调自动控制各环节

要相当长一段时间，这时用双位控制就难以保证较高的调节精度，因此，也常常采用比例控制或比例积分控制。而对于高精度（±0.1℃）空调系统，即使用比例积分微分控制也不能保证精度，说明这时已不能用蒸汽或热水加热器，而必须使用电加热器。

总之，选择某种控制方式，必须首先分析对象特性，根据对象特性大致地确定调节器的调节规律。

二、空调器的控制系统

（一）温度控制器

温度控制器是用于调节室内温度的。其基本方法是通过控制空调器的进气温度，来操作压缩机的操作开关，以达到调节温度的目的。

1. 感温筒式温度控制器

感温筒式温度控制器是在温度控制器的感温筒中，充入热膨胀系数较大的液体或气体，利用其饱和压力，使温度的变化转变为压力的变化。其规律是温度上升时压力加大，温度下降时压力变小。压力的变化通过机械装置来控制电路接点的通断。图 7-17 所示为感温筒式温度控制器的工作原理。感温筒用毛细管连通到波纹隔膜的右方，温度的变化使波纹隔膜上的压力发生变化，当温度上升时，压迫波纹隔膜向左凸出，顶住杠杆向左移动，操纵开关接点来控制温度。

2. 集成电路温度控制器

集成电路温度控制器与气液膨胀式温度控制器的作用完全相同，是利用自动控制系统来调节室内温度的。

检测室温的传感器是采用特殊半导体制成的热控管。室温变化使热控管电阻值发生变化，此信号经集成电路放大器放大，再与选定的室温相比较，以其所得的输出信号来控制继电器，使压缩机启动或停止。

3. 热动开关

热动开关从它的功能上来划分，可分为有热动簧片开关、除霜热动开关、防止冷风的热动开关、控制风量的热动开关、加热器用的热动开关和防止冻结的热动开关等。图 7-18 所示的热动簧片开关，是由感温铁氧体和磁铁等装配而成的温度传感开关。感温铁氧体受温度影响而改

变簧片开关上磁力的强弱，根据预先选定的温度，使簧片开关开、闭。

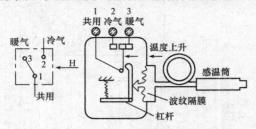

图 7-17　感温筒式温度控制器的工作原理

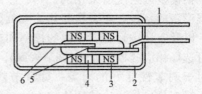

图 7-18　热动簧片开关

1—导线；2—铝壳；3—磁铁；4—感温铁氧体；
5—导线开关；6—玻璃管

利用热动开关可以方便地实现风量控制。它是用传感器检测外部气温来控制晶闸管、调节通风机速度来改变冷风或暖风的供给风量的。夏季气温高，通风机转速快，随着气温降低，转速也逐渐减慢。冬季供给暖气时则与夏季相反，气温低时，通风机的转速加快，随着气温的升高，风机的转速也相应降低。这是一种改变通风机驱动电动机输入电压的调速装置。

(二)四通阀

四通阀常用于热泵型的空调器上，用于实现制冷制热的变化，其结构原理如图 7-19 所示。

(三)保护装置

空调器中使用的全封闭型压缩机可分为往复式压缩机(活塞式压缩机)和旋转式压缩机两种。旋转式压缩机具有效率高、节约能源、质量轻、体积小等优点，近年来在家用空调器中得到广泛的应用。旋转式压缩机具有以下保护装置。

1. 防逆转装置

旋转式压缩机的压缩工序必须向单一方向旋转，电动机不能反方向旋转。因此，装有旋转式压缩机的空调器需要装设防止由于改变电源相位而逆转的防逆转装置。图 7-20 所示为装有防逆转装置的三相旋转式压缩机控制电路。

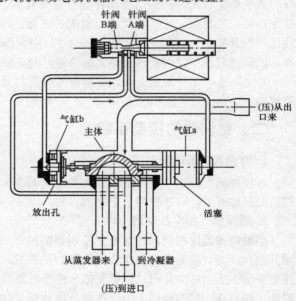

图 7-19　四通阀的结构原理

2. 启动继电器

用单相电源的电容式异步电动机驱动的压缩机启动时，通常于压缩机旋转之前在辅助线圈上短时间通电(使用启动电容器)。压缩机启动后，启动继电器转变为运转状态。启动继电器有电流式和电压式两种，空调器的压缩机驱动电动机，通常采用电压式启动继电器。图 7-21 所示为启动继电器结构。

当电动机辅助线圈电压上升时，继电器线圈通电后产生的电磁力能够吸合可动铁片，使其断开启动电路，接通运转电路，使电动机进入正常运行状态。

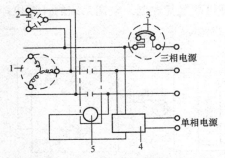

图 7-20　装有防逆转装置的三相
旋转式压缩机控制电路

1—旋转压缩机驱动电动机；2—同步补偿电容器；
3—电动机保护电器；4—防逆转装置；5—电磁接触器

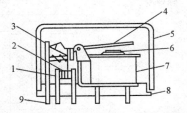

图 7-21　电压式启动继电器结构

1—固定接点；2—可动接点；3—接点板；
4—可动铁片；5—外壳；6—铁芯；
7—线圈；8—底座；9—端子

3. 过载继电器

为了防止损坏空调压缩机所使用的电动机，常采用各种保护装置，过载继电器便是其中的一种。

过载继电器有因过电流而动作的电流传感式的，也有根据电动机绕组的过热或压缩机壳体过热而动作的温度传感式的。当电动机因电源电压波动和周围环境条件变化（如温度上升、散热不良等），电流超过规定值或由于压缩机的温度过高而形成过载运行时，过载继电器便使电路断开，从而保护了电动机。

4. 压力继电器

当空调器中冷媒压力超过规定值时，压力继电器就会停止压缩机的运转。这样可以防止由于超过规定压力而造成压缩机的过负荷，保证电动机和压缩机的安全运行。压力继电器的管子接在冷媒回路的高压管路上，图 7-22 所示为压力继电器的结构。

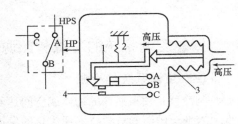

图 7-22　压力继电器的结构

1—杆；2—调整弹簧；3—膜盒；4—可动接点

系统工作时，压缩机排出的气体压缩膜盒，通过杠杆扩大其行程，断开微动开关的接点而控制电路，从而使压缩机停止运转。当膜盒外部压力下降时，膜盒膨胀，杠杆在弹簧作用下退回，接点自动复位，压缩机重新启动运转。

三、空调系统的计算机控制

空调系统计算机控制的目的，是在空调区域保持要求的参数精度或合适的舒适范围内使空调能量消耗最少，并使空调设备得以安全运行且便于维护管理。与一般自动控制相比较，计算机具有更高的可靠性和适应性，它可以预测未来的情况，以期实现更好的控制。

空调系统的最佳设计应与系统运行的最优控制结合起来，这一点是非常重要的。换言之，在保证空调精度及舒适环境的前提下，整个系统设计应该使最小系统用最低能量消耗便能在最高效率下运行。

计算机控制系统的工作基础首先是建立在正确设计和良好运行的自动化常规控制之上的。然后通过对工艺的深入分析，抓住控制对象的关键问题，再根据内在机理找出系统的控制算式或数学模型，实现计算机监控或进一步实现计算机的最优控制。空调系统的计算机控制系统如图 7-23 所示。

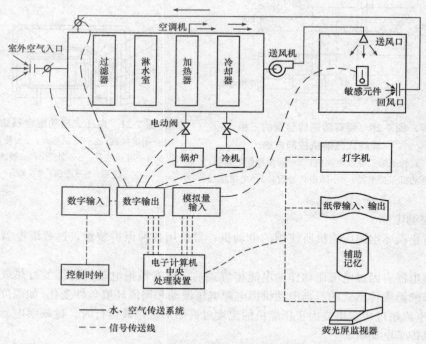

图 7-23　空调系统的计算机控制系统

四、空调系统的冷源和热源

(一)空调系统的冷源

制冷就是使自然界的物体或空间达到低于周围环境的温度，并使之维持这个温度。随着工业、农业、国防和科学技术现代化的发展，制冷技术在各个领域都得到广泛应用，特别是空气调节和冷藏，直接关系到很多部门的生产和人们生活的需要。

1. 冷源的分类

空调工程中使用的冷源，可分为天然冷源和人工冷源两类。

(1)天然冷源。天然冷源包括一切可能提供低于正常环境温度的天然事物，如天然水、深湖水、地下水等。其中，地下水是最为常用的一种天然冷源。在我国大部分地区，使用地下水喷淋空气都具有一定的降温效果，特别是在北方地区，由于地下水的温度较低(如东北地区的中北部约为 8 ℃)，可满足恒温恒湿、空调工程的需要。

地道风(包括地下隧道、人防地道及天然隧洞)也是一种天然冷源。由于夏季地道壁面的温度比外界空气的温度低得多，因此，在有条件利用时，使空气通过一定长度的地道，也能实现冷却或减湿冷却的处理过程。

(2)人工冷源。当天然冷源不能满足空调需要时，便需采用人工冷源，即运用人工的方法制取冷量。实现人工制冷的方法有很多种，按物理过程的不同可分为液体气化法、气体膨胀法、电热法、固体绝热去磁法等，不同的制冷方法适于获取不同的温度。根据制冷温度的不同，制冷技术大体上可以分为普通制冷(高于－120 ℃)、深度制冷(－120～－253 ℃)、低温和超低温制冷(-253 ℃以下)三类。

空气调节使用的制冷技术就属于普通制冷范围,主要采用液体气化制冷法,其中,以蒸汽压缩式制冷、吸收式制冷的应用最为广泛。

2. 制冷系统工作原理

制冷的本质是从被冷却的物体移走热量并传递给另一个物体,使被冷却物体的温度低于环境温度,实现制冷的过程。根据能量守恒定律,这些传递出来的热量不可能消失,因此,制冷过程必定是一个热量转移过程。由于制冷的热量转移过程必然要消耗功,因此,制冷过程就是一个消耗一定量的能量,将热量从低温物体转移到高温物体或环境中去的过程。所消耗的能量在做功的过程中也转化成热量同时排放到高温物体或环境中。

制冷过程的实现一般需要借助制冷剂。利用"液体气化要吸收热量"这一物理性质将热量从要排出热量的物体中吸收到制冷剂,又利用"气体液化要放出热量"的物理性质把制冷剂中的热量排放到环境或其他物体。由于需要排热的物体温度必然低于或等于环境或其他物体的温度,因此,要实现制冷剂相变时吸热或放热的过程,需要改变制冷剂相变时的热力工况,使液态制冷剂气化时处于低温、低压状态,而气态制冷剂液化时处于高温、高压状态。实现这种不同压力变化的过程,必定要消耗功。根据实现这种压力变化过程的途径不同,制冷形式主要可分为蒸汽压缩式、吸收式和蒸汽喷射式三种。目前,采用最多的是蒸汽压缩式制冷和吸收式制冷。

(1)蒸汽压缩式制冷。蒸汽压缩式制冷是利用液态制冷剂在一定压力和低温下吸收周围空气或物体的热量气化而达到制冷的目的。图 7-24 所示为蒸汽压缩式制冷工作原理。机组是由压缩机、冷凝器、膨胀调节阀和蒸发器四个部分组成的封闭循环系统。低温低压制冷剂气体经压缩机被压缩后,成为高压高温气体;接着进入冷凝器中被冷却水冷却,成为高压液体;再经膨胀调节阀减压后成为低温低压的液体;最终在蒸发器中吸收被冷却介质(冷冻水)的热量而气化。如此不断地经过压缩、冷凝、膨胀、蒸发四个过程,液态制冷剂不断从蒸发器中吸热而获得冷冻水,作为空调系统的冷源。

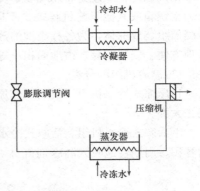

图 7-24　蒸汽压缩式制冷工作原理

制冷剂是在制冷机中进行制冷循环的工作物质。目前常用的制冷剂有氨和氟利昂。氨的单位容积制冷能力强,蒸发压力和冷凝适中,吸水性好,不溶于油,且价格低,来源广泛;但氨的毒性较大,且有强烈的刺激性气味和发生爆炸的危险,所以,其使用受到限制。氨作为制冷剂仅用于工业生产中,不宜在空调系统中应用。与氨相比,氟利昂无毒无味,不燃烧,使用安全,对金属无腐蚀作用,所以,一直被广泛应用于空调制冷系统中。但是,由于某些氟利昂类制冷剂对大气臭氧层破坏严重,因而联合国环境规划署于1987年编制了《蒙特利尔议定书》,要求逐步禁止使用多种氟利昂制冷剂,所以,新的制冷剂已经取代氟利昂,在空调制冷行业得到应用。

(2)吸收式制冷。吸收式制冷和蒸汽压缩式制冷的原理相同,都是利用液态制冷剂在一定压力和低温状态下吸热气化而制冷。但是,在吸收式制冷机组中促使制冷剂循环的方法与蒸汽压缩式制冷机组有所不同。

蒸汽压缩式制冷是以消耗机械能(电能)作为补偿;吸收式制冷是以消耗热能作为补偿,它是利用二元溶液在不同压力和温度下能够释放和吸收制冷剂的原理来进行循环的。图 7-25 所示为吸收式制冷系统工作原理。在该系统中需要有两种工艺介质:制冷剂和吸收剂。这对工艺介质之间应具备两个基本条件：

1)在相同压力下，制冷剂的沸点应低于吸收剂；

2)在相同温度条件下，吸收剂应能强烈吸收制冷剂。

目前，实际应用的工艺介质主要有两种：一种是氨-水溶液，其中，氨是制冷剂，水是吸收剂，制冷温度为 0 ℃以下；另一种

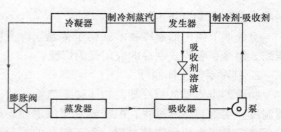

图 7-25　吸收式制冷系统工作原理

是溴化锂-水溶液，其中，水是制冷剂，溴化锂是吸收剂，制冷温度为 0 ℃以上。氨-水溶液由于构造复杂、热力系数较低及自身难以克服的物理、化学性质等因素，在空调制冷系统中很少使用，仅适用于合成橡胶、化纤、塑料等有机化学工业中。溴化锂-水溶液由于系统简单，热力系数高，且溴化锂无毒无味、性质稳定，在大气中不会变质、分解和挥发。因而，广泛地应用于酒店、办公楼等建筑的空调制冷系统中。

3. 制冷机组的分类与选择

将制冷系统中部分或全部设备组装成一个整体，称为制冷机组，也叫作冷水机组。目前广泛应用的制冷机组就是将压缩机、冷凝器、冷水用蒸发器及自控元件等组合成一个整体，专用于为空调箱或其他工艺过程提供不同温度的冷水。另外，还有压缩冷凝机组，它是将压缩机、冷凝器组装成一体，为各种类型的蒸发器提供液态制冷剂。制冷机组具有结构紧凑、使用灵活、管理方便、安装容易、占地面积小等优点，其一般被设置在专用的制冷机房或空调机房。

（1）制冷机组的分类。

1)压缩式冷水机组。根据工作原理的不同，压缩式冷水机组可分为活塞式、螺杆式、离心式三大类。

①活塞式冷水机组。活塞式冷水机组中的制冷压缩机属容积型，主要是依靠改变密闭容器的容积，周期性地吸入制冷剂气体并将其压缩，从而提高气体的压力，其工作原理如图 7-26 所示。

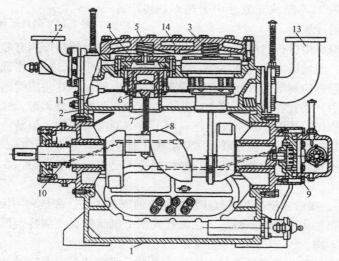

图 7-26　活塞式制冷压缩机工作原理

1—曲轴箱；2—进气腔；3—气缸盖；4—气缸套及进排气阀组合件；5—缓冲弹簧；6—活塞；
7—连杆；8—曲轴；9—油泵；10—轴封；11—油压推杆机构；12—排气管；13—进气管；14—水套

活塞式冷水机组具有用材普通、制作工艺简单、加工容易、造价低、安装方便等优点,适用于冷冻和中、小容量的空调制冷与热泵系统。但其也存在着振动较大、单机容量受到限制和机组调节性能较差的问题。

②螺杆式冷水机组。螺杆式冷水机组中的制冷压缩机也属容积型,它随着压缩机气缸体内转子的旋转,不断地使体内空间容积发生变化,周期性地吸进并压缩制冷剂气体。螺杆式冷水机组在制冷量上的应用范围介于活塞式和离心式制冷压缩机之间,适用于中型空调制冷系统和空气热源热泵系统。该机组的优点是结构简单,体积小,振动小,运行平稳、可靠,调节方便,易于维修;其缺点是润滑油系统复杂而庞大,油耗和电耗较大,低负荷运行时效率较低等。

③离心式冷水机组。离心式冷水机组中的制冷压缩机属速度型,它依靠高速旋转的叶轮产生的离心力来压缩和输送气体,并使其获得高压和高温。

离心式冷水机组具有质量轻、占地少,振动小、噪声低,运行平稳,调节性能较好,工作可靠的优点。由于它的制冷能力大,因此适用于空调耗冷量较大的系统。其缺点是用材要求高,低负荷运行时易发生喘振(易损坏机器)。

2)吸收式冷水机组。空调制冷使用的吸收式冷水机组是溴化锂吸收式制冷机。该机组是以热源为动力,可以制取 5 ℃以上冷水的制冷设备,其按热能类型分为蒸汽型吸收式冷水机组或热水型和直燃型吸收式冷水机组。

①蒸汽型或热水型吸收式冷水机组。蒸汽型或热水型吸收式冷水机组以蒸汽或热水为动力来驱动制冷系统的循环运行,适用于大、中型容量的空调制冷系统。其优点在于可充分利用余热、废热,节约电力,加工简单,操作方便,调节性能较好,噪声小等;但其使用寿命短(与压缩式比较),耗热量大,热效率低,机组造价高。

②直燃型吸收式冷水机组。直燃型吸收式冷水机组以油、燃气为动力,运用吸收法的原理,在真空状态下提供冷水。其优点是热效率高,燃料消耗少(比蒸汽型或热水型减少 40%);可以实现冷、热水机组一机两用,冬季采暖,夏季制冷,替代了锅炉和电动冷冻机,从而节约了占地面积。但该机组需要设置排烟、储油、防火系统,还必须消除结晶的可能性(否则可能导致炉膛烧毁),并须维持高真空度。

(2)制冷机组的选择。民用建筑应采用压缩式机组或吸收式机组;生产厂房及辅助建筑物,宜采用氨压缩式制冷机组,也可采用溴化锂吸收式或蒸汽喷射式制冷机组。

对大型集中空调系统,宜选用结构紧凑、占地面积小,压缩机、冷凝器、蒸发器、电动机和自控元件都安装在同一框架上的冷水机组;对小型全空气空调系统,宜采用直接蒸发式压缩冷凝机组;对有合适热源特别是有余热或废热的场所或电力缺乏的场所,宜采用吸收式制冷机组。

选择空调制冷机组时,台数不宜过多,一般不考虑备用,应与空气调节负荷变化情况及运行调节要求相适应。

制冷量为 580~1 750 kW 的制冷机房,在选用活塞式或螺杆式制冷机时,其台数不宜少于 2 台。大型制冷机房,在选用制冷量大于或等于 1 160 kW 的 1 台或多台离心式制冷机组时,宜同时设 1 台或 2 台制冷量较小的离心式、活塞式或螺杆式等压缩式制冷机组。在技术经济比较合理时,制冷机组可按热泵循环工况使用。

(二)空调系统的热源

空调系统的热源有集中供热,自备燃油、燃气、燃煤锅炉,直燃式(燃油、燃气)溴化锂吸收式冷热水机组(夏季制冷水、冬季生产空调热水),各种热泵机组(利用各种废热如工厂余热、垃圾焚烧热或空气、水、太阳能、地热等可再生能源热）。

因为空调系统要求的热媒温度低于采暖系统的热媒温度，所以，集中供热热源和自备锅炉房热源的热水或蒸汽要经过换热站制备空调专用热水后，才可送入空气处理机。下面对热泵系统的冷热联供进行简要介绍。

热泵是能实现蒸发器与冷凝器功能转换的制冷机，利用同一台热泵可以实现既供热又供冷。所有制冷机都可以用作热泵，以吸收低温的热量（输出冷量）为目的的装置叫作制冷机，以输出较高温度的热量或同时（或交替）输出冷热量为目的的装置叫作热泵。它像水泵将水从低处提升到高处一样，将热量从低温物体转移到高温物体。

1. 热泵的种类

(1)按热泵的工作原理分为机械压缩式、吸收式、蒸汽喷射式。

(2)按应用场合及大小分为小型（家用）、中型（商业或农业用）、大型（工业或区域用）。

(3)按低温热源分为空气、地表水、地下水、土壤、太阳能和各种废热。

(4)按热输出类型分为热空气、热水。

2. 热泵的应用

既需要制冷又需要制热的生产工艺过程是最适于应用热泵的。热泵冷却的过程吸取热量，将其温度升高后应用于需要加热的过程。热泵的吸热量和放热量同时都是收益，加之生产工艺过程大多是常年进行的，因而极为经济。有些场所，例如，冬季利用电厂循环冷却水的排热或回收现代化大楼内区的发热量做低温热源的热泵也属于这一类。热泵可以在不同季节交替制冷或制热，如在空调系统应用中，夏季制冷、冬季制热。

3. 热泵的节能

(1)热泵作为暖通空调热源的能源利用系数要比传统的热源方式高。表 7-5 所示为不同暖通空调热源的能源利用系数。显然，从能源利用方面看，热泵作为暖通空调的热源优于传统的热源方式。

表 7-5　不同暖通空调热源的能源利用系数

热源类型	小型锅炉房	中型锅炉房	热电联合型供热	电动热泵	燃气驱动热泵
能源利用系数	0.5	0.65~0.7	0.88	1.41	1.41

(2)热泵系统合理地利用了高位能。热泵供热系统利用高位能 W 推动一台动力机（如电动机），再由动力机来驱动工作机（如制冷压缩机）运转，工作机像泵的作用一样从低温热源（如水）吸取热量 Q，并把 Q 的温度升高至 Q_0，向暖通空调系统供出热量 $Q_k = Q_0 + W$，这样，热泵使用高位能是合理的。

(3)热泵热源是解决传统热源中矿物燃料燃烧对生态环境污染的有效途径。与燃煤锅炉相比，使用热泵平均可减少 30% 的二氧化碳排放量；与燃油锅炉相比，使用热泵二氧化碳排放量减少 68%。所以，热泵在暖通空调中的应用将会带来环境效益，对降低温室效应也有积极作用。

(4)暖通空调是热泵应用中的理想用户。热泵的制热性能系数随着供热温度的降低或低温热源温度的升高而增加，而暖通空调用热一般都是低温热量，如风机盘管只需要 50~60 ℃ 热水；同时，建筑物排放的废热总量很大，可利用价值也较高，如空调的排风均为室温，这为使用热泵创造了一定的条件。也就是说，在暖通空调工程中采用热泵，有利于提高它的制热性能系数。因此，暖通空调是热泵应用中的理想用户之一。

第五节　空调消声、空调防振及建筑防火排烟

一、空调消声

消声是通过一定手段，对噪声加以控制，使其降低到允许范围内的技术。通风与空调系统产生的噪声，当自然衰减不能达到允许的噪声标准时，应设置消声设备或采取其他消声措施。

消声器是利用声的吸收、反射、干涉等原理，降低通风与空调系统中气流噪声的装置。消声器根据不同消声原理可以分为以下几类：

（1）阻性消声器。阻性消声器是采用多孔松散材料来消耗声能从而降低噪声的消声器，如图7-27（a）所示。当声波进入消声器时，吸声材料使一部分声能转化为热能而被吸收。

（2）共振消声器。共振消声器是利用管道中的金属小孔使噪声传播的波纹频率发生变化，在消耗噪声能量的同时降低噪声，如图7-27（b）所示。

（3）抗性消声器。抗性消声器如图7-27（c）所示，气流通过截面突然改变风道时，将使沿风道传播的声波向声源方向反射回去，从而起到消声作用。

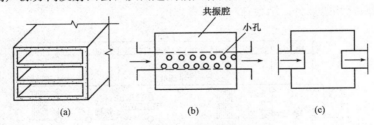

图7-27　消声器的分类
（a）阻性消声器；（b）共振消声器；（c）抗性消声器

（4）复式消声器。复式消声器又称宽频带复合式消声器，是上述三种消声器的复合体。它集中了所有消声器的性能特点，而且弥补了它们单独使用时的缺点。这种消声器对于高、中、低频噪声都有良好的消声性能。

除上述消声器外，在空调系统中还有一些不仅能消除噪声，还能起到节省空间作用的比较常用的消声构件，分别为以下几种：

（1）消声弯头。消声弯头是在普通的风管道的弯头内壁贴吸声材料，利用吸声材料消耗噪声能量。

（2）消声静压箱。消声静压箱是在通风机出风口或空气分布器前设置内壁贴吸声材料的静压箱。其不仅可以起到稳定气流的作用，还具有消除噪声的作用。

二、空调防振

空调系统的噪声除通过空气传播到室内外，还能通过建筑物的结构和基础进行传递。系统中的通风机、水泵、制冷压缩机等设备运转时，会由于转动部件的质量中心偏离轴中心而产生振动，该振动传给其支承结构（基础或楼板），并以弹性波的形式从设备基础沿建筑结构传到其

他房间，又以噪声的形式出现。通常在振源和它的基础之间设置减振构件(如弹簧减振器或橡胶、软木块等)，使从振源传到基础的振动得到一定程度的削弱。

三、建筑防火排烟

建筑物中发生火灾时，对人员生命安全造成最大威胁的当属火灾产生的烟气。因为高分子化合物燃烧产生的烟气毒性很大，直接危害人员的生命安全，而且烟气会阻碍人的视线，对疏散与扑救造成很大障碍。因此，防止火灾危害的问题，主要是解决火灾发生时的防火排烟问题。

良好的防火排烟设施与建筑设计和空调通风设计有密切关系。因此，这两方面的正确规划，对于做好建筑物的防火排烟是非常必要的。

1. 空调系统的防火设计

因为发生火灾时风道很可能成为烟气扩散的通道，空调风道直接连接各房间，而且风道的断面面积比较大，所以当发生火灾时，风道极易传播烟气。因此，以水作为热媒的空调方式，如风机盘管系统的防灾性能比较理想。但空调方式的采用，除考虑防灾性能以外，还需要考虑经济性、调节性能、耐久性及维修管理等综合因素。因此，采取可靠的防烟措施是非常必要的。据分析，一般认为在高层建筑中，一个空调系统负担 4～6 层楼层时，投资比较经济，防灾性能尚好。

空调系统的服务范围横向应与建筑物上的防火分区一致，纵向不宜超过 5 层。空调风道应尽量避免穿越分区，风道不宜穿过防火墙和变形缝。

图 7-28 所示为某百货大楼在设计时的防火、防烟分区实例。从图 7-28 中还可看出，它是将顶棚送风的空调系统和防烟分区结合在一起来考虑的。

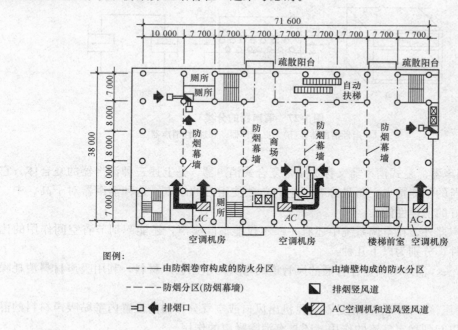

图例：
— — 由防烟卷帘构成的防火分区 ——— 由墙壁构成的防火分区
- - - - 防烟分区(防烟幕墙) ◼ 排烟竖风道
◧◀ 排烟口 ◣ AC空调机和送风竖风道

图 7-28 防火、防烟分区实例

2. 防烟、排烟设施的设置

(1)建筑的下列场所或部位应设置防烟设施：

1)防烟楼梯间及其前室；

2)消防电梯间前室或合用前室；

3)避难走道的前室、避难层(间)。

建筑高度不大于 50 m 的公共建筑、厂房、仓库和建筑高度不大于 100 m 的住宅建筑，当其防烟楼梯间的前室或合用前室符合下列条件之一时，楼梯间可不设置防烟系统：

1)前室或合用前室采用敞开的阳台、凹廊；

2)前室或合用前室具有不同朝向的可开启外窗，且可开启外窗的面积满足自然排烟口的面积要求。

(2)厂房或仓库的下列场所或部位应设置排烟设施：

1)人员或可燃物较多的丙类生产场所，丙类厂房内建筑面积大于 300 m² 且经常有人停留或可燃物较多的地上房间；

2)建筑面积大于 5 000 m² 的丁类生产车间；

3)占地面积大于 1 000 m² 的丙类仓库；

4)高度大于 32 m 的高层厂房(仓库)内长度大于 20 m 的疏散走道，其他厂房(仓库)内长度大于 40 m 的疏散走道。

(3)民用建筑的下列场所或部位应设置排烟设施：

1)设置在一、二、三层且房间建筑面积大于 100 m² 的歌舞娱乐放映游艺场所，设置在四层及以上楼层、地下或半地下的歌舞娱乐放映游艺场所：

2)中庭；

3)公共建筑内建筑面积大于 100 m² 且经常有人停留的地上房间；

4)公共建筑内建筑面积大于 300 m² 且可燃物较多的地上房间；

5)建筑内长度大于 20 m 的疏散走道。

(4)地下或半地下建筑(室)。地上建筑内的无窗房间，当总建筑面积大于 200 m² 或一个房间建筑面积大于 50 m²，且经常有人停留或可燃物较多时，应设置排烟设施。

3. 防烟、排烟方式

(1)防烟方式。防烟是指在防烟楼梯间、防烟楼梯间前室、消防电梯前室、防烟楼梯间和消防电梯合用前室、封闭避难间(层)等疏散和避难部位，通过送风加压，使其空气压力高于走道和房间的空气压力，烟气不能侵入，或通过可开启的外窗或排烟窗把烟气及时排走，以利于人员疏散。防烟方式有机械加压送风的机械防烟和可开启外窗的自然防烟。

(2)排烟方式。利用自然或机械作用力将烟气排至室外称为排烟。利用自然作用力的排烟称为自然排烟；利用机械(通风机)作用力的排烟称为机械排烟。排烟分为机械排烟和可开启外窗的自然排烟。排烟的部位有着火区和疏散通道。着火区排烟的目的是将火灾发生的烟气排到室外，降低着火区的压力，防止烟气流向非着火区，以利于着火区人员的疏散及救火人员的扑救。疏散通道的排烟是为了排除可能侵入的烟气，保证疏散通道无烟或少烟，以利于人员安全疏散及救火人员通行。

本章小结

本章主要介绍空调系统的分类、组成、选择，空调房间气流分布、空气处理设备、空气输配系统、空调消声防振及防火排烟和制冷系统。空调系统按空气处理设备的集中程度可分为集中式空调系统、半集中式空调系统和分散式空调系统。空调房间的气流分布因通过空调房间选择的送、回风口的类型及位置和风速不同而有所不同。空气处理设备有空气加热、冷却、加湿、减湿设备，空气处理室和空调机房。自动调节包括温度调节、湿度调节、气流速度调节和空气洁净度调节四个方面的内容。调节系统可分为自动锁定系统、程序调节系统和随动调节系统。常用的压缩式冷水机组有活塞式冷水机组、螺杆式冷水机组、离心式冷水机组；常用的吸收式冷水机组有蒸汽型或热水型吸收式冷水机组、直燃型吸收式冷水机组。

思考与练习

一、填空题

1. 空调系统一般由_____、_____、_____和_____四部分组成。

2. 集中式空调系统由_____、_____、_____、_____和_____组成。

3. 气流组织形式有_____、_____、_____、_____。

4. 目前广泛使用的空气加热设备主要有_____和_____两种。

5. 空气冷却设备主要有_____和_____两种。

6. 自动调节主要包括_____、_____、_____和_____四个方面的内容。

7. 调节对象是自动调节系统的服务对象，主要包括对象的_____、对象的_____和对象的_____。

8. 空调器中使用的全封闭型压缩机有_____和_____两种。

9. 消声器根据不同消声原理可以分为_____、_____、_____、_____。

10. 空调工程中使用的冷源，有_____和_____两类。

11. 根据实现这种压力变化过程的途径不同，制冷形式主要分为_____、_____和_____三种。

12. 根据工作原理的不同，压缩式冷水机组可分为_____、_____、_____三大类。

二、名词解释

热负荷　冷负荷　消声器　空气调节

三、简答题

1. 空调房间的布置有哪些要求？

4. 空调房间的送风方式主要有哪几种？

5. 常用的空气加湿设备有哪些？

6. 空调机房位置的选择和布置有哪些要求？

7. 自动调节系统可分为哪几类？

8. 空调器控制系统的保护装置有哪些？

9. 防烟、排烟设施的设置有什么要求？

第八章　建筑供配电系统

第一节　电力系统概述

由各种电压的电力线路将发电厂、变电所和电力用户联系起来的一个发电、变电、配电和用电的整体，统称为电力系统，如图 8-1 所示。

一、电力系统的组成

电力系统主要包括电源、变配电室(所)、电力网、电力用户。

1. 电源

电力系统的电源主要指发电厂。其作用是将自然界蕴藏的各种其他形式的能源转换为电能并向外输出。按其所利用的能源不同，可分为水力发电、火力发电、核能发电、风力发电、潮汐发电、地热发电和太阳能发电等，其能量转化过程：各原能源→机械能→电能。

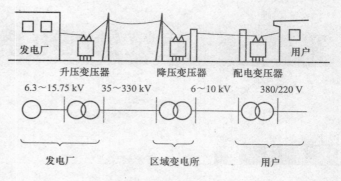

图 8-1　电力系统示意

(1)火力发电。火力发电的基本原理是在锅炉里产生高温、高压水蒸气推动汽轮机发电。火力发电的燃料可以是煤炭、石油、天然气等，甚至可能是城市垃圾。火力发电的优点是初期投资少、建设周期短并靠近电力用户；其缺点是能耗高、成本大且污染比较严重。

(2)水力发电。水力发电的基本原理是利用江河水力(具有势能)推动水轮机发电。其优点是利用广泛，可再生，无污染。某些大型的水电项目还具有防洪、灌溉、航运等综合效益。其缺点是电源往往远离用电负荷密集的地区，且可能造成一定程度的生态破坏。

(3)核能发电。核能发电的基本原理是利用核燃料(如铀 235 和铀 238)在核反应堆发生核裂变反应放出的巨大热量，将水加热为高温、高压蒸汽，推动汽轮机发电。优点是核燃料体积小，运输量小，无灰渣；其缺点是一旦核物质泄漏会造成放射性污染。

(4)风力发电。风力发电的基本原理是通过风轮(螺旋桨叶)带动发电机发电。其优点是灵活、分散且可再生，特别适用于无电网覆盖且缺乏燃料、交通不便的沿海岛屿、草原牧区等；其缺点是噪声较大且对无线通信有一定的干扰。

(5)地热发电。地热发电的原理与火力发电相似，但不需要燃料和锅炉，蒸汽来自地热资源，直接推动汽轮机发电。

(6)潮汐发电。潮汐发电的原理与水力发电相似，利用海湾、河口等作为储水库，修建拦水堤坝，涨潮时保存海水，落潮时放出海水，利用潮位落差推动水轮机发电。其优点是可再生、无污染、不占耕地，而且不像江河水电站易受枯水季节影响。

(7)太阳能发电。太阳能发电的方式可分为两种：一种是利用光电半导体的光电效应发电；另一种是将太阳光集聚到蒸汽锅炉，产生蒸汽推动汽轮机发电。太阳能发电方式往往容量较小、发电量不高。

除上述几种电源外，建筑物通常还利用柴油发电机组作为应急电源或备用电源。

在我国，绝大部分电能来自火力发电和水力发电。而在一些发达国家，核能发电、风力发电等新能源的发电量已经占到了相当大的比重。

2. 变配电室(所)

变配电室(所)是进行电压变换以及电能接受和分配的场所，简称变电室(所)。变电室(所)有升压变电所和降压变电所之分。

(1)升压变电室(所)。将国内发电厂发出的电压进行升压处理，以减少输送过程中的电压损失和电能损耗，便于电能的远距离输送。

(2)降压变电室(所)。将电力系统的高电压进行降压处理，便于用电户电气设备的使用。在电力系统中，把仅仅进行电能的接受和分配，没有电压变换功能的场所作为配电站或配电所。

3. 电力网

电力网是连接发电厂和用户的中间环节，主要作用是变换电压、传送电能。其一般由变电所、配电所及与之相连各种电压等级的电力线路组成。

(1)变电所、配电所。为了实现电能的经济输送和满足用电设备对电压的要求，需要对发电机发出的电压进行多次的变换。变电所就是接受电能、变换电压的场所。根据任务不同，变电所分为升压变电所和降压变电所两大类。

单纯用来接受和分配电能而不改变电压的场所称为配电所。一般变电所和配电所建在同一地点。

(2)电力线路。电力线路是输送电能的通道，一般分为输电线路和配电线路。发电厂生产的电能通过各种不同电压等级的电力线路源源不断输送到电力用户，其是发电厂、变电所和电力用户之间的联系纽带。

通常，将 35 kV 及以上的高压电力线路称为输电线路；把发电厂生产的电能直接分配给用户或由降压变电所分配给用户的 10 kV 及以下的电力线路称为配电线路。如果用户电压是 380 V/220 V，则供电线路称为低压配电线路；如果用户是高压电气设备，则供电线路称为高压配电线路。

4. 电力用户

电力用户是指一切消耗电能的用电设备，它们将电能转化为其他形式的能量，以实现某种功能。据统计，用电设备中 70% 是电动机类设备，20% 是照明设备。

电力用户根据供电电压可分为高压用户和低压用户，高压用户的额定电压在 1 kV 以上，低压用户的额定电压一般为 380 V/220 V。

二、电力系统的电压和频率

1. 电压等级

电力系统中不同用途的电力网需要有不同的电压等级。对于输电线路，在输送功率和距离一定的情况下，提高输电电压可以减小线路电流，这样既可以减少线路上的电能损失和电压损失，又可以减小导线截面；但同时电压越高对线路的绝缘要求越高，变压器和开关设备的价格越高。因此，选择电压等级要权衡经济和技术两个重要因素。但从用电角度来看，为了人身安全和降低用电设备的制造成本，在满足要求的前提下，以电压低一些为好。

根据我国规定，交流电力网的额定电压等级有 220 V、380 V、3 kV、6 kV、10 kV、35 kV、110 kV、220 kV、330 kV、500 kV 等。习惯上将 1 kV 及以上的电压称为高压，1 kV 以下的电压称为低压。

2. 各种电压等级的适用范围

在我国电力系统中，220 kV 及以上的电压等级都用于大电力系统的主干输电线，输送距离为几百千米；110 kV 电压等级用于中、小电力系统的主干输电线，输送距离为 100 km 左右；35 kV 电压等级用于电力系统的二次电网中及大型工厂的内部供电，输送距离为 30 km 左右；6～10 kV 电压等级用于送电距离 10 km 左右的城镇和工业与民用建筑施工供电；电动机、照明等用电设备，一般采用 380 V/220 V 三相四线制供电。

3. 额定电压和频率

电气设备如要正常工作，则需要有适宜的电压和频率。系统的电压和频率会直接影响电气设备的运行。因此，电压和频率是衡量电力系统电能质量的两个基本参数。我国规定，一般交流电力设备的额定频率(俗称工频)为 50 Hz，允许偏差为 ±0.5 Hz。

电气设备在使用时所接受的实际电压与额定电压相同时才能获得最佳的经济效果。如与其额定电压有偏移时，其运行特性将会恶化。例如，白炽灯在低于额定值 10% 电压下运行，其使用寿命会大大增长，但其光通量较额定电压时降低了 30% 左右。反之，升高电压 10%，则其光通量增加 80%，但其使用寿命却将缩短 70%。

在供电网络的所有运行方式中，维持电气设备的端电压不变并等于它们的额定值，事实上是很困难的。因此，在网络设计和运行时，必须规定用电设备端电压的容许偏移值。根据我国现行规定，在配电设计中，电压偏移一般按表 8-1 的要求验算。

表 8-1　用电设备端子电压偏移允许值

名称	电压偏移允许值/%	名称	电压偏移允许值/%
照明： 视觉要求较高的场所 一般工作场所 事故照明、道路 和警卫照明	+5～-2.5 +5～-6 +5～-10	电动机： 在正常情况下 在特殊情况下	+5～-5 +5～-10
		其他用电设备 无特殊要求时	+5～-5

注：对于远离变电所的小面积工作场所，允许为±10%。

三、电力负荷的分级与其供电电源的要求

在电力系统中，所谓的负荷，是指用电设备所消耗的功率或线路中通过的电流。按用电设备的可靠性和中断供电所造成的损失或影响程度，负荷可分为一级负荷、二级负荷和三级负荷。

1. 一级负荷

一级负荷是指突然中断供电将引起人身伤亡，造成重大影响或重大损坏，将影响有重大政治意义、经济意义的用电单位的正常工作，或造成公共场所秩序严重混乱的负荷。例如，重要通信枢纽、重要交通枢纽、重要的经济信息中心、特级或甲级体育建筑、国宾馆、国家级及承担重大国事活动的会堂及经常用于重要国际活动的大量人员集中的公共场所等用电单位的重要电力负荷。

在一级负荷中，当中断供电将造成重大设备损坏，发生中毒、爆炸和火灾等情况的负荷，以及特别重要场所中不允许中断供电的负荷，应视为一级负荷中特别重要的负荷。

一级负荷应由两个电源供电，当一个电源发生故障时，另一个电源不应同时损坏。

对于一级负荷中的特别重要负荷，应增设应急供电系统，并严禁将其他负荷接入应急供电系统。

2. 二级负荷

二级负荷是指中断供电时，将造成较大影响或损失，影响重要用电单位的正常工作或造成公共场所秩序混乱的电力负荷。二级负荷的供电系统宜由两回线路供电。在负荷较小或地区供电条件困难时，二级负荷可由一回路 6 kV 及以上专用的架空线路或电缆供电，应采用两个电缆组成的线路供电，其每根电缆应能承受 100% 的二级负荷。

3. 三级负荷

不属于一、二级的电力负荷，统称为三级负荷。三级负荷为一般负荷。

三级负荷属于不重要负荷，对供电电源无特殊要求。

四、电能质量

电压和频率是衡量电能质量的两个基本参数，电力系统的电压和频率直接影响电气设备的运行，我国一般交流电力设备的额定频率为 50 Hz，称为工频，频率的偏差一般不得超过±0.5 Hz，电力系统容量在 30 000 MW 以上时，其偏差不得超过±0.2 Hz。频率的调整主要依靠发电厂。

对于民用供电系统来说，提高电能质量主要是提高电压质量的问题，一般所指的电压质量指标主要有以下几种：

1. 电压偏移

电压偏移是指设备的端电压与其额定电压有偏差。常用设备电压偏移的范围：对于一般电动机和一般工作场所照明，可为$-5\%\sim+5\%$；对于远离变电所的小面积一般工作场所，可为$-10\%\sim+5\%$；对于应急照明、景观照明、道路照明和警卫照明，宜为$-10\%\sim+5\%$。电压偏低会明显缩短电动机的使用寿命，影响白炽灯的发光效率，导致荧光灯不易点燃。电压偏高也会不同程度地缩短白炽灯、荧光灯和电动机的使用寿命。常用的减小电压偏移的方法有正确选择变压器的变压比和电压分接头，应降低系统阻抗，合理补偿无功功率，尽量使三相荷载平衡。

2. 电压波动

电压的波动将对电路产生不良影响，一般控制在额定电压的$\pm5\%$以内。

(1)对异步电动机的影响。电压波动过大，则电动机的额定功率锐减。例如，如果电压下降了10%，电动机的转矩只剩81%，而负荷电流将增大$5\%\sim10\%$，温升将提高$5\%\sim15\%$，绝缘老化将加速一倍以上，且电动机寿命将会缩短。若电动机仍按满载运行，时间长了就会被烧毁。

(2)对照明的影响。对白炽灯的影响较大，电压下降10%，则发光效率下降30%以上，寿命却可以延长$2\sim3$倍。如果电压升高10%，则发光效率将提高$1/3$，而寿命也只有原来的$1/3$。

五、用电负荷计算

用电负荷的大小不但是选择变压器容量的依据，而且是供配电线路导线截面、控制及保护电器选择的依据。用电负荷计算的正确与否，将直接影响变压器、导线截面和保护电器的选择是否合理，它关系到供电系统能否经济合理、可靠安全地运行。

目前，较常用的负荷计算方法有需要系数法、利用系数法、二项式法、单位面积功率法和单位指标法，施工现场通常采用估算法。负荷计算的方法一般可按下列原则选取：在方案设计阶段，可采用单位指标法；在初步设计及施工图设计阶段，宜采用需要系数法；对于住宅，在设计的各个阶段均可采用单位指标法；当用电设备台数较多，各台设备容量相差不悬殊时，宜采用需要系数法，如干线、配变电室(所)的负荷计算等；当用电设备台数较少，各台设备容量相差悬殊时，宜采用二项式法，如支干线和配电屏(箱)的负荷计算等。

(一)设备功率的确定

进行负荷计算时，需将用电设备按其性质分为不同的用电设备组，然后确定设备功率。

用电设备的额定功率P_N或额定容量S_N是指铭牌上的数据。对于不同负荷持续率下的额定功率或额定容量，应换算为统一负荷持续率下的有功功率，即设备功率P_s。

(1)连续工作制电动机的设备功率P_s等于其铭牌上的额定功率P_N。

(2)断续或短时工作制电动机(如起重用电动机等)的设备功率是指将额定功率换算为统一负荷持续下的有功功率。

当采用需要系数法或二项式法计算负荷时，应统一换算到负荷持续率ε为25%以下的有功功率(kW)，其换算关系如下：

$$P_s = P_N\sqrt{\frac{\varepsilon_N}{0.25}} = 2P_N\sqrt{\varepsilon_N} \tag{8-1}$$

当采用利用系数法计算负荷时，应统一换算到负荷持续率ε为100%以下的有功功率(kW)，其换算关系如下：

$$P_s = P_N \sqrt{\varepsilon_N}$$

(8-2)

式中　P_s——设备功率(kW)；

　　　P_N——电动机额定功率(kW)；

　　　ε_N——电动机额定负荷持续率。

（3）电焊机的设备功率是指将额定容量换算到负荷持续率 ε 为 100% 以下时的有功功率(kW)，其换算公式为

$$P_s = s_N \sqrt{\varepsilon_N} \cos\varphi$$

(8-3)

式中　s_N——电焊机的额定容量(kV·A)；

　　　$\cos\varphi$——功率因数。

（4）整流器的设备功率是指额定直流功率。

（5）成组用电设备的设备功率是指不包括备用设备在内的所有单个用电设备的设备功率之和。

（6）照明设备功率是指灯泡上标出的设备功率，对于荧光灯及高压汞灯等还应计入镇流器的功率损耗（荧光灯加 20%，荧光高压汞灯、高压钠灯及镝灯加 8%）。

（二）用需要系数法确定计算负荷

用电设备组的计算负荷。

有功计算负荷(kW)：

$$P_{js} = K_x P_s$$

(8-4)

无功计算负荷(kW)：

$$Q_{js} = P_{js} \tan\varphi$$

(8-5)

视在计算负荷(kW)：

$$S_{js} = \sqrt{P_{js}^2 + Q_{js}^2}$$

(8-6)

式中　P_s——用电设备组的设备功率(kW)；

　　　K_x——需要系数，见表8-2～表8-4；

　　　$\tan\varphi$——用电设备功率因数的正切值，用电设备功率因数 $\cos\varphi$ 见表8-2、表8-3和表8-5。

表8-2　各类设备负荷需要系数及功率因数

负荷名称	规模	需要系数(K_x)	功率因数($\cos\varphi$)	备注
照明	面积＜500 m²	1～0.9	0.9～1	含插座容量，荧光灯就地补偿或采用电子镇流器
	500～3 000 m²	0.9～0.7	0.9	
	3 000～15 000 m²	0.75～0.55		
	＞15 000 m²	0.6～0.4		
	商场照明	0.9～0.7	—	
冷冻机房、锅炉房	1～3 台	0.9～0.7	0.8～0.85	
	＞3 台	0.7～0.6		
热力站、水泵房、通风机	1～5 台	1～0.8	0.8～0.85	
	＞5 台	0.8～0.6		
电梯	—	0.18～0.22	0.7(交流梯) 0.8(直流梯)	
自动扶梯，步行道，传输设备	—	0.6	0.5	

负荷名称	规模	需要系数(K_x)	功率因数($\cos\varphi$)	备注
卷帘门	—	0.6	0.7	
实验室电力	—	0.2～0.4	0.6	
医院电力	—	0.4～0.5	0.6	
弱电等控制用电	—	0.8	0.8	
洗衣机房、厨房	≤100 kW	0.4～0.5	0.8～0.9	
	>100 kW	0.3～0.4		
窗式空调	4～10 台	0.8～0.6	0.8	
	10～50 台	0.6～0.4		
	50 台以上	0.4～0.3		
舞台照明	<200 kW	1～0.6	0.9～1	
	>200 kW	0.6～0.4		

注：1. 一般动力设备为 3 台及以下时，需要系数取为 $K_x=1$。

2. 照明负荷需要系数的大小与灯的控制方式和开启率有关。大面积集中控制的灯比相同建筑面积的多个小房间分散控制的灯的需要系数大。插座容量的比例大时，需要系数的选择可以偏小些。

表 8-3 旅游宾馆需要系数及功率因数

序号	负荷名称	需要系数 K_x		自然平均功率因数 $\cos\varphi$	
		平均值	推荐值	平均值	推荐值
1	全馆总负荷	0.45	0.4～0.5	0.84	0.8
2	全馆总照明	0.55	0.5～0.6	0.82	0.8
3	全馆总电力	0.4	0.35～0.45	0.9	0.85
4	冷冻机房	0.65	0.65～0.75	0.87	0.8
5	锅炉房	0.65	0.6～0.7	0.86	0.8
6	水泵房	0.65	0.6～0.7	0.83	0.8
7	风机	0.65	0.6～0.7	0.86	0.8
8	电梯	0.2	0.18～0.22	直流 0.5 交流 0.8	直流 0.4 交流 0.8
9	厨房	0.4	0.35～0.46	0.7～0.75	0.7
10	洗衣机房	0.3	0.3～0.35	0.6～0.65	0.7
11	窗式空调	0.4	0.35～0.45	0.8～0.85	0.8
12	总同时系数 K_Σ	0.4	0.35～0.45	0.8～0.85	0.8

表 8-4 民用建筑照明负荷需要系数 K_Σ

建筑类别	K_x	建筑类别	K_x
一般旅馆、招待所	0.7～0.8	一般办公楼	0.7～0.8
高级旅馆、招待所	0.6～0.7	高级办公楼	0.6～0.7
旅游宾馆	0.35～0.45	科研楼	0.8～0.9

建筑类别	K_x	建筑类别	K_x
电影院、文化馆	0.7～0.8	发展与交流中心	0.6～0.7
剧场	0.6～0.7	教学楼	0.8～0.9
礼堂	0.5～0.7	图书馆	0.6～0.7
体育练习馆	0.7～0.8	托儿所、幼儿园	0.8～0.9
体育馆	0.65～0.75	小型商业、服务业用房	0.85～0.9
展览厅	0.5～0.7	综合商业、服务楼	0.75～0.85
门诊楼	0.6～0.7	食堂、餐厅	0.8～0.9
一般病房楼	0.5～0.6	火车站	0.75～0.78
锅炉房	0.9～1	博物馆	0.8～0.9
单位宿舍楼	0.6～0.7	—	—

表 8-5　照明用电设备的 $\cos\varphi$ 与 $\tan\varphi$

光源类别	$\cos\varphi$	$\tan\varphi$	光源类别	$\cos\varphi$	$\tan\varphi$
白炽灯、卤钨灯	1.0	0	高压钠灯	0.45	1.98
荧光灯(无补偿)	0.55	1.52	金属卤化物灯	0.4～0.61	2.29～1.29
荧光灯(有补偿)	0.9	0.48	镝灯	0.52	1.6
高压水银灯 (50～175 W)	0.45～0.5	1.98～1.73	氙气灯	0.9	0.48
高压水银灯 (200～1 000 W)	0.65～0.67	1.16～1.10	霓虹灯	0.4～0.5	2.29～1.73

确定用电设备组计算负荷时，应注意以下几点。

(1)单相负荷应均衡地分配到三相上。当无法使三相完全平衡，且最大一相与最小一相的负荷之差大于三相总负荷的 10%时，应取最大一相负荷的 3 倍作为等效三相负荷计算，否则按三相对称负荷计算。

(2)同类设备的计算容量，可以将设备容量的算数和乘以需要系数。不同类型的设备的视在功率，应按式(8-6)将其有功负荷和无功负荷分别相加后求其均方根。

(3)配电干线或变电所的计算负荷。

有功计算负荷(kW)：

$$P_{js} = K_{\sum p} \sum (K_x P_s) \tag{8-7}$$

无功计算负荷(kW)：

$$Q_{js} = K_{\sum q} \sum (K_x P_s \tan\varphi) \tag{8-8}$$

视在计算负荷(kW)：

$$S_{js} = \sqrt{P_{js}^2 + Q_{js}^2} \tag{8-9}$$

式中　$K_{\sum p}, K_{\sum q}$——有功功率、无功功率同时系数，分别取 0.8～0.9 和 0.93～0.97。

式中其他符号意义同前。

(4)配电所或总降压变电所的计算负荷：

配电所或总降压变电所的计算负荷为各变电所计算负荷之和再乘以同时系数 $K_{\sum p}$ 和 $K_{\sum q}$。

对配电所的 $K_{\sum p}$、$K_{\sum q}$，分别取 0.85～1 和 0.95～1；对总降压变电所的 $K_{\sum p}$、$K_{\sum q}$，分别取 0.8～0.9 和 0.93～0.97。

当简化计算时，$K_{\sum p}$、$K_{\sum q}$ 都取 $K_{\sum p}$ 值。

(三)用单位面积功率法确定计算负荷

单位面积功率法确定计算负荷的公式如下：

$$P_{js}=\frac{K_s \cdot A}{1\ 000} \tag{8-10}$$

式中　P_{js}——有功计算负荷(kW)；

A——建筑面积(m^2)；

K_s——负荷密度(W/m^2 或 VA/m^2)，见表 8-6～表 8-8。

表 8-6　各类建筑物单位面积推荐负荷指标

建筑类别	用电指标/(W·m^{-2})	建筑类别	用电指标/(W·m^{-2})
公寓	30～50	医院	40～60(无中央空调)，70～90
旅馆	40～70	高等学校	20～40
办公	40～80	中小学	12～20
商业	一般：40～80	展览馆	50～80
	大、中型：70～130		
体育	40～70	演播室	250～500
剧场	50～80	汽车库	8～15

注：当空调冷水机组采用直燃机时，用电指标一般比采用电动压缩机制冷时的用电指标降低 25～35 V·A/m^2。表 8-6 中所列用电指标的上限值是指定空调采用电动压缩机制冷时的数值。

表 8-7　各种车间照明和通风机用电指示

车间名称	通风电动机/[kW·(10 m)$^{-3}$]	照明		车间名称	通风电动机/[kW·(10 m)$^{-3}$]	照明	
		高度/m	指标/(W·m^{-2})			高度/m	指标/(W·m^{-2})
铸工	0.8～1.7	6～10	6.6	煤气站	—	3～6	5～7
锻工	0.5～2.0	11～15	5.4	氧气站	—	3～5	5～6
热处理	1.4～3.3	3～6	4.7	水泵房及空压站	—	3～5	5.4
冷处理	0.1～0.4	7～15	4.7	锅炉房	—	3～5	4.8
金工	0.12～0.33	3～6	6～7.7	试验站	—	7～25	5.5
木工	0.5～1.2	3～6	6.6	仓库	0.02	3～6	4.2
废钢	—	6～8	1.74	易燃品库	0.6	3～6	4.50
电镀	5～12	3～5	3.5～4	食堂		3～4	4.5
工厂试验室	4.7	3～5	5～7	车间福利建筑		3～5	5.4
工厂办公室	0.5～0.7	3～5	5～6	宿舍		3～5	3.5～4
中央试验室	0.7～1.2	3～6	5～6	厂区照明		4.5～6.5	0.075

表 8-8　旅游旅馆的负荷客度及单位指标值表

用电设备组名称	$K_a/(W \cdot m^{-2})$		$K_n/(W \cdot 床^{-1})$	
	平均	推荐范围	平均	推荐范围
全馆总负荷	72	65～79	2 242	2 000～2 400
全馆总照明	15	13～17	928	850～1 000
全馆总电力	56	50～62	2 366	2 100～2 600
冷冻机房	17	15～19	969	870～1 100
锅炉房	5	4.5～5.9	156	140～170
水泵房	1.2	1.2	43	40～50
风机	0.3	0.3	28	25～30
电梯	1.4	1.4	28	25～30
厨房	0.9	0.9	55	30～60
洗衣机房	1.3	1.3	48	45～
窗式空调	10	10	357	320～400

(四)用单位指标法确定计算负荷

单位指标法确定计算负荷的公式如下：

$$P_{js} = \frac{K_n \cdot N}{1000} \tag{8-11}$$

式中　P_{js}——有功计算负荷(kW)；

$\quad\quad K_n$——单位指标，如 W/床、W/人、W/户，见表 8-8；

$\quad\quad N$——床数、人数或户数。

(五)用二项式法确定计算负荷

二项式法是考虑用电设备的数量和大容量用电设备对计算负荷影响的经验公式。一般应用在用电设备数量较少和容量差别大的配电箱及支干线的负荷计算，以弥补需要系数法的不足之处。但是，二项式系数过分突出最大用电设备容量的影响，其计算负荷往往较实际偏大。

(1)单个用电设备组的计算负荷：

$$P_{js} = cP_n + bP_a \tag{8-12}$$

$$Q_{js} = P_{js}\tan\varphi \tag{8-13}$$

(2)多个用电设备组的计算负荷：

$$P_{js} = (cP_n)_{max} + \sum bP_{js} \tag{8-14}$$

$$Q_{js} = (cP_n)_{max}\tan\varphi + \sum(bP_s\tan\varphi) \tag{8-15}$$

(3)4 台以下设备的用电设备组的计算负荷：

$$P_{js} = K_j P_s \tag{8-16}$$

$$Q_{js} = P_{js}\tan\varphi \tag{8-17}$$

(4)计算负荷的视在功率：

$$S_{js} = \sqrt{P_{js}^2 + Q_{js}^2} \tag{8-18}$$

式中　P_{js}，Q_{js}，S_{js}——用电设备组的有功、无功、视在计算负荷(kW、kvar、kV·A)；

$\quad\quad P_s$——用电设备组的设备功率；

P_n——用电设备组中 n 台最大功率用电设备的设备功率(kW)，n 值见表8-9；

c，b——二项式系数，见表8-9；

$\tan\varphi$——用电设备组的功率因数角的正切值，见表8-9；

$(cP_n)_{max}$——各用电设备组的附加功率 cP_n 中的最大值(kW)，如查每组中的用电设备数量小于 n 时，则取小于 n 的两组或更多组中最大的用电设备组附加功率总和；

$\tan\varphi$——与 $(cP_n)_{max}$ 相应的功率因数角的正切值；

K_j——计算系数，见表8-10。

表8-9 二项式系数、功率因数及功率因数角的正切值

负荷种类	用电设备组名称	计算公式二项式系数	$\cos\varphi$	$\tan\varphi$
长期运转机械	通风机、泵、电动/发电机	$0.25P_5+0.65P_s$	0.8	0.75
反复短时负荷	锅炉、装配、机修的起重机	$0.2P_3+0.05P_s$	0.5	1.73
	铸造车间的起重机	$0.3P_3+0.09P_s$	0.5	1.73
	平炉车间的起重机	$0.3P_3+0.11P_s$	0.5	1.73
	压延、脱模、修整间的起重机	$0.3P_3+0.18P_s$	0.5	1.73
电热设备	定期装料电阻炉	$0.5P_1+0.5P_s$	1	0
	自动连续装料电阻炉	$0.3P_2+0.7P_s$	1	0
	实验室小型干燥箱、加热器	$0.7P_s$	1	0
	熔炼炉	$0.9P_s$	0.87	0.56
	工频感应炉	$0.8P_s$	0.35	2.67
	高频感应炉	$0.8P_s$	0.6	1.33
电镀用	硅整流装置	$0.35P_3+0.5P_s$	0.75	0.88

表8-10 4台及以下设备的用电设备组的计算系数

用电设备名称	$\cos\varphi$	K_j		
		2台	3台	4台
连续运输机械	0.75	1.01	0.94	0.87
通风机、泵、电动/发电机组	0.8	1.09	1.02	0.96
直流弧焊机(手动)	0.6	0.8	0.73	0.67
交流弧焊机(手动)	0.4	0.57	0.51	0.48
点焊机及缝焊机	0.6	0.57	0.51	0.48
电阻炉、干燥箱、加热器	1	1	1	0.85

(六)单相负荷计算

有些设备是单相用电的，如电焊机、对焊机等。单相用电设备的接入应尽可能使三相电力变压器的三相负荷均衡。但有些较大的单相用电设备接于一相时(或接于线电压时)，往往会造成三相负荷的不平衡。在单相负荷与三相负荷同时存在时，应将单相负荷换算为三相负荷，再与三相负荷相加。

(1)单相负荷换算为等效三相负荷的一般方法。对于既有线间负荷，又有相负荷的情况，计算步骤如下：

1)先将线间负荷换算为相负荷，各相负荷分别为

a 相：
$$P_a = P_{ab}p_{(ab)a} + P_{ca}q_{(ca)a} \tag{8-19}$$
$$Q_a = P_{ab}p_{(ab)a} + P_{ca}q_{(ca)a} \tag{8-20}$$

b 相：
$$P_b = P_{ab}p_{(ab)b} + P_{bc}q_{(bc)a} \tag{8-21}$$
$$Q_b = P_{ab}p_{(ab)b} + P_{bc}q_{(bc)b} \tag{8-22}$$

c 相：
$$P_c = P_{bc}p_{(bc)c} + P_{ca}q_{(ca)c} \tag{8-23}$$
$$Q_c = P_{bc}p_{(bc)c} + P_{ca}q_{(ca)c} \tag{8-24}$$

式中　P_{ab}，P_{bc}，P_{ca}——接于 ab、bc、ca 线间负荷(kW)；

P_a，P_b，P_c——换算 a、b、c 相有功负荷(kW)；

Q_a，Q_b，Q_c——换算 a、b、c 相有功负荷(kvar)；

$p_{(ab)a}$，$q_{(ab)a}$，……——接于 ab、……线间负荷换算为 a、……相负荷的有功及无功换算系数，见表 8-11。

表 8-11　线间负荷换算为相负荷的有功及无功换算系数

换算系数	负荷功率因数								
	0.35	0.4	0.5	0.6	0.65	0.7	0.8	0.9	1.0
$p_{(ab)a}$，$p_{(bc)b}$，$p_{(ca)c}$	1.27	1.17	1.0	0.89	0.84	0.8	0.72	0.64	0.5
$p_{(ab)b}$，$p_{(bc)c}$，$p_{(ca)a}$	−0.27	−0.17	0	0.11	0.16	0.2	0.28	0.36	0.5
$q_{(ab)a}$，$q_{(bc)b}$，$q_{(ca)c}$	1.05	0.86	0.58	0.38	0.3	0.22	0.09	−0.05	−0.29
$q_{(ab)b}$，$q_{(bc)c}$，$q_{(ca)a}$	1.63	1.44	1.16	0.96	0.88	0.8	0.67	0.53	0.5

2)各相负荷分别相加，选出最大相负荷，取其 3 倍作为等效三相负荷。

(2)单相负荷换算为等效三相负荷的简化方法：

1)只有线间负荷时，将各线间负荷相加，选取较大两相数据进行计算。现以 $P_{ab} \geqslant P_{bc} \geqslant P_{ca}$ 为例：

$$P_d = \sqrt{3}P_{ab} + (3 - \sqrt{3})P_{bc} = 1.73P_{ab} + 1.27P_{bc} \tag{8-25}$$

当 $P_{ab} = P_{bc}$ 时：
$$P_d = 3P_{ab} \tag{8-26}$$

当只有 P_{ab} 时：
$$P_d = \sqrt{3}P_{ab} \tag{8-27}$$

式中　P_{ab}、P_{bc}、P_{ca}——接于 ab、bc、ca 线间负荷(kW)；

P_d——等效三相负荷(kW)。

2)只有相负荷时，等效三相负荷取最大相负荷的 3 倍。

3)当多台单相用电设备的设备功率小于计算范围内三相负荷设备功率的 15％时，按三相平衡负荷计算，不必换算。

(七)估算法确定计算负荷

根据施工现场用电设备的组成状况及用电量的大小等，进行电力负荷的估算。一般采用下列经验公式：

$$S_\Sigma = K_{\Sigma 1}\frac{\sum P_1}{\eta\cos\varphi_1} + K_{\Sigma 2}\sum S_2 + K_{\Sigma 3}\frac{\sum P_3}{\cos\varphi_3} \tag{8-28}$$

式中　S_Σ——施工现场电力总负荷(kV·A)；

P_1，$\sum P_1$——动力设备上电动机的额定功率及所有动力设备上电动机的额定功率之和（kW）；

S_2，$\sum S_2$——电焊机的额定功率及所有电焊机的额定容量之和（kV·A）；

$\sum P_3$——所有照明电器的总功率（kW）；

$\cos\varphi_1$，$\cos\varphi_3$——电动机及照明负荷的平均功率因素，其中，$\cos\varphi_1$ 与同时使用的电动机的数量有关，$\cos\varphi_3$ 与照明光源的种类有关，在白炽灯占绝大多数时，可取 1.0，具体见表 8-12；

η——电动机的平均效率，一般为 0.75~0.93；

$K_{\Sigma 1}$，$K_{\Sigma 2}$，$K_{\Sigma 3}$——同时系数，考虑到各用电设备不同时运行的可能性和不满载运行的可能性所设的系数。

在使用上面公式进行建筑工程施工现场负荷计算时，还可参考表 8-12 施工现场照明用电量估算参考值。在施工现场，往往是在动力负荷的基础上再加 10% 作为照明负荷。

表 8-12　施工现场照明用电量估算参考

序　号	用电名称	容量/ (W·m^{-2})	序　号	用电名称	容量/ (W·m^{-2})
1	混凝土及灰浆搅拌站	5	10	混凝土浇灌工程	1.0
2	钢筋加工	8~10	11	砖石工程	1.2
3	木材加工	5~7	11	砖石工程	1.2
4	木材模板加工	3	13	安装和铆焊工程	3.0
5	仓库及棚仓库	2	14	主要干道	2 000 W/km
6	工地宿舍	3	15	非主要干道	1 000 W/km
7	变配电所	10	16	夜间运输、夜间不运输	1.0、0.5
8	人工挖土工程	0.8	17	金属结构和机电修配等	
9	机械挖土工程	1.0	18	警卫照明	1 000 W/km

第二节　变配电室(所)和自备应急电源

建筑供电系统由高压电源、变配电所和输配电线路组成。变配电所的主要任务是用来变换供电电压，集中和分配电能，并实现对供电设备和线路的控制与保护。

一、变配电室(所)

(一)变配电室(所)的基本组成与类型

1. 变配电室(所)的基本组成

变配电室(所)包括变压器和配电装置两部分，主要设备由电力变压器、高压开关柜（断路器、电流互感器、计量仪表等）、低压开关柜（隔离刀闸、空气开关、电流互感器、计量仪表等）、母线及电缆等组成。根据变配电室（所）的布置要求，应设置变压器室、高压配电室、低压配电室。

2. 变配电所的类型

变配电所按设置的位置可分为以下几种：

（1）独立式变配电所。独立式变配电所设置在独立的建筑物内。其造价高，供电可靠性好，适于对几个分散建筑物供电。现在还有一种新型的箱式变配电站，它将高、低压配电装置及变压器集中安装在一个大型防护箱内，其特点是结构紧凑，体积小，安装方便，维修也方便。此种变电所多用于对环境有一定要求的住宅小区。

（2）附设变配电所。附设变配电所设置在与车间等主要建筑物相毗连的建筑物内。

（3）户内变配电所。户内变配电所设置在建筑物的地下室或设备层。此种变配电所不但供电可靠性好，且便于管理，不影响环境美观，但要占用一定的建筑面积。对于一般高层和大型民用建筑均采用。

（4）户外杆上或台上变配电所。将容量较小的变压器（315 kV·A及以下）安装在室外电杆上或者台墩上。其通风良好，造价低，但有碍于周围的环境。一般用于环境允许的中、小城镇居民区和工厂生活区。

（二）变配电室（所）位置的选择

根据《民用建筑电气设计标准》（GB 51348—2019）的规定，建筑物或建筑群变配电室（所）位置的确定应符合下列要求：

（1）深入或接近负荷中心。

（2）进出线方便。为设计、施工、管理带来最大便利，且节约投资。

（3）接近电源侧。避免外线过长而对安全、投资、占地等各方面产生不利影响。

（4）设备吊装、运输方便。不但考虑初次安装，还要考虑日后维修更换的运输通道。

（5）不宜设在有剧烈振动的场所，以免对变配电设备的安全构成威胁。

（6）不宜设在多尘、水雾（如大型冷却塔）或有腐蚀性气体的场所，如无法远离，不应设在污染源的下风侧，以保证变配电设备的可靠运行。

（7）不应设在厕所、浴室、厨房或其他经常积水场所的正下方，且不宜与上述场所贴邻。如果贴邻，相邻隔墙应做无渗漏、无结露等防水措施。

（8）变配电室（所）为独立建筑时，不宜设在地势低洼和可能积水的场所。

（9）配变电所设置在建筑物的地下层时，不宜设置在最底层，当设置在最底层时，应采取适当抬高该所地面等防水措施。并应避免洪水、消防水或积水从其他渠道淹渍配变电所的可能性。

（10）配变电所设置在地下层时，宜选择在通风、散热、防潮条件较好的场所。且还宜加设机械通风及去湿设备。

（11）民用建筑内附配变电所，宜设置在一层或地下层，但当供电负荷较大，供电半径较长时，也可分设在某些楼层、屋顶层、避难层、机房层等处。

（三）变配电室（所）对土建、暖通及给水排水专业的要求

1. 对土建专业的要求

（1）可燃性油浸电力变压器室的耐火等级应为一级。非燃或难燃介质的电力变压器室、电压为10(6)kV的配电装置室和电容器室的耐火等级不应低于二级。低压配电装置室和电容器室的耐火等级不应低于三级。

（2）变配电所的门应为防火门，并应符合下列规定：

1)变配电所位于高层主体建筑(或裙房)内时，通向其他相邻房间的门应为甲级防火门，通向过道的门应为乙级防火门；

2)变配电所位于多层建筑物的二层或更高层时，通向其他相邻房间的门应为甲级防火门，通向过道的门应为乙级防火门；

3)变配电所位于多层建筑物的一层时，通向相邻房间或过道的门应为乙级防火门；

4)变配电所位于地下层或下面有地下层时，通向相邻房间或过道的门应为甲级防火门；

5)变配电所附近堆有易燃物品或通向汽车库的门应为甲级防火门；

6)变配电所直接通向室外的门应为丙级防火门。

(3)配变电所的通风窗应采用非燃烧材料。

(4)配电装置室及变压器室门的宽度宜按最大不可拆卸部件宽度加 0.3 m，高度宜按不可拆卸部件最大高度加 0.5 m。

(5)当变配电所设置在建筑物内时，应向结构专业提出荷载要求并应设有运输通道。当其通道为吊装孔或吊装平台时，其吊装孔和平台的尺寸应满足吊装最大设备的需要，吊钩与吊装孔的垂直距离应满足吊装最高设备的需要。

(6)当变配电所与上、下或贴邻的居住、办公房间仅有一层楼板或墙体相隔时，变配电所内应采取屏蔽、降噪等措施。

(7)电压为 10(6)kV 的配电室和电容器室，宜装设不能开启的自然采光窗，窗台距室外地坪不宜低于 1.8 m。临街的一面不宜开设窗户。

(8)变压器室、配电装置室、电容器室的门应向外开，并应装锁。相邻配电室之间设门时，门应向低电压配电室开启。

(9)变配电所各房间经常开启的门、窗，不宜直通含有酸、碱、蒸汽、粉尘和噪声严重的场所。

(10)变压器室、配电装置室、电容器室等应设置防止雨、雪和小动物进入屋内的设施。

(11)长度大于 7 m 的配电装置室应设两个出口，并宜布置在配电室的两端。

当变配电所采用双层布置时，位于楼上的配电装置室应至少设置一个通向室外的平台或通道的出口。

(12)变配电所的电缆沟和电缆室，应采取防水、排水措施。当变配电所设置在地下层时，其进出地下层的电缆口必须采取有效的防水措施。

(13)电气专业箱体不宜在建筑物的外墙内侧嵌入式安装，当受配置条件限制并需嵌入安装时，箱体预留孔外墙侧应加保温或隔热层。

2. 对暖通及给水排水专业的要求

(1)地上变配电所内的变压器室宜采用自然通风，地下变配电所的变压器室应设置机械送排风系统，夏季的排风温度不宜高于 45 ℃，进风和排风的温差不宜大于 15 ℃。

(2)电容器室应有良好的自然通风，通风量应根据电容器温度类别按夏季排风温度不超过电容器所允许的最高环境空气温度计算。当自然通风不能满足排热要求时，可增设机械排风。

电容器室内应有反映室内温度的指示装置。

(3)当变压器室、电容器室采用机械通风或变配电所位于地下层时，其专用通风管道应采用非燃烧材料制作。当周围环境污秽时，宜在进风口处加设空气过滤器。

(4)在采暖地区，控制室(值班室)应采暖，采暖计算温度为 18 ℃。在严寒地区，当配电室内温度影响电气设备元件和仪表正常运行时，应设采暖装置。

对控制室和配电装置室内的采暖装置，应采取防止渗漏措施，不应有法兰、螺纹接头和阀门等。

(5)对位于炎热地区的变配电所，屋面应有隔热措施。控制室(值班室)宜考虑通风、除湿，有技术要求时可接入空调系统。

(6)位于地下层的变配电所，其控制室(值班室)应保证运行的卫生条件，当不能满足要求时，应装设通风系统或空调装置。在高潮湿环境地区，还应设置吸湿机或在装置内加装去湿电加热器；在地下层应有排水和防进水措施。

(7)变压器室、电容器室、配电装置室、控制室内不应有与其无关的管道通过。

(8)装有六氟化硫(SF_6)设备的配电装置的房间，其排风系统应考虑有底部排风口。

(9)有人值班的变配电所，宜设卫生间及上、下水设施。

二、自备应急电源

自备应急电源可采用蓄电池组和发电机组。蓄电池组一般用于仅有事故照明的负荷，设有消防电梯、消防水泵的负荷则采用柴油发电机组。自备应急电源与工作电源应避免并列运行。

(一)柴油发电机组

柴油发电机组是一种自备电源，主要有普通型、应急自启动型和全自动化型三种。柴油发电机组本身包括柴油机和发电机两大部分。柴油发电机组均由柴油机、同步发电机、控制箱(房)和机组的附属设备组成。

1. 柴油发电机组的选择

是否需要设置柴油发电机组，应根据规范要求，按建筑物的重要性和功能要求及城市电网供电的可靠性来决定。柴油发电机组的选择应符合下列规定：

(1)机组容量与台数应根据应急负荷大小和投入顺序，以及单台电动机最大启动容量等因素综合确定。当应急负荷较大时，可采用多机并列运行，机组台数宜为2～4台。当受并列条件限制时，可实施分区供电。当用电负荷谐波较大时，应考虑其对发电机的影响。

(2)在方案及初步设计阶段，柴油发电机容量可按配电变压器总容量的10%～20%进行估算。在施工图设计阶段，可根据一级负荷、消防负荷及某些重要二级负荷的容量，按下列方法计算的最大容量确定：

1)按稳定负荷计算发电机容量；

2)按最大的单台电动机或成组电动机启动的需要，计算发电机容量；

3)按启动电动机时发电机母线允许的电压降计算发电机容量。

(3)当有电梯负荷时，在全电压启动最大容量笼型电动机情况下，发电机母线电压不应低于额定电压的80%；当无电梯负荷时，其母线电压不应低于额定电压的75%。当条件允许时，电动机可采用降压启动方式。

(4)当有多台机组时，应选择型号、规格和特性相同的机组和配套设备。

(5)宜选用高速柴油发电机组和无刷励磁交流同步发电机，配自动电压调整装置。选用的机组应装设快速自启动装置和电源自动切换装置。

2. 柴油发电机机房设备的布置

柴油发电机机房由发电机房、控制及配电室、燃油准备及处理房等组成，一般应设置在建筑物的首层。如在首层选址确有困难，也可以布置在建筑物的地下一层，除要尽可能靠近负荷中心和变配电室，以便于接线和操作控制外，还要处理好通风、防潮、机组的排烟、消除噪声和减振，以及避开主要通道等问题。机房设备的布置应符合下列规定：

(1)机房设备布置应符合机组运行工艺要求，力求紧凑、保证安全及便于维护、检修。

（2）机组布置应符合下列要求：

1）机组宜横向布置，当受建筑场地限制时，也可纵向布置；

2）机房与控制室、配电室贴邻布置时，发电机出线端与电缆沟宜布置在靠控制室、配电室侧；

3）机组之间及机组外廓与墙壁的净距应满足设备运输、就地操作、维护检修或布置辅助设备的需要，并不应小于表 8-13 及图 8-2 的规定。

表 8-13　机组之间及机组外廓与墙壁的净距 　　　　　　　　　　　　　　　　m

项　目	容量/kW	64 以下	75～150	200～400	500～1 500	1 600～2 000
机组操作面	a	1.5	1.5	1.5	1.5～2.0	2.0～2.5
机组背面	b	1.5	1.5	1.5	1.8	2.0
柴油机端	c	0.7	0.7	1.0	1.0～1.5	1.5
机组间距	d	1.5	1.5	1.5	1.5～2.0	2.5
发电机端	e	1.5	1.5	1.5	1.8	2.0～2.5
机房净高	h	2.5	3.0	3.0	4.0～5.0	5.0～7.0

注：机组按水冷却方式设计时，柴油机端距离可适当缩小；当机组需要做消声工程时，尺寸应另外考虑。

（3）辅助设备宜布置在柴油机侧或靠机房侧墙，蓄电池宜靠近所属柴油机。

（4）机房设置在高层建筑物内时，机房内应有足够的新风进口及合理的排烟道位置。机房排烟应避开居民敏感区，排烟口宜内置排烟道至屋顶。当排烟口设置在裙房屋顶时，宜将烟气处理后再行排放。

（5）机组热风管设置应符合下列要求：

1）热风出口宜靠近且正对柴油机散热器；

2）热风管与柴油机散热器连接处，应采用软接头；

3）热风出口的面积不宜小于柴油机散热器面积的 1.5 倍；

4）热风出口不宜设在主导风向一侧，当有困难时，应增设挡风墙；

5）当机组设在地下层，热风管无法平直敷设需拐弯引出时，其热风管弯头不宜超过两处。

（6）机房进风口设置应符合下列要求：

1）进风口宜设在正对发电机端或发电机端两侧；

2）进风口面积不宜小于柴油机散热器面积的 1.6 倍；

3）当周围对环境噪声要求高时，进风口宜做消声处理。

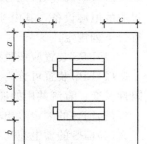

图 8-2　机组布置

（7）机组排烟管的敷设应符合下列要求：

1）每台柴油机的排烟管应单独引至排烟道，宜架空敷设，也可敷设在地沟中。排烟管弯头不宜过多，并应能自由位移。水平敷设的排烟管宜设坡外排烟道（0.3%～0.5% 的坡度），并应在排烟管最低点安装排污阀。

2）机房内的排烟管采用架空敷设时，室内部分应敷设隔热保护层。

3）机组的排烟阻力不应超过柴油机的背压要求，当排烟管较长时，应采用自然补偿段，并加大排烟管直径。当无条件设置自然补偿段时，应装设补偿器。

4)排烟管与柴油机排烟口连接处应装设弹性波纹管。

5)排烟管穿墙应加保护套，伸出屋面时，出口端应加防雨帽。

6)非增压柴油机应在排烟管装设消声器。两台柴油机不应共用一个消声器，消声器应单独固定。

（8）机房设计时应采取机组消声及机房隔声综合治理措施，治理后环境噪声不宜超过表 8-14 的规定。

表 8-14　城市区域环境噪声标准　　　　　　　　　　dB(A)

类别	适用区域	昼间	夜间
0	疗养、高级别墅、高级宾馆区	50	40
1	以居住、文教机关为主的区域	55	45
2	居住、商业、工业混杂区	60	50
3	工业区	65	55
4	城市中的道路交通干线两侧区域	70	55

（二）应急电源装置（EPS）

应急电源装置（EPS）是指根据消防设施、应急照明、事故照明等一级负荷供电设备需要而组成的电源设备。其由互投装置、自动充电机、逆变器及蓄电池组等组成。EPS 装置的选择应符合下列规定：

（1）EPS 装置应按负荷性质、负荷容量及备用供电时间等要求选择。

（2）EPS 装置可分为交流制式和直流制式。电感性和混合性的照明负荷宜选用交流制式；纯阻性及交、直流共用的照明负荷宜选用直流制式。

（3）EPS 的额定输出功率不应小于所连接的应急照明负荷总容量的 1.3 倍。

（4）EPS 的蓄电池初装容量应保证备用时间不小于 90 min。

（5）EPS 装置的切换时间应满足下列要求：

1)用作安全照明电源装置时，不应大于 0.25 s；

2)用作疏散照明电源装置时，不应大于 5 s；

3)用作备用照明电源装置时，不应大于 5 s，金融、商业交易场所不应大于 1.5 s。

（三）不间断电源装置（UPS）

不间断电源装置（UPS）是一种含有储能装置，以逆变器为主要组成部分的恒压恒频的不间断电源。UPS 装置主要用于给单台计算机、计算机网络系统或其他电力电子设备提供不间断的电力供应。UPS 装置的选择应按负荷性质、负荷容量、允许中断供电时间等要求确定，并应符合下列规定：

（1）UPS 装置，宜用于电容性和电阻性负荷。

（2）对电子计算机供电时，UPS 装置的额定输出功率应大于计算机各设备额定功率总和的 1.2 倍；对其他用电设备供电时，其额定输出功率应为最大计算负荷的 1.3 倍。

（3）蓄电池组容量应由用户根据具体工程允许中断供电时间的要求选定。

（4）不间断电源装置的工作制，宜按连续工作制考虑。

第三节　常见建筑电气设备

建筑电气设备主要包括高压电气设备、低压电气设备。高压电气设备是在 6～10 kV 的民用建筑供电系统中使用的电气设备，低压电气设备通常是指电压在 1 000 V 以下的电气设备。

一、常用高压电气设备

1. 变压器

变压器是用来变换电压等级的电气设备。变配电系统中使用的变压器一般为三相电力变压器。由于电力变压器容量大，工作温度升高，因此，需要采用不同的结构方式加强散热。

油浸式电力变压器如图 8-3 所示。变压器由铁芯、绕组、冷却装置、绝缘套管等组成，铁芯和绕组是变压器的主体。铁芯是变压器的磁路部分，由硅钢片叠压而成。绕组是变压器的电路部分，用绝缘铜线或铝线绕制而成。变压器运行时自身损耗转化为热量使绕组和铁芯发热，温度过高会损伤或烧坏绝缘材料，因此，变压器运行需要有冷却装置。绝缘套管可固定引出线并使之与油箱绝缘。绝缘套管一般是瓷质的，其结构主要取决于电压等级。另外，变压器还装有气体继电器、防爆管、分接开关和放油阀等附件。

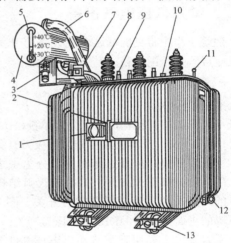

图 8-3　油浸式电力变压器

1—信号式温度计；2—铭牌；3—吸湿器；4—储油柜；
5—油表；6—安全气道；7—气体继电器；
8—高压套管；9—低压套管；10—分接开关；
11—油箱；12—放油阀；13—小车

电力变压器按散热方式可分为油浸式和干式两种，油浸式变压器型号多为 S 形或 SL 型，而干式变压器的型号多为 SC 型。目前，我国新型配电变压器是按国际电工委员会 IEC 标准推荐的容量序列，其额定容量等级有（单位为 kV·A）：10、20、30、40、50、63、80、100、125、160、200、250、315、400、500、630、800、1 000、1 250、1 600、2 000 等。一般来说，配电变压器单台容量不应超过 1 250 kV·A，而建筑物内部的干式变压器不应超过 2 000 kV·A。

电力变压器的型号含义如图 8-4 所示。如 S7－500/10 表示三相铜绕组油浸自冷式变压器，设计序号为 7，容量为 500 kV·A，高压绕组额定电压为 10 kV。

2. 常用高压配电设备

常用的高压配电设备有高压断路器、高压负荷开关、高压熔断器、高压隔离开关等，这些高压配电设备通常集成在若干个成套高压开关柜内。

高压开关柜按结构形式分，有固定式、活动式和手车式三种。固定式是柜内设备均固定安装，需到柜内进行安装维护。各开关柜均有厂家推荐的标准接线方案和固定的外形尺寸。

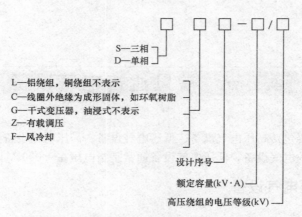

S—三相
D—单相

L—铝绕组，铜绕组不表示
C—线圈外绝缘为成形固体，如环氧树脂
G—干式变压器，油浸式不表示
Z—有载调压
F—风冷却

设计序号
额定容量(kV·A)
高压绕组的电压等级(kV)

图 8-4　电力变压器型号含义

二、常用低压电气设备

在建筑工程中常见的低压电气设备有开关、低压断路器、低压熔断器、接触器、继电器、低压配电屏、低压配电箱、低压配电柜等。

(一)开关

1. 低压刀开关

低压刀开关按其结构形式可分为单投(HD)刀开关和双投(HS)刀开关；按其极数可分为单极刀开关、双极刀开关和三极刀开关；按其操作机构可分为中央手柄式刀开关、中央杠杆操作式刀开关；按其灭弧结构可分为带灭弧罩的刀开关和不带灭弧罩的刀开关。图 8-5 所示为带灭弧罩的正面操作的 HD13 型低压刀开关。

低压刀开关主要用于交流额定电压 380 V、直流额定电压 440 V、额定电流 1 500 A 及以下装置。对装有灭弧罩或者在动触刀上有辅助速断触刀的隔离刀开关，可作为不频繁手动接通和分断不大于其额定电流的电路。普通的隔离刀开关不可以带负荷操作，它和低压断路器配合使用时，低压断路器切断电路后才能操作刀开关。另外，低压刀开关还可用于隔离电源，形成明显的绝缘断开点，以保证检修人员的安全。

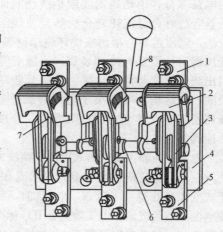

图 8-5　HD13 型低压刀开关

1—上接线端子；2—灭弧罩；3—闸刀；
4—底座；5—下接线端子；6—主轴；
7—静触头；8—操作手柄

2. 负荷开关

(1)开启式负荷开关。HK 系列开启式负荷开关，又叫作胶壳瓷底闸刀开关，其外形和结构如图 8-6 所示。HK 系列开启式负荷开关有双极和三极两种，主要作为一般照明、电动机等回路的控制开关使用。三极开关适当降低容量后，可作为小型交流电动机的手动不频繁操作的直接启动及分断用。它与相应的熔丝配合，还具有短路保护作用。

(2)封闭式负荷开关。HH 系列封闭式负荷开关，又称铁壳开关，其外形与结构如图 8-7 所示。封闭式负荷开关通常用来控制和保护各种用电设备和线路装置。交流 380 V、60 A 及以下等级的封闭式负荷开关，还可用于 15 kW 以下交流电动机的不频繁接通和分断。

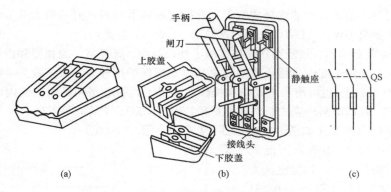

图 8-6　胶壳瓷底闸刀开关

(a)外形；(b)结构；(c)图形符号

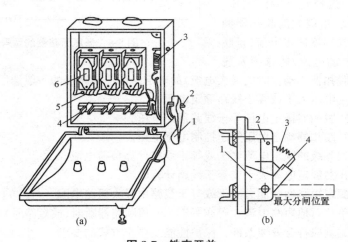

图 8-7　铁壳开关

(a)外形结构；(b)速断装置

1—手柄；2—转轴；3—速断弹簧；4—闸刀；5—夹座；6—熔断器

3. 熔断式刀开关

熔断式刀开关也称刀熔开关，是以熔断体或带有熔断体的载熔件作为动触点的一种隔离开关。其结构精密，可代替分列的刀开关和熔断器，通常装于开关柜及电力配电箱内，常用型号有 HR3、HR5、HR6、HR11。

(二)低压断路器

低压断路器(自动空气开关)是一种功能比较完善的低压控制开关。它能在正常工作时带负荷通断电路，又能在电路发生短路、严重过负荷及电源电压太低或失压时自动切断电源，有效地保护串接其后的电气设备及线路，还可在远方控制跳闸。

低压断路器具有操作安全、动作值可调整、分断能力较强等特点，兼有多种保护功能。当发生短路故障后，故障排除一般不需要更换部件，因此，在自动控制中得到广泛应用。

低压断路器可分为万能式断路器和塑料外壳式断路器两大类。

(1)万能式断路器。万能式断路器的所有部件都装在一个绝缘的金属框架内，常为开启式。

万能式断路器可分为选择式和非选择式两类。选择式断路器的短延时一般为 0.1～0.6 s。我国万能式断路器主要有 DW15、DW16、DW17(ME)、DW(45)等系列。

(2)塑料外壳式断路器。该断路器除接线端子外，触点、灭弧室、脱扣器和操动机构都装于一个塑料外壳内，适用于配电支路负荷端开关或电动机保护用开关，大多数为手动操作，额定电流较大的(200 A 以上)也可附带电动机构操作，多用于照明电路和民用建筑内电气设备的配电和保护。目前，我国塑料外壳式断路器主要有 DZ20、CM1、TM30 等系列。

低压断路器的型号含义如图 8-8 所示。例如，DW10－600/3S 表示万能式自动开关，系列编号为 10，额定电流为 600 A，三极瞬时脱扣；DZ10－600/334 表示装置式自动开关，系列编号为 10，额定电流为 600 A，三极复式脱扣。

低压断路器的选择包括额定电压、壳架等级额定电流(指最大的脱扣器额定电流)的选择，脱扣器额定电流(指脱扣器允许长期通过的电流)的选择及脱

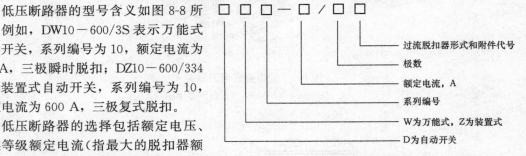

图 8-8　低压断路器的型号含义

扣器额定电流(指脱扣器不动作时的最大电流)的确定。低压断路器的一般选用原则如下：

(1)断路器额定电压大于或等于线路额定电压。

(2)断路器欠压脱扣器额定电压等于线路额定电压。

(3)断路器分励脱扣器额定电压等于控制电源电压。

(4)断路器壳架等级的额定电流大于或等于线路计算负荷电流。

(5)断路器脱扣器额定电流大于或等于线路计算电流。

(6)断路器的额定短路通断能力大于或等于线路中最大短路电流。

(7)线路末端单相对地短路电流大于或等于 1.5 倍断路器瞬时(或短路时)脱扣器额定电流。

(8)断路器的类型应符合安装条件、保护性能及操作方式的要求。

(三)低压熔断器

熔断器是一种最简单且有效的保护电器。将熔断器串联在电路中，当电路或电气设备发生短路故障时，就会有很大的短路电流通过熔断器，使熔断器的熔体迅速熔断，切断电源，起到保护线路及电气设备的作用。它具有结构简单、价格低、使用和维护方便、体积小、自重小、应用广泛等特点。

熔断器主要由熔体和安装熔体的熔管(或熔座)两部分组成。熔体是熔断器的主体，一般用电阻率较高的易熔合金制成，如铅锡合金、铅锑合金等。熔管是熔体的保护外壳，在熔体熔断时还起灭弧作用。

熔断器的选择要合理，只有正确选择熔断器，才能起到应有的保护作用。

1. 熔体额定电流的选择

熔体额定电流的选择要根据不同情况而定，具体如下：

(1)对电炉、照明等阻性负荷的短路保护，熔体的额定电流应稍大于或等于负荷的额定电流。

(2)对单台电动机负荷的短路保护，熔体的额定电流 I_{RN} 应大于或等于 1.5～2.5 倍电动机额定电流 I_N，即

$$I_{RN} \geqslant (1.5 \sim 2.5) I_N \qquad (8\text{-}29)$$

(3)对多台电动机负荷的短路保护,熔体的额定电流 I_{RN} 应大于或等于其中最大容量的一台电动机的额定电流 $I_{N,max}$ 的 1.5~2.5 倍,加上其余电动机额定电流的总和 $\sum I_N$,即

$$I_{RN} \geqslant (1.5 \sim 2.5) I_{N,max} + \sum I_N \qquad (8\text{-}30)$$

在电动机功率较大而实际负荷较小时,熔体额定电流可适当选小一些,以启动时熔丝不熔断为准。

2. 熔断器的选择

选择熔断器的原则如下:

(1)熔断器的额定电压必须大于或等于线路的工作电压。

(2)熔断器的额定电流必须大于或等于所装熔体的额定电流。

(四)接触器

接触器是指通过电磁机构,频繁地远距离自动接通和分断主电路或控制大容量电路的操作控制器。其主要控制对象为电动机,也可用于控制其他电力负荷,如电热器、照明设备、电焊机等。其具有操作方便安全、动作速度快、灭弧性能好等特点,在自动控制中得到广泛应用。根据主触头通过电流的种类,接触器可分为交流接触器和直流接触器。其中,使用较多的是交流接触器。

1. 交流接触器的结构

交流接触器主要由触头系统、电磁系统和灭弧装置等部分组成。

(1)触头系统。接触器的触头是用来接通或断开电路的,按其接触情况可分为点接触式、线接触式和面接触式三种。为了保持触头之间接触良好,除在触头处嵌入银片外,还在触头上装上弹簧,以随着触头的闭合逐渐加大触头间的压力。根据触头在电路中的用途,触头可分为主触头和辅助触头两种。主触头用来通断电流较大的主电路,通常由三对体积较大的常开触头组成;辅助触头用来通断较小电流的控制电路,由常开触头和常闭触头组成。所谓"常开""常闭",是指接触器的电磁线圈未通电时或未受外力前触头的状态。常开触头是指线圈未通电时,其动、静触头处于断开状态,而线圈通电后闭合,所以,常开触头又称为动合触头。常闭触头是指线圈未通电时,其动、静触头处于闭合状态,而线圈通电后则断开,所以,常闭触头又称为动断触头。

常开触头和常闭触头是连同动作的,即当线圈通电时,常闭触头先断开,常开触头随即闭合;当线圈断电时,常开触头先恢复断开,随即常闭触头恢复闭合。

(2)电磁系统。电磁系统是用来控制触头闭合与分断的,由吸引线圈、动铁芯(又叫衔铁)和静铁芯组成。交流接触器的铁芯上装有一个短路铜环(称为短路环,又叫作减振环),其作用是减小交流接触器吸合时产生的振动和噪声。

(3)灭弧装置。灭弧装置是为消除触头之间的电弧而设计的。交流接触器在分断大电流电路时,往往会在动触头与静触头之间产生很大的电弧。电弧会烧损触头,延长电流切断时间,甚至引起短路事故,因此,交流接触器都采取灭弧措施:容量较小的交流接触器采用具有灭弧结构的触头实现灭弧;容量较大的交流接触器一般设置灭弧栅进行灭弧。

交流接触器的型号含义如图 8-9 所示。

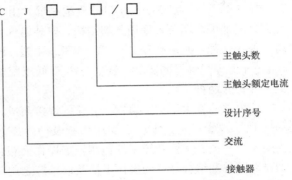

图 8-9 交流接触器的型号含义

2. 交流接触器的选用

（1）选择接触器的类型。根据负荷电流的性质来选择接触器的类型，交流负荷应选用交流接触器，直流负荷应选用直流接触器。

（2）触头的额定电压和主触头的额定电流的选择。触头的额定电压应大于或等于所控制电路的工作电压。主触头的额定电流应大于负荷电流。

（3）电磁线圈额定电压的选择。当线路简单或使用电器较少时，可直接选用 380 V 或 220 V 电压；如线路复杂，即可选用 36 V、110 V 电压。

（五）继电器

继电器是一种传递信号的电器，用来接通和分断控制电路。继电器的输入信号可以是电流、电压等电量，也可以是温度、时间、速度、压力等非电量，而输出都是触头的动作。继电器的动作迅速、反应灵敏，是自动控制用的基本元件之一。

继电器种类很多，有时间继电器、速度继电器、电流继电器和中间继电器等。继电器在电路中构成自动控制和保护系统。

（六）低压配电屏

低压配电屏适用于额定电压为 500 V 及以下，额定电流为 1 500 A 及以下，安装高度不超过海拔 1 000 m，周围介质温度在户内为 -20～40 ℃，在户外为 -40～40 ℃，相对湿度不超过 85%，没有导电尘埃及足以腐蚀金属和破坏绝缘的气体场所，没有爆炸危险的场所，没有剧烈振动、颠簸及垂直倾斜度不超过 5° 的场所。低压配电屏在三相交流系统中作为低压配电室动力及照明配电之用，其可分为离墙式、靠墙式及抽屉式三种类型。

1. 离墙式低压配电屏

离墙式低压配电屏可以双面进行维护，所以检修方便，广受欢迎。但不宜安装在有导电尘埃、腐蚀金属和破坏绝缘的气体场所，也不宜安装在有爆炸危险的场所。

2. 靠墙式低压配电屏

靠墙式低压配电屏维修不方便，只适用于场地较小的地方。其型号有 BDL－12 型等。

3. 抽屉式低压配电屏

抽屉式低压配电屏的主要设备均装在抽屉或手车上，通过备用抽屉或手车可立即更换故障的回路单元，保证迅速供电。其型号有 BFC－1 型、BFC－2 型及 BFC－15 型等。

低压配电屏装有刀开关、熔断器、自动开关、交流接触器、电流互感器、电压互感器等，根据需要可组成各种系统。

图 8-10 所示为 BSL－10 型低压配电屏，由于采用新型元件，增加屏内回路，采用条架结构，安装电气元件灵活紧凑，通用性强，有取代 BSL－1 型、BSL－4 型、BSL－5 型、BSL－6 型等配电屏的趋势。BSL－10 型低压配电屏有开启式和保护式两种。

配电屏的基本结构由薄钢板和角钢焊接而成，屏面分为 3～4 段：仪表面板，上、下操作面板及门等。上操作面板供安装刀开关、手柄及控制按钮用，下操作面板供安装 DW 型自动开关和组合开关的操作手柄及信号灯之用。主母线平装于顶部，接零母线及接地螺栓装在屏的下部。

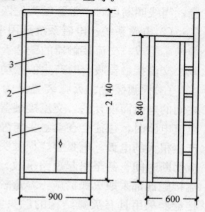

图 8-10　BSL－10 型低压配电屏

1—门；2—下操作面板；

3—上操作面板；4—仪表面板

(七)低压配电箱

配电箱是动力系统和照明系统的配电与供电中心，凡是建筑物内所有用电的地方，均需安装合适的配电箱。用电负荷较小的建筑物内只设一个配电箱就可以满足要求。用电负荷大或建筑面积大的建筑物，则应设置总配电箱与分配电箱。

通常，标准配电箱内的仪表、开关等元器件都是由制造厂提供的，现场只需进行检查和调试。调试合格，就可根据现场条件选择适当方式进行安装。配电箱的安装方式主要有墙上安装、支架上安装、柱上安装、嵌墙式安装和落地式安装等。

(八)低压配电柜

低压配电柜是按一定的接线方案将低压开关电器组合起来的一种低压成套配电装置，用在 500 V 以下的供配电系统中，做动力和照明配电之用。低压配电柜按维护的方式分，可分为单面维护式和双面维护式两种。单面维护式基本上靠墙安装(实际离墙 0.5 m 左右)，维护检修一般都在前面。双面维护式是离墙安装，柜后留有维护通道，可在前、后两面进行维修。低压配电柜的型号含义如图 8-11 所示。

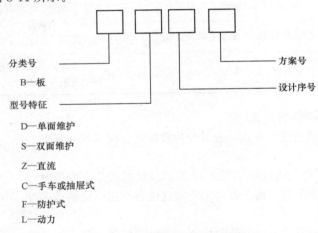

图 8-11 低压配电柜的型号含义

第四节 低压配电线路

一、常用电线

电线又称为导线，常用导线可分为绝缘导线和裸导线。裸导线只有异体部分，没有绝缘层和保护层，主要由铝、铜、钢等组成。绝缘导线是在裸导线外层包有绝缘材料的导线，其按线芯材料划分，可分为橡胶绝缘导线和塑料绝缘导线两类。

常用绝缘导线的型号及用途见表 8-15。

表 8-15 常用绝缘导线的型号及用途

序号	型 号	名 称	主要用途
1	BV	铜芯聚氯乙烯绝缘电线	用于交流 500 V 及直流 1 000 V 及以下的线路中，供穿钢管或 PVC 管，明敷或暗敷用
2	BLV	铝芯聚氯乙烯绝缘电线	
3	BVV	铜芯聚氯乙烯绝缘聚氯乙烯护套电线	用于交流 500 V 及直流 1 000 V 及以下的线路中，供沿墙、平顶、线卡明敷用
4	BLVV	铝芯聚氯乙烯绝缘聚氯乙烯护套电线	
5	BVR	铜芯聚氯乙烯软线	与 BV 同，安装要求柔软时使用
6	RV	铜芯聚氯乙烯绝缘软线	供交流 250 V 及以下各种移动电器接线用，大部分用于电话、广播、火灾报警等，前三者常用 RVS 绞线
7	RVS	铜芯聚氯乙烯绝缘绞型软线	
8	BXF	铜芯氯丁橡皮绝缘线	具有良好的耐老化性和不延燃性，并具有一定的耐油、耐腐蚀性能，适用于用户敷设
9	BLXF	铝芯氯丁橡皮绝缘线	
10	BV—105	铜芯耐 105 ℃聚氯乙烯绝缘电线	供交流 500 V 及直流 1 000 V 及以下电力、照明、电工仪表、电信电子设备等温度较高的场所使用
11	BLV—105	铝芯耐 105 ℃聚氯乙烯绝缘电线	
12	RV—105	铜芯耐 105 ℃聚氯乙烯绝缘软线	供 250 V 及以下的移动式设备及温度较高的场所使用

1. 低压配电系统的接线方式

建筑低压配电系统的接线方式一般可分为放射式、树干式和环形式三种。

(1)放射式。低压放射式线路如图 8-12 所示。放射式是由变压器低压输出母线上引出几条干线，由干线将电能输送给各个用电设备或各配电箱。

因各条干线分别由各自的控制开关控制，所以，任何一条干线上发生故障或需检修时，都不会影响其他干线的正常运转，故它的供电可靠性较高，操作和检修方便。但由于引出干线较多，控制设备较多，因而投资也较大。

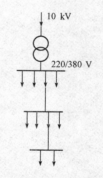

图 8-12 低压放射式线路

放射式接线方式适用于施工质量要求较高、工期要求较短的建筑工程施工现场；同时适用于负荷相对较集中，对供电有特殊要求的场所。

(2)树干式。低压树干式线路如图 8-13 所示。它是由变压器低压母线上引出一条或两三条干线，沿着干线敷设方向引出若干条分支干线，再由这些分支干线将电能配送到各用电设备或各配电箱。

树干式接线方式由于配电线路少、控制开关也少，所以，它的投资费用较低。但当干线发生故障或需检修时，就需切断总电源，造成大面积停电，所以，它的供电可靠性较差。

树干式接线方式适用于用电量在 200 kV·A 以下，负荷布置较均匀，且无特殊要求的用电设备的小型建筑施工现场。

(3)环形式。低压环形式线路如图 8-14 所示。它是由变压器低压母线引出两条树干式干线，即两种主干线供电，各支路由主干线上引出，且在某些支线上由这两条干线同时供电(或互为备用形式)，从而形成环形式供电网络。

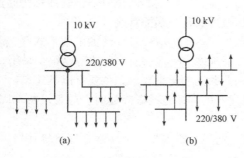

图 8-13　低压树干式线路

(a)低压母线放射式配电的树干式；

(b)低压"变压器-干线组"式配电的树干式

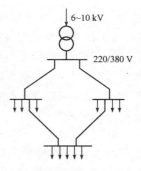

图 8-14　低压环形式线路

2. 金属导管布线

(1)金属导管布线宜用于室内外场所，不宜用于对金属导管有严重腐蚀的场所。

(2)明敷于潮湿场所或埋地敷设的金属导管，宜采用管壁厚度不小于 2.0 mm 的钢导管。明敷或暗敷于干燥场所的金属导管，宜采用管壁厚度不小于 1.5 mm 的电线管。

(3)穿导管的绝缘电线(两根除外)，其总截面面积(包括外护层)不应超过导管内截面面积的 40%。

(4)穿金属导管的交流线路，应将同一回路的所有相导体和中性导体穿于同一根导管。

(5)除下列情况外，不同回路的线路不宜穿于同一根金属导管：

1)标称电压为 50 V 及以下的回路；

2)同一设备或同一联动系统设备的主回路和无电磁兼容要求的控制回路；

3)同一照明灯具的几个回路。

(6)当电线管与热水管、蒸汽管同侧敷设时，宜敷设在热水管、蒸汽管的下面；当有困难时，也可敷设在其上面。相互之间的净距宜符合下列规定：

1)当电线管路平行敷设在热水管下面时，净距不宜小于 200 mm；当电线管路平行敷设在热水管上面时，净距不宜小于 300 mm；交叉敷设时，净距不宜小于 100 mm。

2)当电线管路平行敷设在蒸汽管下面时，净距不宜小于 500 mm；当电线管路平行敷设在蒸汽管上面时，净距不宜小于 1 000 mm；交叉敷设时，净距不宜小于 300 mm。

当不能符合上述要求时，应采取隔热措施。当蒸汽管有保温措施时，电线管与蒸汽管之间的净距可减至 200 mm。

电线管与其他管道(不包括可燃气体及易燃、可燃液体管道)的平行净距不应小于 100 mm，交叉净距不应小于 50 mm。

(7)当金属导管布线的管路较长或转弯较多时，宜加装拉线盒(箱)，也可加大管径。

(8)暗敷于地下的管路不宜穿过设备基础，当穿过建筑物基础时，应加保护管保护；当穿过建筑物变形缝时，应设补偿装置。

(9)绝缘电线不宜穿金属导管在室外直接埋地敷设。必要时，对于次要负荷且线路长度小于 15 m 的，可采用穿金属导管敷设，但应采用壁厚不小于 2 mm 的钢导管并采取可靠的防水、防腐蚀措施。

3. 导线的敷设

室内导线可分为明配线和暗配线两种。一般情况下，当钢管或塑料管敷设于地面内、砖墙或混凝土墙内、柱子内、楼板内及吊顶内等人们不能直接看到的部位时，该管线称为暗配管线，相应的钢管或塑料管称为暗配管。其余方式的配线形式称为明配管线。

在目前的工业厂房建筑尤其是民用建筑的电气工程中，应用最广泛的配线形式是钢管配线、塑料管配线、线槽配线，而槽板配线、瓷(塑)夹板配线、瓷珠(瓷柱)配线等已很少采用。

无论导线敷设为明配线还是暗配线，都有一些共同的质量要求，主要有以下几点：

(1)无论采用哪种配线形式，电气线路经过建筑的伸缩缝或沉降缝时，应装设两端固定的补偿装置，导线应留有余量。

(2)电气配线应与蒸汽管、暖气管、热水管、通风、给水排水及压缩空气管等保持一定的间距，其最小距离应符合表8-16的规定。

表 8-16　电气线路与管道间的最小距离　　　　　　　　　　　　　mm

管道名称	配线方式		穿管配线	绝缘导线明配线	裸导线配线
蒸汽管	平行	管道上	1 000	1 000	1 500
		管道下	500	500	1 500
	交叉		300	300	1 500
暖气管、热水管	平行	管道上	300	300	1 500
		管道下	200	200	1 500
	交叉		100	100	1 500
通风、给水排水及压缩空气管	平行		100	200	1 500
	交叉		50	100	1 500

注：1. 对蒸汽管，当在管外包隔热层后，上下平行距离可减至 200 mm。
　　2. 暖气管、热水管应设隔热层。
　　3. 对裸导线，应在裸导线处加装保护网。

(3)配线工程采用的支架、吊架等用于支持和固定的金属附件，均应涂防腐漆。

(4)线路为暗配管时，暗配管宜沿最近的路线敷设，并应尽量减少弯曲。在建筑物、构筑物中的暗配管，与建筑物、构筑物表面的距离不应小于 15 mm。

(5)暗配管不宜穿越设备或建筑物、构筑物的基础，否则，应采取保护措施，以防止基础下沉或设备运转时的振动，而影响管线的正常工作。

(6)弯管时，管子的弯曲处不应有折皱、凹陷和裂缝，弯扁程度不应大于管外径的 10%。

(7)当线路为明配时，管子的弯曲半径不宜小于管子外径的 6 倍；当两个接线盒之间只有一个弯曲时，其弯曲半径不宜小于管子外径的 4 倍。

(8)当线路为暗配时，管子的弯曲半径不宜小于管子外径的 6 倍；当埋设于地下或混凝土内时，其弯曲半径不宜小于管子外径的 10 倍。

(9)相线的颜色色标规定为 L_1(U)相电线用黄色线、L_2(V)相电线用绿色线、L_3(W)相电线用红色线。

(10)配管进入落地式配电箱时，管子应排列整齐，管口应高出基础面 50～80 mm。

(11)当金属管、金属盒(或箱)与塑料管、塑料盒(或箱)混合使用时，金属管与金属盒(或箱)必须做可靠的接地连通。零线(N)使用淡蓝色线，地线(PE)使用黄绿色线。

(12)接线完毕以后，用 500 V 兆欧表检查每个回路电线的对地(钢管、金属箱外壳均为接地)绝缘电阻是否符合要求。例如，对动力或照明线路，绝缘电阻应不小于 0.5 MΩ；对于火灾报警线路，未接任何元件时，单纯线路的绝缘电阻应不小于 20 MΩ。

（13）当线路绝缘测试完毕且符合要求后，管子与管子之间的接线盒应加盖封闭，使电线及接头不外露。要求薄钢板盒子加薄钢板盖板，塑料接线盒（包括过路盒）加塑料盖板。禁止塑料盒子加薄钢板盖板，以防内部电线绝缘破坏时，使未接地的盒子薄钢板盖板带电伤人。

二、常用电缆

电缆是一种多芯导线，即在一个绝缘软套内裹有多根相互绝缘的线芯。电缆线路与一般线路比较，一次性成本较高，维修困难，但绝缘能力、力学性能好，运行可靠，不易受外界影响。电缆的种类较多，按用途可分为电力电缆、控制电缆、通信电缆和其他电缆，这里主要介绍电力电缆。

1. 电力电缆的分类

常用的电力电缆有以下几种：

（1）油浸纸绝缘电力电缆。油浸纸绝缘电力电缆有铅、铝两种护套。油浸纸绝缘电力电缆的耐热能力强，允许运行温度较高，介质损耗低，耐电压强度高，使用寿命长；但它的制作工艺复杂，不能在低温场所敷设，且电缆两端水平差不宜过大，民用建筑内配电不宜采用。

（2）聚氯乙烯绝缘护套电力电缆。该电缆主要优点是制造工艺简单，没有敷设高差限制，质量轻，弯曲性能好，接头制造简便，耐油、耐酸碱腐蚀，不延燃，价格低，因此，其普遍应用于民用建筑低压配电系统。

（3）橡皮绝缘电力电缆。橡皮绝缘电力电缆弯曲性能好，耐寒能力强，特别适用于水平高差大和垂直敷设的场合。橡皮绝缘护套软电缆还可用于直接移动式电气设备；其缺点是允许运行温度低，耐油性能差，价格较高，一般室内配电使用不多。

（4）塑料绝缘电线。塑料绝缘电线绝缘性能好，制造方便，价格低，可取代橡皮绝缘电线；其缺点是对气候适应性较差，低温时易变硬发脆，高温或日光下绝缘老化加快。因此，该电线不宜在室外敷设。

2. 电力电缆布线

电力电缆布线应符合下列规定：

（1）电缆布线的敷设方式应根据工程条件、环境特点、电缆类型和数量等因素，按满足运行可靠、便于维护和技术、经济合理等原则综合确定。

（2）电缆路径的选择应符合下列要求：

1）应避免电缆遭受机械性外力、过热、腐蚀等危害；

2）应便于敷设、维护；

3）应避开场地规划中的施工用地或建设用地；

4）应在满足安全条件下，使电缆路径最短。

（3）电缆在室内、电缆沟、电缆隧道和电气竖井内明敷时，不应采用易延燃的外护层。

（4）电缆不宜在有热力管道的隧道或沟道内敷设。

（5）电缆敷设时，任何弯曲部位都应满足允许弯曲半径的要求。电缆的最小允许弯曲半径见表 8-17。

表 8-17　电缆最小允许弯曲半径

电缆种类	最小允许弯曲半径
无铅包和钢铠护套的橡皮绝缘电力电缆	$10d$
有钢铠护套的橡皮绝缘电力电缆	$20d$

电缆种类	最小允许弯曲半径
聚氯乙烯绝缘电力电缆	$10d$
交联聚氯乙烯绝缘电力电缆	$15d$
控制电缆	$10d$

注：d 为电缆外径。

(6)电缆支架采用钢制材料时，应采取热镀锌防腐措施。

(7)每根电力电缆宜在进户、接头、电缆终端头等处留有一定余量。

3. 电缆的敷设

电缆埋地敷设应符合下列规定：

(1)当沿同一路径敷设的室外电缆小于或等于8根且场地有条件时，宜采用电缆直接埋地敷设。在城镇较易翻修的人行道下或道路边，也可采用电缆直埋敷设。

(2)埋地敷设的电缆宜采用有外护层的铠装电缆。在无机械损伤可能的场所，也可采用无铠装塑料护套电缆。在流沙层、回填土地带等可能发生位移的土壤中，应采用钢丝铠装电缆。

(3)在有化学腐蚀或杂散电流腐蚀的土壤中，不得采用直接埋地敷设电缆。

(4)电缆在室外直接埋地敷设时，电缆外皮至地面的深度不应小于 0.7 m，并应在电缆上下分别均匀铺设 100 mm 厚的细砂或软土，并覆盖混凝土保护板或类似的保护层。

在寒冷地区，电缆宜埋设于冻土层以下。当无法深埋时，应采取措施，防止电缆受到损伤。

(5)电缆通过有振动和承受压力的下列各地段时应穿导管保护，保护管的内径不应小于电缆外径的 1.5 倍：

1)电缆引入与引出建筑物和构筑物的基础、楼板和穿过墙体等处；

2)电缆通过道路和可能受到机械损伤等地段；

3)电缆引出地面 2 m 至地下 0.2 m 处的一段和人容易接触使电缆可能受到机械损伤的地方。

(6)埋地敷设的电缆严禁平行敷设于地下管道的正上方或正下方。电缆与电缆及各种设施平行或交叉的净距不应小于表 8-18 的规定。

表 8-18 　电缆与电缆及各种设施平行或交叉容许最小净距 　　　　　　　m

项目	敷设条件	
	平行	交叉
建筑物、构筑物基础	0.5	—
电杆	0.6	—
乔木	1.0	—
灌木丛	0.5	—
10 kV 及以下电力电缆之间，以及与控制电缆之间	0.1	0.5(0.25)
不同部门使用的电缆	0.5(0.1)	0.5(0.25)
热力管沟	2.0(1.0)	0.5(0.25)
上、下水管道	0.5	0.5(0.25)
油管及可燃气体管道	1.0	0.5(0.25)
公路	1.5(与路边)	(1.0)(与路面)

续表

项目	敷设条件	
	平行	交叉
排水明沟	1.0(与沟边)	(0.5)(与沟底)

注：1. 本表中所列净距，应自各种设施(包括防护外层)的外缘算起；
　　2. 路灯电缆与道路灌木丛平行距离不限；
　　3. 表中括号内数字是指局部地段电缆穿导管、加隔板保护或加隔热层保护后允许的最小净距。

(7)电缆与建筑物平行敷设时，电缆应埋设在建筑物的散水坡外。电缆进出建筑物时，所穿保护管应超出建筑物散水坡 200 mm，且应对管口实施阻水堵塞。

第五节　建筑物接地与防雷

一、建筑物接地

所谓接地，就是将电气设备的某一可导电部分与大地之间用导体做电气连接(在理论上，电气连接是指导体与导体之间电阻为零的连接；实际上，用金属等导体将两个或两个以上的导体连接起来即可称为电气连接，又称为金属性连接)。

接地通常是用接地体与土层相接触实现的。将金属导体或导体系统埋入地下土层，就构成一个接地体。接地体除采用专门埋设外，也可以利用兼作接地体的已有各种金属构件、金属井管、钢筋混凝土建(构)筑物的基础、非燃性物质用的金属管道和设备等，这种接地体称为自然接地体。用作连接电气设备和接地体的导体称为接地线。

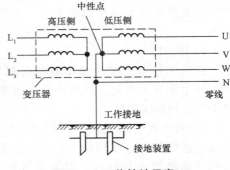

图 8-15　工作接地示意

(一)接地的连接方式

接地的连接方式有以下几种：

(1)工作接地。在正常或故障情况下，为了保证电气设备能安全工作，把电力系统(电网上)某一点(通常为变压器的中性点接地)称为工作接地，如图 8-15 所示。工作接地在减轻故障接地的危险、稳定系统的电位等方面起着重要的作用。

(2)保护接地。为保障人身安全、防止间接触电而将设备的外露可导电部分进行接地，称为保护接地，如图 8-16 所示。保护接地的形式有两种：一种是设备的外露可导电部分经各自的接地线分别直接接地；另一种是设备的外露可导电部分经公共的接地线或接零线接地。我国过去将前者称为保护接地，将后者称为保护接零。

保护接地适用于中性点不接地的低压电网。由于接地装置的接地电阻很小，绝缘击穿后用电设备的熔体就熔断，即使不立即熔断，也会使电气设备的外壳对地电压大大降低，人体与带电外壳接触，不致发生触电事故。

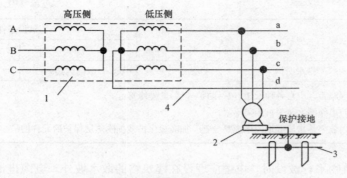

图 8-16　保护接地示意

1—变压器；2—电动机；3—接地装置；4—中性线

（3）重复接地。在低压电网中，零线除应在电源（发电机或变压器）的中性点进行工作接地外，还应在零线的其他地方进行三点以上的接地，这种接地称为重复接地，如图 8-17 所示。

重复接地既可以从零线上直接接地，也可以从接零设备外壳上接地。

（二）接地装置

接地装置是引导雷电流安全泄入大地的导体，是接地体和接地线的总称，如图 8-18 所示。

1. 接地体

接地体是与土壤紧密接触的金属导体，可以将电流导入大地。接地体分为自然接地体和人工接地体两种。

（1）自然接地体。兼作接地体用的直接与大地接触的各种金属构件、金属管道及建筑物的钢筋混凝土基础等，称为自然接地体。自然接地体包括直接与大地可靠接触的各种金属构件、金属井管、金属管道和设备（通过或储存易燃易爆介质的除外）、水工构筑物、构筑物的金属桩和混凝土建筑物的基础。在建筑施工中，一般选择用混凝土建筑物的基础钢筋作为自然接地体。

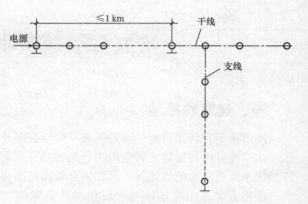

图 8-17　重复接地示意

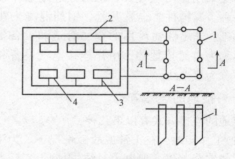

图 8-18　接地装置示意

1—接地体；2—接地干线；3—接地支线；4—电气设备

（2）人工接地体。人工接地体是埋入地下专门做接地用的金属导体。一般接地体多采用镀锌角钢或镀锌钢管制作。导体截面应符合热稳定和机械强度的要求，但不应小于表 8-19 所列规格。

表 8-19　人工接地体的最小规格

种类、规格		地　上		地　下	
		室内	室外	交流电流回路	直流电流回路
圆钢直径/mm		6	8	10	12
扁钢	截面/mm²	60	100	100	100
	厚度/mm	3	4	4	6
角钢厚度/mm		2	2.5	4	6
钢管管壁厚度/mm		2.5	2.5	3.5	4.5

注：电力线路杆塔的接地体引出线的截面面积不应小于 $50 \ mm^2$，引出线应采取热镀锌等防腐措施。

1）当接地体采用钢管时，应选用直径为 38～50 mm、壁厚不小于 3.5 mm 的钢管，然后按设计的长度切割（一般为 2.5 m）。钢管打入地下的一端加工成一定的形状，如为一般松软土壤，可切成斜面形。为了避免打入时受力不均使管子歪斜，也可以加工成扁尖形；如土质很硬，则可将尖端加工成圆锥形，如图 8-19 所示。

2）当接地体采用角钢时，一般选用 50 mm×50 mm×5 mm 的角钢，切割长度一般为 2.3 m。可将角钢的一端加工成尖头形状，如图 8-20 所示。

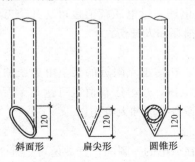

斜面形　　扁尖形　　圆锥形

图 8-19　接地钢管加工形状

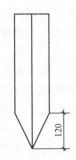

图 8-20　接地角钢加工形状

接地装置设计时，应优先利用建筑物基础钢筋作为自然接地体，否则应单独埋设人工接地体。垂直埋设的接地体，宜采用圆钢、钢管或角钢，其长度一般为 2.5 m。垂直接地体之间的距离一般为 5 m，水平埋设的接地体宜采用扁钢或圆钢。圆钢直径不应小于 10 mm；扁钢截面不应小于 100 mm²，其厚度不应小于 4 mm；角钢厚度不应小于 4 mm；钢管壁厚不应小于 3.5 mm。接地体埋设深度不宜小于 0.5～0.8 m，并应远离由于高温影响土壤电阻率升高的地方。在腐蚀性较强的土壤中，接地体应采取热镀锌等防腐措施或采用铅包钢或铜包钢等接地材料。

2. 接地线

接地线是连接被接地设备与接地体的金属导体。有时一个接地体上要连接多台设备，这时将接地线分为两段，与接线体直接连接的一段称为接地母线，与设备连接的一段称为接地线。与设备连接的接地线可以是钢材，也可以是铜导线或铝导线。低压电气设备地面上外露的铜接地线的最小截面面积应符合表 8-20 的规定。

表 8-20　低压电气设备地面上外露的铜接地线的最小截面面积　　　　　mm²

名称	铜
明敷的裸导体	4
绝缘导体	1.5
电缆的接地芯或与相线包在同一保护外壳内的多芯导线的接地芯	1

二、建筑物防雷

(一)雷电的危害

空气中不同的气团相遇后，凝成水滴或冰晶，形成积云，而积云在运动中分离出电荷，当其积聚到足够数量时，就会形成带电雷云。在带有不同电荷的雷云之间，或在雷云及由其感应而产生的存在于建筑物等上面的不同电荷之间发生击穿放电，即雷电。

雷电在放电过程中，可能出现静电效应、电磁效应、热效应和机械效应等。雷电电流泄入大地时，对建筑物或电气设备、设施会造成巨大危害；在接地体周围会有很高的冲击电流，会形成对人有危险的冲击接触电压和跨步电压，若人体直接遭受雷击，则易造成伤亡。

1. 静电效应危害

当雷电对地放电时，在雷击点主放电过程中，在雷击点附近的架空电力线路、电气设备或架空金属管道上，由于静电感应产生静电感应过电压，过电压幅值也可达几十万伏，使电气设备的绝缘体被击穿，引起火灾或爆炸，造成设备损坏和人身伤亡。

2. 电磁效应危害

当雷电对地放电时，在雷击点主放电过程中，在雷击点附近的架空电力线路、电气设备或架空金属管道上，由于电磁感应产生电磁感应过电压，过电压幅值也可达几十万摄氏度，使电气设备的绝缘体被击穿，引起火灾或爆炸，造成设备损坏和人身伤亡。

3. 热效应危害

由于雷电电流很大，雷电电流通过导体时，在放电的一瞬间，其数值可达几十至几百千安，在极短的时间内导体温度可达几万摄氏度，可造成金属熔化、周围易燃物起火燃烧或爆炸、电气设备损坏、电线电缆烧毁、人员伤亡和引起火灾等。

4. 机械效应危害

强大的雷电电流在通过被击物时，由于电动力的作用以及被击物缝隙中的水分因急剧受热而蒸发为气体，体积瞬间膨胀，使建筑物、电力线路的杆塔等遭受劈裂损坏。

除上述几种形式的雷电损害外，由于地理环境、建筑物不同等客观条件的差别，雷电对建筑物及电气设备设施造成的损害也不同。雷电电流的陡度越大，产生的过电压就越高，因此，对设备绝缘体的破坏也越严重。一般感应雷过电压的幅值可达 300～400 kV。

(二)建筑物的防雷分类

根据现行国家标准《建筑物防雷设计规范》(GB 50057—2010)的规定，民用建筑物应划分为第二类防雷建筑物和第三类防雷建筑物。

1. 第二类防雷建筑物

符合下列情况之一的建筑物，应划为第二类防雷建筑物：

(1)高度超过 100 m 的建筑物。

（2）国家级重点文物保护建筑物。

（3）国家级的会堂、办公建筑物、档案馆、大型博展建筑物；特大型、大型铁路旅客站；国际性的航空港、通信枢纽；国宾馆、大型旅游建筑物；国际港口客运站。

（4）国家级计算中心、国家级通信枢纽等对国民经济有重要意义且装有大量电子设备的建筑物。

（5）年预计雷击次数大于 0.06 的部、省级办公建筑物及其他重要或人员密集的公共建筑物。

（6）年预计雷击次数大于 0.3 的住宅、办公楼等一般民用建筑物。

2. 第三类防雷建筑物

符合下列情况之一的建筑物，应划为第三类防雷建筑物：

（1）省级重点文物保护建筑物及省级档案馆。

（2）省级大型计算中心和装有重要电子设备的建筑物。

（3）19 层及以上的住宅建筑和高度超过 50 m 的其他民用建筑物。

（4）年预计雷击次数大于或等于 0.012 且小于或等于 0.06 的部、省级办公建筑物及其他重要或人员密集的公共建筑物。

（5）年预计雷击次数大于或等于 0.06 且小于或等于 0.3 的住宅、办公楼等一般民用建筑物。

（6）建筑群中最高的建筑物或位于建筑群边缘高度超过 20 m 的建筑物。

（7）通过调查确认当地遭受过雷击灾害的类似建筑物；历史上雷害事故严重地区或雷害事故较多地区的较重要建筑物。

（8）在平均雷暴日大于 15 d/年的地区，高度大于或等于 15 m 的烟囱、水塔等孤立的高耸构筑物；在平均雷暴日小于或等于 15 d/年的地区，高度大于或等于 20 m 的烟囱、水塔等孤立的高耸构筑物。

（三）建筑物防雷装置的组成

建筑物防雷装置主要由接闪器、引下线和接地装置三部分组成。

1. 接闪器

（1）接闪器的分类。接闪器又称受雷装置，是接受雷电流的金属导体，其主要有避雷针、避雷带和避雷网三种。

1）避雷针。避雷针分为独立式避雷针和装在被保护物顶端的避雷针。常用水泥杆或金属构架立在地面上设置独立式的避雷针，根据保护范围来设计高度和根数。其作用是保护地面上高度不高的构筑物，如变电站、油库等。装在被保护物顶端的避雷针一般用来保护较为凸出但水平面积很小的构筑物，如工地上的塔式起重机、井字架与龙门架等高大建筑机械设备。

2）避雷带。避雷带也是一种接闪器，水平敷设在建筑物顶部凸出部位，如屋脊、屋檐、女儿墙、山墙等位置，对建筑物易受雷击部位进行保护。避雷带一般采用镀锌圆钢或扁钢制成，其尺寸不小于下列数值：圆钢直径为 8 mm；扁钢截面面积为 50 mm^2；扁钢厚度为 4 mm。对避雷带进行安装时，每隔 1 m 用支架固定在墙上或现浇在混凝土的支座上。

3）避雷网。避雷网是将金属导体做成网式的一种接闪器。网格不应大于 10 m，使用的材料与避雷带相似，采用截面面积不小于 50 mm^2 的圆钢和扁钢，交叉点必须进行焊接。

（2）接闪器的布置及保护。接闪器的布置及保护范围应符合下列规定：

1）接闪器应由下列各形式之一或任意组合而成：

①独立避雷针。

②直接装设在建筑物上的避雷针、避雷带或避雷网。

2）布置接闪器时应优先采用避雷网、避雷带或避雷针，并应按表 8-21 规定的不同建筑防雷

类别的滚球半径 h_r，采用滚球法计算接闪器的保护范围。

注：滚球法是以 h_r 为半径的一个球体，沿需要防直击雷的部位滚动，当球体只触及接闪器（包括利用作为接闪器的金属物）或接闪器和地面（包括与大地接触能承受雷击的金属物）而不触及需要保护的部位时，该部分就得到接闪器的保护。滚球法确定接闪器的保护范围应符合现行国家标准《建筑物防雷设计规范》(GB 50057—2010)附录的规定。

表 8-21　按建筑物的防雷类别布置接闪器

建筑物防雷类别	滚球半径 h_r/m	避雷网尺寸
第二类防雷建筑物	45	≤10 m×10 m 或≤12 m×8 m
第三类防雷建筑物	60	≤20 m×20 m 或≤24 m×16 m

2. 引下线

引下线是连接接闪器与接地装置的金属导体。引下线的作用是将接闪器上的雷电流连接到接地装置并引入大地。

(1)引下线的选择。引下线有明敷和暗敷两种。另外，可以利用金属物作为引下线。

1)明敷引下线。专设引下线应沿建筑物外墙明敷，并经最短路径接地。引下线宜采用圆钢或扁钢，圆钢直径不应小于 8 mm；扁钢截面面积不应小于 48 mm^2，其厚度不应小于 4 mm。

当烟囱上的专设引下线采用圆钢时，其直径不应小于 12 mm；采用扁钢时，其截面面积不应小于 100 mm^2，厚度不应小于 4 mm。

2)暗敷引下线。建筑艺术要求较高者，专设引下线可暗敷，但其圆钢直径不应小于10 mm，扁钢截面面积不应小于 80 mm^2。

3)利用金属物做引下线。

①建筑物的消防梯、钢柱等金属构件宜作为引下线，但其各部分之间均应连成电气通路。如因装饰需要，这些金属构件可覆有绝缘材料。

②满足以下条件的建筑物立面装饰物、轮廓线栏杆、金属立面装饰物的辅助结构：

a. 其截面不小于专设引下线的截面，且厚度不小于 0.5 mm；

b. 垂直方向的电气贯通采用焊接、卷边压接、螺钉或螺栓连接，或者各部件的金属部分之间的距离不大于 1 mm，且搭接面积不小于 100 cm^2。

(2)引下线的布置。根据建筑物防雷等级不同，防雷引下线的设置也不相同。一级防雷建筑物专设引下线时，其数量不应少于两根，间距不应大于 18 m；二级防雷建筑物引下线的数量不应少于两根，间距不应大于 20 m；三级防雷建筑物，为防雷装置专设引下线时，其引下线数量不应少于两根，间距不应大于 25 m。

3. 接地装置

接地装置由接地线与接地极组成，是引导雷电流安全入地的导体。接地极是指与大地做良好接触的导体。接地极分为垂直接地极和水平接地极两种。

连接引下线和接地极的导体称为接地线。接地线通常采用直径为 10 mm 以上的镀锌钢筋制成。当雷电流通过接地装置向大地流散时，接地极的电位仍然是很高的，人走近接地极时会有触电危险。因此，接地极应埋设在行人较少的地方，要求接地极距离被保护的建筑物不小于 3 m。

(四)建筑物的防雷措施

1. 第二类防雷建筑物的防雷措施

(1)第二类防雷建筑物应采取防直击雷、防侧击和防雷电波侵入的措施。

(2)防直击雷的措施应符合下列规定：

1)接闪器宜由避雷带(网)、避雷针或其混合组成。避雷带应装设在建筑物易受雷击的屋角、屋脊、女儿墙及屋檐等部位，并应在整个屋面上装设不大于 10 m×10 m 或 12 m×8 m 的网格。

2)所有避雷针应采用避雷带或等效的环形导体相互连接。

3)引出屋面的金属物体可不装接闪器，但应和屋面防雷装置相连。

4)在屋面接闪器保护范围之外的非金属物体应装设接闪器，并应和屋面防雷装置相连。

5)当利用金属物体或金属屋面作为接闪器时，避雷网和避雷带宜采用圆钢或扁钢，其尺寸应符合表 8-22 的规定。

表 8-22　避雷网、避雷带及烟囱顶上的避雷环规格

类　别 / 材料规格	圆钢直径/mm	扁钢截面面积/mm²	扁管厚度/mm
避雷网、避雷带	≥8	≥48	≥4
烟囱顶上的避雷环	≥12	≥100	≥4

6)防直击雷的引下线应优先利用建筑物钢筋混凝土中的钢筋或钢结构柱。当利用建筑物钢筋混凝土中的钢筋作为引下线时，其上部应与接闪器焊接，下部在室外地坪下 0.8～1 m 处宜焊出一根直径为 12 mm 或 40 mm×4 mm 镀锌钢导体，此导体伸出外墙的长度不宜小于 1 m。作为防雷引下线的钢筋，应符合下列要求：

①当钢筋直径大于或等于 16 mm 时，应将两根钢筋绑扎或焊接在一起，作为一组引下线；

②当钢筋直径大于或等于 10 mm 且小于 16 mm 时，应利用四根钢筋绑扎或焊接作为一组引下线。

7)防直击雷装置的引下线的数量和间距应符合下列规定：

①专设引下线时，其根数不应少于 2 根，间距不应大于 18 m，每根引下线的冲击接地电阻不应大于 10 Ω；

②当利用建筑物钢筋混凝土中的钢筋或钢结构柱作为防雷装置的引下线时，其根数可不限，间距不应大于 18 m，但建筑外廓易受雷击的各个角上的柱子的钢筋或钢柱应被利用，每根引下线的冲击接地电阻可不做规定。

(3)当建筑物高度超过 45 m 时，应采取下列防侧击措施：

1)建筑物内钢构架和钢筋混凝土的钢筋应相互连接。

2)应利用钢柱或钢筋混凝土柱子内的钢筋作为防雷装置引下线。结构圈梁中的钢筋应每三层连成闭合回路，并应同防雷装置引下线连接。

3)应将 45 m 及以上外墙上的栏杆、门窗等较大的金属物直接或通过预埋件与防雷装置相连。

4)垂直敷设的金属管道及类似金属物除应满足 6)规定外，还应在顶端和底端与防雷装置连接。

(4)防雷电波侵入的措施应符合下列规定：

1)为防止雷电波的侵入，进入建筑物的各种线路及金属管道宜采用全线埋地引入，并应在入户端将电缆的金属外皮、钢导管及金属管道与接地网连接。当采用全线埋地电缆确有困难而无法实现时，可采用一段长度不小于 $2\sqrt{\rho}$ m[ρ 为埋地电缆处的土壤电阻率(Ω·m)]的铠装电缆或穿钢导管的全塑电缆直接埋地引入，电缆埋地长度不应小于 15 m，其入户端电缆的金属外皮或钢导管应与接地网连通。

2)在电缆与架空线连接处，还应装设避雷器，并应与电缆的金属外皮或钢导管及绝缘子铁脚、金具连在一起接地，其冲击接地电阻不应大于 10 Ω。

3)年平均雷暴日在 30 d/a 及以下地区的建筑物，可采用低压架空线直接引入建筑物，并应符合下列要求：

①入户端应装设避雷器，并应与绝缘子铁脚、金具连在一起接到防雷接地网上，冲击接地电阻不应大于 5 Ω；

②入户端的三基电杆绝缘子铁脚、金具应接地，靠近建筑物的电杆的冲击接地电阻不应大于 10 Ω，其余两基电杆不应大于 20 Ω。

4)进出建筑物的架空和直接埋地的各种金属管道应在进出建筑物处与防雷接地网连接。

5)当低压电源采用全长电缆或架空线换电缆引入时，应在电源引入处的总配电箱装设置浪涌保护器。

6)设在建筑物内、外的配电变压器，宜在高、低压侧的各相装设避雷器。

(5)防止雷电流流经引下线和接地网时产生的高电位对附近金属物体、电气线路、电气设备和电子信息设备的反击的措施，应符合下列规定：

1)有条件时，宜将防雷装置的接闪器和引下线与建筑物内的金属物体隔开。金属物体至引下线的距离应符合式(8-31)～式(8-34)的要求，地下各种金属管道及其他各种接地网与防雷接地网的距离应符合式(8-34)的要求，且不应小于 2 m，达不到时应相互连接。

当 $L_x \geqslant 5R_i$ 时 $\qquad S_{a1} \geqslant 0.075K_c(R_i+L_x)$ （8-31）

当 $L_x < 5R_i$ 时 $\qquad S_{a1} \geqslant 0.3K_c(R_i+0.1L_x)$ （8-32）

$$S_{a2} \geqslant 0.075K_cL_x \qquad (8\text{-}33)$$

$$S_{ed} \geqslant 0.3K_cR_i \qquad (8\text{-}34)$$

式中　S_{a1}——当金属管道的埋地部分未与防雷接地网连接时，引下线与金属物体之间的空气中距离(m)；

$\quad S_{a2}$——当金属管道的埋地部分已与防雷接地网连接时，引下线与金属物体之间的空气中距离(m)；

$\quad R_i$——防雷接地网的冲击接地电阻(Ω)；

$\quad L_x$——引下线计算点到地面长度(m)；

$\quad S_{ed}$——防雷接地网与各种接地网或埋地各种电缆和金属管道间的地下距离(m)；

$\quad K_c$——分流系数，单根引下线应为 1，两根引下线及接闪器不呈闭合环的多根引下线应为 0.66，接闪器呈闭合环或网状的多根引下线应为 0.44。

2)当利用建筑物的钢筋体或钢结构作为引下线，同时建筑物的大部分钢筋、钢结构等金属物与被利用的部分连成整体时，其距离可不受限制。

3)当引下线与金属物或线路之间有自然接地或人工接地的钢筋混凝土构件、金属板、金属网等静电屏蔽物隔开时，其距离可不受限制。

4)当引下线与金属物或线路之间有混凝土墙、砖墙隔开时，混凝土墙的击穿强度应与空气击穿强度相同，砖墙的击穿强度应为空气击穿强度的 1/2。当引下线与金属物或线路之间的距离不能满足上述要求时，金属物或线路应与引下线直接相连或通过过电压保护器相连。

5)对于设有大量电子信息设备的建筑物，其电气、电信竖井内的接地干线应与每层楼板钢筋做等电位联结。一般建筑物的电气、电信竖井内的接地干线，应每三层与楼板钢筋做等电位联结。

(6)当整个建筑物全部为钢筋混凝土结构或为砖混结构但有钢筋混凝土组合柱和圈梁时，应利用钢筋混凝土结构内的钢筋设置局部等电位联结端子板，并应将建筑物内的各种竖向金属管道每三层与局部等电位联结端子板连接一次。

(7)当基础采用以硅酸盐为基料的水泥和周围土壤的含水率不低于4%，以及基础的外表面无防腐层或有沥青质的防腐层时，钢筋混凝土基础内的钢筋宜作为接地网，并应符合下列要求：

1)每根引下线处的冲击接地电阻不宜大于5 Ω；

2)利用基础内钢筋网作为接地体时，每根引下线在距地面0.5 m以下的钢筋表面积总和，对第二类防雷建筑物不应少于$4.24K_c^2$ m²，对第三类防雷建筑物不应少于$1.89K_c^2$ m²。

当防雷接地网符合上述要求时，应优先利用建筑物钢筋混凝土基础内的钢筋作为接地网。当为专设接地网时，接地网应围绕建筑物敷设成一个闭合环路，其冲击接地电阻不应大于10 Ω。

2. 第三类防雷建筑物的防雷措施

(1)第三类防雷建筑物应采取防直击雷、防侧击和防雷电波侵入的措施。

(2)防直击雷的措施应符合下列规定：

1)接闪器宜采用避雷带(网)、避雷针或由其混合组成，所有避雷针应采用避雷带或等效的环形导体相互连接。

2)避雷带应装设在屋角、屋脊、女儿墙及屋檐等建筑物易受雷击部位，并应在整个屋面上装设不大于20 m×20 m或24 m×16 m的网格。

3)对于平屋面的建筑物，当其宽度不大于20 m时，可仅沿周边敷设一圈避雷带。

4)引出屋面的金属物体可不装接闪器，但应和屋面防雷装置相连。

5)在屋面接闪器保护范围以外的非金属物体应装设接闪器，并应和屋面防雷装置相连。

6)当利用金属物体或金属屋面作为接闪器时，应符合第二类防雷建筑物的防雷措施中(2)的要求。

7)防直击雷装置的引下线应优先利用钢筋混凝土中的钢筋。

8)防直击雷装置的引下线的数量和间距应符合下列规定：

①为防雷装置专设引下线时，其引下线数量不应少于2根，间距不应大于25 m，每根引下线的冲击接地电阻不宜大于30 Ω。

②当利用建筑物钢筋混凝土中的钢筋作为防雷装置引下线时，其引下线数量可不受限制，间距不应大于25 m，建筑物外廊易受雷击的几个角上的柱筋宜被利用。每根引下线的冲击接地电阻值可不做规定。

9)构筑物的防直击雷装置引下线可为1根，当构筑物高度超过40 m时，应在相对称的位置上装设2根。

10)防直击雷装置的接地网宜和电气设备等接地网共用。进出建筑物的各种金属管道及电气设备的接地网，应在进出处与防雷接地网相连。

(3)当建筑物高度超过60 m时，应采取下列防侧击措施：

1)建筑物内钢构架和钢筋混凝土的钢筋应相互连接。

2)应利用钢柱或钢筋混凝土柱子内的钢筋作为防雷装置引下线。结构圈梁中的钢筋应每三层连成闭合回路，并应同防雷装置引下线连接。

3)应将45 m及以上外墙上的栏杆、门窗等较大的金属物直接或通过预埋件与防雷装置相连。

(4)防雷电波侵入的措施应符合下列规定：

1)对电缆进出线，应在进出端将电缆的金属外皮、金属导管等与电气设备接地相连。架空线转换为电缆时，电缆长度不宜小于15 m，并应在转换处装设避雷器。避雷器、电缆金属外皮和绝缘子铁脚、金具应连在一起接地，其冲击接地电阻不宜大于 30 Ω。

2)对低压架空进出线，应在进出处装设避雷器，并应与绝缘子铁脚、金具连在一起接到电气设备的接地网上。当多回路进出线时，可仅在母线或总配电箱处装设避雷器或其他形式的浪涌保护器，但绝缘子铁脚、金具仍应接到接地网上。

3)进出建筑物的架空金属管道，在进出处应就近接到防雷或电气设备的接地网上或独自接地，其冲击接地电阻不宜大于 30 Ω。

(5)防止雷电流流经引下线和接地网时产生的高电位对附近金属物体、电气线路、电气设备和电子信息设备的反击的措施，应符合下列要求：

1)有条件时，宜将防雷装置的接闪器和引下线与建筑物内的金属物体隔开。金属物体至引下线的距离应符合式(8-35)或式(8-36)的要求，地下各种金属管道及其他各种接地网与防雷接地网的距离应符合式(8-34)的要求，但不应小于 2 m，当达不到时应相互连接。

当 $L_x \geqslant 5R_i$ 时 $\qquad\qquad S_{a1} \geqslant 0.05K_c(R_i+L_x)$ $\qquad\qquad$ (8-35)

当 $L_x < 5R_i$ 时 $\qquad\qquad S_{a1} \geqslant 0.2K_c(R_i+0.1L_x)$ $\qquad\qquad$ (8-36)

式中 S_{a1}——当金属管道的埋地部分未与防雷接地网连接时，引下线与金属物体之间的空气中距离(m)；

R_i——防雷接地网的冲击接地电阻(Ω)；

K_c——分流系数；

L_x——引下线计算点到地面长度(m)。

2)在共用接地网并与埋地金属管道相连的情况下，其引下线与金属物之间的空气中距离应符合式(8-33)的要求。

3)当利用建筑物的钢筋体或钢结构作为引下线，同时，建筑物的钢筋、钢结构等金属物与被利用的部分连成整体时，其距离可不受限制。

4)当引下线与金属物或线路之间有自然的或人工的钢筋混凝土构件、金属板、金属网等静电屏蔽物隔开时，其距离可不受限制。

本章小结

本章主要介绍了电力负荷的计算、变配电室(所)和自备应急电源、常见建筑电气设备、配电线路布线系统、建筑接地与防雷。电力负荷可分为一级负荷、二级负荷和三级负荷。变配电室(所)根据本身结构形式和相互位置的不同，可分为建筑物内变电所、建筑物外附式变电所、独立式变电所及箱式变电所四种形式。常见的低压电气设备主要介绍了开关、低压断路器、低压熔断器、接触器、继电器、低压配电屏、低压配电箱和低压配电柜。接地的连接方式有工作接地、保护接地、重复接地，接地装置是接地体和接地线的总称。建筑物防雷装置主要由接闪器、引下线和接地装置三部分组成。

思考与练习

一、填空题

1. 电力系统主要包括_____、_____、_____、_____。

2. _____是连接发电厂和用户的中间环节，主要作用是变换电压、传送电能。

3. 电力线路是输送电能的通道，一般分为_____和_____。

4. _____是指一切消耗电能的用电设备，它们将电能转化为其他形式的能量，以实现某种功能。

5. _____和_____是衡量电能质量的两个基本参数。

6. 变配电室(所)根据自身结构形式和相互位置的不同，可分为_____、_____、_____及_____四种形式。

7. 高压电气设备是在_____的民用建筑供电系统中使用的电气设备，低压电气设备通常是指电压在_____以下的电气设备。

8. 电力变压器按散热方式可分为_____和_____。

9. 常用的高压配电设备有_____、_____、_____、_____等，这些高压配电设备通常集成在若干个成套高压开关柜内。

10. 低压断路器分为_____和_____两大类。

11. 交流接触器主要由_____、_____和_____等部分组成。

12. 低压配电屏在三相交流系统中作为低压配电室动力及照明配电之用，有_____、_____及_____三种类型。

13. 电线又称为导线，常用导线可分为_____和_____。

14. 接地的连接方式有_____、_____、_____。

15. 接地体分为_____和_____两种。

16. 建筑物防雷装置主要由_____、_____和_____三部分组成。

二、名词解释

建筑供配电系统 变配电室(所) 负荷熔断式刀开关 低压配电柜 接地体

三、简答题

1. 电力负荷的分级与其供电电源的要求有哪些？

2. 建筑物或建筑群变配电室(所)位置的确定应符合哪些要求？

3. 柴油发电机房位置的选择有哪些要求？

4. 常用的低压电气设备有哪些？

5. 低压开关分为哪几类？

6. 简述低压配电系统的接线方式。

7. 电线的敷设有哪些要求？

8. 常用的电力电缆有哪些？

9. 简述雷电的危害。

10. 简述建筑物的防雷措施。

第九章 建筑电气照明

能力目标

1. 根据房间内的空间位置，能合理选择电光源和灯具，并进行布置。
2. 具备常用照明配电系统接线的能力。
3. 能够准确识读建筑电气照明施工图。

知识目标

1. 了解常用的基本光度单位，了解照明的基本种类；掌握照明的基本方式。
2. 了解照明质量评价要考虑的内容，掌握照明线路的基本组成、干线配线方式及支线配线形式。
3. 掌握建筑照明常用电光源及常用电光源的选用。
4. 了解灯具的分类、选用；掌握灯具的布置。
5. 了解常用照明配电系统、照明配电方式；掌握常用照明配电系统的接线。
6. 了解建筑电气施工图的特点和组成，常用图形符号及标准方式。

素养目标

树立良好的工程职业道德、追求卓越的态度。

第一节 电气照明基础知识

人类的生活与光息息相关。只有当光辐射刺激人的视觉时，人们才能看清周围的环境。通过视觉获得信息的效率和质量与人的眼睛特性和照明条件有关。当光的亮度不同时，人的视觉器官的感受程度也不同，因而人们在不同照明条件下可能会有不同的感觉效果。这表明在不同照度条件下有不同的视觉能力。人的视觉器官不但能反映光的强度，而且能反映光的波长特性。前者表现为亮度的感觉，后者表现为颜色的感觉。人们看到各种物体具有不同的颜色，是由于它们所辐射（或反射）的光的光谱特性不同。通过颜色视觉，人们能从外界事物获得更多的信息，这在生活中具有非常重要的意义。

一、光度单位

光是以电磁辐射形式传播的辐射能。电磁辐射的波长范围很广，其波长为 380～780 nm 时会使人的眼睛产生光感,这部分电磁波就被称为可见光。不同波长的可见光,在人眼中反映为不同的颜色。而波长大于 780 nm 的红外线和波长小于 380 nm 的紫外线等都不能引起人眼的视觉反应。

光度单位是指用来描述光源和光环境特征的物理量,常用的基本光度单位有光通量、发光强度、照度和亮度。

1. 光通量

光源发光是其不断地向周围空间辐射能量的结果。光源在单位时间内向周围空间辐射出的光能称为光源的光通量,常用"ϕ"来表示。光通量的单位为流明(lm)。

国际照明委员会(CIE)根据大量的试验结果,把 555 nm 定义为同等辐射通量条件下,视亮度最高的单色波长,用"λ_m"表示,其发射出的 1 W 辐射能折合成光通量为 683 lm。当波长为 555 nm 的黄绿光辐射功率为 1 W 时,主观感觉光通量为 683 lm。当其他波长的辐射功率也为 1 W 时,主观感觉光通量都小于 683 lm,可按式(9-1)计算:

$$F_\lambda = 683 K_\lambda P_\lambda \tag{9-1}$$

式中　F_λ——波长为 λ 的光的光通量(lm);

　　　K_λ——波长为 λ 的光的相对视度;

　　　P_λ——波长为 λ 的光的辐射功率(W)。

在建筑照明工程中,光通量是说明光源发光能力的基本量。例如,一只电功率为 40 W 的白炽灯发射的光通量为 370 lm,而一只电功率为 40 W 的荧光灯发射的光通量为 2 800 lm,是白炽灯的 7 倍多,这是由它们的光谱分布特性决定的。

2. 发光强度

发光强度简称光强,表示光源在不同方向上光通量的分布特性。其符号为 I,单位为坎德拉(cd)。

发光强度是在一个给定方向上,单位立体角内(单位示面度 sr)的光通量密度,即单位立体角内所辐射的光通量,用于描述发光体空间发光强度的分布。因此,1 cd=1 流明(lm)/示面度(sr)。光强与光通量的关系如下:

(1)对于向各方向均匀发射光通量的发光体:

$$I = F/\omega \text{(cd)} \tag{9-2}$$

式中　ω——发光表面形成的立体角(sr)。

(2)对于各种不同形状的均匀发光体:

$$
\left.
\begin{array}{l}
\text{发光圆球:} \quad I = \dfrac{F}{4\pi} \\[2mm]
\text{单面发光圆盘:} \quad I = \dfrac{F}{\pi} \\[2mm]
\text{发光圆柱体:} \quad I = \dfrac{F}{\pi^2} \\[2mm]
\text{发光半圆球:} \quad I = \dfrac{F}{2\pi^2}
\end{array}
\right\} \tag{9-3}
$$

3. 照度

照度是指物体表面所得到的光通量与该物体表面积的比值,用 E 表示,单位为勒克斯(lx)。照度用来表示被照面上光的强弱,以入射光通量的面密度表示:1 lx=1 lm/m²。

照度与光通量的关系:若被照面积 S 上的光通量分布均匀,则

$$E = F/S \tag{9-4}$$

式中　F——投射到被照面的光通量(lm);

S——被照面的表面面积(m^2);

E——被照面的照度(lx)。

若被照面积 S 上的光通量分布不均匀，则

$$E = dF/dS \tag{9-5}$$

根据《建筑照明设计标准》(GB 50034—2013)的规定，各类建筑中不同房间在工作面上的照度不低于表 9-1～表 9-3 所规定的标准值。

表 9-1 图书馆的建筑照明标准值

房间或场所		参考平面及其高度	照度标准值/lx	R_a
起居室	一般活动	0.75 m 水平面	100	80
	书写、阅读		300*	
卧室	一般活动	0.75 m 水平面	75	80
	床头、阅读		150*	
餐厅		0.75 m 餐桌面	150	80
厨房	一般活动	0.75 m 水平面	100	80
	操作台	台面	150*	
卫生间		0.75 m 水平面	100	80
电梯前厅		地面	75	60
走道、楼梯间		地面	50	60
车库		地面	30	60

注：* 指混合照明照度，R_a 为显色指数。

表 9-2 图书馆建筑照明标准值

房间或场所	参考平面及其高度	照度标准值/lx	UGR	U_0	R_a
一般阅览室，开放式阅览室	0.75 m 水平面	300	19	0.60	80
多媒体阅览室	0.75 m 水平面	300	19	0.60	80
老年阅览室	0.75 m 水平面	500	19	0.70	80
珍善本、舆图阅览室	0.75 m 水平面	500	19	0.60	80
陈列室、目录厅(室)、出纳厅	0.75 m 水平面	300	19	0.60	80
档案库	0.75 m 水平面	19	19	0.60	80
书库、书架	0.25 m 垂直面	50	—	0.40	80
工作间	0.75 m 水平面	300	19	0.60	80
采编、修复工作间	0.75 m 水平面	500	19	0.60	80

注：UGR 为统一眩光值，U_0 为照度均匀度。

表 9-3 办公建筑照明标准值

房间或场所	参考平面及其高度	照度标准值/lx	UGR	U_0	R_a
普通办公室	0.75 m 水平面	300	19	0.60	80
高档办公室	0.75 m 水平面	500	19	0.60	80

房间或场所	参考平面及其高度	照度标准值/lx	UGR	U_0	R_a
会议室	0.75 m 水平面	300	19	0.60	80
视频会议室	0.75 m 水平面	750	19	0.60	80
接待室、前台	0.75 m 水平面	200	—	0.40	80
服务大厅、营业厅	0.75 m 水平西	300	22	0.40	80
设计室	实际工作面	500	19	0.60	80
文件整理、复印、发行室	0.75 m 水平面	300	—	0.40	80
资料、档案存放室	0.75 m 水平面	200	—	0.40	80

注：此表适用于所有类型建筑的办公室和类似用途场所的照明。

4. 亮度

亮度是指表面某一视线方向的单位投影面上所发出或反射的发光强度，常用符号 L 表示，单位为坎德拉每平方米（cd/m²），又称尼特。亮度具有方向性。只有一定亮度的表面才可在人眼中形成视觉。

二、照明方式和种类

(一)照明的基本方式

建筑物内的照明，根据建筑物的功能、生产工艺及装饰等各方面的不同要求，其照度的标准和灯光的布置也不相同。因此，将照明方式分为三种，即一般照明、局部照明和混合照明。

1. 一般照明

一般照明是为照亮整个工作场地（房间）而设置的照明，灯具布置基本均匀，同一场地（房间）的照度相同。这种照明方式适用于对光照方向无特殊要求、受条件限制不适合装设局部照明的场所。

2. 局部照明

局部照明是单独为某个部位设置照明装置，以满足提高局部照度要求的一种照明方式。这种照明方式适用于局部地点要求照度高、有照射方向要求，以及需要遮挡或克服反射眩光的场所。尤其需要注意的是，在整个工作场所不得只有局部照明而无一般照明。

3. 混合照明

混合照明是在一般照明提供均匀照度的基础上，再在某部位设置局部照明，以提高其照度的一种照明方式。它适用于工作面需要较高照度且照射方向有一定要求的场所。

(二)照明的基本种类

按照明的使用功能分类，有正常照明、应急照明、值班照明和警卫照明等。

1. 正常照明

在正常情况下，使用的室内、外照明称为正常照明。所有正在使用的房间及工作、生活、运输、集会等公共场所均应设置正常照明。正常照明一般可单独使用，也可与应急照明、值班照明同时使用，但控制线路必须分开。

2. 应急照明

应急照明是在正常照明因故熄灭的情况下，供人们继续工作或人员疏散用的照明。它包括备用照明、安全照明、疏散照明。

(1)备用照明:正常照明因故熄灭后,供继续工作的照明。

(2)安全照明:确保处于危险中的人员安全的照明。

(3)疏散照明:发生事故时保证人员疏散的照明。

通常情况下,备用照明的照度不低于正常照明的10%,安全照明的照度不低于正常照明的10%,疏散照明的照度不低于5 lx。

3. 值班照明

在工作和非工作时间内,供值班人员用的照明称为值班照明。值班照明可利用正常照明中能单独控制的一部分或全部,也可利用应急照明的一部分或全部作为值班照明。

4. 警卫照明

有警戒任务的建筑物或某些需警戒的重要场所,应根据警戒范围及要求设置警卫照明。

(三)照明方式和种类的选择

(1)照明方式的选择应符合下列规定:

1)当仅需要提高房间内某些特定工作区的照度时,宜采用分区一般照明。

2)局部照明宜在下列情况下采用:

①局部需有较高的照度;

②由于遮挡而使一般照明照射不到的某些范围;

③视觉功能降低的人需要有较高的照度;

④需要减少工作区的反射眩光;

⑤为加强某方向光照以增强质感时。

3)对于部分作业面照度要求较高,只采用一般照明不合理的场所,宜采用混合照明。

4)不应单独使用局部照明。

(2)应按下列使用要求确定照明种类:

1)室内工作场所均应设置正常照明。

2)下列场所应设置应急照明:

①正常照明因故熄灭后,需确保正常工作或活动继续进行的场所,应设置备用照明;

②正常照明因故熄灭后,需确保处于潜在危险之中的人员安全的场所,应设置安全照明;

③正常照明因故熄灭后,需确保人员安全疏散的出口和通道,应设置疏散照明。

3)大面积工作场所宜设置值班照明。

4)有警戒任务的场所,应根据警戒范围的要求设置警卫照明。

5)城市中的标志性建筑、大型商业建筑、具有重要政治文化意义的构筑物等,宜设置景观照明。

6)有危及航行安全的建筑物、构筑物上,应根据航行要求设置障碍照明。

三、照明质量评价

良好的照明环境不仅靠足够的光通量,还取决于光的质量,即照明的质量。照明质量是衡量照明设计好坏的主要指标,因此,在进行照明设计时,应本着"质量第一"的原则,全面考虑和正确处理以下几项主要内容:

(一)合适的照度

照度是决定物体明亮程度的间接指标,在一定范围内,照度增加,可使视觉功能提高。合适的照度有利于保护视力,提高人们的工作和学习效率。选用的照度值应不低于《民用建筑电气设计标准》(GB 51348—2019)推荐的照度值。

(二)照明的均匀度

在工作环境中，人们希望被照场所的照度均匀或比较均匀。如果有彼此照度极不相同的表面，将会导致视觉疲劳。因此，工作面与周围的照度应力求均匀。

照度的均匀度，一般是以被照场所的最低照度(E_{min})和最高照度(E_{max})之比，或最低照度(E_{min})和平均照度(E_{av})之比来衡量的，前者称为最低均匀度，后者称为平均均匀度。对于一般室内照明的最低均匀度不得低于0.3，平均均匀度应在0.7以上。

为了获得较满意的照明均匀度，灯具布置间距宜不大于所选灯具的最大允许距离。

当要求照明的均匀度很高时，可采用间接型、半间接型照明灯具或荧光灯发光带等照明方式。

(三)合适的亮度分布

物体具有一定的亮度，是引起视觉感的基本条件，而合适的亮度分布是视觉舒适的重要保证。亮度不均匀会造成视觉不舒适，亮度太低还可能引起视觉疲劳。但是，亮度过于均匀也是不必要的，适当的亮度变化可使空间气氛活跃起来。

室内各表面的亮度比推荐值如下：

观察对象与工作面之间(如书与桌子之间)为3∶1；

观察对象与周围环境之间为10∶1；

光源与背景(环境)之间为20∶1；

视野内最大的亮度差为40∶1。

(四)限制眩光

当人们观察高亮度物体时，眩光会使视力逐渐降低。为了限制眩光，可适当降低光源和照明器表面亮度，如对有的光源，可用漫射玻璃或格栅等限制眩光，格栅保护角为30°～45°。照明器一般距地面的悬挂高度及其保护角不小于表9-4中规定的值。

表9-4 照明器最低悬挂高度

光源种类	反射罩类型	保护角 $\sigma/°$	灯泡功率/W	最低悬挂高度/m
白炽灯	搪瓷反射罩	10～30	100 及以下	2.5
			150～200	3.0
			300～500	3.5
			500 以上	4.0
	乳白玻璃漫射罩	—	100 及以下	2.0
			150～200	2.5
			300～500	3.0
荧光高压汞灯	搪瓷反射罩 铝抛光反射罩	10～30	250 及以下	5.0
			400 及以上	6.0
卤钨灯	搪瓷反射罩 铝抛光反射罩	30 及以上	500	6.0
			1 000～2 000	7.0
荧光灯	无反射罩		40 及以下	2.0

光源种类	反射罩类型	保护角 $\sigma/°$	灯泡功率/W	最低悬挂高度/m
金属卤化物灯	搪瓷反射罩 铝抛光反射罩	10～30 30 以上	400 1 000	6.0 14.0 以上[①]
高压钠灯	搪瓷反射罩 铝抛光反射罩	10～30	250 400	6 7
①1 000 W 金属卤化物灯有紫外线防护措施时,其悬挂高度可适当降低。				

(五)光源的显色性

在需要正确辨色的场所,应采用显色指数高的光源,如白炽灯、日光色荧光灯和日光色镝灯等。

由于目前生产的荧光高压汞灯和高压钠灯的显色性不能令人满意,为了改善光色,可采用两种光源混光的办法。不同光源的混光效果见表 9-5。

表 9-5 不同光源的混光效果

混光方案	混光光源	白炽灯或 高压钠灯占 混光功率/%	白炽灯或高压 钠灯占混光 的光通量/%	一般显色指数 R_a	混光的光效 /(lm · W⁻¹)
白炽灯 ($R_a＝90$) 与荧光高压汞灯 ($R_a＝36$)	白炽灯 2×500 W 荧光高压汞灯 1 000 W	50	25	46	30
	白炽灯 2×500 W 荧光高压汞灯 400 W	71	46	62	23
高压钠灯 ($R_a＝21～25$) 与荧光高压汞灯 ($R_a＝36$)	高压钠灯 400 W 荧光高压汞灯 400 W	50	64	41	61
	高压钠灯 2×400 W 荧光高压汞灯 400 W	67	78	50	67

(六)照度的稳定性

照度变化引起的照明忽亮忽暗,不但会分散人们的注意力,给工作和学习带来不利,而且将导致视觉疲劳,尤其是每秒 5～10 次到每分钟 1 次的周期性严重波动,对眼睛极为有害,因此,照度的稳定性应予以保证。

照度的不稳定主要由于光通量的变化,而光源光通量的变化主要是由于电源电压的波动。因此,必须采取措施保证照明供电电压的质量。光源的摆动也会影响视觉,而且影响光源本身的寿命。所以,灯具应设置在没有气流冲击的地方或采取牢固的吊装方式。

(七)频闪效应的消除

随着电压电流的周期性交变,气体放电灯的光通量也会发生周期性的变化,这会使人眼产生明显的闪烁感。特别是当物体的转动频率是灯光闪烁频率的整数倍时,会使人眼对转动状态的识别产生错觉,转动的物体看上去像不转动一样,这种效应称为频闪效应。因此,在采用气体放电灯时,应采取措施,降低频闪效应。通常采用把气体放电灯分相接入电源的方法,如三根荧光灯管分别接到三相电源上，或将单相供电的两根荧光灯管采用移相接法。

光通量波动的程度用波动深度表示，其表达式为

$$\delta=\frac{F_{max}-F_{min}}{2F_{av}}\times100\%\qquad\qquad(9\text{-}6)$$

式中 δ——光通量波动深度（%）；

　　　F_{max}——光通量最大值（lm）；

　　　F_{min}——光通量最小值（lm）；

　　　F_{av}——光通量平均值（lm）。

根据试验，当光通量的波动深度降低到 25% 以下时，频闪效应即可避免。荧光灯、荧光高压汞灯和白炽灯等的光通量波动深度见表 9-6。

表 9-6　几种光源的光通量波动深度

光源类型	接入电路的方式	光通量波动深度/%	光源类型	接入电路的方式	光通量波动深度/%
日光色荧光灯	1. 灯接入单相电路 2. 灯不同相接入电路 3. 灯移相接入电路 4. 灯不同相接入电路	55 23 23 5	荧光高压汞灯	1. 灯接入单相电路 2. 灯不同相接入电路 3. 灯不同相接入电路	65 31 5
冷白色荧光灯	1. 灯接入单相电路 2. 灯不同相接入电路 3. 灯移相接入电路 4. 灯不同相接入电路	35 15 15 3.1	氙　　灯	1. 灯接入单相电路 2. 灯不同相接入电路 3. 灯不同相接入电路	130 65 5
			白炽灯	40 W 100 W	13 5

四、照明线路

(一)供电线路

照明供电线路一般有单相制（220 V）和三相四线制（380/220 V）两种。

(1)220 V 单相制。小容量（负荷电流为 15～20 A）的照明负荷，一般采用 220 V 单相制交流电源（图 9-1）。它由外线路上的一根相线和一根中性线组成。

(2)380/220 V 三相四线制。大容量（负荷电流为 30 A 以上）的照明负荷，一般采用 380/220 V 三相四线制中性点直接接地的交流电源。这种供电方式先将各种单相负荷平均分配，再分别接在每一根相线和中性线之间（图 9-2）。当三相负荷平衡时，中性线上没有电流，所以，在设计电路时应尽可能使各相负荷平衡。

(二)照明线路的基本组成

照明线路的基本组成如图 9-3 所示。在图 9-3 中，由室外架空线路电杆上到建筑物外墙支架上的线路称为引下线（接户线）；从外墙到总配电箱的线路称为进户线；由总配电箱到分配电箱的线路称为干线；由分配电箱至照明灯具的线路称为支线。

(三)干线配线方式

由总配电箱到分配电箱的干线有放射式、树干式和混合式三种配电方式（图 9-4）。

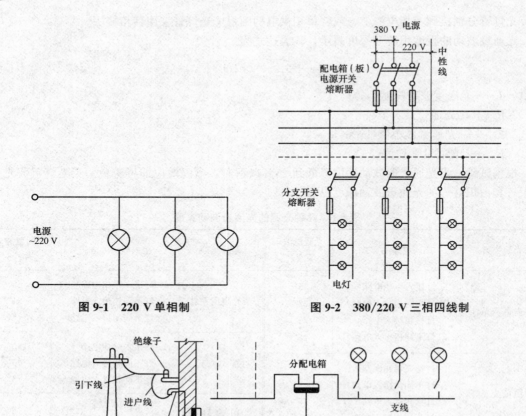

图 9-1　220 V 单相制　　　　图 9-2　380/220 V 三相四线制

图 9-3　照明线路的基本组成

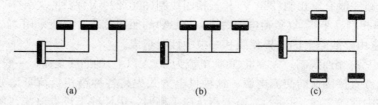

(a)　　　　　　　(b)　　　　　　　(c)

图 9-4　照明干线的配线方式

(a)放射式；(b)树干式；(c)混合式

(四)照明支线

照明支线又称照明回路，是指分配电箱到用电设备的这段线路，即将电能直接传递给用电设备的配电线路。

1. 电器设置

通常情况下，单相支线长度为 20～30 m，三相支线长度为 60～80 m，每相电流不超过 15 A，每一单相支线上所装设的灯具和插座不应超过 20 个。在照明线路中，插座的故障率最高，如果插座安装数量较多，则应专设支线对插座供电，以提高照明线路供电的可靠性。

2. 导线截面

通常情况下，室内照明支线线路较长，转弯和分支较多，因此，从敷设施工方便考虑，支线截面面积不宜过大，一般应为 $1.0\sim4.0\ mm^2$，最大不应超过 $6.0\ mm^2$。如果单相支线电流大于 15 A 或截面面积大于 $6.0\ mm^2$，则应采用三相支线或两条单相支线供电。

3. 频闪效应的限制措施

电光源随交流电的频率交变而发生的明暗变化，称为交流电的频闪效应。为了限制交流电源的频闪效应，三相支线上的灯具可实行按相序排列（图 9-5），并使三相负荷接近平衡，以保证电压偏移的均衡。

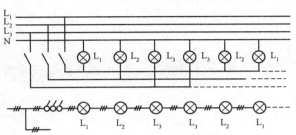

图 9-5　三相支线灯具最佳排列示意

4. 配线形式

一般照明供电线路的配线形式如图 9-6 和图 9-7 所示。

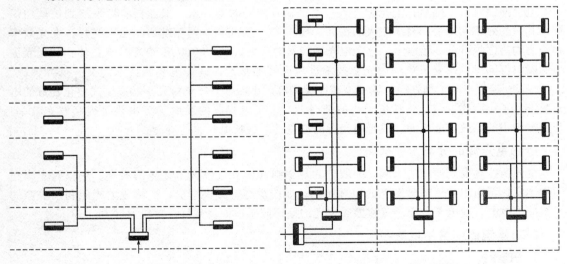

图 9-6　多层建筑物的照明配线　　　　**图 9-7　住宅的照明配线**

5. 支线的布置

（1）将用电设备进行分组，即把灯具、插座等尽可能均匀地分成几组，有几组就有几条支线，即每一组为一条供电支线；分组时应尽可能地使每相负荷平衡，一般最大相负荷与最小相负荷的电流差不宜超过 30%。

（2）每一单相回路，其电流不宜超过 16 A；当灯具采用单一支线供电时，灯具数量不宜超过 25 盏。

（3）作为组合灯具的单独支路，其电流最大不宜超过 25 A，光源数量不宜超过 60 个；而建筑物的轮廓灯，每一单相支线的光源数量不宜超过 100 个，且这些支线应采用铜芯绝缘导线。

（4）插座宜采用单独回路，单相独立插座回路所接插座不宜超过 10 组（每一组为一个两孔插座加一个三孔插座），且一个房间内的插座宜由同一回路配电；当灯具与插座共用一支线时，其中插座数量不宜超过 5 个（组）。

（5）备用照明、疏散照明回路上不宜设置插座。

（6）不应将照明支线敷设在高温灯具的上部，接入高温灯具的线路应采用耐热导线或者采取其他隔热措施。

（7）回路中的中性线和接地保护线的截面应与相线截面相同。

第二节　常用电光源、灯具及其选用

一、电光源

电光源是将电能转换为光能的设备，以其所产生的光通量向周围空间辐射，经四壁、顶棚、地板及室内物体表面的多次反射、折射后，在工作面上形成一定的照度，以满足人们的视觉要求及其他各种需要。

19 世纪 70 年代末，爱迪生发明了具有实用价值的碳丝白炽灯，使人类从漫长的火光照明进入了电气照明时代。随后，电光源进入一个迅猛发展的时期，从一般的白炽灯发展到钨丝白炽灯，其发光效率和寿命都有了很大的提高。1938 年，欧洲和美国相继研制出荧光灯，发光效率和寿命均为白炽灯的 3 倍以上，这是电光源技术的一大突破。20 世纪 50 年代末，体积和光衰极小的卤钨灯问世，改变了热辐射光源技术进展滞缓的状态，这是电光源技术的又一重大突破。20 世纪 80 年代出现了细管径、紧凑型节能荧光灯，小功率高压钠灯和小功率金属卤化物灯使电光源进入了小型化、节能化和电子化的新时期。未来电光源的发展趋势主要是提高发光效率，开发体积小的高效节能光源，改善电光源的显色性，延长电光源的寿命。

（一）电光源的分类

电光源按其发光原理的不同，一般分为热辐射光源和气体放电光源两大类。热辐射光源利用物体发热至白炽状后辐射发光的原理照明，如白炽灯、卤钨灯等；气体放电光源利用击穿的气体持续放电，使电子、原子等碰撞而发光的原理照明，如荧光灯、高压汞灯等。

（二）建筑照明常用电光源

1. 白炽灯

白炽灯是第一代电光源的代表。它主要由灯丝、灯头、玻璃支柱和玻璃壳等组成，如图 9-8 所示。灯丝由高熔点的钨丝绕制而成，并被封入抽成真空状的玻璃泡内，主要依靠钨丝白炽体的高热辐射发光，其构造简单，使用方便。

当电流通过白炽灯的灯丝时，电流的热效应使灯丝达到白炽状（钨丝的温度可达到 2 400～2 500 ℃）而发光。但热辐射中只有 2‰～3‰ 为可见光，发光效率低，平均寿命为 1 000 h，经不起振

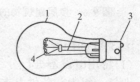

图 9-8　白炽灯的构造

1—玻璃壳；2—玻璃支柱；

3—灯头；4—灯丝

动。电源电压变化对灯泡的寿命和光效有严重影响，故电源电压的偏移不宜大于±2.5%。

使用白炽灯时应注意：

(1)白炽灯表面温度较高，严禁在易燃场所使用；

(2)白炽灯吸收的电能只有20%以下被转换成光能，其余的电能均被转换为红外线辐射能和热能，故玻璃壳内的温度很高，在使用中应防止水溅到灯泡上，以免玻璃壳炸裂；

(3)装卸灯泡时应先断开电源，不能用潮湿的手去装卸灯泡。

2. 卤钨灯

卤钨灯是一种较新型的热辐射光源。它是在白炽灯的基础上改进而来的，与白炽灯相比，其具有体积小、光效好、寿命长等特点。其构造如图9-9所示。

卤钨灯的发光原理与白炽灯相同，钨丝通电后产生热效应至白炽状态而发光，但它利用卤钨循环的作用，相对白炽灯而言，提高了发光效率，延长了使用寿命，且它的光通量比白炽灯更稳定，光色更好。

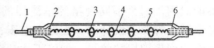

图9-9　卤钨灯的构造

1—电极；2—封套；3—支架；
4—灯丝；5—石英管；6—碘蒸气

使用卤钨灯时应注意：

(1)卤钨灯灯管管壁温度高达600 ℃左右，故不宜在易燃场所安装；

(2)卤钨灯的安装必须保持水平，倾斜角不得超过±4°；

(3)卤钨灯的耐振性较差，不宜在有振动的场所使用，也不宜做移动式照明电器使用；

(4)卤钨灯需配专用的照明灯具。

3. 荧光灯

荧光灯又称日光灯，是第二代电光源的代表。它主要由灯管、启辉器和镇流器等组成，如图9-10所示。

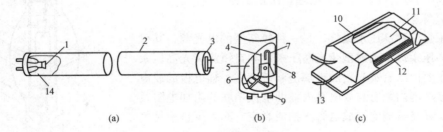

图9-10　荧光灯的构造

(a)灯管；(b)启辉器；(c)镇流器

1—阴极；2—玻璃管；3—灯头；4—静触头；5—电容器；6—外壳；7—双金属片；
8—玻璃壳内充惰性气体；9—电极；10—外壳；11—线圈；12—铁芯；13—引线；14—汞

荧光灯靠汞蒸气放电时发出可见光和紫外线，后者激励灯管内壁的荧光粉而发光，光色接近白色。荧光灯是低气压放电灯，工作在弧光放电区，当外电压变化时，工作不稳定，所以必须与镇流器一起使用，将灯管的工作电流限制在额定数值。

荧光灯具有光色好的特点，特别是荧光灯接近天然光；发光效率高，比白炽灯高2～3倍；在不频繁启燃的工作状态下，其寿命较长，可达3 000 h以上。

荧光灯电气原理图如图9-11所示。

使用荧光灯时应注意下列事项：

(1)荧光灯带有镇流器，所以是感性负荷，功率因数较低，且频闪效应显著；它对环境的适应性较差，如温度过高或过低，均会造成启燃困难；同时，普通荧光灯点燃需一定的时间，所以，不适于要求照明不间断的场所，最适宜的温度为 18～25 ℃。

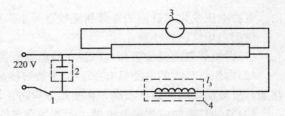

图 9-11　荧光灯电气原理图
1—开关；2—电容器；3—启辉器；4—镇流器

(2)不同规格的镇流器与不同规格的荧光灯不能混用。因为不同规格的镇流器的电气参数是根据灯管要求设计的。在额定电压、额定功率的情况下，相同功率的灯管和镇流器配套使用，才能达到最理想的效果。如果不注意配套，就会出现各种问题，甚至造成不必要的损失。表 9-7 是通过实测得到的镇流器与灯管的功率配套情况。

表 9-7　镇流器与灯管的功率配套情况

电流值/mA　　灯管功率/W　　镇流器功率/W	15	20	30	40
15	320	280	240	200 以下（启动困难）
20	385	350	290	215
30	460	420	350	265
40	590	555	500	410

(3)破碎的灯管要及时妥善处理，防止汞害。

4. 高压汞灯

高压汞灯又称高压水银灯，是一种较新型的电光源，其可分为荧光高压汞灯、反射型荧光高压汞灯和自镇流荧光高压汞灯三种，主要由涂有荧光粉的玻璃泡和装有主、辅电极的放电管组成。玻璃泡内装有与放电管内辅助电极串联的附加电阻及电极引线，并将玻璃泡与放电管间抽成真空，充入少量惰性气体，如图 9-12 所示。

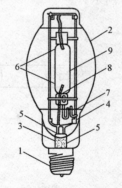

图 9-12　高压汞灯的构造
1—灯头；2—玻璃壳；3—抽气管；
4—支架；5—导线；6—主电极；
7—启动电阻；8—辅助电极；
9—石英放电管

荧光高压汞灯的光效比白炽灯高 3 倍左右，寿命也长，启动时不需要加热灯丝，故不需要启辉器，但显色性差。电源电压变化对荧光高压汞灯的光电参数有较大影响，故电源电压变化不宜大于±5%。

反射型荧光高压汞灯玻璃壳内壁上部镀有铝反射层，具有定向反射性能，使用时可不用灯具。

自镇流荧光高压汞灯用钨丝作为镇流器，是利用高压汞蒸气放电、白炽体和荧光材料三种发光物质同时发光的复合光源。这类灯的外玻璃壳内壁都涂有荧光粉，它能将汞蒸气放电时辐射的紫外线转变为可见光，以改善光色，提高光效。

高压汞灯的主要优点是发光效率高、寿命长、省电、耐振，且对安装无特殊要求，所以，被广泛用于施工现场、广场、车站等大面积场所的照明。

5. 高压钠灯

高压钠灯也是一种气体放电的光源，其构造如图9-13所示。放电管细长，管壁温度达700 ℃以上，因钠对石英玻璃具有较强的腐蚀作用，所以，放电管管体采用多晶氧化铝陶瓷制成。用化学性能稳定而膨胀系数与陶瓷相接近的铌做成端帽，电极与管体之间具有良好的密封性。电极之间连接着双金属片，用来产生启动脉冲。灯泡外壳由硬玻璃制成，灯头制成螺口型。

高压钠灯是利用高压钠蒸气放电的原理进行工作的。由于它的发光管（放电管）既细又长，不能采用类似高压汞灯通过辅助电极启辉发光的办法而采用荧光灯的启动原理，但是启辉器被组合在灯泡内部，其启动原理如图9-14所示。接通电源后，电流通过双金属片b和加热线圈H，b受热后发生变形使触头打开，镇流器L产生脉冲高压使灯泡发光。

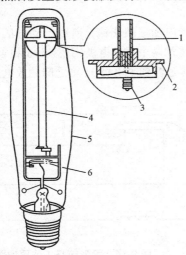

图 9-13　高压钠灯的外形和构造

1—金属排气管；2—铌帽；3—电极；
4—放电管；5—玻璃泡体；6—双金属片

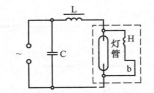

图 9-14　高压钠灯启动原理

高压钠灯的优点：光效比高压汞灯高，寿命长达2 500～5 000 h；紫外线辐射少；光线透过雾和水蒸气的能力强。其缺点是显色性差，光源的色表和显色指数都比较低，适用于道路、车站、码头、广场等大面积的照明。

高压钠灯灯泡的工作电压为100 V左右，因此，安装时要配用瓷质螺口灯座和带有反射罩的灯具。最低悬挂高度NG—400型为7 m，NG—250型为6 m。

6. 管形氙灯

管形氙灯又称长弧氙灯，放电时能产生很强的白光，接近连续光谱，和太阳光十分相似，故有"小太阳"之称，特别适用于大面积场所照明。

管形氙灯点燃瞬间即能达到80%光输出，光电参数一致性好，工作稳定，受环境温度影响小，电源电压波动时容易自熄。

使用管形氙灯时应注意下列事项：

(1)灯管工作温度很高，灯座及灯头的引入线应采用耐高温材料。灯管需要保持清洁，以防止高温下形成污点，降低灯管的透明度。

(2)应注意触发器的使用，触发器为瞬时工作设备，每次触发时间不宜超过10 s，更不允许使用任何开关代替触发按钮，以免造成连续运行而烧坏触发器。触发器触发的瞬间将产生数万伏脉冲高压，应注意安全。

7. 金属卤化物灯

金属卤化物灯是在高压汞灯的基础上为改善光色而发展起来的一种新型电光源，它不仅光色好，而且发光效率高。在高压汞灯内添加某些金属卤化物，靠金属卤化物的不断循环，向电弧提供相应的金属蒸气，于是就发出表征该金属特征的光谱线。常用的金属卤化物灯有钠铊铟灯和管形镝灯。

（1）钠铊铟灯的接线及工作原理：电源接通后，电流流经加热线圈，使双金属片受热弯曲而断开，产生高压脉冲，使灯管放电点燃；点燃后，放电的热量使双金属片一直保持断开状态，钠灯进入稳定的工作状态。1 000 W 钠铊铟灯工作线路比较复杂，必须加专门的触发器。图9-15所示为 400 W 钠铊铟灯工作原理图。

（2）管形镝灯的接线及工作原理：管形镝灯因在管内加了碘化镝，所以启动电压和工作电压就升高了。这种镝灯必须接在 380 V 线路中，而且要增加两个辅助电极（引燃极）3 和 4，如图9-16所示，接通电源后，首先在 1、3 与 2、4 之间放电，再过渡到主电极 1、2 之间的放电。

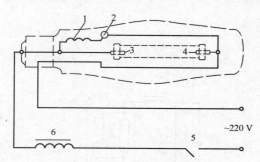 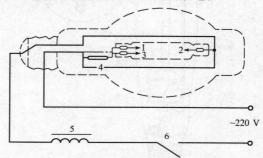

图 9-15　400 W 钠铊铟灯工作原理图
1—加热线圈；2—双金属片；3，4—主电极；
5—开关；6—镇流器

图 9-16　管形镝灯工作原理图
1，2—主电极；3，4—辅助电极；
5—镇流器；6—开关

（三）常用电光源的选用

照明的质量保证和基本条件就是要保证电压的正常和稳定。电压偏低与偏移会造成光线灰暗；电压过高会使电光源过亮，发出很强的眩光，会造成灯具寿命缩短甚至当即烧毁。因此，电光源的选用应根据照明要求和使用场所的特点，做如下考虑：

（1）照明开闭频繁、需要及时点亮、需要调光的场所，或因频闪效应影响视觉效果的场所，宜采用白炽灯或卤钨灯。

（2）识别颜色要求较高、视看条件要求较好的场所，宜采用日光色荧光灯、白炽灯和卤钨灯。

（3）振动较大的场所，宜采用荧光高压汞灯或高压钠灯，有高挂条件并需要大面积照明的场所，宜采用金属卤化物灯或长弧氙灯。

（4）对于一般性生产用工棚间、仓库、宿舍、办公室和工地道路等，应优先考虑选用价格低的白炽灯和荧光灯。

二、灯具

灯具是将光源发出的光进行再分配的装置，主要由电光源、控制器（灯罩）及附件组成。灯具具有合理配光、防止眩光、提高光源使用率、保护光源免受机械损伤并为其供电等作用，还具有保证照明安全及装饰美化环境等功能。

(一)灯具的特性

灯具的特性主要包括灯具的效率、配光曲线和遮光角等。

1. 灯具的效率

灯具的效率是指灯具向周围空间投射的光通量与光源发出的光通量之比。任何材料制成的灯罩，对于投射在它表面上的光通量都会吸收一部分，光源本身也要吸收少量的反射光，余下的才是灯具向周围空间投射的光通量，所以，灯具的效率总是小于1。灯具的效率取决于灯罩开口的大小与灯罩材料的光反射比和光投射比。灯具效率是反映灯具的技术经济效果的指标。

2. 灯具的配光曲线

灯具的配光曲线是表示灯具的发光强度在周围空间的分布状况的曲线。以灯具中的光源为球心，通过球心和光轴线的剖面作为绘制配光曲线的平面。以光源为极坐标的原点，光轴线为0°轴，圆的半径长短表示发光强度的大小。在这个极坐标平面上，将灯具从0°开始的各个张角的发光强度绘制在图上，即成为一个灯具的完整的配光曲线。

3. 灯具的遮光角

灯具的遮光角是指投光边界线与灯罩开口平面的夹角。一般情况下，灯具的遮光角越大，则配光曲线越狭小。在要求配光分布宽广，且又要避免直接眩光时，应该在灯具开口处用能够透射光线的玻璃灯罩，也可以用各种形状的格栅。

(二)灯具的分类

(1)灯具按光通量在空间上、下两半球的分配比例不同，可分为直射型、半直射型、漫射型、反射型和半反射型。

(2)灯具按结构形式不同，可分为开启式(光源和外界环境直接接触)、保护式(有封闭的透光罩，但罩内外可以自由流通空气)、密封式(透光罩将内外空气隔绝)、防爆式(严格密封，在任何条件下都不会因灯具而引起爆炸，用于易燃易爆场所)。

(3)灯具按用途不同，可分为功能型灯具，解决"亮"的问题，如荧光灯、路灯、投光灯、聚光灯等；装饰型灯具，解决"美"的问题，如壁灯、彩灯、吊灯等。当然，两者相辅相成，既亮又美的灯具也不少见。

(4)灯具按固定方式不同，可分为吸顶灯、嵌入灯、吊(链、线、杆)灯、壁灯、地灯、台灯、落地灯和轨道灯等。

(5)灯具按配光曲线的形状不同，可分为广照型、均匀配照型、配照型、深照型和特深照型等。

(三)灯具的选用

灯具的选用应根据周围的环境条件和使用要求，合理地选定灯具的光强度、效率、遮光角、类型、造型尺度及灯具的表观颜色等。另外，还应满足以下几方面的要求：

(1)技术性要求：指满足配光(使工作面上有足够的照度和亮度，在视野中亮度应合理分布)和限制眩光(保证照明的稳定性等)方面的要求。

(2)经济性要求：指要全面考虑综合一次性投资和年运行管理费用，以达到在满足照度等技术要求的前提下，综合费用最少的目的。一般应选用光效高、寿命长的灯具。

(3)使用性要求：灯具应符合环境条件、建筑结构等各种要求。例如，潮湿处(如厨房、卫生间)可选保护式防水灯头，特别潮湿处(如厕所、浴室)可选密封式防水防尘灯。

(4)功能性要求：是指根据不同的建筑功能，恰当确定灯具的光、色、型、体和布置，合理运用光照的方向性、光色的多样性、照度的层次性和光点的连续性等技术手段，可起到渲染建筑、美化环境的作用，并满足各种不同需要及要求。

（四）灯具的布置

灯具的布置就是确定灯具在房间内的空间位置，这与它的投光方向、工作面的布置、照度的均匀度，以及吸纳眩光和阴影都有直接关系。

照明灯具布置分为高度布置和水平布置。

1. 灯具的高度布置

灯具的悬挂高度 $H=$ 房间高度 H_a- 灯具的垂度（灯具的悬挂长度），如图 9-17 所示。灯具的悬挂高度主要考虑防止眩光，保证照明质量和安全。照明灯具距地面最低悬挂高度见表 9-4。对于一般层高的房间，如 2.8~3.5 m，考虑灯具的检修和照明的效率，一般悬挂高度应为 2.2~3.0 m。

2. 灯具的水平布置

灯具的水平布置也称为平面布置，一般分为均匀布置和选择布置两种形式。灯具均匀布置不考虑房间和工作场所内的设备、设施的具体位

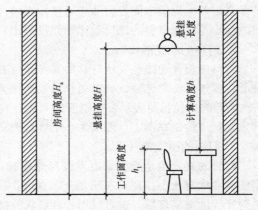

图 9-17　灯具竖向布置

置，只需考虑房间或工作场所内照度均匀性，将灯具均匀排列。灯具均匀布置常见方案有三种，分别是正方形、矩形和菱形布置，如图 9-18 所示。选择布置即为适应生产要求和设备布置，加强局部工作面的照度及防止在工作面出现阴影，采用灯具位置随工作表面安排而改变的方式。

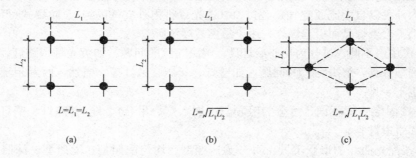

图 9-18　灯具均匀布置的三种方案

（a）正方形；（b）矩形；（c）菱形

三、照明配电系统

1. 常用照明配电系统

（1）住宅照明配电系统。图 9-19 所示为典型的住宅照明配电系统，它以每一楼梯间作为一单元，进户线引至楼的总配电箱，再由干线引至每一单元的配电箱，各单元配电箱采用树干式（或放射式）向各层用户的分配电箱馈电。

为了便于管理，住宅楼的总配电箱和单元配电箱一般装在楼梯公共过道的墙面上。分配电箱可装设电能表，以便用户单独计算电费。

（2）多层公共建筑的照明配电系统。图 9-20 所示为多层公共建筑（如办公楼、教学楼等）的

照明配电系统。其进户线直接进入大楼的传达室或配电间的总配电箱，由总配电箱采取干线立管式向各层分配电箱馈电，再经分配电箱引出支线向各房间的照明器和用电设备供电。

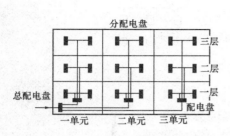

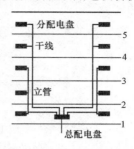

图 9-19 典型的住宅照明配电系统　　　　图 9-20　多层公共建筑的照明配电系统

（3）智能建筑的直流配电系统。直流供电系统主要用于向智能建筑的电话交换机及其他需要直流电源的设备和系统供电，供电电压一般为 48 V、30 V、24 V 和 12 V 等。智能建筑中常采用半分散供电方式，即将交流配电屏、高频开关电源、直流配电屏、蓄电池组及其监控系统组合在一起构成智能建筑的交直流一体化电源系统，也可用多个架装的开关电源和 AC−DC 变换器组成的组合电源向负荷供电。这种由多个一体化电源或组合电源分别向不同的智能化子系统供电的供电方式，称为分散式直流供电系统。分散式直流供电系统如图 9-21 所示。

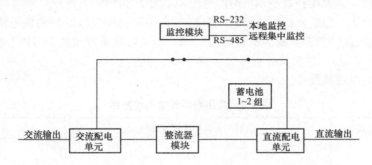

图 9-21　分散式直流供电系统

2. 照明配电方式

照明配电方式就是由低压配电屏或照明总配电盘以不同方式向各照明分配电盘进行配电。照明配电方式有多种，可根据实际情况选定。而基本的配电方式有以下 4 种。

（1）放射式。图 9-22（a）所示为放射式配电系统，其优点是各负荷独立受电，线路发生故障时，不影响其他回路继续供电，故可靠性较高；回路中电动机启动引起的电压波动，对其他回路的影响较小。但建设费用较高，有色金属耗量较大。放射式配电一般用于重要的负荷。

（2）树干式。图 9-22（b）所示为树干式配电系统。与放射式相比，其优点是建设费用低，但干线出现故障时影响范围大，可靠性差。

（3）混合式。图 9-22（c）所示为混合式配电系统。它是放射式和树干式的综合运用，具有两者的优点，所以，在实际工程中应用最为广泛。

（4）链式。图 9-22（d）所示为链式配电系统。它与树干式相似，适用于距离配电所较远，而彼此之间相距又较近的不重要的小容量设备，链接的设备一般不超过 4 台。

在实际应用中，各类建筑的照明配电系统都是上述 4 种基本方式的综合。

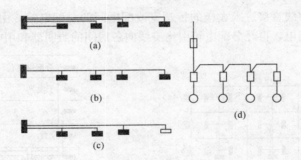

图 9-22　基本的配电方式

(a)放射式；(b)树干式；(c)混合式；(d)链式

3. 照明配电箱

照明配电箱应尽量靠近负荷中心偏向电源的一侧，并应放在便于操作、便于维护、适当兼顾美观的位置。配电盘的作用半径主要取决于线路电压损失、负荷密度和配电支线的数目，单相分配电箱的作用半径一般为 20～30 m。

在配电箱内应设置总开关。至于每个支路是否需要设开关，主要取决于控制方式，但每个支路应设置保护装置。为了出线方便，一个分配电盘的支路一般不宜超过 9 个。各支路的负荷应尽可能三相平衡，最大相和最小相负荷的电流差不大于 30%。

照明配电箱的每一出线回路(一相线一零线)是直接和灯相连接的照明供电线路。每一出线回路的负荷不宜超过 2 kW，熔断器不宜超过 20 A，所接灯数不宜超过 25 只(若接有插座时，每一插座可按 60 W 考虑)，在次要场所可增至 30 只。

常用照明配电系统接线见表 9-8。

表 9-8　常用照明配电系统接线

序号	供电方式	照明配电系统接线示意图	方案说明
1	单台 变压器系统	220/380 V 电力负荷 正常照明　　　　疏散照明	照明与电力负荷在母线上分开供电，疏散照明线路与正常照明线路分开
2	一台变压器 及一路备用 电源线系统	220/380 V 备用电源　　电力负荷 正常照明　　　　备用照明	照明与电力负荷在母线上分开供电，暂时继续工作的备用照明由备用电源供电

序号	供电方式	照明配电系统接线示意图	方案说明
3	一台变压器及蓄电池组系统		照明与电力负荷在母线上分开供电,暂时继续工作的备用照明由蓄电池组供电
4	两台变压器系统		照明与电力负荷在母线上分开供电,正常照明和应急照明由不同变压器供电
5	变压器-干线(一台)系统		对外无低压联络线时,正常照明电源接自干线总断路器之前
6	变压器-干线(两台)系统		两段干线之间设联络断路器,照明电源接自变压器低压总开关的后侧,当一台变压器停电时,通过联络开关接到另一段干线上,应急照明由两段干线交叉供电
7	由外部线路供电系统(2路电源)		适用于不设变电所的重要或较大的建筑物,几个建筑物的正常照明可共用一路电源线,但每个建筑物进线处应装带保护的总断路器

序号	供电方式	照明配电系统接线示意图	方案说明
8	由外部线路供电系统（1路电源）	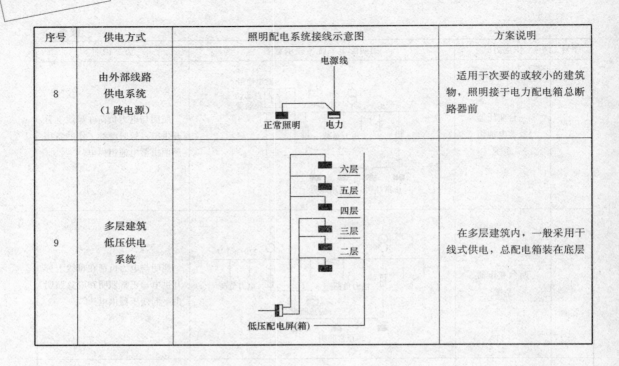	适用于次要的或较小的建筑物，照明接于电力配电箱总断路器前
9	多层建筑低压供电系统		在多层建筑内，一般采用干线式供电，总配电箱装在底层

第三节　室内、外照明及专用灯具的安装

一、建筑室内照明

建筑室内照明灯具的安装，应在室内土建装饰工作全面完成并且房门可以关锁的情况下进行。照明灯具的运输、保管应符合国家有关物资的运输、保管规定。

(一)安装要求

(1)每一接线盒应供应一个灯具。门口第一个开关应开门口的第一只灯具，灯具与开关应相对应。事故照明灯具应有特殊标志，并有专用供电电源。每个照明回路均应通电校正，做到灯亮并开启自如。

(2)一般灯具的安装高度应高于2.5 m。当设计无要求时，对于一般敞开式灯具，灯头距地面距离不应小于下列数值(采用安全电压时除外)：室外(室外墙上安装)2.5 m；厂房2.5 m；室内2 m；软吊线带升降器的灯具在吊线展开后0.8 m。

(3)当灯具距地面高度小于2.4 m时，灯具的可接近裸露导体必须接地(PE)或接零(PEN)可靠，并应有专用接地螺栓，且有标识。

在危险性较大及特殊危险场所，当灯具距地面高度小于2.4 m时，必须使用额定电压为36 V及以下的照明灯具，或有专用保护措施的照明灯具。

(4)变电所内高、低压盘及母线的正上方，不得安装灯具(不包括采用封闭母线、封闭式盘柜的变电所)。

(5)灯具的接线盒、木台及电扇的吊钩等承重结构,一定要按要求安装,确保器具的牢固性。在安装过程中,要注意保护顶棚、墙壁、地面不被污染、不受损伤。

(6)灯具的固定应符合下列规定:

1)灯具质量大于 3 kg 时,固定在螺栓或预埋吊钩上;

2)软线吊灯,灯具质量在 0.5 kg 及以下时,采用软电线自身吊装;质量大于 0.5 kg 的灯具采用吊链,且软电线编叉在吊链内,使电线不受力;

3)灯具固定牢固可靠,不使用木楔,每个灯具固定用螺钉或螺栓不少于 2 个;当绝缘台直径在 75 mm 及以下时,采用 1 个螺钉或螺栓固定。

4)固定灯具带电部件的绝缘材料及提供防触电保护的绝缘材料,应耐燃烧和防明火。

5)灯具通过木台与墙面或楼面固定时,可采用木螺钉,但螺钉进木榫的长度不应少于 20~25 mm。如楼板为现浇混凝土楼板,则应采用尼龙膨胀栓,灯具应装在木台中心,偏差不超过 1.5 mm。

(7)各种转接线箱、盒的口边最好用水泥砂浆抹口。如盒、箱口离墙面较深时,可在箱口和贴脸(门头线)之间嵌上木条,或抹水泥砂浆补齐,使贴脸与墙面平齐。对于暗开关、插座盒子沉入墙面较深时,常用的办法是垫上弓子(以 $\phi 1.2 \sim \phi 1.6$ mm 的钢丝绕一长弹簧),然后根据盒子的不同深度,随用随剪。

(8)花灯吊钩圆钢直径不应小于灯具挂销直径,且不应小于 6 mm。大型花灯的固定及悬吊装置,应按灯具质量的 2 倍做过载试验。

(9)装有白炽灯泡的吸顶灯具,灯泡不应紧贴灯罩;当灯泡与绝缘台之间的距离小于 5 mm 时,灯泡与绝缘台之间应采取隔热措施。

(10)大型灯具安装时,应先以 5 倍以上的灯具质量进行过载起吊试验,如果需要人站在灯具上,还要另外加上 200 kg,并做好记录,作为竣工验收资料归档。

(二)灯具配线

灯具配线应符合施工验收规范的规定。照明灯具使用的导线应能保证灯具能承受一定的机械应力,并可靠安全地运行,其工作电压等级一般不应低于交流 250 V。根据不同的安装场所及用途,照明灯具使用的导线最小线芯截面应符合表 9-9 的规定。

表 9-9 线芯最小允许截面

安装场所及用途		线芯最小截面/mm^2		
		铜芯敷线	铜 线	铝 线
照明用灯头线	1. 民用建筑室内	0.4	0.5	1.5
	2. 工业建筑室内	0.5	0.8	2.5
	3. 室 外	1.0	1.0	2.5
移动式用电设备	1. 生活用	0.2	—	—
	2. 生产用	1.0	—	—

灯具的导线应绝缘良好,无漏电现象。灯具内配线应采用不小于 0.4 mm^2 的导线,并严禁外露。灯具软线的两端在接入灯口之前,均应压扁并涮锡,使软线端与螺钉接触良好。穿入灯箱内的导线在分支连接处不得承受额外应力和磨损,不应过于靠近热源,并应采取措施;多股软线的端头需盘圈、挂锡。

软线吊灯的吊灯线应选用双股编织花线,若采用 0.5 mm 软塑料线,则应穿软塑料管,并将该线双股并列挽保险扣。吊灯软线与灯头压线螺钉连接应将软线裸铜芯线挽成圈，再涮锡后进行安装。吊链灯的软线则应编叉在链环内。

(三)木台安装

(1)安装木台前先检查导线回路是否正确及选择木台是否合适。木台的厚度一般不小于12 mm，木质不易腐朽。槽板配线的木台厚度为32 mm。安装木台时，应先将木台的出线孔钻好，锯好进线槽，然后将电线从木孔中穿出后再固定木台。

(2)普通软线吊灯及座灯灯头的木台直径为75 mm，可用一个螺钉固定；直敷球灯等较重灯具的木台至少用两个螺钉固定；安装在铁制灯头盒上的木台要用机械螺钉固定。

(3)在潮湿及有腐蚀性气体的地方安装木台时，应加设橡胶垫圈。木台四周应先刷一道防水漆，再刷两道白漆，以保持木质干燥。

(4)木槽板布线中用32 mm厚的高桩木台，并应按木槽板的宽度、厚度，将木台边挖一个豁口，然后将木槽板压入木台豁口下面，压入部分不应少于10 mm。

(5)瓷夹板及瓷瓶布线中的木台不能压线装设，导线应从木台上面引入。

(6)铅皮线和塑料护套线配线中的木台应按护套线外径挖槽，将护套线压在槽下，压入部分护套不要剥掉。

(7)在砖或混凝土结构上安装木台时，应预埋吊钩、螺栓(或螺钉)或采用膨胀螺栓、尼龙塞。

(四)常用灯具的安装

1. 白炽灯的安装

白炽灯的安装方法，常用于吊灯、壁灯、吸顶灯等灯具及安装成许多花型的灯(组)。

(1)吊灯的安装。安装吊灯需使用木台和吊线盒两种配件。

1)安装要求。吊灯安装时，应符合下列规定：

①当吊灯灯具的质量超过3 kg时，应预埋吊钩或螺栓；软线吊灯仅限于1 kg以下，超过者应加吊链或用钢管来悬吊灯具。

②在振动场所的灯具应有防振措施，并应符合设计要求。

③当采用钢管做灯具吊杆时，钢管内径一般不小于10 mm。

④吊链灯的灯具不应受拉力，灯线宜与吊链编叉在一起。

2)木台的安装。木台一般为圆形，其规格大小按吊线盒或灯具的法兰选取。电线套上保护用塑料软管从木台出线孔穿出，再将木台固定好，最后将吊线盒固定在木台上。

木台的固定要因地制宜，如果吊灯在木梁上或木结构楼板上，则可用木螺钉直接固定。如果为混凝土楼板，则应根据楼板结构形式预埋木砖或钢丝榫。空心楼板则可用弓板固定木台，如图9-23所示。

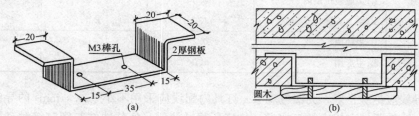

(a)   (b)

图9-23 空心钢筋混凝土楼板木台安装

(a)弓板示意；(b)空心楼板用弓板固定木台

3)吊线盒的安装。吊线盒要安装在木台中心，要用不少于两个螺钉固定，线吊灯一般采用胶质或塑料吊线盒，在潮湿处应采用瓷质吊线盒。由于吊线盒的接线螺钉不能承受灯具的质量，因此，从接线螺钉引出的电线两端应打好结扣，使结扣处在吊线盒和灯座的出线孔处，如图 9-24 所示。

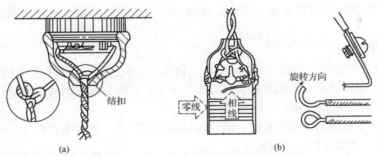

图 9-24　电线在吊灯两头的打结方法
(a)吊线盒内电线的打结方法；(b)灯座内电线的打结方法

（2）壁灯的安装。壁灯一般安装在墙上或柱子上。当装在砖墙上时，一般在砌墙时应预埋木砖，但是禁止用木楔代替木砖。当然，也可用预埋金属件或打膨胀螺栓的办法来解决。当采用梯形木砖固定壁灯灯具时，木砖须随墙砌入。木砖的尺寸如图 9-25 所示。

在柱子上安装壁灯，可以在柱子上预埋金属构件或用抱箍将灯具固定在柱子上，也可以用膨胀螺栓固定。

壁灯的安装如图 9-26 所示。

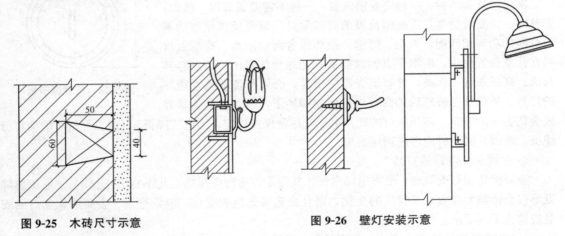

图 9-25　木砖尺寸示意　　　　　**图 9-26　壁灯安装示意**

（3）吸顶灯的安装。安装吸顶灯时，一般直接将木台固定在吊顶的木砖上。在固定之前，还需在灯具的底座与木台之间铺垫石棉板或石棉布。吸顶灯安装常见的形式如图 9-27 所示。

装有白炽灯泡的吸顶灯具，若灯泡与木台过近，则在灯泡与木台之间应有隔热措施。

（4）灯头的安装。在电气安装工程中，100 W 及以下的灯泡应采用胶质灯头；100 W 以上的灯泡和封闭式灯具应采用瓷

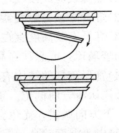

图 9-27　吸顶灯的安装形式

质灯头；安全行灯禁止采用带开关的灯头。安装螺口灯头时，应将相线接在灯头的中心柱上，即螺口要接零线。

灯头线应无接头，其绝缘强度应不低于 500 V 交流电压的绝缘强度除普通吊灯外，灯头线均不应承受灯具质量，在潮湿场所可直接通过吊线盒接防水灯头。杆吊灯的灯头线应穿在吊管内，链吊灯的灯头线应围着铁链编花穿入；软线棉纱上带花纹的线头应接相线，单色的线头接零线。

2. 荧光灯的安装

荧光灯一般采用吸顶式安装、吊链式安装、钢管式安装、嵌入式安装等方法。

(1)吸顶式安装时镇流器不能放在荧光灯的架子上，否则会散热困难；安装时荧光灯的架子与吊顶之间要留 15 mm 的空隙，以便通风。

(2)在采用钢管式或吊链式安装时，镇流器可放在灯架上。如为木制灯架，则在镇流器下应放置耐火绝缘物，通常垫以瓷夹板隔热。

(3)为防止灯管掉下，应选用带弹簧的灯座，或在灯管的两端加管卡或尼龙绳扎牢。

(4)对于吊式荧光灯安装，在三盏以上时，安装以前应弹好十字中线，按中心线定位。如果荧光灯超过 10 盏，则可增加尺寸调节板，这时将吊线盒改用法兰盘。尺寸调节板如图 9-28 所示。

(5)在装接镇流器时，要按镇流器的接线图施工，特别是带有附加线圈的镇流器，不能接错，否则会损坏灯管。选用的镇流器、启辉器与灯管要匹配，不能随便代用。由于镇流器是一个电感元件，功率因数很低，为了改善功率因数，一般还需加装电容器。

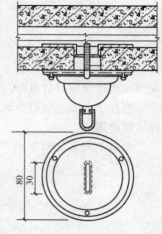

图 9-28　尺寸调节板

3. 高压汞灯的安装

高压汞灯有两种：一种需要镇流器；一种不需要镇流器。所以，安装时一定要看清楚。需配镇流器的高压汞灯一定要使镇流器功率与灯泡的功率相匹配，否则，灯泡会损坏或者启动困难。高压汞灯可在任意位置使用，但水平点燃时会影响光通量的输出，而且容易自灭。高压汞灯工作时，外玻璃壳温度很高，必须配备散热性能好的灯具。外玻璃壳破碎后的高压汞灯应立即换下，因为大量的紫外线会伤害人的眼睛。高压汞灯的线路电压应尽量保持稳定，当电压降低 5% 时，灯泡可能会自行熄灭，所以，必要时应考虑调压措施。

4. 金属卤化物灯的安装

金属卤化物灯安装时，要求电源电压比较稳定，电源电压的变化不宜大于 ±5%。电压的降低不仅会影响发光效率及管压的变化，而且会造成光色的变化，以致熄灭。金属卤化物灯的安装应符合下列要求：

(1)电源线应经接线柱连接，并不得使电源线靠近灯具表面。

(2)灯管必须与触发器和限流器配套使用。

(3)灯具安装高度宜在 5 m 以上。无外玻璃壳的金属卤化物灯的紫外线辐射较强，因而，灯具应加玻璃罩，或悬挂在高度 14 m 以上，以保护眼睛和皮肤。

(4)管形镝灯的结构有水平点燃、灯头在上的垂直点燃和灯头在下的垂直点燃三种，安装时，必须认清方向标记，正确使用。垂直点燃的灯安装成水平方向时，灯管有爆裂的危险。灯头上、下方向调错，光色会偏绿。

(5)由于温度较高，配用灯具必须考虑散热，而且镇流器必须与灯管匹配使用，否则会影响灯管的寿命或造成启动困难。

二、建筑室外照明

(一)建筑物景观照明灯的安装

景观照明灯通常采用泛光灯和投光灯，其设置和安装应符合下列规定：

(1)选择泛光灯安装位置时，要注意建筑物本身所具有的特点，如有纪念性意义的建筑物或有观赏价值的风景区重要建筑，有条件时可使泛光灯离开建筑物一定距离设置。如果被照的建筑物地处比较狭窄的街道，则泛光灯可在建筑物本体上安装。

(2)在离开建筑物的地面安装投光灯时，为了能得到较均匀的亮度，灯与建筑物的距离 D 与建筑物高度 H 之比不应小于1/10。

(3)在建筑物本体上安装投光灯时，投光灯凸出建筑物的长度应为 $0.7\sim1$ m。低于 0.7 m 时会使被照射的建筑物的照明亮度不均匀，而超过 1 m 时又会在投光灯的附近出现暗角，使建筑物周边形成阴影。

(4)设置景观照明尽量不要在顶层设向下的投光照明，因为投光灯要伸出墙一段距离，不但难安装、难维护，而且有碍建筑物外表的美观。

(5)景观照明灯控制电源箱可安装在所在楼层竖井内的配电小间内，控制启闭应由控制室或中央计算机统一管理。

(6)在建筑物本体上安装投光灯的间隔，可参考表9-10推荐的数值选取。

表 9-10　在建筑物本体上安装投光灯的间隔(推荐值)

建筑物高度/m	照明器所形成的光束类型	灯具伸出建筑物 1 m 时的安装间隔/m	灯具伸出建筑物 0.7 m 时的安装间隔/m
25	狭光束	0.6~0.7	0.5~0.6
30	狭光束或中光束	0.6~0.9	0.6~0.7
15	狭光束或中光束	0.7~1.2	0.6~0.9
10	狭、中、宽光束均可	0.7~1.2	0.7~1.2

注：狭光束——30°以下；

中光束——30°~70°；

宽光束——70°~90°及以上。

(二)航空障碍标志灯的安装

高空障碍灯设备是为了防止飞机在航行中与建筑物或构筑物相撞的标志灯，一般应装设在建筑物或构筑物凸起的顶端(避雷针除外)。当制高点平面面积较大或是建筑群时，除在最高端处装设障碍灯以外，还应在其外侧转角的顶端分别装设。

高空障碍灯应为红色。为了使空中任何方向航行的飞机均能识别出该物体，因此，需要装设一盏以上。最高端的障碍灯，其光源不宜少于 2 个，每盏灯的容量不小于 100 W。有条件时宜使用闪光照明灯。

航空障碍标志灯的安装应符合下列要求：

(1)高层建筑航空障碍灯设置的位置，不但要考虑不被其他物体遮挡，使远处能够容易看见，而且要考虑维修方便。

(2)在顶端设置高空障碍灯时，应设在避雷针的保护范围内，灯具的金属部分要与钢构架等进行电气连接。

（3）建筑物或构筑物中间部位安装的高空障碍灯，需采用金属网罩加以保护，并与灯具的金属部分做接地处理。

（4）烟囱高度在 100 m 以上者装设障碍灯时，为减少其对灯具的污染，宜装设在低于烟囱口 4～6 m 的部位。同时，还应在其高度的 1/2 处装设障碍灯。烟囱上的障碍灯宜装设 3 盏并呈三角形排列。

（5）高空障碍灯采用单独的供电回路，最好能设置备用电源，其配电设备应有明显标志。电源配线应采取防火保护措施。高空障碍灯的配线要穿过防水层，因此，要注意封闭，使之不漏水为好。

（6）在距离地面 60 m 以上装设标志灯时，应采用恒定光强的红色低光强障碍标志灯。在距离地面 90 m 以上装设时，应采用红色光的中光强障碍标志灯，其有效光强应大于 1 600 cd。距地面 150 m 以上应为白色光的高光强障碍标志灯，其有效光强随背景亮度而定。

（7）障碍标志灯电源应按主体建筑中最高负荷等级要求供电，且宜采用自动通断其电源的控制装置。

（8）障碍标志灯的启闭一般可使用露天安放的光电自动控制器进行控制，它以室外自然环境照度为参量来控制光电元件的动作启闭障碍标志灯；也可以通过建筑物的管理计算机，以时间程序来启闭障碍标志灯。为了有可靠的供电电源，两路电源的切换最好在障碍标志灯控制盘处进行。

图 9-29 所示为航空障碍标志灯接线系统图，双电源供电，电源自动切换，每处装两只灯，由室外光电控制器控制灯的开闭，也可由大厦管理计算机按时间程序控制开闭。

图 9-30 所示为屋顶障碍标志灯安装大样，安装金属支架一定要与建筑物防雷装置进行焊接。

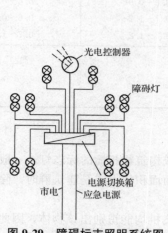

图 9-29　障碍标志照明系统图

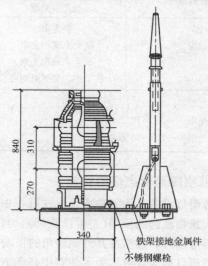

图 9-30　障碍标志灯安装大样示例

（三）庭院灯的安装

为了节约用电，庭院灯和杆上路灯通常根据自然光和亮度而自动启闭。因为庭院灯除给人们提供照明使行动方便和点缀园艺外，还在夜间起安全警卫作用，所以，每套灯具的熔丝都要适配。否则，任何一套灯具的故障都会造成整个回路停电。较大面积缺乏照明，对人们的行动和安全不利。

1. 常用照明器

室外庭院照明主要是运用光线照射的强弱变化和色彩搭配，形成光彩夺目、和谐统一的灯光环境。常用室外庭院照明器的种类和特征见表 9-11。

表 9-11　庭院中使用的照明器及其特征

照明器的种类	特　　征
投光器 （包括反射型灯座）	用于白炽灯、高强度放电灯，从一个方向照射树木、草坪、纪念碑等。安装挡板或百叶板以使光源绝对不能进入人眼。最好放在不碍观瞻的茂密树荫内或用箱覆盖起来
杆头式照明器	布置在园路或庭院的一隅，适于全面照射路面、树木、草坪。必须注意不要在树林上面突出照明器
低照明器	有固定式、直立移动式、柱式照明器。由于设计照明器的关系，露出光源时必须尽可能降低它的亮度

2. 安装要求

(1)每套灯具的导电部位对地绝缘电阻值大于 2 MΩ。

(2)立柱式路灯、落地式路灯、特种庭院灯等灯具与基础固定可靠，地脚螺栓备帽齐全。灯具的接线盒或熔断器盒盒盖的防水密封垫完整。

(3)金属立柱及灯具可接近裸露导体接地(PE)或接零(PEN)可靠，接地线单设干线，干线沿庭院灯布置位置形成环网状，且不少于 2 处与接地装置引出线连接。由干线引出支线与金属立柱及灯具的接地端子连接，且有标识。

(4)灯具的自动通、断电源控制装置动作准确，每套灯具熔断器盒内熔丝齐全，规格与灯具适配。

(5)架空线路电杆上的路灯固定可靠，紧固件齐全、拧紧，灯位正确；每套灯具配有熔断器保护。

3. 灯架、灯具的安装

(1)按设计要求测出灯具(灯架)安装高度，在电杆上画出标记。

(2)将灯架、灯具吊上电杆(较重的灯架、灯具可使用滑轮、大绳吊上电杆)，穿好抱箍或螺栓，按设计要求找好照射角度，调好平正度后，将灯架紧固好。

(3)成排安装的灯具，其仰角应保持一致，排列整齐。

4. 配接引下线

(1)将针式绝缘子固定在灯架上，将导线的一端在绝缘子上绑好回头，并分别与灯头线、熔断器进行连接。将接头用橡胶布和黑胶布半幅重叠各包扎一层，然后将导线的另一端拉紧，并与路灯干线背扣后进行缠绕连接。

(2)每套灯具的相线应装有熔断器，且相线应接螺口灯头的中心端子。

(3)引下线与路灯干线连接点距离杆中心应为 400～600 mm，且两侧对称一致。

(4)引下线凌空段不应有接头，长度不应超过 4 m，超过时应加装固定点或使用钢管引线。

(5)导线进出灯架处应套软塑料管，并做防水弯。

三、专用灯具的安装

专用灯具包括 36 V 及以下行灯、手术台无影灯、应急照明灯、防爆灯具及游泳池和类似场所灯具。

专用灯具一般已由制造厂家完成整体组装，现场只需检查接线即可。对于水下及防爆灯具，应注意检查密封防水胶圈安装是否平顺，固定螺栓旋紧力矩是否均匀一致。

(一)一般规定

(1)根据设计要求，比照灯具底座画好安装孔的位置，打出膨胀螺栓孔，装入膨胀螺栓。固定手术无影灯底座的螺栓应预先根据产品提供的尺寸预埋，其螺栓应与楼板结构主筋焊接。

(2)安装在专用吊件构架上的舞台灯具应根据灯具安装孔的尺寸制作卡具，以固定灯具。

(3)防爆灯具的安装位置应离开释放源，且不在各种管道的泄压口及排放口上、下方安装灯具。

(4)对于温度大于 60 ℃的灯具，当靠近可燃物时应采取隔热、散热等防火措施。当采用白炽灯、卤钨灯等光源时，不得直接安装在可燃装修材料或可燃物件上。

(5)重要灯具如手术台无影灯、大型舞台灯具等的固定螺栓应采用双螺母锁固。分置式灯具变压器的安装应避开易燃物品，通风散热良好。

(二)灯具接线

专用灯具安装接线应符合下列要求：

(1)多股芯线接头应搪锡，与接线端子连接应牢固可靠。

(2)行灯变压器外壳、铁芯和低压侧的任意一端或中性点接地(PE)或接零(PEN)应可靠。

(3)水下灯具电源进线应采用绝缘导管与灯具连接，严禁采用金属或有金属护层的导管。电源线、绝缘导管与灯具连接处应密封良好，如有可能应涂抹防水密封胶，以确保防水效果。

(4)水下灯及防水灯具应进行等电位联结，联结应可靠。

(5)防爆灯具开关与接线盒螺纹啮合扣数不少于 5 扣，并应在螺纹上涂以电力复合脂。

(6)灯具内接线完毕后，应用尼龙扎带整理固定，以避开有可能的热源等危险位置。

(三)行灯的安装

在建筑电气工程中使用的照明设施，除在有些特殊场所，如电梯井道底坑、技术层的某些部位为检修安全而设置固定的低压照明电源外，大多作为工具用的移动便携式低压电源和灯具。

36 V 及以下行灯变压器和行灯安装必须符合下列规定：

(1)通常情况下，行灯电压不大于 36 V；在特殊潮湿场所或导电良好的地面上及工作地点狭窄、行动不便的场所行灯电压不大于 12 V。

(2)行灯变压器为双圈变压器，其电源侧和负荷侧有熔断器保护，熔丝额定电流分别不应大于变压器一次、二次的额定电流。双圈的行灯变压器次级线圈只要有一点接地或接零即可钳制电压，在任何情况下不会超过安全电压，即使初级线圈因漏电而窜入次级线圈时也能得到有效保护。

(3)行灯变压器的固定支架应牢固，油漆应完整。

(4)变压器外壳、铁芯和低压侧的任意一端或中性点，与接地(PE)或接零(PEN)连接可靠。

(5)行灯灯体及手柄绝缘良好，坚固，耐热，耐潮湿；灯头与灯体结合紧固，灯头无开关，灯泡外部有金属保护网、反光罩及悬吊挂钩，挂钩固定在灯具的绝缘手柄上。

(6)携带式局部照明灯电线应采用橡套软线。

(四)低压照明灯的安装

在触电危险性较大及工作条件恶劣的场所，局部照明应采用电压不高于 24 V 的低压安全灯。低压照明灯的电源必须由专用的照明变压器供给，并且必须是双绕组变压器，不能使用自耦变压器进行降压。变压器的高压侧必须接近变压器的额定电流。低压侧也应有熔丝保护，并且低压一端须接地或接零。

对于钳工、电工及其他工种用的手提照明灯也应采用 24 V 以下的低压照明灯具。在工作地点狭窄、行动不便、接触有良好接地的大块金属面上工作时（如在锅炉内或金属容器内工作），触电的危险增大，手提照明灯的电压不应高于 12 V。

手提式低压安全灯安装时，必须符合下列要求：

(1)灯体及手柄必须用坚固、耐热及耐湿的绝缘材料制成。

(2)灯座应牢固地装在灯体上，不能让灯座转动。灯泡的金属部分不应外露。

(3)为防止机械损伤，灯泡应有可靠的机械保护。当采用保护网时，其上端应固定在灯具的绝缘部分上，保护网不应有小门或开口，保护网应只能使用专用工具方可取下。

(4)不许使用带开关灯头。

(5)安装灯体引入线时，不应过于拉紧，同时，应避免导线在引出处被磨伤。

(6)金属保护网、反光罩及悬吊用的挂钩应固定于灯具的绝缘部分。

(7)电源导线应采用软线，并应使用插销控制。

(五)手术台无影灯的安装

手术台无影灯的质量较大，使用中根据需要经常调节移动，子母式的更是如此，所以，必须注意其固定和防松。其安装必须符合下列要求：

(1)固定灯座的螺栓数量不少于灯具法兰底座上的固定孔数，且螺栓直径与底座孔径相适配；螺栓采用双螺母锁固。

(2)在混凝土结构上螺栓与主筋相焊接或将螺栓末端弯曲与主筋绑扎锚固。

(3)手术台无影灯的供电方式由设计选定，通常由双回路引向灯具。其专用控制箱由多个电源供电，以确保供电绝对可靠。配电箱内装有专用的总开关及分路开关，电源分别接在两条专用的回路上，开关至灯具的电线采用额定电压不低于 750 V 的铜芯多股绝缘电线。施工中要注意多电源的识别和连接，如有应急直流供电的话要区别标识。

(4)手术台无影灯安装应底座紧贴顶板，四周无缝隙。

(5)手术台无影灯表面应保持整洁，无污染，灯具镀、涂层完整无划伤。

(六)应急灯的安装

应急照明是现代大型建筑物中保障人身安全和减少财产损失的安全设施。对于应急照明灯，其供电除正常电源外，还需另有一路电源，这路电源可以是独立于正常电源的柴油发电机组，也可以是蓄电池柜或是自带电源。在正常电源断电后，电源转换时间：疏散照明≤15 s，备用照明≤15 s（金融商店交易所≤1.5 s），安全照明≤0.5 s。

应急照明线路在敷设时，在每个防火分区应有独立的应急照明回路，穿越不同防火分区的线路应有防火隔堵措施。

在建筑电气工程中，应急照明包括备用照明（供继续和暂时继续工作的照明）、疏散照明和安全照明。

(1)备用照明的安装。备用照明是除安全理由外，正常照明出现故障而工作和活动仍需继续进行时而设置的应急照明。备用照明的照度往往利用部分或全部正常照明灯具来提供。备用照明宜安装在墙面或顶棚部位。

(2)疏散照明的安装。疏散照明是在紧急情况下为人员安全地从室内撤离所设置的应急照明。疏散照明按安装的位置又分为应急出口（安全出口）照明和疏散走道照明。

疏散照明多采用荧光灯或白炽灯，由安全出口标志灯和疏散标志灯组成。安全出口标志灯和疏散标志灯应装有玻璃或非燃材料的保护罩，面板亮度均匀度为1∶10（最低∶最高），保护罩应完整、无裂纹。

1）安全出口标志灯的安装。安全出口标志灯宜安装在疏散门口的上方，在首层的疏散楼梯应安装于楼梯口的里侧上方。安全出口标志灯距离地面高度宜不低于2 m。

疏散走道上的安全出口标志灯可明装，而厅室内宜采用暗装。安全出口标志灯应有图形和文字符号，左右无障碍设计要求时，宜同时设有音响指示信号。

可调光型安全出口标志灯宜用于影剧院的观众厅，在正常情况下减光使用，火灾事故时可自动接通至全亮状态。

2）疏散标志灯的安装。疏散照明要求沿走道提供足够的照明，使人能看见所有的障碍物，清晰无误地沿指明的疏散路线，迅速找到应急出口，并能容易地找到沿疏散路线设的消防报警按钮、消防设备和配电箱。

疏散标志灯的设置应不影响正常通行，且不能在其周围设置容易混同疏散标志灯的其他标志牌等。疏散照明宜设在安全出口的顶部、疏散走道及其转角处距离地1 m以下的墙面上。当交叉口处墙面下侧安装难以明确表示疏散方向时，也可将疏散标志灯安装在顶部。疏散走道上的标志灯应有指示疏散方向的箭头标志。疏散走道上的标志灯间距不宜大于20 m（人防工程不宜大于10 m）。

楼梯间内的疏散标志灯宜安装在休息平台板上方的墙角处或壁装，并应用箭头及阿拉伯数字清楚标明上下层层号。疏散标志灯的设置原则如图9-31所示。

疏散照明线路采用耐火电线、电缆，穿管明敷或在非燃烧体内穿刚性导管暗敷，暗敷保护层厚度不小于30 mm。电线采用额定电压不低于750 V的铜芯绝缘电线。

（3）安全照明的安装。安全照明是在正常照明出现故障时，能使操作人员或其他人员解除危险而设的应急照明。需安装安全照明的场合一般还必须设疏散应急照明。安全照明多采用卤钨灯或采用瞬时可靠点燃的荧光灯。

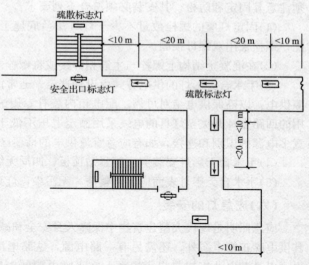

图9-31 疏散标志灯设置原则示例

（七）防爆灯具的安装

防爆灯具安装时要严格按图纸规定选用规格型号，且不能混淆，更不能用非防爆产品替代。防爆灯具安装应符合下列规定：

（1）灯具的防爆标志、外壳防护等级和温度组别与爆炸危险环境相适配。

（2）灯具及开关的外壳完整，无损伤、无凹陷或沟槽，灯罩无裂纹，金属护网无扭曲变形，防爆标志清晰。

（3）灯具及开关的紧固螺栓无松动、锈蚀，密封垫圈完好。

（4）灯具配套齐全，不用非防爆零件替代灯具配件（金属护网、灯罩、接线盒等）。

（5）灯具的安装位置离开释放源，且不在各种管道的泄压口及排放口上、下方。

(6)灯具及开关安装牢固可靠,灯具吊管及开关与接线盒螺纹啮合扣数不少于 5 扣,螺纹加工光滑、完整、无锈蚀,并在螺纹上涂以电力复合脂或导电性防锈脂。

(7)开关安装位置便于操作,安装高度为 1.3 m。

(八)游泳池和类似场所灯具的安装

游泳池和类似场所灯具采用何种安全防护措施,由施工设计确定,但施工时须依据确定的防护措施执行。

游泳池和类似场所灯具(水下灯及防水灯具)等电位联结应可靠,且有明显标识,其电源的专用漏电保护装置应全部检测合格。自电源引入灯具的导管必须采用绝缘导管,严禁采用金属或有金属护层的导管。

第四节 建筑电气施工图识图

一、建筑电气施工图的特点和组成

(一)建筑电气施工图的特点

(1)建筑电气施工图大多采用统一的图形符号并加注文字符号绘制而成。电气线路都必须构成闭合回路。

(2)线路中的各种设备、元件都是通过导线连接成一个整体的。在进行建筑电气施工图识读时应阅读相应的土建工程图及其他安装工程图,以了解它们相互之间的配合关系。

(3)建筑电气施工图对于设备的安装方法、质量要求,以及使用维修方面的技术要求等往往不能完全反映出来,所以,在阅读图纸时,对有关安装方法、技术要求等问题,要参照相关图集和规范。

(二)建筑电气施工图的组成

1. 图纸目录与设计说明

图纸目录与设计说明包括图纸内容、数量、工程概况、设计依据及图中未能表达清楚的各有关事项。例如,供电电源的来源、供电方式、电压等级、线路敷设方式、防雷接地、设备安装高度及安装方式、工程主要技术数据、施工注意事项等。

2. 主要材料设备表

主要材料设备表包括工程中所使用的各种设备和材料的名称、型号、规格、数量等,其是编制购置设备、材料计划的重要依据之一。

3. 系统图

系统图反映了系统的基本组成、主要电气设备、元件之间的连接情况,以及它们的规格、型号、参数等。例如,变配电工程的供配电系统图、照明工程的照明系统图、电缆电视系统图等。

4. 平面布置图

平面布置图是建筑电气施工图中的重要图纸之一,如变配电所电气设备安装平面图、照明平面图、防雷接地平面图等,用来表示电气设备的编号、名称、型号及安装位置,线路的起始点、敷设部位、敷设方式及所用导线型号、规格、根数、管径大小等。通过阅读系统图，了解系统基本组成之后，就可以依据平面图编制工程预算和施工方案，然后组织施工。

5. 控制原理图

控制原理图包括系统中各所用电气设备的电气控制原理，用以指导电气设备的安装和控制系统的调试运行工作。

6. 安装接线图

安装接线图包括电气设备的布置与接线，应与控制原理图对照阅读，进行系统的配线和调校。

7. 安装大样图(详图)

安装大样图是详细表示电气设备安装方法的图纸，对安装部件的各部位注有具体图形和详细尺寸，是进行安装施工和编制工程材料计划时的重要参考。

二、常用图形符合及标准方式

电气图纸中的电气图形符号通常包括系统图图形符号、平面图图形符号、电气设备文字符号和系统图的回路标号。

1. 常用电力及照明平面图图形符号

常用电力及照明平面图图形符号见表 9-12。

表 9-12 常用电力及照明平面图图形符号

图例	名称	图例	名称
	多种电源配电箱(屏)		带接地插孔的三相插座 (密闭、防水)
	动力或动力- 照明配电箱		带接地插孔的三相插座 (防爆)
	信号板信号箱(屏)		开关一般符号
	照明配电箱(屏)		单极开关(明装)
	单相插座(明装)		单极开关(暗装)
	单相插座(暗装)		单极开关(密闭、防水)
	单相插座(密闭、防水)		单极开关(防爆)
	单相插座(防爆)		单极拉线开关
	带接地插孔 的三相插座(明装)		单极双拉拉线开关
	带接地插孔的 三相插座(暗装)		双极开关(明装)

图例	名称	图例	名称
	双极开关(暗装)	•	避雷针
	双极开关(密闭、防水)		分线盒一般符号
	双极开关(防爆)		室内分线盒
 ⊗	灯或信号灯一般符号		室外分线盒
 ⊗	防水防尘灯	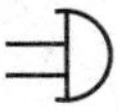	电铃
	壁灯	 Ⓐ	电流表
●	球形灯	 Ⓥ	电压表
 ⊗	花灯	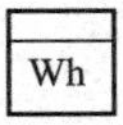 Wh	电能表
	局部照明灯	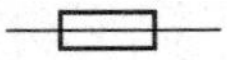	熔断器一般符号
	顶棚灯	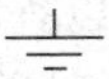	接地一般符号
	荧光灯一般符号		多极开关一般符号 (单线表示)
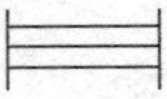	三管荧光灯	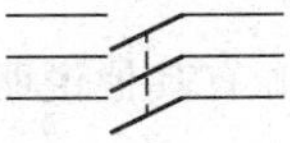	多极开关(多线表示)
	避雷器		动合(常开)触点 注：也可作开关一般符号

2. 文字符号

(1)相序。

L_1——交流系统电源第一相(黄色)，L_2——交流系统电源第二相(绿色)，

L_3——交流系统电源第三相(红色)，N——中性线(淡蓝色)

PE——保护线(黄绿相间)，PEN——保护和中性共用线(黄绿双间)。

(2)变压器的标注方法。

$$a/b-c$$

其中　a——一次电压(V)；

　　　b——二次电压(V)；

c——额定容量(V·A)。

(3)开关及熔断器的标注方法。

$$a-b-c/I$$

其中　a——设备编号；

　　　b——设备型号；

　　　c——额定电流(A)；

　　　I——整定电流(A)。

(4)配电线路的标注方法。

$$a-b(c\times d)e-f$$

其中　a——回路编号；

　　　b——导线型号；

　　　c——导线根数；

　　　d——导线截面；

　　　e——敷设方式及穿管管径；

　　　f——敷设部位。

例如，某照明系统图中标有 BV(3×50＋2×25)SC50－FC，表示该线路是采用铜芯塑料绝缘线，三跟相线的截面为 50 mm²，两根线(N线和PE线)的截面为 25 mm²，穿管径为 50 mm 的焊接钢管沿地面暗敷设。

(5)照明灯具的标注方法

$$a-b\frac{c\times d\times \mathrm{L}}{e}f$$

式中　a——灯具的数量；

　　　b——灯具型号或编号，可以查阅施工的图册或产品样本，见表9-13；

　　　c——每盏灯具内安装灯泡或灯管数量，一个可以不表示；

　　　d——每个灯泡或灯管的功率(W)；

　　　e——光源的安装高度(m)；

　　　f——安装方式代号；

　　　L——光源种类，在光源有其他说明时，此项也可省略。

例如，某教室照明平面标有 $8-\mathrm{PKY}508\frac{2\times 40}{2.7}\mathrm{Ch}$，表示灯具的数量为 8 盏，型号是 PKY508 型荧光灯，安装功率是双管 40 W，安装高度距地面为 2.7 m，安装方式为吊式。

表 9-13　常用灯具型号的文字符号

名称	文字符号	名称	文字符号
水晶底罩灯	J	碗形罩灯	W
搪瓷伞形罩灯	S	玻璃平盘罩灯	P
圆筒形罩灯	T		

三、电气照明施工图的识读

(一)设计说明

设计说明一般是一套电气施工图的第一张图纸，主要包括工程概况、设计依据、设计范围、供配电设计、照明设计、线路敷设、设备安装、防雷接地、弱电系统、施工注意事项。

(二)电气照明施工图的识读步骤

1. 熟悉电气图例符号，弄清图例、符号所代表的内容

常用的电气工程图例及文字符号可参见国家颁布的相关电气图形符号标准。

2. 按顺序、有针对性地进行识读

针对一套电气照明施工图，一般应先按以下顺序阅读，然后对某部分内容进行重点识读，过程如下：

(1)看标题栏及图纸目录：了解工程名称、项目内容、设计日期及图纸内容、数量等。

(2)看设计说明：了解工程概况、设计依据等，了解图纸中未能表达清楚的各有关事项。

(3)看设备材料表：了解工程中所使用的设备、材料的型号、规格和数量。

(4)看系统图：了解系统基本组成，主要电气设备、元件之间的连接关系，以及它们的规格、型号、参数等，掌握该系统的组成概况。

(5)看平面布置图：如照明平面图、防雷接地平面图等。了解电气设备的规格、型号、数量及线路的起始点、敷设部位、敷设方式和导线根数等。平面图的阅读可按照以下顺序进行：电源进线→总配电箱→干线→支线→分配电箱→电气设备。

(6)看控制原理图：了解系统中电气设备的电气自动控制原理，以指导设备安装调试工作。

(7)看安装接线图：了解电气设备的布置与接线。

(8)看安装大样图：了解电气设备的具体安装方法、安装部件的具体尺寸等。

3. 抓住电气施工图要点进行识读

在识图时，应抓住以下要点进行识读：

(1)在明确负荷等级的基础上，了解供电电源的来源、引入方式及路数。

(2)了解电源的进户方式是由室外低压架空引入还是电缆直埋引入。

(3)明确各配电回路的相序、路径、管线敷设部位、敷设方式及导线的型号和根数。

(4)明确电气设备、器件的平面安装位置。

4. 结合土建施工图进行识读

电气施工与土建施工结合得非常紧密，施工中常常涉及各工种之间的配合问题。电气施工平面图只反映了电气设备的平面布置情况，结合土建施工图的识读还可以了解电气设备的立体布设情况。

5. 施工图中各图纸应协调配合识读

对于具体工程，为说明配电关系，需要有配电系统图；为说明电气设备、器件的具体安装位置，需要有平面布置图；为说明设备工作原理，需要有控制原理图；为表示元件连接关系，需要有安装接线图；为说明设备、材料的特性、参数，需要有设备材料表等。这些图纸各自的用途不同，但相互之间是有联系并协调一致的。在识读时应根据需要，将各图纸结合起来识读，以达到对整个工程或分部项目全面了解的目的。

(三)照明配电系统图实例

照明配电系统图是用图形符号、文字符号绘制的，用以表示建筑照明配电系统供电方式、配电回路分布及相互联系的建筑电气工程图，能集中反映照明的安装容量、计算容量、计算电流、配电方式、导线或电缆的型号、规格、数量、敷设方式及穿管管径、开关及熔断器的规格型号等。通过识读照明系统图，可以了解建筑物内部电气照明配电系统的全貌。其也是进行电气安装调试的主要图纸之一。

1. 电气照明系统图实例

图 9-32 所示为某三层砖混结构综合楼的照明系统图。该系统图上的进线标注为 VV22－4×16－SC50－FC，说明本楼使用全塑铜芯铠装电缆，规格为 4 芯，截面面积为 16 mm²，穿直径 50 mm 焊接钢管，沿地下暗敷设进入建筑物的首层配电箱。3 个楼层的配电箱均为 PXT 型通用配电箱，一层 AL－1 箱尺寸为 700 mm×650 mm×200 mm，配电箱内装一只总开关，使用 C45N－2 型单极组合断路器，容量为 32 A。总开关后接本层开关，也使用 C45N－2 型单极组合断路器，容量为 15 A。另外的一条线路穿管引上二楼。本层开关后共有 6 个输出回路，分别为 WL1～WL6。其中 WL1、WL2 为插座支路，开关使用 C45N－2 型单极组合断路器；WL3、WL4、WL5 为照明支路，使用 C45N－2 型单极组合断路器；WL6 为备用支路。

一层到二层的线路使用 5 根截面面积为 10 mm² 的 BV 型塑料绝缘铜导线连接，穿直径 32 mm 焊接钢管，沿墙内暗敷设。二层配电箱 AL－2 与三层配电箱 AL－3 相同，均为 PXT 型通用配电箱，尺寸为 500 mm×280 mm×160 mm。箱内主开关为 C45N－2 型容量为 15 A 的单极组合断路器，在开关前分出一条线路接往三楼。主开关后为 7 条输出回路，其中 WL1、WL2 为插座支路，使用带漏电保护断路器；WL3、WL4、WL5 为照明支路；WL6、WL7 两条为备用支路。

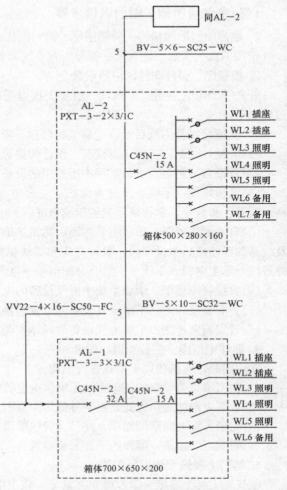

图 9-32 某综合楼照明系统图

从二层到三层使用 5 根截面面积为 6 mm² 的塑料绝缘铜线连接，穿直径 25 mm 的焊接钢管沿墙内暗敷设。

2. 电气照明平面图实例

某综合楼首层照明平面图，如图 9-33 所示。在首层照明平面图中，进线电缆位于图右侧ⒸⒸ轴线下方，连接到⑥轴线左侧的配电箱 AL－1，从 AL－1 配电箱向上引出 5 个支路。

第一条为插座支路 WL1。从配电箱向右到⑦轴线，向上到Ⓓ轴线处装一只双联五孔插座，从⑦轴线到④轴线右侧装另一只双联五孔插座，继续到③轴线左侧装第三只双联五孔插座，插座均为暗装。图 9-33 中未注明的插座支路和照明支路，导线均为截面面积为 2.5 mm² 的塑料绝缘铜线，穿直径 15 mm 焊接钢管。

第二条为插座支路 WL2。从配电箱向右下方到Ⓐ轴，在⑦轴侧装一只双联五孔插座，向左到③轴、②轴、①轴轴侧各装一只双联五孔插座。

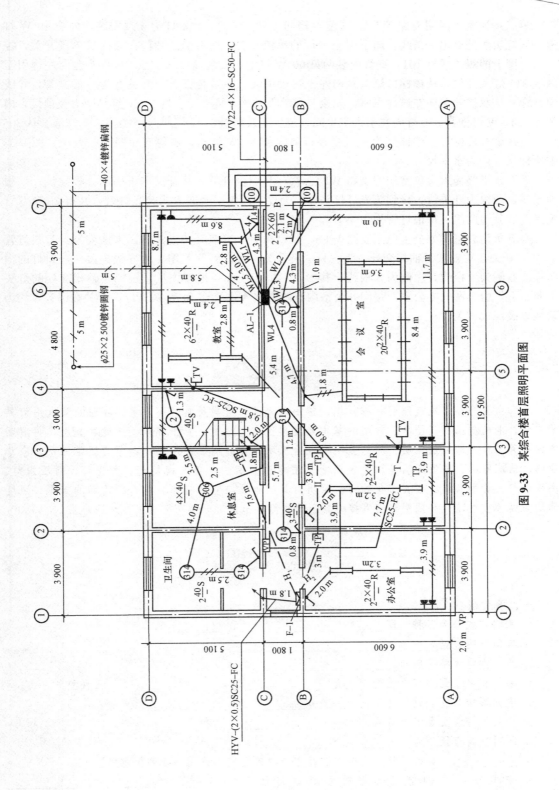

图 9-33 某综合楼首层照明平面图

第三条为楼道照明支路 WL3。从配电箱向下到 314 灯，314 灯为吸顶安装，内装 40 W 灯泡。从灯头盒处分出 3 条线：向下引至本灯的单极开关；向右引至楼门，接一只单极开关，控制门外墙上的双火壁灯 101，壁灯内装两只 60 W 灯泡，安装高度 2.1 m。从灯头盒向左边引至两盏 314 灯及开关，从楼梯口灯头盒向上 ③ 轴侧装一只双控开关，开关旁为一根立管，导线向上穿。从双控开关向左进休息室，先接一只单极开关，再接 306 灯。306 灯是四火吸顶灯，内装 4 只 40 W 灯泡从 306 灯向左引入卫生间，卫生间装两盏 314 吸顶灯，各装 40 W 灯泡。从 306 灯向右接 2 号楼梯灯。楼梯灯为一只吸顶灯，内装 40 W 灯泡。右侧有一只单极开关。图 9-33 中所标尺寸均为水平尺寸。

第四条支路为大会议室照明支路 WL4。接一只双极开关，从开关向下引出 3 根导线，一根为零线，两根为开关线，接到荧光灯灯头盒。会议室内为一圈嵌入式荧光灯带，共有 20 套双管荧光灯，分为两组，每根灯管为 40W。

第五条为教室和办公室照明支路 WL5。教室内有 6 套双管荧光灯，嵌入式安装，每根灯管 40 W，开关在 ⑥ 轴和 ⑦ 轴相交处，为一只三极开关，从灯到开关用 4 根导线连接。三组灯的横向连线右侧为 4 根线，左侧为 3 根线。其中，一根相线和一根零线从 ⑥ 轴和 ④ 轴相交处的灯头盒向左下，引至两间办公室，每间办公室内有两套嵌入式双管 40 W 荧光灯，开关在门旁，均为暗装单极跷板开关。

本章小结

本章主要介绍了电气照明基础知识，常用电光源、灯具及其选用，室内外照明及专用灯具的安装，电气施工图识图等。常用的基本光度单位有光通量、发光强度、照度和亮度，将照明方式分为三种，即一般照明、局部照明和混合照明；按照明的使用功能，分为正常照明、应急照明、值班照明、警卫照明等。建筑照明常用电光源有白炽灯、卤钨灯、荧光灯、高压汞灯、高压钠灯、管形氙灯、金属卤化物灯。照明灯具的布置与它的投光方向、工作面的布置、照度的均匀度及吸纳眩光和阴影都有直接关系。照明灯具布置可分为高度布置和水平布置。

思考与练习

一、填空题

1. 照明方式分为三种，即_____、_____和_____。

2. 应急照明包括_____、_____、_____。

3. 照明供电线路一般有_____和_____两种。

4. 由总配电箱到分配电箱的干线有_____、_____和_____三种配电方式。

5. 电光源按其发光原理的不同，一般分为_____和_____两大类。

6. 灯具的特性主要包括灯具的_____、_____和_____等。

7. 照明灯具布置分为_____和_____。

8. _____是为了防止飞机在航行中与建筑物或构筑物相撞的标志灯。

9. 电气图纸中的电气图形符号通常包括_____、_____、_____和_____。

二、名词解释

光度单位　照明支线　照明配电方式

三、简答题

1. 照明的种类可分为哪几种？
2. 照明质量评价必须考虑和处理的内容有哪些？
3. 照明支线的布置有哪些要求？
4. 建筑照明常用的电光源有哪些？
5. 常用电光源选用时应注意哪些要求？
6. 使用白炽灯时应注意什么？
7. 使用卤钨灯时应注意什么？
8. 灯具的选用应满足哪几个方面的要求？
9. 常用照明配电系统有哪几种？
10. 照明的配电方式有哪几种？
11. 建筑室内照明的安装有哪些要求？
12. 建筑电气施工图由哪几个部分组成？

第十章　电梯与自动扶梯

 能力目标

1. 对照电梯结构图，能结合理论分析电梯各部分的功能和作用。
2. 对照自动扶梯结构图，能结合理论分析电梯各部分的功能和作用。
3. 能进行电梯出现异常情况的处置。

 知识目标

1. 了解电梯的分类及主要参数；了解电梯曳引原理及特点。
2. 了解液压电梯的功能、规格及特点；掌握液压电梯的基本构造和布置形式；掌握电梯出现异常情况的处置方法。
3. 了解自动扶梯的分类、特点；掌握自动扶梯的构造和布置排列方式。
4. 了解自动人行道的分类、规格；掌握自动人行道的基本结构。

 素养目标

树立质量安全意识和恪守职业道德的意识。

第一节　电梯概述

一、电梯的分类

（一）按用途分类

1. 客梯

客梯是为运送乘客而设计的电梯，主要用于宾馆、饭店、办公楼、大型商店等客流量大的场合。这类电梯为了提高运送效率，因而运行速度比较快，自动化程度也比较高，轿厢的尺寸和结构形式多为宽度大于深度，以便乘客能畅通地进出。客梯的安全设施齐全，装潢美观。

2. 货梯

货梯是为运送货物而设计的通常有人看管的电梯，主要用于两层楼以上的车间和各类仓库等场合。这类电梯的装潢不太讲究，自动化程度和运行速度一般比较低，而载重量和轿厢尺寸的变化范围则比较大。

3. 观光电梯

观光电梯是一种供乘客观光用的、轿厢壁透明的电梯，一般安装在高大建筑物的外壁，供乘客观赏建筑物周围的外景。

4. 病床电梯

病床电梯是为医院运送病床而设计的电梯。其特点是轿厢窄而深，常要求前后贯通开门。

5. 消防梯

消防梯是在出现火警情况下能使消防员进入而使用的电梯。在未出现火警的情况下，其可作为一般客梯或客货梯使用。

消防梯轿厢的有效面积应不小于 1.4 m^2，额定载重量不得低于 630 kg，厅门口宽度不得小于 0.8 m，并要求以额定速度从最低一个停站直驶运行到最高一个停站（中间不停层）的运行时间不得超过 60 s。

6. 建筑施工电梯

建筑施工电梯是指建筑施工与维修用的电梯。

7. 自动扶梯

自动扶梯用于商业大厦、火车站、飞机场，供顾客或乘客上、下楼用。

8. 自动人行道（自动步梯）

自动人行道用于档次规模要求很高的国际机场、火车站。

9. 特种电梯

除上述常用的几种电梯外，还有为特殊环境、特殊条件、特殊要求而设计的电梯，如防爆电梯、防腐电梯等。

（二）按速度分类

1. 低速梯

低速梯是额定速度等于或低于 1 m/s 的电梯。

2. 快速梯

快速梯是额定速度大于 1 m/s、小于或等于 2 m/s 的电梯。

3. 高速梯

高速梯是额定速度大于 2 m/s、小于或等于 6.3 m/s 的电梯。

4. 超高速梯

超高速梯是额定速度大于 6.3 m/s 的电梯。这类电梯通常安装在楼层高度超过 100 m 的建筑物内。因为这类建筑物被称为超高层建筑，所以，此种电梯被称为超高速电梯。

（三）按驱动系统分类

1. 交流电梯

交流电梯是指曳引电动机为交流异步电动机的电梯，其可分为有以下四类：

（1）交流单速电梯：曳引电动机为交流单速异步电动机，梯速 $v \leqslant 0.4$ m/s。

（2）交流双速电梯：曳引电动机为电梯专用的变极对数的交流异步电动机，梯速 $v \leqslant 1$ m/s，提升高度 $h \leqslant 35$ m。

（3）交流调速电梯：曳引电动机为电梯专用的单速或多速交流异步电动机，而电动机的驱动控制系统在电梯启动—加速—稳速—制动减速（或仅是制动减速）的过程中采用调压调速或涡流制动器调速或变频变压调速的方式。其梯速 $v \leqslant 2$ m/s，提升高度 $h \leqslant 50$ m。

（4）交流高速电梯：曳引电动机为电梯专用的低转速的交流异步电动机，其驱动控制系统为变频变压加矢量变换的 VVVF 系统。其梯速 $v > 2$ m/s，一般提升高度 $h \leqslant 120$ m。

2. 直流电梯

直流电梯是指曳引电动机为电梯专用的直流电动机的电梯，其可分为以下两类：

(1)直流快速电梯：曳引电动机经减速器后驱动电梯，梯速 $v \leqslant 2.0$ m/s。目前，由直流发电机供电给直流电动机的一种直流快速梯已被淘汰，现在使用的直流快速电梯多是晶闸管供电的直流快速电梯。一般提升高度 $h \leqslant 50$ m。

(2)直流高速电梯：曳引电动机为电梯专用的低转速直流电动机。电动机获得供电的方式是直流发电机组供电，或是晶闸管供电，其梯速 $v > 2.0$ m/s，一般提升高度 $h \leqslant 120$ m。

3. 液压电梯

液压电梯是指电梯的升降是依靠液压传动的电梯，其可分为以下两类：

(1)柱塞直顶式：是一种液压缸柱塞直接支撑在轿厢底部，通过柱塞的升降而使轿厢升降的液压梯。其梯速 $v \leqslant 1$ m/s，一般提升高度 $h \leqslant 20$ m。

(2)柱塞侧顶式(俗称背包式)：是一种油缸柱塞设置于轿厢旁侧，通过柱塞的升降而使轿厢升降的液压梯。其梯速 $v \leqslant 0.63$ m/s，一般提升高度 $h \leqslant 15$ m。

二、电梯主要参数的名称及含义

(1)额定载重量(kg)：指由制造和设计规定的电梯的额定载重量。

(2)轿厢尺寸(mm×mm×mm)：即宽×深×高。

(3)轿厢形式：有单面或双面开门及其他特殊形式，还包括对轿顶、轿底、轿壁的处理，颜色的选择，对电风扇、电话的要求等。

(4)轿门形式：有栅栏门、封闭式中分门、封闭式双折门、封闭式双折中分门等。

(5)开门宽度(mm)：指轿厢门和层门完全开启时的净宽度。

(6)开门方向：人在轿厢外面对轿厢门向左方向开启的为左开门，向右方向开启的为右开门，两扇门分别向左右两边开启的为中开门，也称中分门。

(7)曳引方式：常用的有半绕 1∶1 吊索法，轿厢的运行速度等于钢丝绳的运行速度；半绕 2∶1 吊索法，轿厢的运行速度等于钢丝绳运行速度的一半；全绕 1∶1 吊索法，轿厢的运行速度等于钢丝绳的运行速度。这几种吊索法如图 10-1 所示。

(8)额定速度(m/s)：指制造和设计所规定的电梯运行速度。

(9)电气控制系统：包括控制方式、拖动系统的形式等。如交流电动机拖动或直流电动机拖动，轿内按钮控制或集选控制等。

(10)停层站数(站)：凡在建筑物内各楼层用于出入轿厢的地点均称为站。

(11)提升高度(mm)：由底层端站楼面至顶层端站楼面之间的垂直距离。

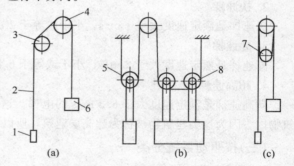

图 10-1　电梯常用曳引方式示意
(a)半绕 1∶1 吊索法；(b)半绕 2∶1 吊索法；
(c)全绕 1∶1 吊索法
1—对重装置；2—曳引绳；3—导向轮；
4—曳引轮；5—对重轮；6—轿厢；
7—复绕轮；8—轿顶轮

(12)顶层高度(mm)：由顶层端站楼面至机房楼板或隔声层楼板下最凸出构件之间的垂直距离。

(13)底坑深度(mm)：由底层端站楼面至井道底面之间的垂直距离。电梯的运行速度越快，底坑一般越深。

(14)井道高度(mm)：由井道底面至机房楼板或隔声层楼板下最突出构件之间的垂直距离。

(15)井道尺寸(mm×mm)：即宽×深。

三、电梯基本结构及主要组成系统

电梯的基本结构如图10-2所示。

电梯的结构组成部分，可分为机械装置与电气控制系统两大部分。其中，机械装置包括曳引系统、导向系统、轿厢系统、重力平衡系统、厅轿门和开关门系统、机械安全保护系统等；电气控制系统主要包括控制柜、操纵箱等10多个部件和几十个分别装在各有关电梯部件上的电气元件。

四、电梯出现异常情况的处置

1. 发生火灾的处置

(1)楼层发生火灾时，电梯管理员应立即击碎玻璃按动"消防开关"，使电梯进入消防运行状态，在电梯运行到基站后，应使乘客保持镇静，疏导乘客迅速离开轿厢。

(2)井道内或轿厢发生火灾时，电梯管理员应即刻停梯，疏导乘客迅速离开轿厢，切断电源。用干粉和1211灭火器灭火，控制火势蔓延。

(3)发生火灾时，电梯管理员应及时报警，通知消防部门，并且按发生火灾时的应急预案采取相应的措施进行处置，避免或减少人员伤亡和财产损失。

2. 电梯湿水的处置

(1)当底坑内出现少量进水或浸水时，应将电梯停在二层以上，断开电梯总电源。

(2)当楼层发生水淹而使井道或底坑进水时，应将轿厢停于进水层站的上一层，断开电梯总电源。

(3)当底坑、井道或机房进水较多时，应立即停梯，断开电梯电源总开关。

(4)发生水浸时，应迅速阻断漏水源。

(5)对湿水电梯应做除湿处理，如使用干抹布擦拭、热风吹干(温度不能太高)、自然通风(如工厂用鼓风机)、更换管线等。在确认湿水已消除，各绝缘电阻达到要求，并且试梯运行无异常后，方可投入正式运行。

3. 电梯困人的处置

(1)当发生电梯困人事故时，电梯管理员通过电梯对讲机或喊话与被困人员取得联系，务必使其保持镇静，不要惊慌，静心等待救援人员的援救；被困人员不可将躯体任何部位伸出轿厢外。如果轿厢门处于半开闭状态，则电梯管理员应设法将轿厢门完全关闭。

(2)根据指层灯、PC显示、选层器横杆或打开厅门观察判断轿厢所在的位置。

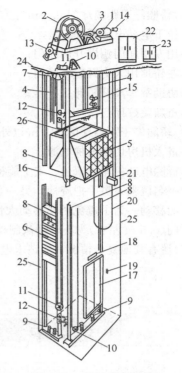

图10-2　电梯基本结构

1—主传动电动机；2—曳引机；3—制动器；
4—牵引钢丝绳；5—轿厢；6—对重装置；
7—导向轮；8—导轨；9—缓冲器；10—限速
器(包括转紧绳轮、安全绳轮)；11—极限开关
(包括转紧绳轮、传动绳索)；12—限位开关(包
括向上限位、向下限位)；13—层楼指示器；
14—球形速度开关；15—平层感应器；
16—安全钳及开关；17—厅门；18—厅外指层灯；
19—召唤灯；20—供电电缆；21—接线盒及线管；
22—控制屏；23—选层器；24—顶层地坪；
25—电梯井道；26—限位器挡块

(3)轿厢停于距离厅门 0.5 m 左右(高于或低于)位置时的救援方法如下:

1)拉下电梯电源开关;

2)用专用厅门钥匙开启厅门;

3)在轿顶用人力开启轿厢门;

4)协助乘客离开轿厢;

5)重新关好厅门。

(4)轿厢停于距离厅门 0.5 m 以外位置的救援方法:

1)进入机房切断电梯电源。

2)拆除电动机尾轴罩盖,安上旋柄座及旋柄。

3)一名援救人员手把旋柄,另一名救援人员手持释放杆,轻轻撬开制动器,利用轿厢质量向正方向移动。为了避免轿厢移动太快发生危险,操作时应一撬一放使轿厢逐步移动,直至最接近厅门(0.5 m 左右)为止,确认制动无误后,放开盘车手轮。

(5)遇有其他复杂情况,应请求电梯公司帮助救援。

第二节 电梯曳引原理及特点

一、电梯曳引原理

电梯曳引原理如图 10-3 所示。当曳引机组的曳引轮旋转时,依靠嵌在曳引轮槽中的钢丝绳与曳引轮槽之间的摩擦力驱动钢丝绳来升降轿厢。曳引钢丝绳一端悬挂轿厢,另一端悬挂对重,产生的拉力分别为 S_1 和 S_2,当 S_1 和 S_2 的差值等于或小于绳槽间的摩擦力时,电梯正常运行,绳槽之间无打滑现象。

曳引钢丝绳与曳引轮槽间不打滑的条件如下:

(1)当轿厢满载并以额定速度下降制动时:

$$\frac{S_1}{S_2} \leqslant e^{f'\theta} \tag{10-1}$$

式中　S_1——曳引钢丝绳轿厢一边的拉力(N);

　　　S_2——曳引钢丝绳对重一边的拉力(N);

　　　θ——曳引绳在曳引轮上的包角(一般 $\theta=130°\sim150°$;复绕时 $\theta\geqslant330°$,计算时用弧度值);

　　　e——自然对数底数,e=2.718 28;

　　　f'——钢丝绳与曳引轮槽间的当量摩擦系数,它的大小与轮槽的形式尺寸及钢丝绳和轮间摩擦系数 f 有关,如图 10-4 所示。常取 $f=0.06\sim0.1$。

$$f'=\frac{4(\sin\gamma-\sin\alpha)}{2\gamma-2\alpha+\sin2\gamma-\sin2\alpha}f \tag{10-2}$$

式中,$\sin\gamma$、$\sin\alpha$、$\sin2\gamma$、$\sin2\alpha$ 中的 α、γ 值用角度值代入;2γ、2α 中的 α、γ 值用弧度值代入。$2\alpha=90°\sim120°\left(或\frac{\pi}{2}\sim\frac{2\pi}{3}\right)$;$2\gamma=140°\sim160°\left(或\frac{7\pi}{9}\sim\frac{8\pi}{9}\right)$。

式(10-1)中的 S_1、S_2 为

$$S_1 = (G+Q)\left(1+\frac{a}{g}\right) \tag{10-3}$$

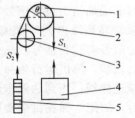

图 10-3　电梯曳引原理

1—曳引轮；2—曳引钢丝绳；

3—导向轮；4—轿厢；5—对重

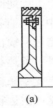
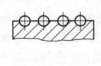
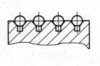

图 10-4　曳引轮及钢丝绳槽形

(a)曳引轮；(b)半圆槽；(c)凹形槽；(d)V 形槽

$$S_2 = W\left(1-\frac{a}{g}\right) \tag{10-4}$$

式中　G——轿厢自重（N）；

Q——额定载重量（N）；

W——对重重量（N）；

a——电梯加速度（m/s^2）；

g——重力加速度（N/m^2）。

（2）当轿厢空载，以额定速度上升制动时：

$$\frac{S_2}{S_1} \leqslant e^{f\theta} \tag{10-5}$$

式（10-5）中的 S_1、S_2 为

$$S_1 = G\left(1-\frac{a}{g}\right) \tag{10-6}$$

$$S_2 = W\left(1+\frac{a}{g}\right) \tag{10-7}$$

式（10-7）中，G、W、a 值与式（10-3）、式（10-4）中的值相等。

二、常用交流调速电梯的特点

1. 能源消耗低

异步电动机的速度与供电频率有关。在启动期间，电动机电流随频率和速度的增加而增加，并以最小转速运行，对每种速度都可获得最佳效率，能够节约能量达 45%。因电动机产生的热量相当小，故在机房内不需要专用的通风降温系统，没有额外的能量损耗。

2. 电路负荷低，所需紧急供电装置小

在加速阶段，所需启动电流小于 2.5 倍的额定电流，且启动电流峰值时间短。由于启动电流大幅度减小，故功耗和供电电缆线径可减小很多，所需的紧急供电装置的尺寸也比较小。

3. 可靠性高，使用寿命长

具有先进的半导体变频器将交流电变换成直流电，再将直流电逆变成电压幅度和频率可变的交流电。由于元件性能可靠、工艺先进、经久耐用，在系统中电动机转速的调节不但不会增加电动机的发热量，而且能减小电动机的应力。因而，使电梯的运行性能非常可靠，延长了其使用寿命。

4. 舒适感好

在整个运行过程中，其驱动系统具有良好的调节性能，故乘客乘坐电梯舒适感极好。电梯运

行是跟随最佳设定的速度曲线运行的，其特性可适应人体感受，并保证运行噪声小、制动平稳。

5. 平层精度高

其采用现代传感技术、数字软件控制系统，以及在整个运行期间准确地给出位置信号且精确地按楼层距离直接停靠的调节系统。在 VVVF 控制系统中，其直接停靠系统由 PC、变频器、曲线卡三部分组成。曲线卡的输入信号有启动信号、转换信号，输出信号有运行信号、总控信号、转换应答信号。在接收到启动信号时，曲线卡给变频器一条运行曲线，输出运行信号，电梯开始运行；在接收到转换信号时，曲线卡给变频器调节装置一条减速曲线；当到达停车位置时，曲线卡撤销运行信号，电梯即直接停靠楼层平面，完成一次运行，故使电梯在每个楼层都能准确平层，确保乘客进出时不会被绊倒。

6. 运行平稳无噪声

在轿厢、机房内及邻近区域内确保噪声小。一般系统中采用了高时钟频率，始终产生一个不失真的正弦波供电电流，使电动机不会出现转矩脉动，因而消除了振动和噪声。直流调速方式有 G—M 调速、相位控制调压调速和斩波控制（PWM）调压调速等不同的电气驱动技术。其调速系统的变流方式与交流调速的变流方式有所不同，见表 10-1。

表 10-1　各种调速系统的变流方式

调速系统	一次变流	二次变流	三次变流
直流电动机 G—M 系统	机械	机械	—
直流电动机相控调速系统	电子	机械	—
直流电动机 PWM 系统	电子	电子	机械
交流电动机"交—直—交"变频系统	电子	电子	—
交流电动机"交—交"变频系统	电子	—	—
交流电动机调压系统	电子	—	—

第三节　液压电梯

一、液压电梯的基本构造

液压电梯是一种高科技的机、电、液一体化系统。它可以分为多个相对独立但又相互协调配合的子系统。不同形式的液压电梯在住宅楼中得到了广泛的应用，图 10-5 所示为典型的侧置直顶式液压电梯结构剖面图，其控制信号流程系统（部分）如图 10-6 所示。

（一）泵站系统

泵站系统由电动机、液压泵、油箱及附属元件等组成，其功能是为液压缸提供稳定的动力源，储存油液。

（1）电动机：为液压泵提供稳定的输入动力。

（2）液压泵：将电动机输入的机械动力转化为压力能，为液压系统提供在一定压力下的流量，输出压力一般为 0～10 MPa。

(3)油箱：主要功能有储油、散热、分离混入油中的空气、沉淀油液中的污染物等。

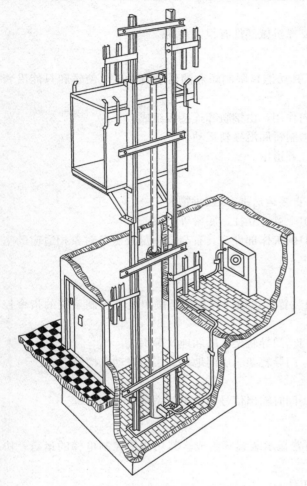

图 10-5　典型的侧置直顶式液压
电梯结构剖面图

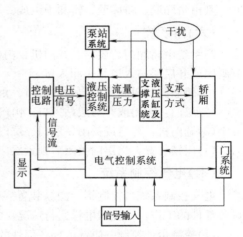

图 10-6　液压电梯控制信号
流程系统(部分)

(二)液压控制系统

液压控制系统由集成阀块、止回阀、液压系统控制电路等组成。其功能是控制电梯的运行速度，接收输入信号并操纵电梯的启动、运行、停止。

(1)集成阀块：对于阀控系统，在泵站输入恒定流量的情况下，控制输出流量的变化，并具有超压保护、锁定、压力显示等功能。泵控系统中阀块除常具有流量检测功能外，还具有超压保护、锁定、压力显示等功能。

(2)止回阀：用于停机后锁定系统。

(3)液压系统控制电路：有开关控制系统和闭环比例系统之分。闭环比例系统的电路一般比较复杂，具有自动生成理想速度变化曲线，并利用 PID、模糊控制等技术来控制系统流量变化的功能；开关控制系统的电路比较简单，只能利用多个输入信号来控制液压系统电磁阀的启闭。

(三)液压缸及支撑系统

液压缸及支撑系统的功能是直接带动轿厢的运动。

(1)液压缸：将液压系统输出的压力能转化为机械能，利用柱塞的机械运动来带动轿厢的运动。

(2)支撑系统：根据支撑方式的不同，支撑机械部件有很大差别。

(四)导向系统

导向系统由导轨、导靴和导轨架组成，其功能是限制轿厢的活动自由度，使轿厢只能沿着导轨做升降运动。

(1)导轨：在井道中对轿厢的运动起导向作用，由钢轨和连接板组成。

(2)导靴：装在轿厢上，与导轨配合，强制轿厢沿导轨运动。

(3)导轨架：是支承导轨的组件，固定在井道中。

(五)轿厢

轿厢由轿厢架和轿厢体组成，其功能是直接运送乘客(或货物)。

(1)轿厢架：固定轿厢体的承重框架，由上梁、立柱、底梁等组成。

(2)轿厢体：轿厢体是容纳乘客(或货物)的工作部件，具有与载重量及服务对象相适应的空间。其由轿厢底、轿厢壁、轿厢顶组成。

(六)门系统

门系统由轿厢门、层门、开门机、门锁装置等组成，其功能是按照电气控制系统的指令控制封闭或开启层站入口和轿厢入口。

(1)轿厢门：封闭或开启轿厢入口，由门、门导轨架、轿厢地坎等组成。

(2)层门：封闭或开启层站入口，由门、门导轨架、层门地坎、层门联动机构等组成。

(3)开门机：开启或关闭轿厢门、层门。

(4)门锁装置：当层门关闭后锁紧层门，同时输出信号通知电气系统。

(七)电气控制系统

电气控制系统由控制柜、操纵装置、位置显示装置等组成。其功能是控制电梯的运行，协调各部件的工作，并显示电梯运行情况。

(1)控制柜：控制并协调电梯各部件的工作。

(2)操纵装置：包括轿厢内的按钮操纵箱和厅门的召唤按钮箱，主要用于外部指令的输入。

(3)位置显示装置：显示电梯所在位置及运动方向。

(八)安全保护系统

安全保护系统由限速器、安全钳、缓冲器、端站保护装置等组成，其功能是确保电梯安全，正常工作，防止事故的发生。

(1)限速器：能反映电梯实际运行速度，当速度超过允许值时，发出电信号并产生机械动作，切断控制电路或迫使安全钳工作。

(2)安全钳：能接受限速器的操纵，通过机械动作，使轿厢在导轨上停止运动。

(3)缓冲器：当轿厢撞击底坑时，能吸收能量，安全制停。

(4)端站保护装置：能防止电梯超越上、下端站。

二、液压电梯的功能及基本规格

(一)液压电梯的功能

液压电梯的功能见表10-2。

表10-2 液压电梯的功能

序号	功能	序号	功能
1	基本功能	8	选配功能配置
2	超速保护装置	9	对讲机通信功能
3	自平层自动门功能	10	门安全保护装置
4	上、下越层及上、下极限保护装置	11	应急平层电源控制装置
5	呼梯记忆	12	超载保护功能
6	应急照明	13	微机集选控制功能
7	微机信号控制		

(二)液压电梯的基本规格

液压电梯的基本规格见表10-3。

表10-3 液压电梯的基本规格

类 型	载重量/kg	额定速度/(m·s^{-1})
乘客电梯	630、800、1 000、1 250、1 600	0.50～1.0
观光电梯	630、800、1 000	0.50～1.0
医用电梯	1 600、2 000	0.50～0.75
载货电梯	630、1 000、1 600、2 010、2 500、3 200、4 000、5 000	0.25～0.75
汽车电梯	2 000、3 200、5 000	0.25～0.50

三、液压电梯的特点

(一)液压电梯建筑结构的特点

(1)不需要在井道上方设立要求和造价都很高的机房,顶房可与屋顶平齐。

(2)机房设置灵活。液压传动系统是依靠油管来传递动力的,因此,机房位置可设置在离井道20 m内的范围内,且机房占用面积也仅为4～5 m^2。

(3)井道利用率高。通常液压电梯不设置对重装置,故可提高井道面积的利用率。

(4)井道结构强度要求低。由于液压电梯轿厢质量及荷载等垂直负荷均通过液压缸全部作用于井道地基上,故对井道的墙及顶部的建筑性能要求低。

(二)液压电梯技术性能的特点

(1)运行平稳、乘坐舒适。液压系统传递动力均匀平稳,且能实现无级调速,电梯运行速度曲线变化平缓,因此,舒适感优于调速梯。

(2)安全性好,可靠性高,易于维修。液压电梯不仅装备有普遍曳引式电梯具备的安全装置,还设有以下装置:

1)溢流阀。可防止上行运动时系统压力过高。

2)应急手动阀。电源发生故障时,可使轿厢应急下降到最近的层楼位置自动开启厅、轿门,确保乘客安全走出轿厢。

3)手动泵。当系统发生故障时,可操纵手动泵打出高压油,使轿厢上升到最近的楼层位置。

4)管路破裂阀。当液压系统管路破裂、轿厢失速下降时,可自动切断油路。

5)油箱油温保护。当油箱中的油温超过某一值时，油温保护装置会发出信号，暂停电梯使用，在油温下降后方可启动电梯。

（3）载重量大。液压系统的功率质量比大，因此，同样规格的电梯，可运载的质量大。

（4）噪声小。液压系统可采用低噪声螺杆泵，同时泵、电动机可设计成潜油式结构，构成一个泵站整体，能够大大降低噪声的影响。

（5）防爆性能好。液压电梯采用低凝阻燃液压油，油箱为整体密封，电动机、液压泵浸没在液压油中，能够有效防止可燃气体、液体的燃烧。

四、液压电梯的布置形式

液压电梯是通过液压动力源（泵站）将油压入油缸，使柱塞向上，直接或间接地作用在轿厢上，使轿厢上升的。轿厢的下降一般靠轿厢质量使油缸内的油返回油箱。

按轿厢和液压缸的连接方式，液压电梯可分为直顶式和侧顶式两种。

（1）直顶式液压电梯是将柱塞直接作用在轿厢上或轿厢架上。轿厢和柱塞之间的连接必须是挠性的。直顶式液压电梯可以不设紧急安全制动装置，也不必设限速器。所以轿厢结构简单，井道空间小。建筑物顶部不需要设钢丝绳，轿厢的总荷载都加在地坑的底部，故要为油缸做一个较深的竖坑。图 10-7 所示为直顶式液压电梯的对重装置布置。

（2）侧顶式液压电梯通过悬吊装置（绳索、链条）将柱塞连接到轿厢架上，一般柱塞和轿厢的位移比是 1∶2，也有的采用 1∶4 和 1∶6。图 10-8 所示为 1∶2 的布置方式。根据需要，侧顶式的布置也可以采用如图 10-9 所示的方式。侧顶式不需要竖坑。因为使用钢丝绳或链条，故需要配置限速器和安全钳装置。由于顶升油缸在轿厢侧面，故所需的井道空间要比直顶式的大些。

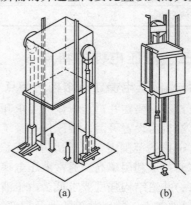

图 10-8　侧顶式液压电梯（1∶2方式）

（a）单油缸侧顶；（b）双油缸侧顶

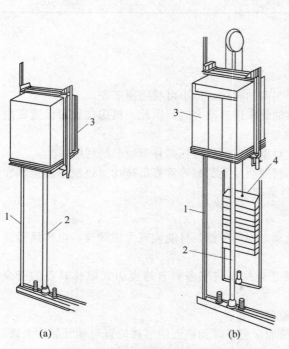

图 10-7　直顶式液压电梯的对重装置布置

（a）无对重装置；（b）有对重装置

1—导轨；2—油缸；3—轿厢；4—对重

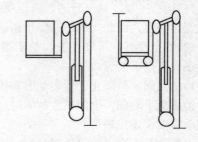

图 10-9　侧顶式液压电梯的布置方式

液压电梯驱动的另一种布置方式是将油缸装在对重下部，柱塞直顶对重，从而使轿厢上升或下降。由于存在对重，油缸直径较小，因而，对于这种布置方式，油缸一般采用双作用式。

第四节　自动扶梯和自动人行道

一、自动扶梯

自动扶梯是由一台特殊结构形式的链式输送机和两台特殊结构形式的胶带输送机所组合而成的一种连续输送机械，用以在建筑物的不同层高之间运载人员上、下。

（一）自动扶梯的分类

1. 按驱动装置的位置分类

（1）端部驱动自动扶梯（或称链条式）：驱动装置置于自动扶梯头部，并以链条为牵引构件的自动扶梯。

（2）中间驱动自动扶梯（或称齿条式）：驱动装置置于自动扶梯中部上分支与下分支之间，并以齿条为牵引构件的自动扶梯。一台自动扶梯可以装多组驱动装置，也称多级驱动组合式自动扶梯。

2. 按扶手外观分类

（1）全透明扶手自动扶梯：扶手带只用全透明钢化玻璃支撑的自动扶梯。

（2）半透明扶手自动扶梯：扶手带用半透明钢化玻璃及少量撑杆支撑的自动扶梯。

（3）不透明扶手自动扶梯：扶手带采用支架并覆以不透明板材支撑的自动扶梯。

3. 按扶梯梯路线型分类

（1）直线型自动扶梯：扶梯梯路为直线型的自动扶梯。

（2）螺旋型自动扶梯：扶梯梯路为螺旋型的自动扶梯。

4. 按使用条件分类

（1）普通型自动扶梯：每周运行时间少于 140 h 的自动扶梯。

（2）公共交通型自动扶梯：每周运行时间多于 140 h 的自动扶梯。

5. 按提升高度分类

（1）小提升高度自动扶梯：最大提升高度至 8 m 的自动扶梯。

（2）中提升高度自动扶梯：最大提升高度至 25 m 的自动扶梯。

（3）大提升高度自动扶梯：最大提升高度至 65 m 的自动扶梯。

6. 按运行速度分类

自动扶梯按运行速度可分为恒速和可调速两种。

（二）自动扶梯的构造与布置排列方式

1. 自动扶梯的构造

自动扶梯是一种特殊的板式运输机械，其主要组成部分有铝合金梯级、曳引链、驱动装置、导轨、金属骨架、扶手装置、梳板前沿板等部件，如图 10-10 所示。

（1）铝合金梯级。铝合金梯级由踏板、主副轮轴、踢板、支架、支撑板等组成。为了保证进出的安全，踏板在移动时要一直保持水平，而且在进出扶梯口处要有一段水平运动的距离。

（2）曳引链。曳引链是传递牵引力的主要部件，一般采用套筒滚子链结构，也有的采用齿条式结构。

（3）驱动装置。驱动装置主要由电动机、减速器、驱动齿轮、驱动链及中间传动件、摩擦制动器等组成。主机驱动装置通过驱动链带动曳引链牵引梯级运行，同时，通过驱动从动链轮的轴端曳引链带动扶手驱动装置，从而驱动扶手带运行。

（4）导轨。导轨也称为梯级导轨，梯级踏板面的位置正是靠导轨轨迹来保证的。

（5）金属骨架。金属骨架的截面是呈矩形的金属框架，主要作用是固定和承载扶梯各部分及乘客的质量，要具有足够的刚度。

（6）扶手装置。扶手装置主要由传动部分（扶手带、扶手驱动装置、扶手带调节装置、滑轮群、托轮、防偏轮等）和固定部分（支撑条、钢化玻璃、盖板等）组成。扶手必须与梯级有相同的运动速度。

（7）梳板前沿板。梳板前沿板主要由梳齿、梳齿板、前沿板、活动地框等组成，梳板前沿板的关键是梳齿与梯级踏板槽级的间隙调整，要保证间隙均匀，不允许有碰擦现象。

2. 自动扶梯的布置排列方式

自动扶梯的布置排列方式有平行排列、连续交叉排列、连贯排列和 X 形交叉排列四种，如图 10-11 所示。

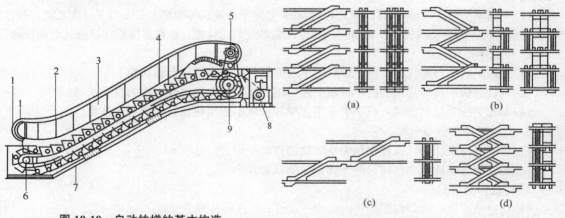

图 10-10　自动扶梯的基本构造

1—扶手传动滚轮；2—扶手带；3—栏板；
4—铝合金梯级；5—扶手驱动链轮；6—从动张紧链轮；
7—金属构架；8—驱动装置；9—梯级牵引链轮

图 10-11　自动扶梯的布置排列方式

（a）平行排列；（b）连续交叉排列；
（c）连贯排列；（d）X 形交叉排列

（三）自动扶梯的特点

自动扶梯是电梯产品的一个分支，与地面呈 30°～35°倾斜角，具有很强的运送能力。其规格见表 10-4，其示意图如图 10-12 所示。

表 10-4　自动扶梯规格参数表

项　目	输送能力 /(人·h⁻¹)	运行速度 /(m·s⁻¹)	提升高度 H /m	梯级宽度 W /mm	倾斜角度 /(°)	装饰板质量	排列方式
规格	6 000～9 000	0.5～0.75	3～8	800～1 200	30～35	全透明有、无支撑	平行或交叉

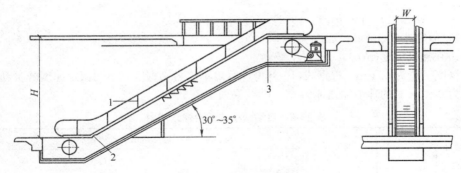

图 10-12　自动扶梯示意

1—支撑；2—下基点；3—上基点

一系列的梯级与两根牵引链连接在一起，按一定线路布置的导轨上运行即形成自动扶梯的梯路。牵引链绕过上牵引链轮、下张紧装置并通过上、下分支的若干直线、曲线区段构成闭合环路。这一环路的上分支中的各个梯级（也就是梯路）应严格保持水平，以供乘客站立。上牵引链轮（也就是主轴）通过减速器等与电动机相连以获得动力。扶梯两旁装有与梯路同步运行的扶手装置，以供乘客扶手之用。扶手装置同样由上述电动机驱动。为了保证自动扶梯乘客的绝对安全，要求装设多种安全装置。

由于自动扶梯是连续工作的，因此，在人流集中的公共场所、商店、车站、机场、码头、大厦及地下铁道车站等需要在较短时间内输送大量人员的地方，采用自动扶梯较采用间歇工作的电梯具有如下的优点：

(1)生产率即输送能力大；

(2)人流均匀，能连续运送人员；

(3)自动扶梯可以逆转，即能向上和向下运转；

(4)当停电或重要零件损坏需要停用时，可做普通扶梯使用。

自动扶梯与间歇工作的电梯相比具有以下缺点：

(1)自动扶梯结构有水平区段，有附加的能量损失；

(2)大提升高度自动扶梯，人员在其上停留时间长；

(3)造价较高。

(四)自动扶梯的主要参数及设计要求

1. 自动扶梯的主要参数

自动扶梯的主要参数有提升高度 H、理论输送能力 C_t、额定速度 v、梯级名义宽度 Z_1 及梯级倾角 α 等。

为保证自动扶梯的正常运行，在设计自动扶梯时，必须正确选用和确定自动扶梯的主要参数。

(1)提升高度 H，即建筑物上、下楼层间或地下铁道地面与地下站厅间的高度。

(2)理论输送能力 C_t，即设备每小时内理论上能输送的人数。当自动扶梯的各梯级均站满人时，就达到了其理论输送能力，由式(10-8)计算：

$$C_t = 3\ 600\frac{kv}{Y_1} \tag{10-8}$$

式中　C_t——理论输送能力(人/h)；

　　　k——承载系数，与踏板名义宽度 Z_1 有关(当 $Z_1=0.6$ m 时，$k=1$；当 $Z_1=0.8$ m 时，$k=$

1.5；当 $Z_1=1.0$ m 时，$k=2$）；

　　v——额定速度（m/s）；

　　Y_1——梯级深度（m）。

梯级深度一般为 0.4 m。根据式(10-8)可计算出不同名义宽度、不同额定速度的自动扶梯在梯级深度为 0.4 m 时的理论输送能力 C_t，其结果列于表 10-5。

表 10-5　自动扶梯的理论输送能力　　　　　　　人/h

名义宽度/m	额 定 速 度 /(m·s⁻¹)		
	0.5	0.65	0.75
0.6	4 500	5 850	6 750
0.8	6 750	8 775	10 125
1.0	9 000	11 700	13 500

由式(10-8)计算出的理论输送能力是按满载乘客时计算的。实际上乘客不能完全站满梯级，需要考虑梯级运行速度对乘客上梯的影响。因此，应用一个系数来考虑满载情况，这一系数称为满载系数 φ。

(3)额定速度 v。自动扶梯的运行速度直接影响乘客在扶梯上的停留时间。如果速度太快，影响乘客顺利登梯，满载系数反而降低；反之，速度太慢，也会不必要地增加乘客在梯上的停留时间。因此，正确选用额定速度十分重要。

扶梯额定速度 v 一般有 0.5 m/s、0.65 m/s、0.75 m/s 三种。扶梯运行速度与满载系数 φ 密切相关，根据现场实测数据并经线性回归，可得：

$$\varphi=1.1-0.6v \tag{10-9}$$

表 10-6 所列是由式(10-9)计算出的自动扶梯在不同额定速度下的满载系数。

表 10-6　自动扶梯在不同额定速度下的满载系数

$v/(\text{m·s}^{-1})$	0.5	0.65	0.75
φ	0.80	0.71	0.65

(4)梯级名义宽度 Z_1。目前，我国自动扶梯梯级名义宽度有 0.6 m、0.8 m 和 1.0 m 三种规格。

(5)梯级倾角 α。梯级倾角一般为 30°。采用这一角度的主要原因是考虑自动扶梯的安全性及便于结构尺寸的处理和加工。但有时为适应建筑物的特别需要，减少自动扶梯的占地面积，梯级倾角可采用 35°。为了与建筑物内普通扶梯的梯级尺寸比例 16∶31 相一致，自动扶梯也可采用 27°18′的倾角，这样可在普通扶梯旁边同时并列安装自动扶梯。

国家标准规定：自动扶梯的倾角 α 不应超过 30°，但如提升高度不超过 6 m，运行速度不超过 0.5 m/s，则倾角最大可增至 35°。

2. 自动扶梯的设计要求

在设计自动扶梯时，按其受载情况和使用时间长短可分为普通型和交通运输型两种。交通运输型自动扶梯每周运行时间约为 140 h，而且在任何 3 h 的时间间隔内，持续重载时不少于 0.5 h，其载荷应达到规定振动荷载的 100%。因此，特别要求自动扶梯经久耐用。

二、自动人行道

自动人行道（也称自动步梯）也是一种运载人员的连续输送机械。它与自动扶梯的不同之处在于：运动路面不是形成阶梯形式梯路，而是平的路面。自动人行道主要用于输送，也能进行一定角度（$\alpha=12°$）的倾斜输送，适用于人流集中的公共场所。

（一）自动人行道的分类

1. 踏步式自动人行道

踏步式自动人行道是由一系列踏步组成的活动路面、两旁装有活动扶手的自动人行道。

2. 钢带式自动人行道

钢带式自动人行道是在整根钢带上覆橡胶层组成的活动路面、两旁装有活动扶手的自动人行道。

3. 双线式自动人行道

双线式自动人行道由一根销轴垂直放置的牵引链构成来回两分支、在水平面内的闭合轮廓，以形成一来一回两台运行方向相反的自动人行道，两旁均有活动扶手装置。

（二）自动人行道的规格

自动人行道示意图如图 10-13 所示，其规格参数见表 10-7 所列。

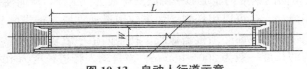

图 10-13　自动人行道示意

表 10-7　自动人行道规格参数

项　目	输送能力 /(人·h^{-1})	运行速度 /(m·s^{-1})	倾斜角度 /(°)	踏板宽度 W /mm	有效长度 L /m	装饰板质量
规　格	6 000～9 000	0.5～0.67	0～10	600～1 000	95～175	不锈钢有机玻璃

（三）自动人行道的基本结构

1. 踏步式结构

将自动扶梯的倾角从 30° 减到 12° 直至 0°；同时，将自动扶梯所用的特种形式小车——梯级改为普通平板式小车——踏步，使各踏步之间不形成阶梯形状而形成一个平坦的路面，这样就成为踏步式自动人行道，如图 10-14 所示。自动人行道两旁各装有与自动扶梯相同的扶手装置。踏步车轮没有主轮与辅轮之分，因而，踏步在驱动端与张紧端转向时不需要使用作为辅轮转向轨道的转向壁，使结构大大简化，也降低了自动人行道的结构高度。这是自动人行道的一大特点。因为自动人行道表面是平坦的路面，所以，儿童车辆、食品车辆等可以直接放置在上面，无须人看管。

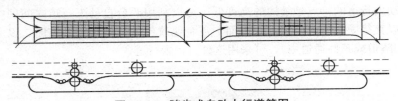

图 10-14　踏步式自动人行道简图

踏步铰接在两根牵引链条上。踏步节距为 400 mm。由于人行道面不需要形成阶梯形式，因而简化了轨道系统。

踏步式自动人行道的驱动装置、扶手装置均与自动扶梯相同。

2. 钢带式结构

钢带式自动人行道(图 10-15)的原始结构就是工业企业所常用的钢带式输送机。这种钢带式输送机在使用中已经受到无数考验,它并不需要绝对的平稳。对于钢带式自动人行道,从安全和心理学的角度出发,必须使乘客感觉在上面如在地面一样,因而,必须平稳和安全。

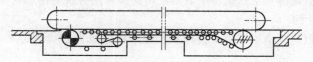

图 10-15　钢带式自动人行道简图

钢带式自动人行道的最重要部件是输送带,它由冷拉、淬火的高强度钢带制成。这种钢带必须制造精确且平整。在钢带的外面覆以橡胶层。橡胶覆面也是钢带的一种保护层,以防钢带机械损伤且可以抵御潮湿。橡胶覆面有小槽,使输送带能进出梳板齿,保证乘客安全上下。即使在较大的负荷下,这种橡胶覆面的钢带仍能足够平稳而安全地进行工作,从而使乘客感觉舒适。

钢带的支撑可以用滑动,也可以用托辊。如果使用滑动支撑,钢带的另一面无须覆盖橡胶;如果使用托辊支撑,钢带的另一面必须覆盖橡胶。托辊间距一般较小。

钢带式自动人行道的长度一般为 300～350 m。当自动人行道长度为 10～12 m 时,可采用滑动支撑。

3. 双线式结构

双线式自动人行道(图 10-16)是使用一根销轴垂直放置的牵引链条构成一个水平闭合轮廓的输送系统。不同于踏步式结构的链条所构成的垂直闭合轮廓系统。牵引链条两分支即构成两台运行方向相反的自动人行道。踏步的一侧装在该牵引链条上,踏步另一侧的车轮自由地运行于它的轨道上。

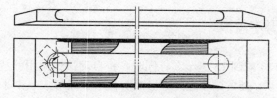

图 10-16　双线式自动人行道简图

这种自动人行道的驱动装置装在它的一端,并将动力传给轴线垂直的大链轮。电动机、减速器等就装在两台自动人行道之间。张紧装置装在自动人行道另一端的转向大链轮上。

双线式自动人行道的特点是结构的高度低,可以利用两台自动人行道之间的空间放置驱动装置,而且可以直接固接于地面之上。因而,在企业改建大厅的高度不够时,以及在高度特别紧凑的地方(如隧道或某些通道中),可采用这种自动人行道。

本章小结

本章主要介绍了电梯的分类和基本结构,液压电梯的基本构造、功能特点和布置形式,自动扶梯和自动人行道的结构组成和布置形式等。电梯的结构组成部分可分为机械装置与电气控制系统两大部分。其中，机械装置包括曳引系统、导向系统、轿厢系统、重力平衡系统、厅轿门和开关门系统、机械安全保护系统等；电气控制系统主要包括控制柜、操纵箱等。自动扶梯主要组成部分有铝合金梯级、曳引链、驱动装置、导轨、金属骨架、扶手装置、梳板前沿板等部件。自动人行道的基本结构有踏步式、带式和双线式。

思考与练习

一、填空题

1. 电梯的结构可分为 _____ 与 _____ 两大部分。

2. 液压电梯的导向系统由 _____、_____ 和 _____ 组成，其功能是限制轿厢的活动自由度，使轿厢只能沿着导轨做升降运动。

3. 液压电梯的轿厢由 _____ 和 _____ 组成，其功能是直接运送乘客（或货物）。

4. 液压电梯的门系统由 _____、_____、_____、_____ 等组成，其功能是按照电气控制系统的指令控制封闭或开启层站入口和轿厢入口。

5. 液压电梯的电气控制系统由 _____、_____、_____ 等组成，其功能是控制电梯的运行，协调各部件的工作，并显示电梯运行情况。

6. 液压电梯的安全保护系统由 _____、_____、_____、_____ 等组成，其功能是确保电梯安全正常工作，防止事故的发生。

7. 自动扶梯按扶手外观分为 _____、_____、_____。

8. 自动扶梯按扶梯梯路线型分为 _____、_____。

9. 自动扶梯按使用条件分为 _____、_____。

10. 自动扶梯的布置排列方式有 _____、_____、_____ 和 _____ 四种。

11. 自动人行道可分为 _____、_____、_____。

二、名词解释

液压电梯　　自动扶梯　　自动人行道

三、简答题

1. 简述电梯的分类。

2. 电梯的结构由哪几个部分组成？

3. 简述电梯出现异常情况的处置。

4. 常用交流调速电梯的特点有哪些？

5. 自动扶梯由哪几个部分组成？

6. 自动扶梯有哪些优、缺点？

7. 自动扶梯的设计要求有哪些？

8. 自动人行道与自动扶梯有哪些不同？

9. 简述自动人行道的基本结构。

第十一章　建筑智能化系统

能力目标

1. 能掌握建筑智能化、信息化应用系统、智能化集成系统的组成与运用。
2. 能正确使用信息接入系统、综合布线系统、信息网络系统、有线电视及卫星电视结构系统、扩声与音响系统。
3. 能正确使用小区防盗报警系统、入侵报警系统、电视监视系统、出入口控制系统。

知识目标

1. 了解建筑智能化的定义；熟悉建筑智能化的组成、功能与特点。
2. 了解信息化应用系统的组成，了解智能化信息集成（平台）系统的组成；掌握智能化集成系统架构、智能化集成系统通信互联。
3. 了解信息接入系统的概念，掌握综合布线系统的组成、综合布线中使用的电缆及技术要求。
4. 了解有线电视系统的技术要求、卫星电视接收系统；掌握有线电视系统的组成及主要设备。
5. 了解扩声与音响系统的技术要求；掌握扩声与音响系统的组成、扩声与音响设备。
6. 了解会议系统、建筑设备监控系统、建筑能效监管系统。
7. 掌握火灾自动报警系统的组成、火灾自动报警系统的分类与功能、火灾自动报警系统常用设备；掌握消防联动控制的对象与方式、消防联动控制的功能要求。
8. 了解入侵报警系统、电视监视系统、出入口控制系统。

素养目标

树立"以人为本"的核心理念，融入人文关怀思想。

第一节　建筑智能化概述

一、建筑智能化的定义

建筑智能化是以建筑为平台，兼备建筑设备、办公自动化及通信网络系统，集结构、系统、服务、管理及它们之间的最优化组合向人们提供安全、高效、舒适、便利的建筑环境。

二、建筑智能化的组成和功能

建筑智能化主要由通信网络系统（CNS）、办公自动化系统（OAS）和建筑设备自动化系统

(BAS)三大系统组成，称为3A。这三个系统中又包含各自的子系统。应该注意，上述的这几个系统是一个综合性的整体，而不是像过去那样分散的、没有联系的系统。所以，对建筑智能化的综合性可以这么理解，在建筑智能化环境内，由系统集成中心(SIC)通过综合布线系统(GCS)来控制3A，实现高度信息化、自动化及舒适化的现代建筑，如图11-1所示。

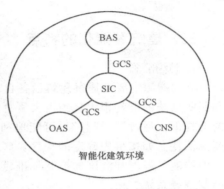

图 11-1　智能化建筑结构

从建筑智能化的定义中可知道，建筑智能化的基本功能就是为人们提供一个安全、高效、舒适、便利的建筑空间。建筑智能化的总体功能按建筑智能化系统汇总见表11-1，这些功能之间既相对独立，又相互联系，构成了一个有机的建筑功能系统。

表 11-1　建筑智能化的总体功能汇总

建筑智能化		
办公自动化系统(OAS)	建筑设备自动化系统(BAS)	通信网络系统(CNS)
文字处理	消防自动化系统(FAS)	程控电话
公文流转	供配电监控	有线电视
档案管理	空调监控	卫星电视
电子账务	冷热源监控	公共广播
信息服务	照明监控	公共通信网接入
一卡通	给水排水监控	卫星小数据站(VSAT)卫星通信
电子邮件	电梯监控	视频会议
物业管理	保安自动化系统(SAS)	可视图文
专业办公自动化系统	（包括出入控制、防盗报警、电视监控、巡更、停车库管理）	数据通信
		宽带传输

从用户服务角度看，建筑智能化可提供三大服务领域，即安全性、舒适性和便利/高效性。

从表11-2中可以看出，建筑智能化可以满足人们在社会信息化发展的新形势下对建筑物提出的更高的功能要求。

表 11-2　建筑智能化的三大服务领域

安全性方面	舒适性方面	便利/高效性方面
火灾自动报警	空调监控	综合布线
自动喷淋灭火	供热监控	用户程控交换机
防盗报警	给水排水监控	VSAT卫星通信
闭路电视监控	供给电监控	专用办公自动化系统
保安巡更	卫星电缆电视	Intranet(企业内部网)
电梯运行监控	背景音乐	宽带接入
出入控制	装饰照明	物业管理
应急照明	视频点播	一卡通

三、建筑智能化的特点

1. 节约能源

节约能源主要是通过建筑设备自动化系统(BAS)来实现的。以现代化的大厦为例，空调和照明系统的能耗很大，约占大厦总能耗的70%，建筑智能化能在满足使用者对环境要求的前提下，通过其"智慧"尽可能地利用自然气候来调节室内温度和湿度，以最大限度减少能源消耗。如按事先确定的程序，区分工作和非工作时间、午间休息时间，部分区域降低室内照度、温度和湿度的控制标准；下班后，再降低照度、温度和湿度控制标准或停止照明及空调系统。

2. 节省设备运行维护费用

管理的科学化、智能化，使得建筑物内的各类机电设备的运行管理、保养维修更趋于自动化。建筑智能化系统的运行维修和管理，直接关系到整座建筑物的自动化与智能化能否实际运作，并达到其原设计的目标。而维护管理工程的主要目的，是以最低的费用去确保建筑物内各类机电设备的妥善维护、运行、更新。同时，由于系统的高度集成，系统的操作和管理随之也高度集中，使得人员安排更合理，人员成本降到最低。

3. 提供安全、舒适和高效便捷的环境

建筑智能化首先确保人、财、物的高度安全及具备对灾害和突发事件的快速反应能力，同时，能提供室内适宜的温度、湿度和新风及多媒体音像系统、装饰照明、公共环境背景音乐等，可显著地提高人们在建筑物内的工作、学习和生活的效率和质量。建筑智能化通过建筑物内外四通八达的电话网、电视网、计算机局域网、互联网及各种数据通信网等现代通信手段和各种基于网络的办公自动化系统，为人们提供了一个高效便捷的工作、学习和生活环境。

4. 广泛采用3C高新技术

3C高新技术是指现代计算机技术(Computer)、现代通信技术(Communication)和现代控制技术(Control)。因为现代控制技术是以计算机技术、信息传感技术和数据通信技术为基础的，而现代通信技术也是基于计算机技术发展起来的，所以，3C技术的核心是基于计算机技术及网络的信息技术。

5. 系统集成

从技术角度看，建筑智能化的最大特点就是各智能化系统的系统集成。建筑智能化的系统集成，就是将建筑中分离的设备、子系统、功能、信息通过计算机网络集成为一个相互关联的、统一协调的系统，进而实现信息、资源、任务的重组和共享。也就是说，建筑智能化安全、舒适、便利、节能、节省人工费用的特点，必须依赖集成化的建筑智能化系统才能得以实现。

第二节　信息化应用系统

信息化应用系统是指以信息设施系统和建筑设备管理系统等智能化系统为基础，为满足建筑物的各类专业化业务、规范化运营及管理的需要，由多种类信息设施、操作程序和相关应用设备等组合而成的系统。

一、信息化应用系统的组成

信息化应用系统包括公共服务、智能卡应用、物业管理、信息设施运行管理、信息安全管理、通用业务和专业业务等。

二、住宅小区物业智能卡应用系统图示例

住宅小区物业智能卡应用系统如图 11-2 所示，该系统集成了能耗计量、收费、访客对讲、考勤、电子巡查(在线式)、停车场管理系统。

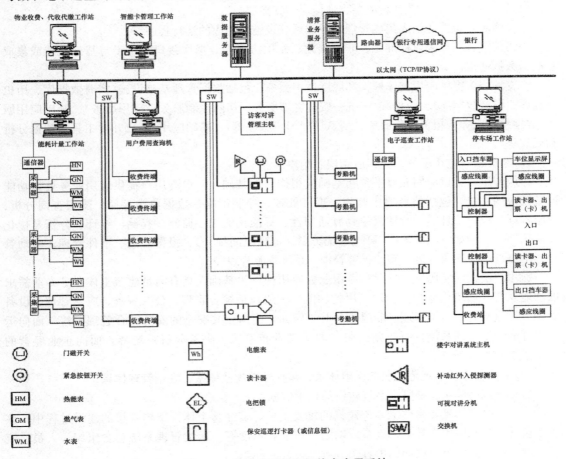

图 11-2 住宅小区物业智能卡应用系统

第三节 智能化集成系统

智能化集成系统是为实现建筑物的运营及管理目标，是基于统一的信息平台，以多种类智能化信息集成方式，形成的具有信息汇聚、资源共享、协同运行、优化管理等综合应用功能的系统。

一、智能化集成系统的组成

智能化集成系统包括操作系统、数据库、集成系统平台应用程序、各纳入集成管理的智能化设施系统与集成互为关联的各类信息通信接口等。该系统采用合理的系统架构形式和配置相应的平台应用程序及应用软件模块，实现智能化系统信息集成平台和信息化应用程序运行的建设目标。

二、智能化集成系统架构

(1)集成系统平台，包括设施层、通信层、支撑层。

1)设施层：包括各纳入集成管理的智能系统设施及相应的运行程序等。

2)通信层：包括采取标准化、非标准化、专用协议的数据库接口，用于与基础设施或集成系统的数据通信。

3)支撑层：提供应用支撑框架和底层通用服务，包括数据管理基础设施(实时数据库、历史数据库、资产数据库)、数据服务(统一资源管理服务、访问控制服务、应用服务)、基础应用服务(数据访问服务、报警事件服务、信息访问门户服务等)、基础应用(集成开发工具、数据分析和展现等)。

(2)集成信息应用系统，包括应用层、用户层。

1)应用层：是以应用支撑平台和基础应用构件为基础，向最终用户提供通用业务处理功能的基础应用系统，包括信息集中监视、事件处理、控制策略、数据集中存储、图表查询分析、权限验证、统一管理等。管理模块具有通用性、标准化的统一监测、存储、统计、分析及优化等应用功能。例如，电子地图(可按系统类型、地理空间细分)、报警管理、事件管理、联动管理、信息管理、安全管理、短信报警管理、系统资源管理等。

2)用户层：以应用支撑平台和通用业务应用构件为基础，具有满足建筑主体业务专业需求的功能及符合规范化运营及管理应用的功能，一般包括综合管理、公共服务、应急管理、设备管理、物业管理、运维管理、能源管理等。例如，面向公共安全的安防综合管理系统，面向运维管理的设备管理系统，面向办公服务的信息发布系统、决策分析系统等，面向企业经营的ERP业务监管系统等。

(3)系统整体标准规范和服务保障体系，包括标准规范体系、安全管理体系。

1)标准规范体系：是整个系统建设的技术依据。

2)安全管理体系：是整个系统建设的重要支柱，贯穿整个体系架构各层的建设过程中，该体系包含权限、应用、数据、设备、网络、环境和制度等。运维管理系统包含组织、人员、流程、制度和工具平台等层面的内容。

智能化集成系统架构如图 11-3 所示。在工程设计中，根据项目实际状况采用合理的架构形式和配置相应的应用程序及应用软件模块。

三、智能化集成系统通信互联

建筑智能化的多种类智能化系统之间的信息互通需要标准化的数据通信接口，以实现智能化系统信息集成平台和信息化应用的整体建设目标。

通信接口程序可包括实时监控数据接口、数据库互联数据接口、视频图像数据接口等类别，实时监控数据接口应支持 RS—232/485、TCP/IP、API 等通信形式，并且支持 BACNet、OPC、Modbus、SNMP 等国际通用通信协议，数据库互联数据接口应支持 ODBC、API 等通信形式；

视频图像数据接口应支持 API、控件等通信形式，支持 HAS、RTSP/RTP、HLS 等流媒体协议。

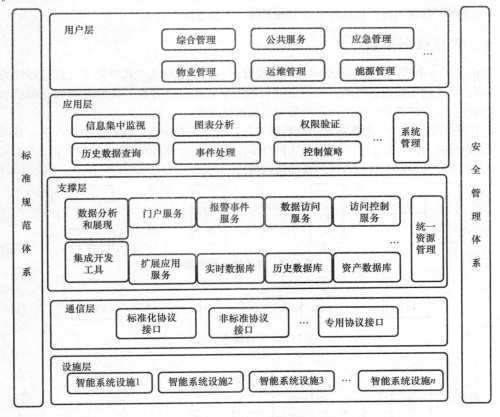

图 11-3　智能化集成系统架构

当采用专用接口协议时，接口界面的各项技术指标均应符合相关要求，由智能化集成系统进行接口协议转换以实现统一集成。

四、智能化集成系统的通信内容

通信内容应满足智能化集成系统的业务管理需求，包括实时对建筑设备各项重要运行参数以及故障报警的监视和相应控制，对信息系统定时数据的汇集和积累，对视频系统的实时监视、控制与录像回放等。

第四节　信息设施系统

信息设施系统是为满足建筑物的应用与管理对信息通信的需求，将各类具有接收、交换、传输、处理、存储和显示等功能的信息系统整合，形成建筑物公共通信服务综合基础条件的系统。

信息设施系统包括信息接入系统、综合布线系统、移动通信室内信号覆盖系统、卫星通信系统、用户电话交换系统、无线对讲系统、信息网络系统、有线电视及卫星电视接收系统、扩声与音响系统、会议系统、信息导引及发布系统、时钟系统等。

一、信息接入系统

(1)信息接入系统是外部信息引入建筑物及建筑内的信息融入建筑外部更大信息环境的前端结合环节。满足建筑物内各类用户对信息通信的需求，并应将各类公共信息网和专用信息网引入建筑物内，支持建筑物内各类用户所需的信息通信业务。

(2)在现代电信网中，根据所采用的传输媒介，可分为有线接入网和无线接入网。有线接入网又分为铜线接入网(图 11-4)、光纤接入网(图 11-5)、混合光纤/同轴电缆接入网(图 11-6)等。无线接入网又分为固定无线接入网和移动接入网。

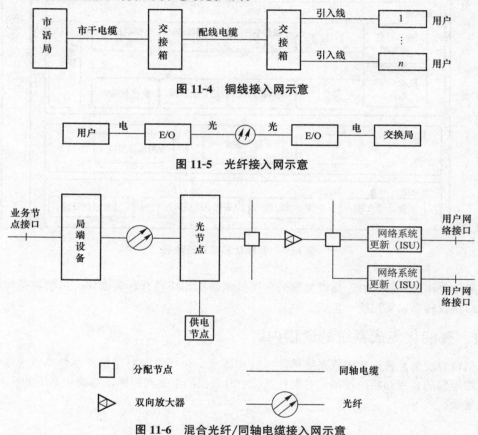

图 11-4　铜线接入网示意

图 11-5　光纤接入网示意

图 11-6　混合光纤/同轴电缆接入网示意

二、综合布线系统

综合布线系统是指按标准的、统一的和简单的结构化方式编制和布置各种建筑物(或建筑群)内各种系统的通信线路，包括网络系统、电话系统、监控系统、电源系统和照明系统等。因此，综合布线系统是一种标准的通用信息传输系统。

1. 综合布线系统的组成

综合布线系统具有开放式结构的特点，能支持电话及多种计算机、数据系统，还能支持会议电视等系统的需要。根据国际标准 ISO/IEC 11801 的定义，结构化布线系统可根据具体功能不同划分为以下六个子系统：工作区子系统、水平子系统、管理子系统、垂直干线子系统、设备间子系统和建筑群子系统，如图 11-7 所示。

（1）工作区子系统。工作区子系统由用户终端设备连接至信息插座的器件组成，目的是实现工作区终端设备与水平子系统之间的连接。如图 11-8 所示，它包括装配软线、连接器和连接所需的扩展软线，并在终端设备和 I/O 接口处搭桥，信息插座有墙上、地上、桌上等，标准有 RJ45/RJ11 的单孔、双孔、多孔等各种型号。工作区常用设备是计算机、网络集线器（Hub 或 Mau）、电话、报警探头、摄像机、监视器和音响等。

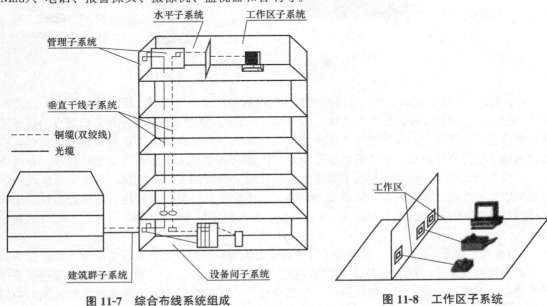

图 11-7　综合布线系统组成　　　　　　　图 11-8　工作区子系统

（2）水平子系统。水平子系统将电缆从楼层配线架连接到各工作区的信息插座上，目的是实现信息插座和管理子系统（跳线架）之间的连接，将用户工作区引至管理子系统，并为用户提供一个符合国际标准，满足语音及高速数据传输要求的信息点出口，如图 11-9 所示。该子系统由一个工作区的信息插座开始，经水平布置到管理区的内侧配线架的线缆所组成，一般处在同一楼层。水平子系统中常用的传输介质是超 5 类 UTP（非屏蔽双绞线），它能支持大多数现代通信设备。如果需要某些宽带应用时，可以采用光缆。

信息出口采用插孔为 ISDN8 芯（RJ45）的标准插口，每个信息插座都可灵活地运用，并根据实际应用要求可随意更改用途。图 11-10 所示为 RJ45 标准插口，图 11-11 所示为光纤连接器。

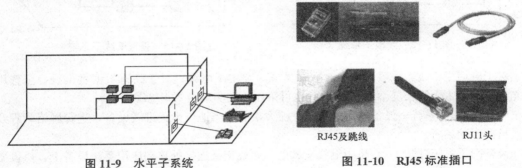

RJ45及跳线　　　　　　　　　RJ11头

图 11-9　水平子系统　　　　　　　图 11-10　RJ45 标准插口

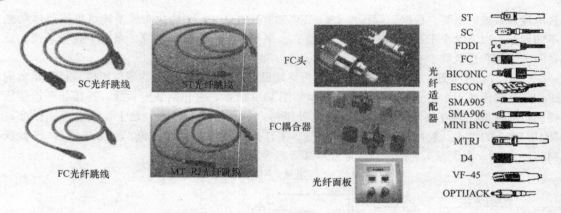

图 11-11　光纤连接器

（3）管理子系统。管理子系统设置在每层的配线间及大楼主设备间，由相应的交连、互连配线架（配线盘）、跳线及辅助配件等组成，如图 11-12 所示。借助于管理子系统，管理点为连接其他子系统提供连接手段，可以实现不同的网络拓扑结构。当工作人员的位置迁移或调整时，可以灵活地改变用户的路由。其主要功能是将垂直干缆与各楼层水平布线子系统相连接。布线系统的灵活性和优势主要体现在管理子系统上，对任何一类智能系统的连接，只要简单地跳一下线就可以完成线路重新布置和网络终端的调整。互连配线架根据不同的连接硬件分为楼层配线架（箱）（IDF）和总配线架（箱）（MDF），IDF 可安装在各楼层的干线接线间，MDF 一般安装在设备机房。

（4）垂直干线子系统。建筑物垂直干线子系统由设备间的配线设备及设备间至各楼层配线间之间的连接电缆组成，目的是实现计算机设备、程控交换机（PABX）、控制中心与各管理子系统间的连接。其是建筑物干线电缆的路由，是综合布线系统的神经中枢，可实现主配线架与中间配线架的连接。垂直干线子系统由建筑物内所有的垂直干线多对数电缆及相关支撑件组成，以提供设备间总配线架与干线接线间楼层配线架之间的干线路由，如图 11-13 所示。常用介质是大对数双绞线电缆和光缆。

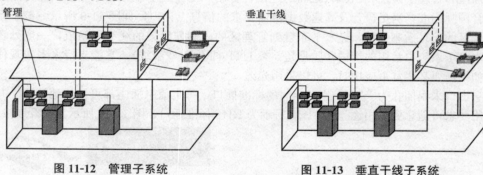

图 11-12　管理子系统　　　　　图 11-13　垂直干线子系统

对于电话主干线，一般采用大对数 3 类或 5 类主干电缆；对于高速数据主干线，可选用多模光缆，如果主干线长度不超过 90 m，也可采用 5 类非屏蔽主干电缆。

（5）设备间子系统。设备间是指在每一幢大楼的适当地点设置进线设备，进行网络管理及管理人员值班的场所。

设备间子系统（图 11-14）将中继线交叉处和布线交叉连接处连到应用系统设备上，由设备室的电缆及连接器和相关支撑硬件组成。其作用是将计算机、PABX、摄像头、监视器等公用系统的各种不同弱电设备互连起来，并连接到主配线架上。设备主要包括计算机系统、网络集线器（Hub）、网络交换机（Switch）、程控交换机（PABX）、音响输出设备、闭路电视控制装置和报警控制中心等。

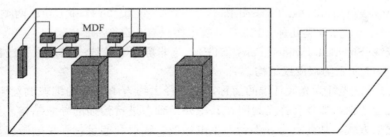

图 11-14　设备间子系统

设备间子系统一般可分为两部分：第一部分为计算机机房，放置网络设备，在网络设备上可连接服务器、主机等；第二部分为通信中心，放置 PABX 及连接 PABX 与垂直干缆的主配线架等。

（6）建筑群子系统。该子系统可将一个建筑物的电缆延伸到建筑群的另外一些建筑物中的通信设备和装置上，是结构化布线系统的一部分，支持提供楼群之间通信所需的硬件，如图 11-15 所示。建筑群子系统由电缆、光缆和入楼处的过流过压电气保护设备（浪涌保护器）等相关硬件组成，常用介质是光缆。对于电话主干线，一般采用大对数 3 类主干电缆；对于高速数据主干线，可选用光缆，如果主干线长度不超过 90 m，也可采用 5 类 25 对非屏蔽主干电缆。图 11-16 所示为光纤配线。

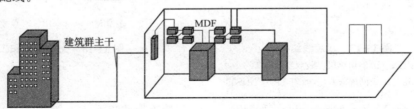

图 11-15　建筑群子系统

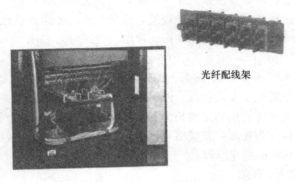

光纤配线架

图 11-16　光纤配线

2. 综合布线中使用的电缆

目前，综合布线中使用的电缆主要有双绞铜缆和光缆两类。

（1）铜缆。

1）50 Ω 的同轴电缆，适用于比较大型的计算机局域网。

2）非屏蔽双绞线（Unshielded Twisted Pair，UTP），分为 100 Ω 和 150 Ω 两类。100 Ω 电缆又分为 3 类、4 类、5 类、6 类几种，150 Ω 双绞电缆只有 5 类一种。

3）屏蔽双绞线（Shielded Twisted Pair，STP），与非屏蔽双绞线一样，只不过在护套内增加了金属层。图 11-17 所示为双绞线结构。

（2）光缆（光纤）。光纤为光导纤维的简称，由直径大约为 10 μm 的细玻璃丝构成。其透明、纤细，虽比头发丝还细，却具有将光封闭在其中并沿轴向进行传播的导波结构。光导纤维为传输介质的一种通信方式，其优点是：不会产生电磁波、辐射和能量，不受电磁波、辐射和其他电缆干扰；体积小、质量轻、高带宽（理论传输达 2.56 Tb/s）；长距离传输（单膜可达 120 km）。图 11-18 所示为光纤结构和工作模式图。

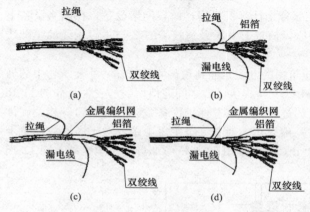

图 11-17　双绞线结构

（a）UTP；（b）铝箱单层屏蔽双绞线（FTP）；
（c）内铝箱外编织网屏蔽双绞线（SFTP）；（d）STP

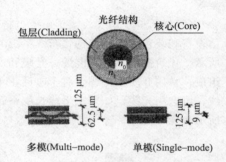

图 11-18　光纤结构和工作模式图

1）多模光纤（Multi－Mode Fiber，MMF）。在一定的工作波长下（850/1 300 nm），有多个模式在光纤中传输，这种光纤称为多模光纤。多模光纤的光耦合效率高，光纤对准不太严格，需要较少的管理点和接头盒；对微弯曲损耗不太灵敏，符合光纤分布式数据接口（FDDI）标准。由于色散或像差，因而，这种光纤的传输性能较差，频带较窄，传输容量也比较小，距离比较短，有色散。其规格有：50/125 μm、62.5/125 μm（常用）、100/140 μm、200/230 μm、62.5 μm 渐变增强型多模光纤。

2）单模光纤（single－Mode Fiber，SMF）。单模光纤只传输主模，也就是说光线只沿光纤的内芯进行传输。由于完全避免了模式色散，使得单模光纤的传输频带很宽，因而适用于大容量、长距离的光纤通信。单模光纤使用的光波长为 1 310 nm 或 1 550 nm，能量损耗小，不会产生色散。大多需要激光二极管作为光源。其规格有：8/125 μm、9/125 μm（常用）、10/125 μm。单模光纤常用于距离大于 2 000 m 的建筑群。

3. 综合布线系统的技术要求

（1）综合布线系统应根据各建筑物的性质、功能、环境条件和用户近期的实际使用及中、远期发展的需求，确定系统的链路等级和进行系统配置。

(2)综合布线系统应采用开放式星形拓扑结构，设计应满足对建筑群或建筑物内语音、数据、图文和视频等信号传输的要求。

(3)综合布线系统链路中选用的缆线、连接器件、跳线等性能和类别必须全部满足该链路等级传输性能的要求。

(4)综合布线系统与公用通信网的连接，应满足电信业务经营者为用户提供业务的需求，并预留安装接入设备的位置。

(5)干线子系统所需的电缆总对数和光纤总芯数，应满足工程的实际需求，并留余量；当使用对绞电缆作为数据干线电缆时，对绞电缆的长度不应大于 90 m。

(6)干线子系统应选择干线缆线距离较短、安全和经济的路由；干线电缆宜采用点对点端接，也可采用分支递减端接。

(7)若计算机主机和电话交换机设置在建筑物内不同的设备间，宜在设计中采用不同的干线电缆分别满足语音和数据的需要，必要时可采用光缆。

(8)建筑群子系统中，建筑物之间的数据干线宜采用多模、单模光缆，语音干线可采用大对数对绞电缆。

(9)建筑群和建筑物之间的干线电缆、光缆布线的交接不应多于两次，从楼层配线架(FD)到建筑群配线架(CD)之间只能通过一个建筑物配线架(BD)。

三、信息网络系统

信息网络系统是由计算机，有(无)线通信、接入、处理、控制设备及其相关的配套设备、综合布线等构成按照一定的应用目的和规则对信息进行采集、加工、交换、存储、传输、检索等处理的人机系统。

1. 信息网络系统在智能建筑中的应用

(1)互联网信息服务：如电子政务、电子商务等。

(2)公共事业信息服务：如开通 IP 电话(VOIP)、IP 电视(IPTV)等。

(3)公共资源共享服务：建立数据资源库，向建筑物内的公众提供信息检索、查询、发布和引导等功能。如视频点播(VOP)、网络教育、网络医疗等。

(4)业务应用：对于不同类型的智能建筑(如医院、航站楼、校园、博物馆、体育场馆、剧院)，建立在信息网络平台上的业务应用系统是不同的。

(5)内部管理信息系统：如企业内部的财务、人事、生产、销售等部门的计算机管理在信息网络平台上构成一个整体的管理信息系统。

(6)内部办公自动化：可以在信息网络平台上进行公文传阅、领导批示、电子文档、报表打印等功能，进一步实现无纸化办公。

(7)物业运行管理：对建筑物内各类设施的资料、数据、运行和维护进行管理。

(8)智能化系统集成平台：如 IBMS，在集成平台上进一步建立"应急指挥系统"等。

2. 信息(通信)网络系统示意图

信息网络系统示意如图 11-19 所示；通信网络系统示意如图 11-20 所示。

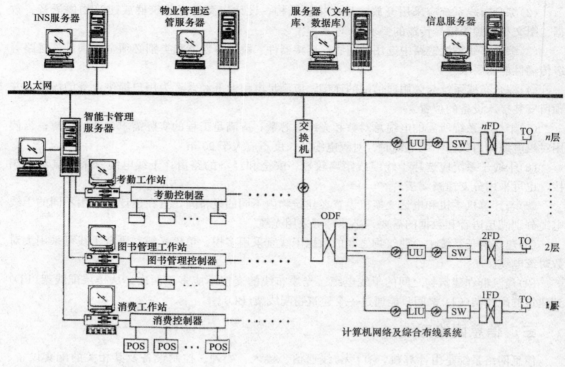

LIU：光纤连接器　SW：交换机

图 11-19　信息网络系统示意

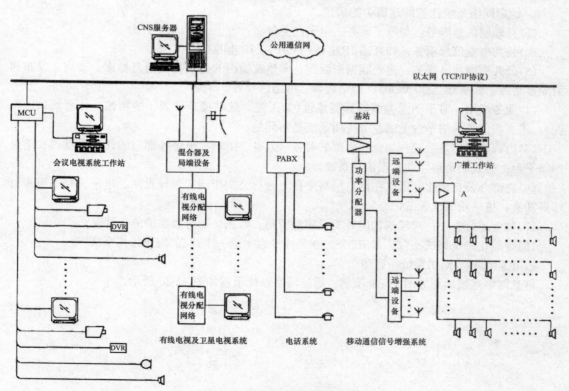

图 11-20　通信网络系统示意

四、有线电视及卫星电视接收系统

有线电视系统是智能建筑的信息通信的组成部分。有线电视系统简称为 CATV 系统，它是多台电视接收机共用一套天线的设备。当今，CATV 传输不仅模拟信号，还有数字信号，并开始向综合信息网发展。

1. 有线电视系统的组成

有线电视系统结构如图 11-21 所示。有线电视系统基本由信号源、前端系统、干线系统和用户分配系统组成。

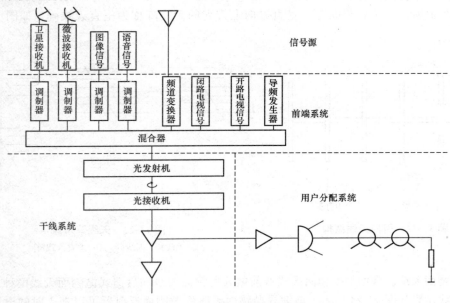

图 11-21　有线电视系统结构

(1)信号源。信号源设备是用以接收并输出图像及伴音信号的设备，它包括各种单频道型天线、分频段型天线或全频道型天线，FM 接收天线、卫星接收天线，自办节目用的录像机、摄像机、话筒、特殊效果发生器、编辑机和视频切换装置等。

(2)前端设备。前端设备主要包括放大器、混合器、调制器、频道调制器、分配器等元件。前端设备的作用是将接收天线接收到的信号进行放大、混合，使其符合质量要求。前端设备质量的好坏，将影响整个系统的图像质量。

(3)干线系统。干线系统是将前端输出的高质量信号尽可能地传送给用户分配系统和双向传输系统，主要包括各种类型的干线放大器、干线电缆或光缆、光发射机、光接收机、多路微波分配系统和调制微波中继等设备。

(4)用户分配系统。用户分配系统主要包括直线放大器、分配器、分支器、用户终端等。

2. 有线电视系统的主要设备

(1)接收天线。接收天线是接收空间电视信号无线电波的设备。它能接收电磁波能量，增加接收电视信号的距离，可提高接收电视信号的质量。因此，接收天线的类型、加设高度、方位等，对电视信号的质量起着至关重要的作用。

接收天线的种类很多，按其结构形式可分为引向天线、环形天线、对数周期天线（单元的长度、排列间隔按对数变化的天线)和抛物面天线等。CATV 系统广泛采用引向天线及其组合天线，卫星电视接收则多使用抛物面天线。

1)引向天线。引向天线又称为八木天线，它既可以单频道使用，也可以多频道使用；既可作 VHF 接收，也可作 UHF 接收，工作频率为 30～3 000 MHz。引向天线具有结构简单、馈电方便、易于制作、成本低、风载小等特点。引向天线由反射器、有源振子、引向器等部分组成，所有振子都平行配置在同一平面上，其中心用一金属杆固定，它的结构如图 11-22 所示。

2)组合天线。组合天线又称天线阵。天线阵可以提高天线增益，天线数越多增益越大。同时，天线阵抗干扰能力也会得到增强。按相等间距在水平方向上排列的天线阵称为水平天线阵，如图 11-23(a)所示。按相等间距在垂直方向上排列的天线阵称为垂直天线阵，如图 11-23(b)所示。

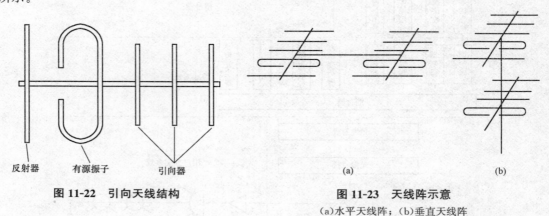

图 11-22　引向天线结构

图 11-23　天线阵示意
(a)水平天线阵；(b)垂直天线阵

3)抛物面天线。常用的抛物面天线有前馈式抛物面天线和后馈式抛物面天线两种。前馈式抛物面天线示意如图 11-24 所示。前馈式抛物面天线的抛物面反射器可以把入射的电视微波信号聚焦于馈源，使馈源上得到相位相同的增强信号，然后通过波导馈送到高频头；后馈式抛物面天线(又称为卡塞格伦天线)示意如图 11-25 所示，其主反射面为抛物面，副反射面为一旋转双曲面，使副反射面虚焦点和主反射面的焦点相重合，馈源和两个焦点共轴。天线结构一般分为天线本体结构、俯仰调整、方位调整等部分。其中，天线本体由反射面、背架及馈源支架等组成，反射面有板状和网状两种形式。对于要求较高的天线系统，为了便于天线的自动跟踪，还应有其他相应的机械设施，如方位和俯仰角数据、传递装置以及电动控制设施等。

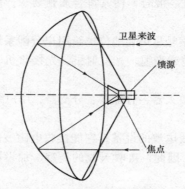

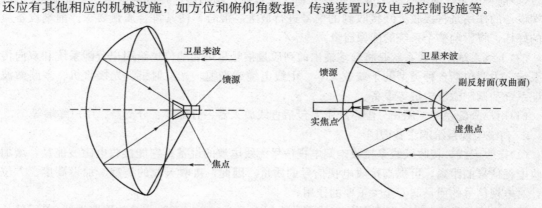

图 11-24　前馈式抛物面天线示意

图 11-25　后馈式抛物面天线示意

(2)信号处理器。信号处理器是指频道转换器及变频器，它能对电视信号频道进行转换。

(3)混合器。混合器的作用是将不同输入端的信号混合在一起，使用它可以消除因不同天线接收同一信号而互相叠加所产生的重影现象。

(4)调制器。调制器是一种将有线电视系统中的电视解调器、摄像机、录像机、影碟机和卫星接收机等设备输出，并将视频信号、音频信号调制成电视射频信号的设备。

(5)放大器。放大器的作用是放大信号，保证信号电平幅度，稳定信号输出电平。

(6)分配器。分配器是一种分配电视信号、保持线路匹配的装置，能将一路输入信号功率平均分配成几路输出。

(7)光缆设备。光缆越来越多地取代电缆，特别是在干线网络建设中应用广泛。光缆设备主要有光发射机、光接收机、光放大器等。

3. 有线电视系统的技术要求

(1)有线电视系统的设计应符合质量优良、技术先进、经济合理、安全适用的原则，并应与城镇建设规划和本地有线电视网的发展相适应。

(2)系统设计的接收信号场强，宜取自实测数据。当获取实测数据确有困难时，可采用理论计算的方法计算场强值。

(3)在新建和扩建小区的组网设计中，宜以自设前端或子分前端、光纤同轴电缆混合网(HFC)方式组网，或光纤直接入户(FTTH)。网络宜具备宽带、双向、高速及三网融合功能。

(4)有线电视系统规模宜按用户终端数量分为下列四类：

A类：10 000 户以上；

B类：2 001～10 000 户；

C类：301～2 000 户；

D类：300 户以下。

(5)建筑物与建筑群光纤同轴电缆混合网(HFC)，宜由自设分前端或子分前端、二级光纤链路网、同轴电缆分配网及用户终端四部分组成，典型的网络拓扑结构宜符合图 11-26 的规定。

图 11-26 HFC 典型网络拓扑结构

(6)系统应满足下列性能指标：

1)载噪比(C/N)应大于或等于 44 dB；

2)交扰调制比(CM)应大于或等于 47 dB(550 MHz 系统)，可按式(11-1)计算：

$$CM=47+10\lg(N_0/N) \tag{11-1}$$

式中 N_0——系统设计满频道数；

N——系统实际传输频道数。

3)载波互调比(IM)应大于或等于 58 dB；

4)载波复合二次差拍比(C/CSO)应大于或等于 55 dB；

5)载波复合三次差拍比(C/CTB)应大于或等于 55 dB。

4. 卫星电视接收系统

(1)卫星电视接收系统由抛物面天线、馈源、高频头、功率分配器和卫星接收机组成；设置卫星电视接收系统时应得到国家有关部门的批准。

(2)卫星接收示例(中星 9)如图 11-27 所示。

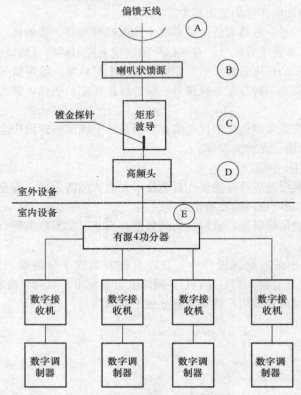

图 11-27 卫星接收示例(中星 9)

(A、B、C、D、E 五种设备组成卫星电视地面接收站)

注：1. 上卫星电视网查出：偏馈天线接收中星 9 号的 Ku 波段信号，查出的参数见表 11-3。

表 11-3 中星 9 号的 ku 波段信号参数

地名	南偏东/(°)	南偏西/(°)	仰角/(°)	信号强度/dBW	天线口径/m	极化方式
北京	—	35.9	37.2	48	长轴 1.5	左旋
广州	—	45.4	53.5	52	长轴 0.9	左旋
哈尔滨	—	44.4	27.1	44	长轴 2.0	左旋
乌鲁木齐	5.51	—	39.4	46	长轴 1.5	左旋

2. 接收 Ku 波段信号使用偏馈天线。它的口面是椭圆，以长轴标示天线口径，其值在 2 m 以下。偏馈天线可以挂装在墙壁上，也可以架设在水平面上。

3. 馈源、波导和高频头为一体结构。波导与高频头之间有一个镀金探针，将电磁场转换成高频电信号。波导中间有一块绝缘板，将左旋极化信号变成线极化信号。

4. 有源 4 路功率分配器，其 4 个输出口分别与 4 台数字接收机相接；高频头的供电来自数字接收机，有源功率分配器实现自动选择供电线路功能；抵消无源分配电路的损耗，信号通过有源功率分配器的损耗为 0。

5. 4 台数字调制器统收到 40 套节目。1 台数字接收机输出的传输码流承载着 10 套节目。

6. 偏馈天线安装图见产品说明书。

五、扩声与音响系统

1. 扩声与音响系统的组成

一个完整的扩声与音响系统由节目源设备、信号放大和处理设备、传输线路、扬声器系统组成。

(1)节目源设备。相应的节目源设备除 FM/AM 调谐器、电唱机、激光唱机和录音机等外，还包括传声器(话筒)、电视伴音(包括影碟机、录像机和卫星电视的伴音)、电子乐器等。

(2)信号放大和处理设备。信号放大是指电压放大和功率放大；信号的处理设备，即通过选择开关选择所需要的节目源信号。

(3)传输线路。对于厅堂扩声系统，由于功率放大器与扬声器的距离不远，可采用低阻抗式大电流的直接馈送方式。对于公共广播系统，由于服务区域广、距离长，为了减少传输线路引起的损耗，往往采用高压传输方式。

(4)扬声器系统。扬声器在弱电工程的广播系统中有着广泛的应用。

2. 扩声与音响设备

在扩声与音响系统中经常使用的设备如下：

(1)传声器。传声器又叫作话筒或麦克风，它是将声音信号装换为相应的电信号的电声换能器件。按电信号传输方式不同，其可分为有线话筒和无线话筒。

(2)扬声器。扬声器又称为喇叭，是发出声音的器件，也是音响系统最关键的部分，可直接影响声音的品质。扬声器有多种，常用的有号筒式扬声器、吊顶式扬声器、音乐扬声器、音箱、音柱等。

(3)扩音机。扩音机是有限广播系统的重要设备之一。它主要是将各种方式产生的弱音频输入电压加以放大，然后送至各用户设备。扩音机上除各种控制设备和信号外，主要由前级放大器和功率放大器两大部分组成。

(4)调音台。调音台是专业音响系统的中心控制设备，使用调音台主要是为了能使多个音源同时使用，对各个声音信号进行放大、衰减、混合和分配。

(5)均衡器。均衡器又叫作音调调整，用来校正扩声系统的频响效果。它的主要作用是校正音响设备产生的频率特性畸变，补偿节目信号中欠缺的频率成分，抑制过重的频率成分。

(6)压限器(压缩器、限制器)和扩展器。压限器就是对声源信号进行自动控制，使其工作在正常的范围内，有压缩和限制两个功能。扩展器和压限器一样，也是一种增益随输入电平变化而变化的放大器。压限器、扩展器广泛用在专业音响系统，通过压限器可以压缩信号的动态范围，防止过饱和失真，并能有效保护功放和音箱；压限器、扩展器的配合使用可以降低噪声电平，提高信号传输通道的信噪比。

(7)卡式录音机。卡式录音机也叫作卡座，用来播放事先录制好的声音信号，可以预先收集制作所需要的声音材料。卡式录音机分为单卡式和双卡式，卡式录音机上常带有收音机，可以方便地播放广播电台的节目。

(8)激光唱机。激光唱机又称 CD 唱机，是音响系统中的常用声源设备，是一种只能放音的小型数字音响唱片系统。

(9)前置放大器。前置放大器又称为前级放大器，它的地位相当于调音台，作用同样是将各种节目源设备送来的信号进行电压放大和各种功能处理，其输出信号送往后续功率放大器进行功率放大。

(10)功率放大器。功率放大器是将前置放大器或调音台送来的音频信号进行功率放大，去推动后级扬声器系统，实现电声转换。

（11）频率均衡器。频率均衡器用来对频响曲线进行调节的设备，均衡器能对音频信号的不同频段进行提升或衰减，以补偿信号拾取、处理过程中的频率失真。

3. 扩声与音响系统的技术要求

（1）扩声系统的设置应符合下列规定：

1）扩声系统应根据建筑物的使用功能、建筑设计和建筑声学设计等因素确定。

2）扩声系统的设计应与建筑设计、建筑声学设计同时进行，并与其他有关专业密切配合。

3）除专用音乐厅、剧院、会议厅外，其他场所的扩声系统宜按多功能使用要求设置。

4）专用的大型舞厅、娱乐厅应根据建筑声学条件，设置相应的固定扩声系统。

5）下列场所宜设置扩声系统：

①听众距离讲台大于 10 m 的会议场所；

②厅堂容积大于 1 000 m^3 的多功能场所；

③要求声压级较高的场所。

（2）根据使用要求，视听场所的扩声系统可分为语言扩声系统、音乐扩声系统、语言和音乐兼用的扩声系统。

（3）扩声系统的技术指标应根据建筑物用途、类别、服务对象等因素确定。

（4）扩声系统声学特性宜符合表 11-4 的规定。

表 11-4　扩声系统声学特性

扩声系统类别分级 声学特性	音乐扩声系统一级	音乐扩声系统二级	语言和音乐兼用扩声系统一级	语言和音乐兼用扩声系统二级	语言扩声系统一级	语言和音乐兼用扩声系统三级	语言扩声系统二级
最大声压级（空场稳态准峰值声压级）/dB	0.10～6.30 kHz 范围内平均声压级≥103 dB	0.125～4.00 kHz 范围内平均声压级≥98 dB	0.25～4.00 kHz 范围内平均声压级≥93 dB			0.25～4.00 kHz 范围内平均声压级≥85 dB	
传输频率特性	0.05～10.00 kHz，以 0.10～6.30 kHz 的平均声压级为 0 dB，则允许偏差为＋4～－12 dB，且在 0.10～6.30 kHz 内允许偏差为±4 kB	0.063～8.00 kHz，以 0.123 5～4.00 kHz 的平均声压级为 0 dB，则允许偏差为＋4～－12 dB，且在 0.125～4.00 kHz 内允许偏差为±4 dB	0.10～6.30 kHz，以 0.25～4.00 kHz 的平均声压级为 0 dB，则允许偏差为＋4～－10 dB，且在 0.25～4.00 kHz 内允许偏差为＋4～－6 dB			0.25～4.00 kHz，以 0.25～4.00 kHz 的平均声压级为 0 dB，则允许偏差为＋4～－10 dB	
传声增益	0.10～6.30 kHz 时的平均值≥－4 dB（戏剧演出），≥－8 dB（音乐演出）	0.125～4.00 kHz 时的平均值≥－8 dB	0.25～4.00 kHz 时的平均值≥－12 dB			0.25～4.00 kHz 时的平均值≥－14 dB	
声场不均匀度	0.10 kHz 时小于等于 10 dB，1.00～6.30 kHz 时小于或等于 8 dB	1.00～4.00 kHz 时小于或等于 8 dB	1.00～4.00 kHz 时小于或等于 10 dB	1.00～4.00 kHz 时小于或等于 10 dB	1.00～4.00 kHz 时小于或等于 8 dB	1.00～4.00 kHz 时小于或等于 10 dB	

(5)室内外扩声系统的声场应符合下列规定：

1)室内声场计算宜采用声能密度叠加法，计算时应考虑直达声和混响声的叠加，宜增大50 ms以前的声能密度，减弱声反馈，加大清晰度；

2)室外扩声应以直达声为主，宜控制50 ms以后出现的反射声。

六、会议系统

(1)会议系统应按使用和管理等需求对会议场所进行分类，并分别按会议（报告）厅、多功能会议室和普通会议室等类别组合配置相应的功能。会议系统的功能包括音频扩声、图像信息显示、多媒体信号处理、会议讨论、会议信息录播、会议设施集中控制、会议信息发布等。

(2)系统设计应符合现行国家标准《电子会议系统工程设计规范》(GB 50799—2012)、《厅堂扩声系统设计规范》(GB 50371—2006)、《视频显示系统工程技术规范》(GB 50464—2008)和《会议电视会场系统工程设计规范》(GB 50635—2010)的有关规定。

(3)图11-28所示为50人视频会议室系统图。

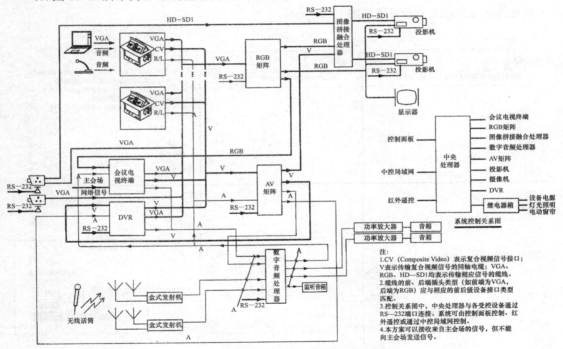

图 11-28　50 人视频会议室系统图

第五节　建筑设备管理系统

建筑设备管理系统是对建筑设备监控系统和公共安全系统等实施综合管理的系统。建筑设备管理系统包括建筑设备监控系统、建筑能效监管系统，以及需纳入管理的其他业务设施系统等。

建筑设备管理系统是确保建筑设备运行稳定、安全及满足物业管理的需求，实现对建筑设备运行优化管理及提升建筑用能功效，并且达到绿色建筑的建设目标的系统。系统应成为建筑智能化系统工程营造建筑物运营条件的基础保障设施。

一、建筑设备监控系统

（1）建筑监控的设备范围包括冷热源、供暖通风和空气调节、给水排水、供配电、照明、电梯等，并包括以自成控制体系方式纳入管理的专项设备监控系统等。

（2）采集的信息包括温度、湿度、流量、压力、压差、液位、照度、气体浓度、电量、冷热量等建筑设备运行基础状态信息。

（3）监控模式应与建筑设备的运行工艺相适应，并应满足对实时状况监控、管理方式及管理策略等进行优化的要求。

（4）应适应相关的管理需求与公共安全系统信息关联。

（5）宜具有向建筑内相关集成系统提供建筑设备运行、维护管理状态等信息的条件。

住宅小区建筑设备监控系统如图 11-29 所示。

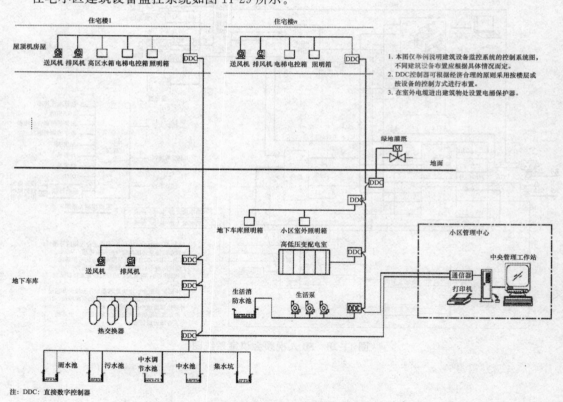

图 11-29　住宅小区建筑设备监控系统

二、建筑能效监管系统

（1）基于建筑设备监控系统的信息平台实现对建筑进行综合能效监管，提升建筑设备系统协调运行和优化建筑综合性能，为实现绿色建筑提供辅助保障。

（2）基于建筑内测控信息网络等基础设施，对建筑设备系统运行信息进行积累，并基于对历史数据规律及趋势进行分析，使设备系统在优化的管理策略下运行，以形成在更优良品质的信息化环境测控体系调控下，具有获取、处理、再生等运用建筑内、外环境信息的综合智能，建立绿色建筑高效、便利和安全的功能条件。

（3）通过对能耗系统分项计量及监测数据统计分析和研究，对系统能量负荷平衡进行优化核算及运行趋势预测，从而建立科学有效的节能运行模式与优化策略方案，为达到绿色建筑综合目标提供技术途径。

（4）通过对可再生能源利用的管理，为实现低碳经济下的绿色环保建筑提供有效支撑。

第六节　公共安全系统

公共安全系统是为维护公共安全，运用现代科学技术，具有以应对危害社会安全的各类突发事件而构建的综合技术防范或安全保障体系综合功能的系统。

公共安全系统包括火灾自动报警及消防联动控制系统和安全技术防范系统等。

一、火灾自动报警及消防联动控制系统

火灾自动报警系统能够自动捕捉火灾监测区域内火灾发生时的烟雾或热气，从而发出声、光报警，并联动其他设备的输出接点，控制自动灭火系统、事故广播、事故照明、消防给水和排烟系统，实现监测、报警和灭火的自动化。

火灾自动报警与
消防联动演示

1. 火灾自动报警系统的组成

火灾自动报警系统是由触发装置、火灾报警控制装置、火灾警报装置及电源等组成的通报火灾发生的设备。

（1）触发装置。触发装置是指自动或手动产生火灾报警信号的器件。自动触发器件包括各种火灾探测器、水流指示器、压力开关等。手动报警按钮是用人工手动发送火警信号通报火警的部件，是一种简单易行、报警可靠的触发装置。它们各有其优、缺点和适用范围，可根据其安装的高度、预期火灾的特性及环境条件等进行选择。

（2）火灾报警控制装置。火灾报警控制装置通过接收触发装置发来的报警信号，发出声、光报警，指示火灾发生的具体部位，使值班人员可以迅速采取有效措施，扑灭火灾。对一些建筑平面比较复杂或特别重要的建筑物，为了使发生火灾时值班人员能迅速、准确地确定报警部位，往往采用火灾模拟显示盘，它较普通火灾报警控制器的显示更为形象和直观。某些大型或超大型的建筑物，为了减少火灾自动报警系统的施工布线，采用数据采集器或中继器。

（3）火灾警报装置。警报装置是指在确认火灾后，自动或通过手动向外界通报火灾发生的一种设备。其可以是警铃、警笛、高音喇叭等音响设备，也可以是警灯、闪灯等光指示设备或两者的组合，供疏散人群、向消防队报警等用。

（4）电源。电源是指向触发装置、报警控制装置、警报装置供电的设备。火灾自动报警系统中的电源，除应有消防电源供电外，还要有直流备用电源。

2. 火灾自动报警系统的分类与功能

国外的火灾报警控制器产品只讲容量大小，没有区域与集中之分。我国的总线制火灾报警

控制器产品正处于区域、集中、通用三种形式并存时期。

通常，区域报警系统宜用于二级保护对象，集中报警系统宜用于一级、二级保护对象，控制中心报警系统宜用于特级、一级保护对象。

(1)区域报警系统。区域报警系统是由区域火灾报警控制器、火灾探测器、手动火灾报警钮及火灾警报装置等组成的火灾自动报警系统，其组成如图11-30所示。

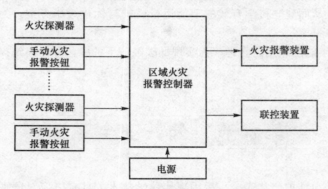

图 11-30 区域报警控制系统

区域火灾报警控制器往往是第一级监控报警装置。在大型高层建筑中，它一般安装在各楼层；在小型建筑群中，它一般在划定的警戒区域内有一个固定位置。

(2)集中报警系统。集中报警系统是由集中火灾报警控制器、区域火灾报警控制器、火灾探测器、手动火灾报警钮及火灾警报装置等组成的功能较复杂的火灾自动报警系统，其功能如图11-31所示。

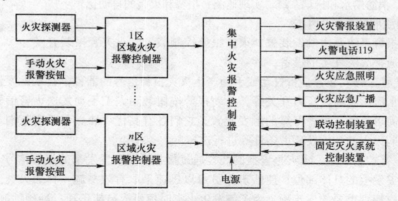

图 11-31 集中报警控制系统

集中火灾报警系统一般是区域报警控制器的上位控制器。它是整个建筑消防系统的总监控设备，一般被安装在大型建筑物的消防控制中心，功能比区域火灾报警控制器更加齐全。集中火灾报警控制器也可以直接接收火灾探测器的报警信号。

(3)控制中心报警系统。控制中心报警系统是由设置在消防控制室的消防控制设备、集中火灾报警控制器、区域火灾报警控制器、火灾探测器及手动火灾报警钮等组成的功能复杂的火灾自动报警系统。其中，消防控制设备主要包括火灾警报装置、火警电话、火灾事故照明、火灾事故广播、防排烟、通风空调、消防电梯等联动装置及固定灭火系统的控制装置等。

3. 火灾自动报警系统常用设备

火灾探测器和火灾自动报警控制器是火灾自动报警系统最常用的设备。

（1）火灾探测器。火灾探测器是火灾自动报警系统的检测元件，它将火灾初期所产生的热、烟或光转变为电信号，当其电信号超过某一确定值时，传递给与之相关的报警控制设备。它的工作稳定性、可靠性和灵敏度等技术指标直接影响着整个消防系统的运行。

火灾探测器探测火灾发生的原理是检测火灾发生前后某个物理参数的变化。一般通过检测三种物理参数的变化判断是否有火灾发生，这三种物理参数为烟浓度、温度和光。由此可以将火灾探测器分为感烟探测器、感温探测器和火焰探测器，实际使用中以前两种最多。感烟探测器检测现场烟浓度的变化，判断是否有火灾发生；感温探测器检测现场温度的变化，判断是否有火灾发生；火焰探测器检测红外光或紫外光光谱强度的变化，判断是否有火灾发生。感烟探测器有离子式感烟探测器、光电式感烟探测器和红外光束探测器；感温探测器可分为定温探测器、差温探测器、差定温探测器和缆式定温探测器；火焰探测器可分为红外火焰探测器、紫外火焰探测器和复合火焰探测器。现今有的火灾探测器为复合式火灾探测器，它不仅可以测试一个物理参数，而且能够通过测试多个参数来判断是否有火灾发生。

1）感烟式火灾探测器。感烟式火灾探测器在火灾初燃生烟阶段，能自动发出火灾报警信号，以将火灾扑灭在未成灾害前。感烟式探测器可分为离子式感烟探测器和光电式感烟探测器。

①离子式感烟探测器由放射源、内电离室、外电离室及电子电路等组成，其外形如图11-32所示。内外两电离室相串接，外电离室可以顺利地进烟，内电离室不能进烟但与周围环境缓慢相通，以补偿外电离室在环境变化时所受的影响。平时放射源产生的α射线使内外电离室的空气电离，在电场的作用下形成通过两电离室的电流，当有烟进入外电离室后，正负离子就会被烟粒子吸附，使电流减少，当减少到某一定值时，通过电子电路发出信号报警。

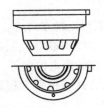

图11-32　离子式感烟探测器的外形

②光电式感烟探测器由光源、光电元件和电子开关组成。利用光散射原理对火灾初期产生的烟雾进行探测，并及时发出报警信号。光电式感烟探测器按照光源的不同可分为一般光电式感烟探测器、激光光电式感烟探测器、紫外线光电式感烟探测器和红外线光电式感烟探测器四种。图11-33所示为光电式感烟探测器的外形。

感烟式火灾探测器分为高、中、低灵敏度三级。高灵敏度者用于禁烟场所，中灵敏度者用于卧室等少烟场所，低灵敏度者用于会议室等多烟场所。高、中、低灵敏度感烟探测器的烟光动作率依次为烟离子体积占电离子体积的10％、20％、30％。

2）感温式火灾探测器。感温式火灾探测器根据组成结构分为双金属片型探测器、膜盒型探测器和电子感温式探测器。双金属片型探测器和膜盒型探测器（也叫作差动式探测器）的外形如图11-34所示。

3）感光火灾探测器。感光火灾探测器不受气流扰动的影响，是一种可以在室外使用的火灾探测器，可以对火焰辐射出的红外线、紫外线、可见光予以响应。

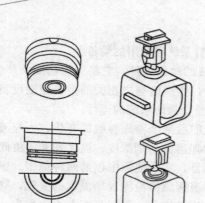

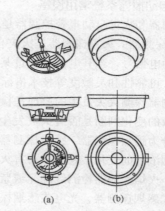

图 11-33　光电式感烟探测器的外形
(a)一般光电式感烟探测器；
(b)红外线光电式感烟探测器

图 11-34　感温式火灾探测器的外形
(a)双金属片型探测器；
(b)膜盒型探测器

4)可燃气体探测器。可燃气体探测器利用对可燃气体敏感的元件来探测可燃气体的浓度。

5)复合式火灾探测器。复合式火灾探测器是一种响应两种以上火灾参数的火灾探测器，主要有感温感烟火灾探测器、感光感烟火灾探测器、感光感温火灾探测器等。

(2)火灾自动报警控制器。它可单独作为火灾自动报警用，也可与消防灭火系统联动，组成自动报警联动控制系统。按其用途不同，火灾自动报警控制器可分为区域和集中火灾报警控制器。

4. 消防联动控制

(1)消防联动控制的对象与控制方式。

1)消防联动控制的对象。消防联动控制的对象：灭火设施；防排烟设施；防火卷帘、防火门、水幕；电梯；非消防电源的断电控制等。

2)消防联动控制的控制方式。根据工程规模、管理体制、功能要求，消防联动控制一般可采取的控制方式有以下两种。

①集中控制。集中控制是指消防联动控制系统中的所有控制对象，都是通过消防控制室进行集中控制和统一管理的。此控制方式特别适用于采用计算机控制的楼宇自动化管理系统。

②分散与集中控制相结合。分散与集中控制相结合是指在消防联动控制系统中，对控制对象多且控制位置分散的情况下采取的控制方式。该方式主要是对建筑物中的消防水泵、送排风机、排烟防烟风机，部分防火卷帘和自动灭火控制装置等进行集中控制、统一管理。对大量而又分散的控制对象，一般是采用现场分散控制，控制反馈信号传送到消防控制室集中显示并统一进行管理。如果条件允许，也可考虑集中设置手动应急控制装置。

(2)消防联动控制的功能要求。系统的功能要求见表 11-5。

表 11-5　消防联动控制功能一览表

相关系统	具有的控制、显示功能
室内消火栓系统	控制系统的启、停；显示消火栓按钮启动的位置；显示消防水泵的工作与故障状态
自动喷水灭火系统	控制系统的启、停；显示报警阀、闸阀及水流指示器的工作状态；显示消防水泵的工作、故障状态

相关系统	具有的控制、显示功能
泡沫、干粉灭火系统	控制系统的启、停；显示系统的工作状态
有管网的卤代烷、二氧化碳等灭火系统	控制系统的紧急启动和切断装置；由火灾探测器联动的控制设备具有延迟时间为可调的延时机构；显示手动、自动工作状态；在报警、喷淋各阶段，控制室应有相应的声、光报警信号，并能手动切除声响信号；在延时阶段，应能自动关闭防火门、窗，停止通风，关闭空气调节系统

(3)火灾自动报警系统的电源。火灾自动报警系统属于消防用电设备，系统供电首先应符合有关的建筑设计防火规范要求。同时，根据火灾自动报警系统本身的特点和实际需要，还应满足下列要求。

1)系统需配备主电源和直流备用电源。

2)火灾自动报警系统中的 CRT 显示器、消防通信设备等的电源宜采用由 UPS 装量供电，以防突然断电时，这些设备不能正常工作。

3)火灾自动报警系统主电源的保护开关不应采用漏电保护开关，以防止造成系统突然断电，不能正常工作。

(4)火灾自动报警系统的接地。火灾自动报警系统属于电子设备，接地良好与否对系统正常可靠的工作影响很大。这里所说的接地，是指工作接地，即为了保证系统中"零"电位点稳定可靠而采取的接地。火灾自动报警系统的接地应符合以下要求：

1)火灾自动报警系统接地装置的接地电阻应满足以下两点：一是采用专用接地装置时，接地电阻不应大于 4 Ω；二是采用共用接地装置时，接地电阻不应大于 1 Ω。

2)火灾自动报警系统应设专用接地干线，并应在消防控制室设置专用接地板。专用接地干线应从消防控制室专用接地板引至接地体。专用接地干线应采用铜芯绝缘导线，其芯线截面面积不应小于 25 mm²。专用接地干线宜采用硬质塑料套管埋设并接至接地体。

3)由消防控制室接地板引至各消防电子设备的专用接地线，应选用铜芯塑料绝缘导线，其芯线截面面积不应小于 4 mm²。

4)消防电子设备凡是采用交流电供电时，设备金属外壳和金属支架等应做保护接地，接地线应与电气保护接地干线(PE 线)相连接。

二、安全技术防范系统

安全防范是社会公共安全科学技术的一个分支，安全防范行业是社会公共安全行业中的一个小行业。安全防护系统提供了外部侵入保护、区域保护和目标保护三个层次的保护。建筑安全防范系统有入侵报警子系统、电视监视子系统、出入口控制系统、巡更子系统、停车场管理系统和其他子系统等。

(一)入侵报警子系统

1. 入侵报警子系统的结构

入侵报警子系统负责建筑内外各个点、线、面和区域的侦测任务，由探测器、区域控制器和报警控制中心三个部分组成。

2. 防盗系统中使用的探测器

防盗系统所用探测器的基本功能是感知外界、转换信息及发出信号。优秀的安全系统需要各种探测器配合使用才能取长补短，过滤错误的警报，进而完成周密而安全的防护任务。

(1)开关探测器。常用的开关包括微动开关、磁簧开关两种。开关一般装在门窗上，线路的连接可分为常开和常闭两种。

(2)玻璃破碎探测器。一般应用于玻璃门窗的防护。它利用压电式拾音器安装在面对玻璃的位置上，由于它只能对10~15 kHz的玻璃破碎高频声音进行有效的检测，因此，对行驶车辆或风吹门窗时产生的振动信号不会产生响应。

(3)光束遮断式探测器。光束遮断式探测器是能够探测光束是否被遮断的探测器。目前，用得最多的是红外线对射式。它由一个红外线发射器和一个接收器以相对方式布置组成。当遇非法横跨门窗或其他防护区域时，红外光束(不可见光)被遮挡，引发报警。

(4)热感式红外线探测器。热感式红外线探测器又称为被动式立体红外线探测器。它是利用人体的温度所辐射的红外线波长(约10 mm)来探测人体的，因而也称它为人体探测器。

(5)微波物体移动探测器。其探测器发出超高频的无线电波，同时接受反射波，当有物体在探测区域移动时，反射波的频率与发射波的频率有差异，两者频率差称为多普勒频率。探测器就是根据多普勒频率来判定探测区域中是否有物体移动的。

(6)超声波物体移动探测器。其也是采用多普勒效应的原理探测物体的移动，不同的是该探测器采用20 kHz以上频率的超声波。

(7)振动探测器。振动探测器被用于铁门、窗户等通道和防止重要物品被人移动的地方。其类型以机械惯性式和压电效应式两种为主。机械惯性式是利用软簧片终端的重锤受到振动产生惯性摆动，在振幅足够大时，碰到旁边的另一金属片而引起报警。压电效应式是利用压电材料因振动产生机械变形而产生电特性的变化，检测电路根据其特性的变化来判断振动的大小。目前，由于机械式容易锈蚀，且体积较大，已逐渐被压电式代替。

3. 防盗报警控制系统的计算机管理

建筑物内的防盗报警控制系统需要计算机来管理以提高其自动化程度，增强其智能性。防盗报警系统的计算机管理主要内容如下所述。

(1)系统管理。系统运行时，要对控制器和探测器进行定时自检，以便及时发现系统中的问题。

(2)报警后的自动处理。采用计算机后可以设定自动处理程序。当报警时，系统可以按照预先设定的程序进行处理。报警的时间、地点也自动存储在计算机的数据库。

(二)电视监视子系统

电视监视子系统可以通过遥控摄像机及其辅助设备(镜头、云台等)，直接观看被监视场所的一切情况，电视监视子系统还可以与防盗报警控制系统等其他安全技术防范体系联动运行，使防范能力更加强大。

电视监视子系统依功能可以分为摄像、传输、控制及显示与记录四个部分。

(1)摄像设备。

1)摄像机。目前，使用的摄像机是电荷耦合式摄像机，简称CCD摄像机。摄像机分为黑白和彩色两种，如果仅仅是监视物体的位置和移动，黑白摄像机就可以满足要求；如果要分辨被摄物体的细节，则需采用彩色的摄像机。摄像机若增加了红外摄像功能，则还可以监控到光线不足的区域(如黑暗地方、晚上等)。

2)云台。云台与摄像机配合使用能达到扩大监视范围的作用。云台的种类很多，从使用环境上来讲有室内型云台、室外型云台、防爆云台、耐高温云台和水下云台等；从其回转的特点可分为只能左右旋转的水平云台和既能左右旋转又能上下旋转的全方位云台。在建筑物监视系统中，最常用的是室内和室外全方位普通云台。

云台的回转范围可分为水平旋转角度和垂直旋转角度两个指标，水平旋转角度决定了云台的水平回旋范围，一般为 0°～350°。全方位云台的回旋范围由向上旋转角度和向下旋转角度确定。在对目标进行跟踪时，对云台的旋转速度有一定的要求。普通云台的转速是恒定的，水平旋转速度一般为 3～10°/s，垂直旋转速度在 4°/s 左右。

（2）传输部分。可传输系统包括视频信号和控制信号的传输。

1）视频信号的传输。在监视系统中，多数采用视频基带的同轴电缆传输。同轴电缆的内导体上用聚乙烯以同心圆状覆盖绝缘，外导体是软铜线编织物，最外层用聚乙烯封包。这种电缆对外界的静电场和电磁波有屏蔽作用，传输损失也比较小。

2）控制信号的传输。在近距离的监视系统中，常用的有以下几种控制方式。

①直接控制。直接将控制信号传送到现场对相关设备进行控制，如云台和变焦距镜头所需要的电源、电流等，直接送入被控设备。

②多线编码的间接控制。将要控制的命令编成二进制或其他方式的并行码，由多线传送到现场的控制设备，再由它转换成控制量来对现场摄像设备进行控制。

③通信编码的间接控制。随着微处理器和各种集成电路芯片的普及，目前规模较大的电视监视系统大多采用通信编码，常用的是串行编码。

④同轴视控。控制信号和视频信号同用一条同轴电缆，不需要另铺设控制电缆。它的实现有两种方法：一种是频率分割，它是将控制信号调制在与视频信号不同的频率范围内，然后与视频信号复合在一起传送，在现场再将它们分解开；另一种是利用视频信号场消隐期间传送控制信号。

3）无线传输。当布线困难甚至是不可能的时候，常用无线传输的方式传送信号，设备是微波定向传输，采用这种方式在无阻挡情况下可传送 32 km，比较适合交通、银行等监控系统。无线传输的问题在于它需要占用频率资源。

（3）显示与记录。显示与记录设备安装在控制室内，主要有监视器、录像机和一些视频处理设备。

除此之外，还将云台、变焦镜头和摄像机封装在一起的一体化摄像机，在高级的伺服系统的支持下，加上云台的高速度旋转，实现较大范围的隐蔽式的监控。

（三）出入口控制子系统

1. 出入口控制系统的基本结构

出入控制系统可实现人员出入自动控制，又称门禁管制系统。出入控制系统，分为卡片出入控制系统和人体自动识别控制系统两大类。

卡片出入控制系统主要由卡片读卡器、中央控制器、打印机，以及附加的报警、监控系统组成。人体自动识别控制系统，是利用人体生理特征和个体差异识别技术进行鉴定和出入控制。人体的这些特征和差异具有相异性、不变性和再现性。

出入口控制装置是集机械、电子和光学等一体化的系统。

2. 读卡机的种类

读卡是利用卡片在读卡器中的移动，由读卡机阅读卡片上的密码，经解码后送到控制器进行判断。目前，接近式感应型读卡技术已经相当成熟。

（1）卡片类型见表 11-6。

表 11-6 卡片类型

卡片类型	工作原理	优点	缺点
磁码卡	将磁性物质粘在塑料卡片上	磁卡内容可以改写，应用方便	易被消磁、磨损
铁码卡	卡片中间采用特殊的细金属线进行排列编码制成	卡片一旦遭到破坏，就改变了卡内的金属线排列，加上卡片内的特殊金属丝不会被磁化，因此，可以有效地防磁、防水、防尘，安全性较高	卡内资料不便于改写
感应式卡	采用电子回路及感应线圈，利用读卡机产生的特殊振荡频率，当卡片进入读卡机能量范围时产生共振，感应电流使电子回路发射信号到读卡机，经读卡机将接受的信号转换成卡片资料，送到控制器对比	接近式感应卡不用在刷卡槽上刷卡，使用迅速方便，不易被仿制，具有防水功能，不用换电池	卡内资料不便于改写
智能卡	嵌有一块集成电路芯片，是一个受保护的带存储器的微处理机，由微处理机控制访问	具有保密性强、不受干扰、独立性强、不可复制、可开发专门应用、灵活可靠、不易伪造、不能非法读取数据、不易受磁场影响、与其他系统兼容及可防备主机通信受到干扰等性能	—

(2)生物辨识系统。

1)指纹机。用指纹差别做对比辨识，是比较复杂且安全性很高的门禁系统。它可以配合密码机或刷卡机使用。

2)掌纹机。利用掌形和掌纹特性做图形对比，类似指纹机。

3)视网膜辨识机。利用光学摄像对比，比较视网膜血管分布的差异。其技术相当复杂。

4)声音辨识。利用声音的差异及所说的指令内容不同而加以比较。但由于声音可以被模仿，而且使用者如果感冒会引起声音变化，则其安全性将会受到影响。

3. 自动门的分类

自动门按门的启闭方式分为滑动式、转动式等；按控制方式有红外线开关自动门、电子感应开关自动门、卡片开关自动门、感应式开关自动门接触摸式开关自动门等。

本章小结

本章主要介绍建筑智能化概述、信息化应用系统、智能化集成系统、信息设施系统、建筑设备管理系统、公共安全系统。信息化应用系统是以信息设施系统和建筑设备管理系统等智能化系统为基础，为满足建筑物的各类专业化业务、规范化运营及管理的需要，由多种类信息设施、操作程序和相关应用设备等组合而成的系统。智能化集成系统是为实现建筑物的运营及管理目标，是基于统一的信息平台，以多种类智能化信息集成方式，形成的具有信息汇聚、资源共享、协同运行、优化管理等综合应用功能的系统。智能化集成系统是为实现建筑物的运营及管理目标，是基于统一的信息平台，以多种类智能化信息集成方式，形成的具有信息汇聚、资源共享、协同运行、优化管理等综合应用功能的系统。信息设施系统包括信息接入系统、综合布线系统、信息网络系统、有线电视及卫星电视接收系统、扩声与音响系统、会议系统；建筑设备管理系统是对建筑设备监控系统和公共安全系统等实施综合管理的系统。

思考与练习

一、填空题

1. 建筑智能化主要由_____、_____和_____三大系统组成。

2. 集成系统平台，包括_____、_____、_____。

3. _____是外部信息引入建筑物及建筑内的信息融入建筑外部更大信息环境的前端结合环节。

4. 在现代电信网中，根据所采用的传输媒介，可分为_____和_____。

5. 有线电视系统基本由_____、_____、_____、_____组成。

6. 接收天线的种类很多，按其结构形式可分为_____、_____、_____、_____和_____等。

7. 一个完整的扩声与音响系统由_____、_____、_____、_____组成。

8. 建筑设备管理系统是对_____和_____的系统。

9. 火灾自动报警系统是由_____、_____及_____等组成的通报火灾发生的设备。

10. _____和_____是火灾自动报警系统最常用的设备。

11. 电视监视系统依功能可以分为_____、_____、_____与_____四个部分。

12. 生物辨识系统有_____、_____、_____、_____几种。

二、名词解释

信息化应用系统　智能化集成系统　综合布线系统　信息网络系统　信号处理器

三、简答题

1. 简述建筑智能化的特点。

2. 信息化应用系统包括哪些内容？

3. 信息设施系统包括哪些内容？

4. 综合布线系统的组成包括哪些内容？

5. 扩声与音响系统中经常使用的设备有哪些？

6. 公共安全系统包括哪些内容？

7. 简述火灾自动报警系统的分类与功能。

8. 火灾探测器探测火灾发生的原理是什么？火灾探测器可分为哪几类？

9. 火灾自动报警系统的接地应符合哪些要求？

参考文献

[1] 中华人民共和国住房和城乡建设部,中华人民共和国国家质量监督检验检疫总局. GB 50016—2014 建筑设计防火规范(2018 年版)[S]. 北京:中国计划出版社,2018.

[2] 中华人民共和国住房和城乡建设部. GB 50015—2019 建筑给水排水设计标准[S]. 北京:中国计划出版社,2019.

[3] 中华人民共和国住房和城乡建设部. GB 50013—2018 室外给水设计标准[S]. 北京:中国计划出版社,2018.

[4] 中华人民共和国住房和城乡建设部. GB/T 50786—2012 建筑电气制图标准[S]. 北京:中国建筑工业出版社,2012.

[5] 刘源全,刘卫斌. 建筑设备[M].3 版. 北京:北京大学出版社,2017.

[6] 高明远,岳秀萍,杜震宇. 建筑设备工程[M].4 版. 北京:中国建筑工业出版社,2016.

[7] 王增长. 建筑给水排水工程[M].7 版. 北京:中国建筑工业出版社,22016.

[8] 李祥平,闫增峰,吴小虎. 建筑设备[M].2 版. 北京:中国建筑工业出版社,2013.